机械制图及CAD

（第2版）

主　编　陈洪飞　唐建成

副主编　张惜君

参　编　张莉莉　马晓群　李培丰

　　　　邵明双　是丽云

主　审　张　萍

北京理工大学出版社

BEIJING INSTITUTE OF TECHNOLOGY PRESS

内 容 简 介

本书采用了最新的《技术制图》与《机械制图》国家标准，并结合编者在职业教育的实际教学情况，将机械制图与CAD技术有机地整合在一起编写而成。全书共分为八章，包括机械制图与AutoCAD2010基本知识、正投影法与基本形体、轴测图与三维建模基础、组合体、机件的基本表示法、标准件与常用件、零件图、装配图等。

本书可作为职业院校机械类专业基础课程教材、也可作为企业技术人员的参考用书。

图书在版编目（CIP）数据

机械制图及CAD/陈洪飞，唐建成主编. —2版. —北京：北京理工大学出版社，2019.10（2022.8重印）

ISBN 978-7-5682-7800-3

Ⅰ.①机… Ⅱ.①陈… ②唐… Ⅲ.①机械制图－AutoCAD软件－高等职业教育－教材 Ⅳ.①TH126

中国版本图书馆CIP数据核字（2019）第242899号

出版发行 / 北京理工大学出版社有限责任公司
社　　址 / 北京市海淀区中关村南大街5号
邮　　编 / 100081
电　　话 / （010）68914775（总编室）
（010）82562903（教材售后服务热线）
（010）68944723（其他图书服务热线）
网　　址 / http：//www.bitpress.com.cn
经　　销 / 全国各地新华书店
印　　刷 / 定州市新华印刷有限公司
开　　本 / 787毫米×1092毫米　1/16
印　　张 / 22.5
字　　数 / 390千字
版　　次 / 2019年10月第2版　2022年8月第3次印刷
定　　价 / 56.00元

责任编辑 / 陆世立
文案编辑 / 陆世立
责任校对 / 周瑞红
责任印制 / 边心超

图书出现印装质量问题，请拨打售后服务热线，本社负责调换

前 言

FOREWORD

本书依据最新国家职业技能标准和行业职业技能鉴定规范，并结合中等职业教育的实际教学情况，打破原有的课程体系和以知识传授为主的传统学科课程模式，将机械制图与 CAD 技术有机地整合在一起编写而成。

本书主要特色如下：

1）将机械制图知识与计算机绘图软件（AutoCAD2010）操作进行了有机整合。紧扣新大纲的基本要求，遵循学生知识与技能的形成规律和学以致用的原则，突出对学生读图、绘图能力的训练，将机械制图知识与计算机绘图软件（AutoCAD2010）操作进行了真正意义上的融合。以机械制图知识为主线、计算机绘图软件为工具，避免了重复教学，弱化了尺规作图，强化了计算机绘图，强调对识图能力培养，让学生在操作实践的过程中提升相应的能力。

2）突出“做中学、做中教”，贴近生产实际，符合职业学校学生认知规律。以易学实用为指导思想，结合工程实例，通过“知识导入”学习“相关知识”，在“应用与实践”环节，引领学生运用机械制图知识和 AutoCAD 操作技能完成典型例题，突出“做中学、做中教”的职业教育教学特色。整本书的编写体系符合职业学校学生认知规律。

3）贯彻最新国家标准，运用较新的软件版本。机械制图国家标准是使图样成为工程界共同的技术语言的保证和支撑。本书以十分严肃的态度贯彻执行有关的最新国家标准。

《机械制图》是职业院校机械类及工程技术类相关专业的一门基础课程，如资源环境类、土木水利类、加工制造类、纺织食品类、交通运输类等多个专业大类的几十个专业都需要开设机械制图课程；而 AutoCAD 是一款自动计算机辅助设计软件，具有完善的图形绘制和强大的图形编辑功能。本书将机械制图与 AutoCAD 合二为一，具有无与伦比的优点，对应的职业（工种）达 100 多个。各职业学校应根据专业特点合理安排教学计划组织教学。

本书参考学时为128学时，各章学时安排的参考意见见下表。

章序号	内 容	参考学时
一	机械制图与AutoCAD 2010基本知识	20
二	正投影法与基本形体	16
三	轴测图与三维建模基础	12
四	组合体	22
五	机件的基本表示法	14
六	标准件与常用件	12
七	零件图	22
八	装配图	10
合计		128

本书由陈洪飞、唐建成担任主编，张惜君担任副主编，张莉莉、马晓群、李培丰、邵明双、是丽云参与了本书的编写。张萍担任主审。本书配套有习题集，习题集内容与主教材一一匹配。习题集突出了对学生读图、绘图能力的训练，将读图与画图相结合，以画促读，让学生在操作实践的过程中提升相应的能力。习题集适当弱化了尺规作图，强化了计算机绘图，强调了技能的培养与社会的应用相衔接。

编者在本书的编写过程中以精益求精为宗旨，力求完美，但书中不足之处在所难免，恳请读者指正，以便不断提高。

编 者

目录

CONTENTS

第一章

机械制图与AutoCAD2010基本知识

1.1 制图基本规定

知识导入

机械图样是工程上用以表达设计意图和交流技术思想的技术文件，是工程界的技术语言。为了正确地绘制和阅读工程图样，必须熟悉和掌握有关标准和规定。国家标准《技术制图》和《机械制图》是工程界重要的技术基础标准，是绘制和阅读工程图样的依据。国家标准代号为GB，如GB/T 14689—2008，国标后面的两组数字分别表示标准的序号和颁布的年份。国家标准的代号以GB开头者为强制性标准，国家标准的代号以GB/T开头者为推荐性标准。

本节主要介绍制图标准中的图纸幅面、比例、字体、图线、尺寸注法等制图基本规定，其他标准将在后面章节中叙述。

相关知识

1.1.1 图纸幅面和格式

图纸幅面和格式参考的国家标准为GB/T 14689—2008《技术制图　图纸幅面和格式》。

1. 图纸幅面

根据图形的大小和复杂程度来选择图纸幅面尺寸。图纸幅面通常又分为基本幅面和加长幅面，优先采用基本幅面，基本幅面的代号有A0、A1、A2、A3、A4五种。基本幅面尺寸见表1-1，基本幅面及加长幅面的相互关系如图1-1所示。必要时，可以按规定选择加长幅面，加长幅面的尺寸由基本幅面的短边成整数倍增加后得出。图1-1中粗实线所示为基本幅面，细实线及细虚线所示分别为第二选择和第三选择的加长幅面。

扫一扫 表 1-1 基本幅面尺寸

mm

幅面代号	A0	A1	A2	A3	A4
尺寸 $B\times L$	841×1189	594×841	420×594	297×420	210×297
c	10			5	
a	25				
e	20		10		

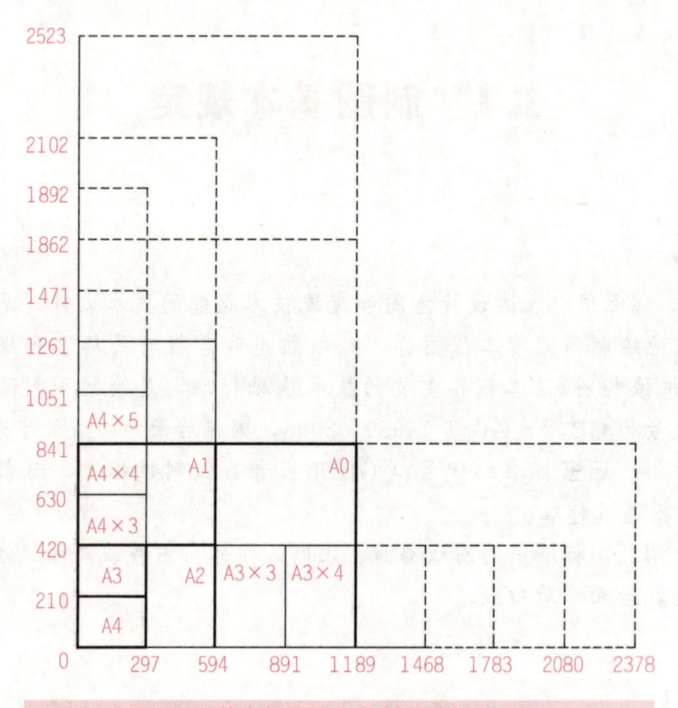

图 1-1 基本幅面及加长幅面的相互关系

2. 图框格式

图纸上限定绘图区域的线框称为图框，图框在图纸上必须用粗实线绘制，图样绘制在图框内部。其格式分为留装订边和不留装订边两种，如图 1-2 和图 1-3 所示。同一产品的图样只能采用一种图框格式。

为了复制和缩微摄影的方便，应在图纸各边长的中点处绘制对中符号。对中符号是从周边绘入图框内 5 mm 的一段粗实线，如图 1-3(b)所示。当对中符号在标题栏范围内时，则伸入标题栏内的部分予以省略。

3. 标题栏

标题栏由名称及代号区、签字区和其他区组成，其格式和尺寸在 GB/T 10609.1—2008《技术制图 标题栏》中做出了规定，制图作业的标题栏可采用图 1-4 所示的格式。

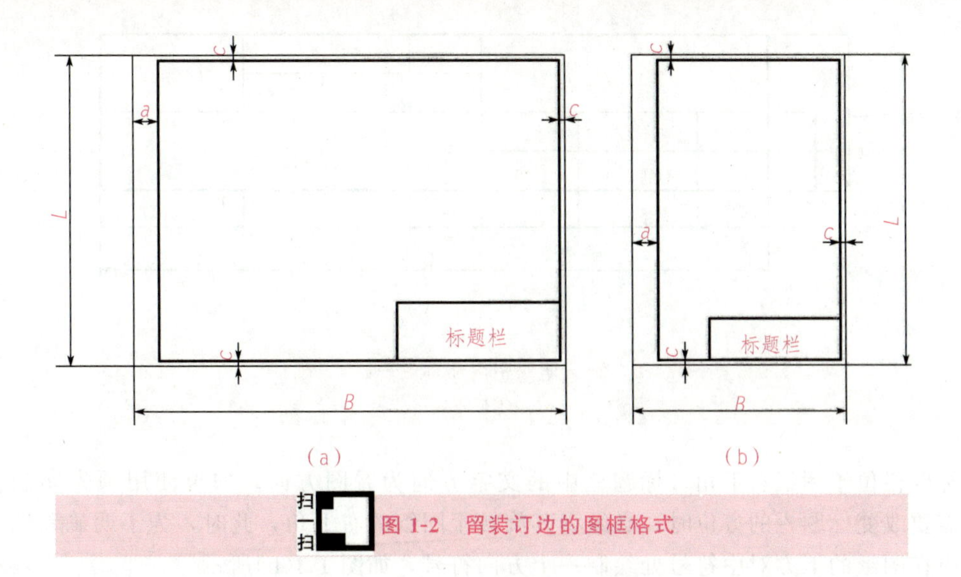

扫一扫 图 1-2　留装订边的图框格式

(a)　(b)

图 1-3　不留装订边的图框格式及对中、方向符号

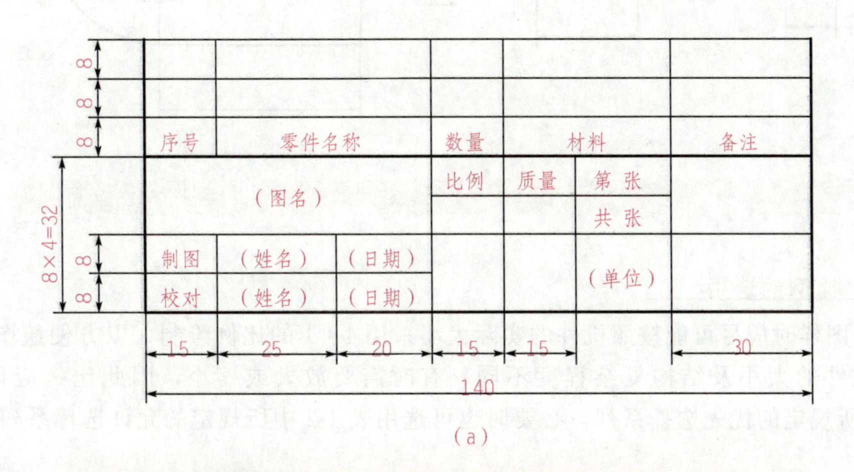

扫一扫 图 1-4　制图作业中简化标题栏格式

(a)装配图用

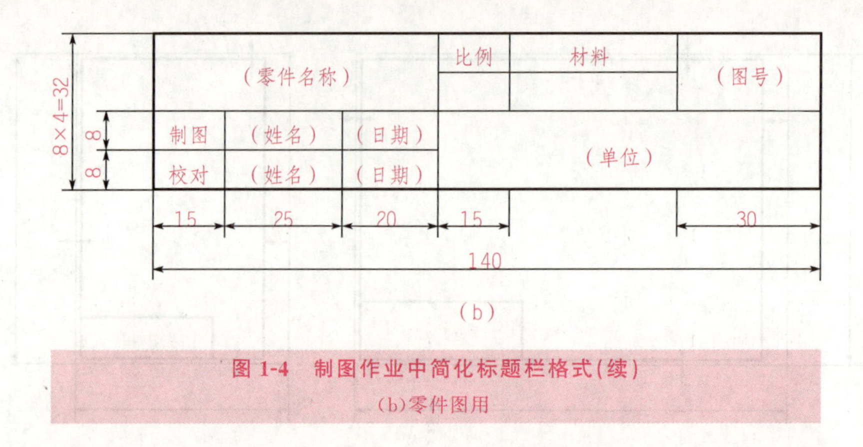

图 1-4 制图作业中简化标题栏格式(续)

(b)零件图用

标题栏位于图纸右下角，标题栏中的文字方向为看图方向。如果使用预先印制的图纸，需要改变标题栏的方位时，必须将其旋转至图纸的右上角，此时，为了明确看图的方向，应在图纸的下方对中符号处绘制一个方向符号，如图 1-3(b)所示。

1.1.2 比例

比例参考的国家标准为 GB/T 1469 —1993《技术制图　比例》。

1. 比例的概念

比例是指图样中图形与其实物相应要素的线性尺寸之比。图 1-5 所示为比例的应用效果。特别注意，图中标注的尺寸是机件的真实大小，不随比例的不同而有所变化。

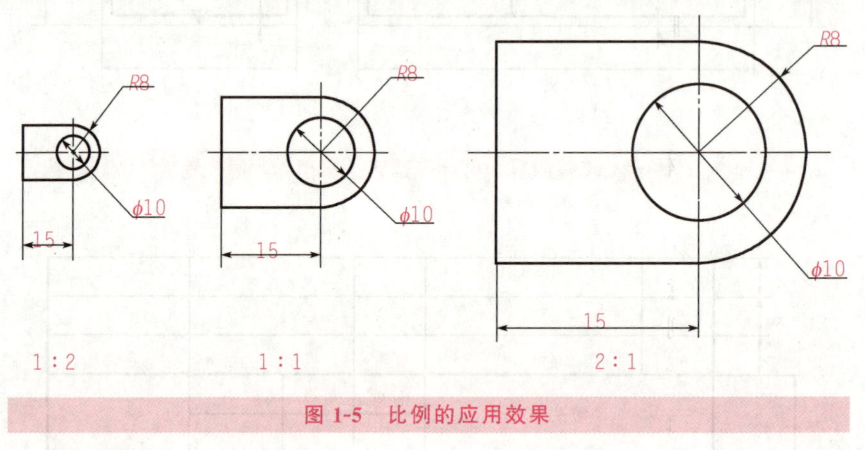

图 1-5 比例的应用效果

2. 比例的选用

绘制图样时应尽可能按照机件的实际大小采用 1∶1 的比例绘制，以方便绘图和看图。但由于机件的大小及结构复杂程度不同，有时需要放大或缩小，因此比例应优先选用表 1-2中所规定的优先选择系列，必要时也可选用表 1-2 中所规定的允许选择系列。

扫一扫

表 1-2 比例

种类	定义	优先选择系列	允许选择系列
原值比例	比值为 1 的比例	1∶1	
放大比例	比值大于 1 的比例	5∶1 2∶1 5×10^n∶1 2×10^n∶1 1×10^n∶1	4∶1 2.5∶1 4×10^n∶1 2.5×10^n∶1
缩小比例	比值小于 1 的比例	1∶2 1∶5 1∶10 1∶2×10^n 1∶5×10^n 1∶1×10^n	1∶1.5 1∶2.5 1∶3 1∶4 1∶6 1∶1.5×10^n 1∶2.5×10^n 1∶4×10^n 1∶6×10^n
注：n 为正整数			

同一机件的各个视图一般应采用相同的比例，并需在标题栏内的比例栏内写明采用的比例，如 1∶1。必要时，可标注在视图名称的下方或右侧。当同一机件的某个视图采用了不同比例绘制时，必须另行标明所用比例。

1.1.3 字体

字体参考的国家标准为 GB/T 14691—1993《技术制图　字体》。

1. 字体的号数

图样中除了用图形表达机件的结构和形状外，还需要用文字、数字等说明机件的名称、尺寸、材料和技术要求。国家标准规定，在图样中书写的文字必须做到“字体工整、笔画清楚、间隔均匀、排列整齐”。字体的号数即字体的高度 h，分为八种：20、14、10、7、5、3.5、2.5、1.8。

2. 汉字

汉字应写成长仿宋体，并采用国家正式公布的简化字。汉字的高度不应小于 3.5 mm，其宽度一般为 $h/\sqrt{2}$。汉字的书写要领是横平竖直、注意起落、结构匀称、填满方格。汉字字体示例如图 1-6 所示。

字体工整笔画清楚间隔均匀排列整齐
横平竖直注意起落结构均匀填满方格
ABCDEFGHIJKLMNOPQRSTUVWXYZ
abcdefghijklmnopqrstuvwxyz
I II III IV V VI VII VIII IX X　0123456789

图 1-6　汉字、字母和数字示例

3. 字母和数字

字母和数字可写成斜体或直体，通常是用斜体，字头向右倾斜，与水平线成 75°。当与汉字混写时一般用直体。字母和数字示例如图 1-6 所示。

1.1.4 图线

1. 图线的线型及应用

绘图时应采用国家标准规定的图线线型和画法。国家标准 GB/T 17450—1998《技术制

图　图线》规定了绘制各种技术图样的15种基本线型。根据基本线型及其变形，国家标准GB/T 4457.4—2002《机械制图 图样画法 图线》中规定了9种图线，其名称、线型及应用示例见表1-3和图1-7。

扫一扫 表1-3　图线的线型及应用

图线名称	图线型式	图线宽度	主要用途
粗实线		d	可见轮廓线、移出断面轮廓线
细实线		$d/2$	尺寸线、尺寸界线、指引线、剖面线、重合断面轮廓线、螺纹的牙底线、齿轮的齿根线、过渡线
波浪线		$d/2$	断裂处的边界线、视图与剖视图的分界线
双折线		$d/2$	同波浪线
细虚线		$d/2$	不可见轮廓线
粗虚线		d	允许表面处理的表示线
细点划线		$d/2$	轴线、对称线、中心线、齿轮的分度圆(线)
粗点划线		d	限定范围表示线
细双点划线		$d/2$	相邻辅助零件的轮廓线、极限位置的轮廓线、中断线

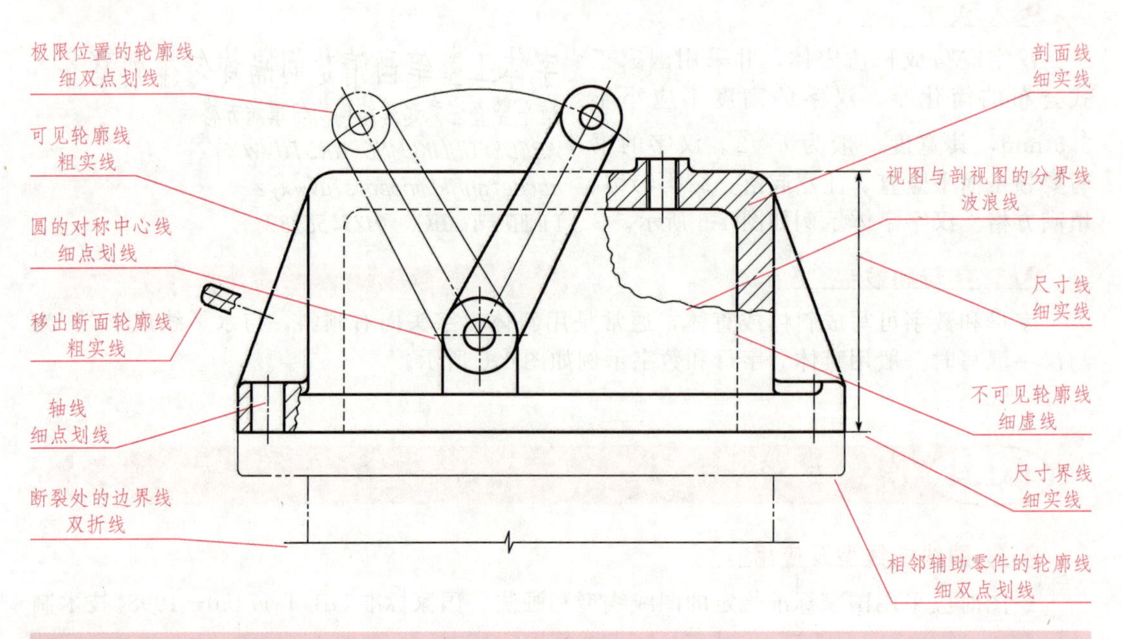

图1-7　图线应用示例

2. 图线的线宽

图线宽度(mm)系列为 0.13、0.18、0.25、0.35、0.5、0.7、1、1.4、2。所有线型的图线宽度均应按图样的类型和尺寸大小在该系列中选择。机械图样中粗线和细线的宽度比例为 2∶1，粗实线的宽度通常选用 0.5 mm 或 0.7 mm。为了保证图样清晰、便于复制，应尽量避免出现线宽小于 0.18 mm 的图线。在同一图样中，同类图线的宽度应一致。

3. 图线画法

1)在同一图样中，同类图线的宽度应一致。虚线、点划线及细双点划线的线段长度和间隔应各自大致相同。点划线、细双点划线的首末两端是长画而不是点。

2)画圆的中心线时，圆心应是长画的交点，细点划线的两端应超出轮廓 2～5 mm；当细点划线较短时，允许用细实线代替细点划线，如图 1-8 所示。

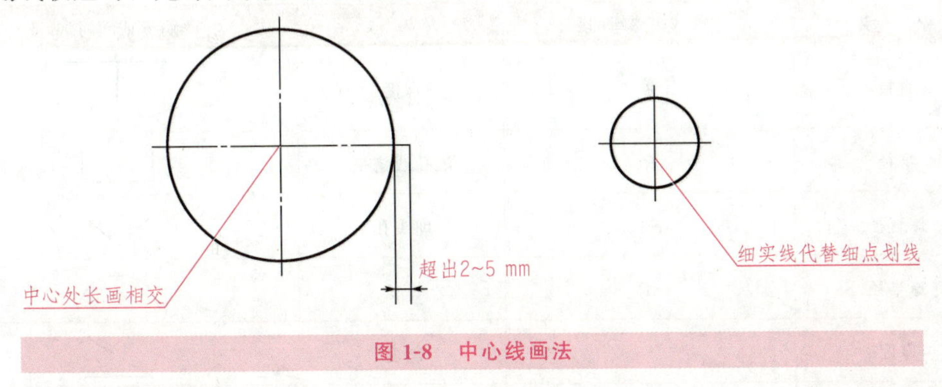

图 1-8　中心线画法

3)细虚线直接在粗实线延长线上相接时，细虚线应留出空；细虚线与粗实线垂直相接时则不留间隙；细虚线圆弧与粗实线相切时，细虚线圆弧应留出空隙，如图 1-9 所示。

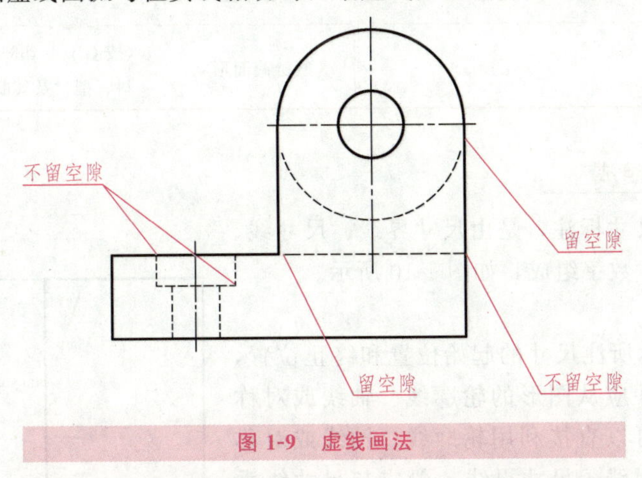

图 1-9　虚线画法

1.1.5 尺寸注法

机件的形状由图形来表达，而大小则必须由尺寸来确定。标注尺寸时，应严格遵守国家标准 GB/T 4458.4—2003《机械制图　尺寸注法》、GB/T 16675.2—2012《技术制图　简

化表示法 第 2 部分：尺寸注法》有关尺寸标注的规定，做到正确、完整、清晰、合理。

1. 标注尺寸的基本规则

1)机件的真实大小应以图样上标注的尺寸数值为依据，与图形的大小及绘图的准确度无关。

2)图样中的尺寸以 mm 为单位时，不必标注计量单位的符号(或名称)。若采用其他单位，则应注明相应的单位符号。

3)图样中所标注的尺寸为该图样所示机件的最后完工尺寸，否则应另加说明。

4)机件上的每一尺寸一般只标注一次，并应标注在表示该结构最清晰的图形上。

5)标注尺寸时，应尽可能使用符号或缩写词，常用的符号和缩写词见表 1-4。

表 1-4 常用的符号和缩写词

含 义	符号或缩写词	含 义	符号或缩写词
直径	ϕ	深度	↧
半径	R	沉孔或锪平	⌴
球直径	$S\phi$	埋头孔	⌵
球半径	SR	弧长	⌒
厚度	t	斜度	⌳
均布	EQS	锥度	⌲
45°倒角	C	展开长	
正方形	□	型材截面形状	(按 GB/T 4565—2008《技术制图 棒料、型材及其断面的简化表示法》)

2. 尺寸的组成

一个完整的尺寸标注，是由尺寸界线、尺寸线、尺寸线终端和尺寸数字组成，如图 1-10 所示。

(1)尺寸界线

尺寸界线表示所注尺寸的起始位置和终止位置，用细实线绘制，并应从图形的轮廓线、轴线或对称中心线引出；也可以直接利用轮廓线、轴线或对称中心线作为尺寸界线。尺寸界线一般应与尺寸线垂直，外端应超出尺寸线 2～5 mm。

(2)尺寸线

尺寸线用细实线绘制，但尺寸线不能用其他图线代替，也不得与其他图线重合或绘制在其延长线

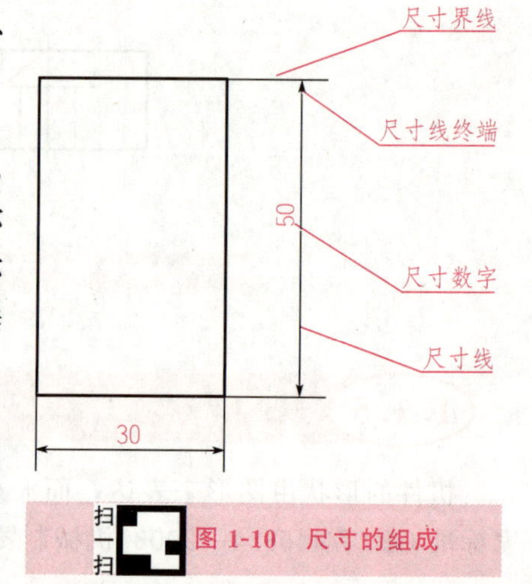

扫一扫 图 1-10 尺寸的组成

上。尺寸线应平行于被标注的线段，并与轮廓线间距 10 mm，相同方向的各尺寸线之间间隔均为 7～8 mm。尺寸线与尺寸界线之间应尽量避免相交，即小尺寸在里面，大尺寸在外面。

(3)尺寸线终端

尺寸线终端有箭头[图 1-11(a)]和斜线[图 1-11(b)]两种形式。通常，机械图样的尺寸线终端画箭头，土木建筑图的直线尺寸线终端绘制斜线。当没有足够的位置绘制箭头时，可用小圆点[图 1-11(c)]或斜线代替[图 1-11(d)]。

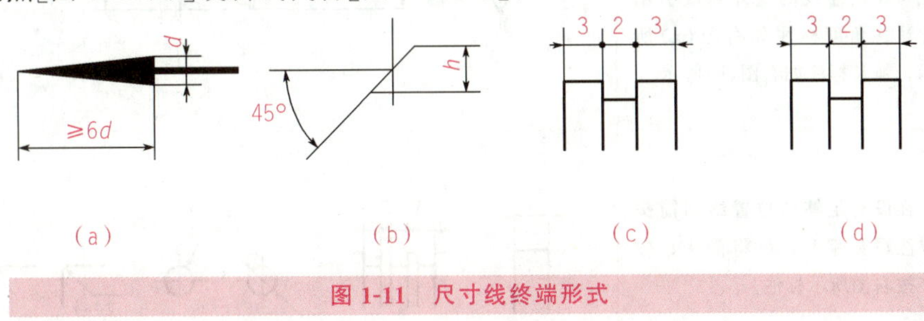

图 1-11 尺寸线终端形式

(4)尺寸数字

线性尺寸数字一般应注写在尺寸线的上方或左方，也允许注写在尺寸线的中断处。水平方向的线性尺寸，数字字头朝上书写；竖直方向的线性尺寸，数字字头朝左书写；倾斜方向的线性尺寸，数字字头方向有向上的趋势。角度数字一般都按照字头朝上水平书写。尺寸标注的形式见表 1-5。

表 1-5 尺寸标注的规定及示例

项目	规定	示例
尺寸数字	线性尺寸的数字一般按右图(a)中的方向填写，尽量避免在图示 30°范围内标注尺寸。当无法避免时，可按右图(b)所示的形式，引出标注	30° 20 20 20 20 20 20 20 20 20 20 20 20 30° (a) 20 20 (b)
圆与圆弧半径	一般整圆或大于半圆的圆弧用直径尺寸标注，直径尺寸数字前加符号 ϕ；小圆或等于半圆的圆弧用半径尺寸标注，半径尺寸数字前加符号 R。直径与半径的标注如右图所示	ϕ ϕ ϕ ϕ ϕ R R R R R

续表

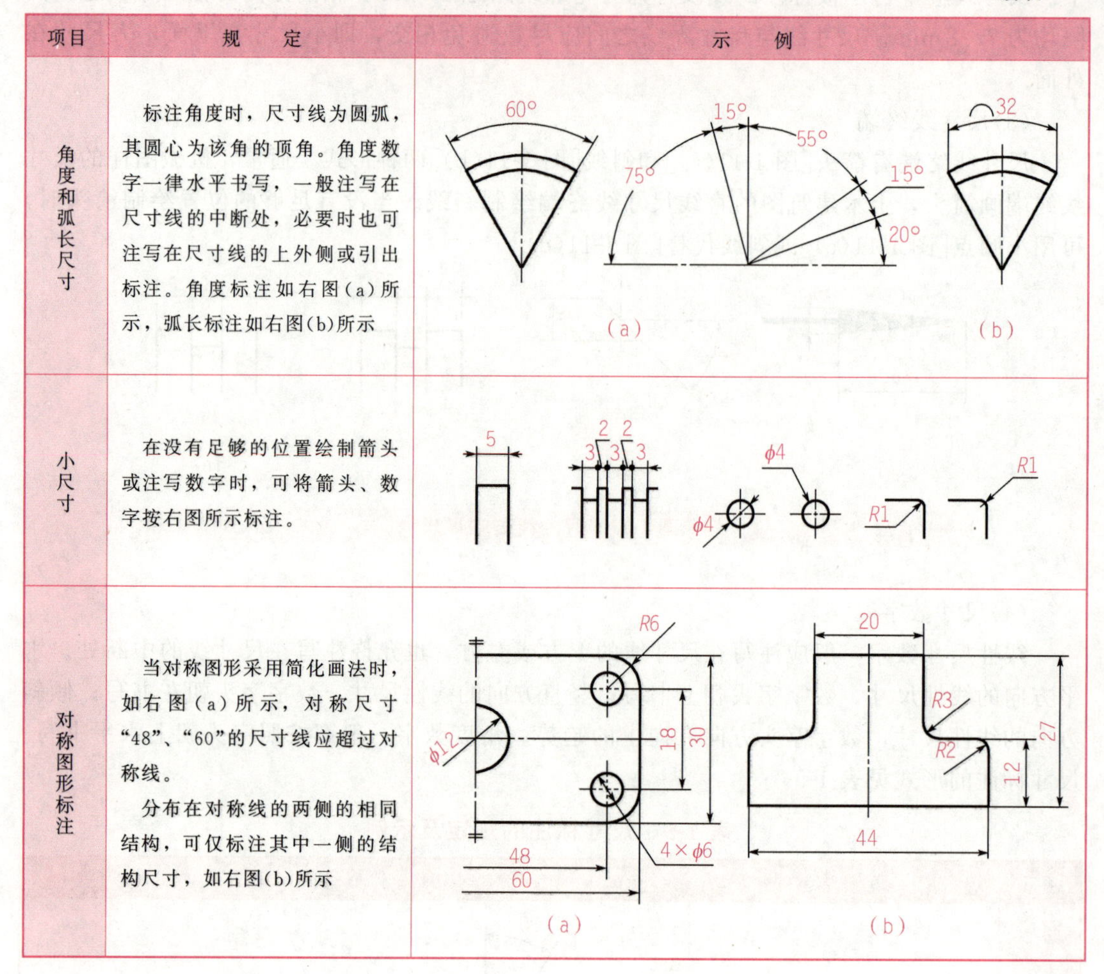

项目	规　　定	示　　例
角度和弧长尺寸	标注角度时，尺寸线为圆弧，其圆心为该角的顶角。角度数字一律水平书写，一般注写在尺寸线的中断处，必要时也可注写在尺寸线的上外侧或引出标注。角度标注如右图(a)所示，弧长标注如右图(b)所示	60°　15°　55°　75°　15°　20°　(a)　32　(b)
小尺寸	在没有足够的位置绘制箭头或注写数字时，可将箭头、数字按右图所示标注。	5　2 2　3 3 3　ϕ4　ϕ4　ϕ4　R1　R1
对称图形标注	当对称图形采用简化画法时，如右图(a)所示，对称尺寸“48”、“60”的尺寸线应超过对称线。 分布在对称线的两侧的相同结构，可仅标注其中一侧的结构尺寸，如右图(b)所示	R6　ϕ12　18　30　4×ϕ6　48　60　(a)　20　R3　R2　27　12　44　(b)

应用与实践

1. 绘制图框和标题栏

根据 A3 横装、A4 竖装的图纸幅面，用粗实线绘制图框（A3 留装订边、A4 不留装订边）。根据图 1-4(b)绘制标题栏。

2. 汉字与数字书写练习

汉字：机电专业机械工程制图技术要用名称数量比例制图设计审核序号备注材料；

数字：1234567890。

3. 图线练习

完成习题集图线练习。

4. 尺寸标注练习

完成习题集尺寸标注练习。

1.2 AutoCAD2010 基础

知识导入

AutoCAD 是由美国 Autodesk(欧特克)公司于 20 世纪 80 年代初为微机上应用 CAD 技术而开发的绘图程序软件包，经过不断的完善，现已经成为国际上广为流行的绘图工具。

AutoCAD 具有良好的用户界面，通过交互菜单或命令行方式便可以进行各种操作。它的多文档设计环境，让非计算机专业人员也能很快地学会使用。用户在不断实践的过程中可以更好地掌握它的各种应用和开发技巧，从而不断提高工作效率。目前最新版本为 AutoCAD2016，本书所用版本为 AutoCAD2010。

1.2.1 AutoCAD2010 的工作界面

1. 系统的启动

AutoCAD2010 安装完毕后，可以双击桌面上的快捷图标启动 AutoCAD。启动后的界面如图 1-12 所示。

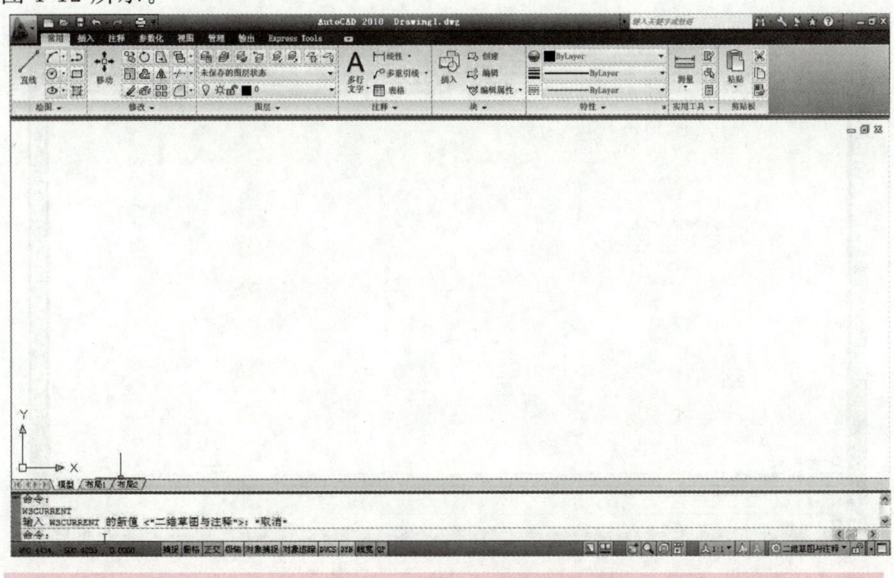

图 1-12 AutoCAD2010 界面

AutoCAD 启动时会自动新建一个 AutoCAD 文档，并默认为 Darwing1. dwg（窗口左上角有显示），AutoCAD 文件扩展名为 . dwg。AutoCAD 是多文档操作软件，可以同时新建或打开若干个文档，可以在窗口菜单中选择“层叠”“水平平铺”“垂直平铺”选项来改变多文档在窗口中的显示形式。

2. AutoCAD 工作界面

AutoCAD 在工作空间工具栏或工具菜单的工作空间中有三种工作界面可以选择：

1）二维草图与注释：使用面板上的工具，创建二维草图与注释，如图 1-12 所示。

2）三维建模：使用面板上的工具，创建三维模型，如图 1-13 所示。

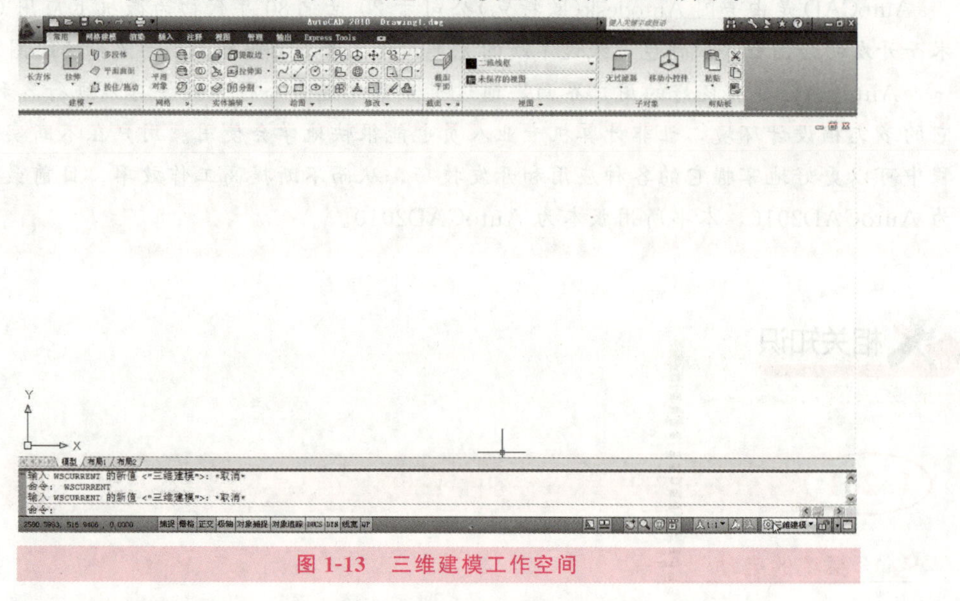

图 1-13　三维建模工作空间

3）AutoCAD 经典：继承以往版本的风格，即自由调整工具栏的工作界面，如图 1-14 所示。

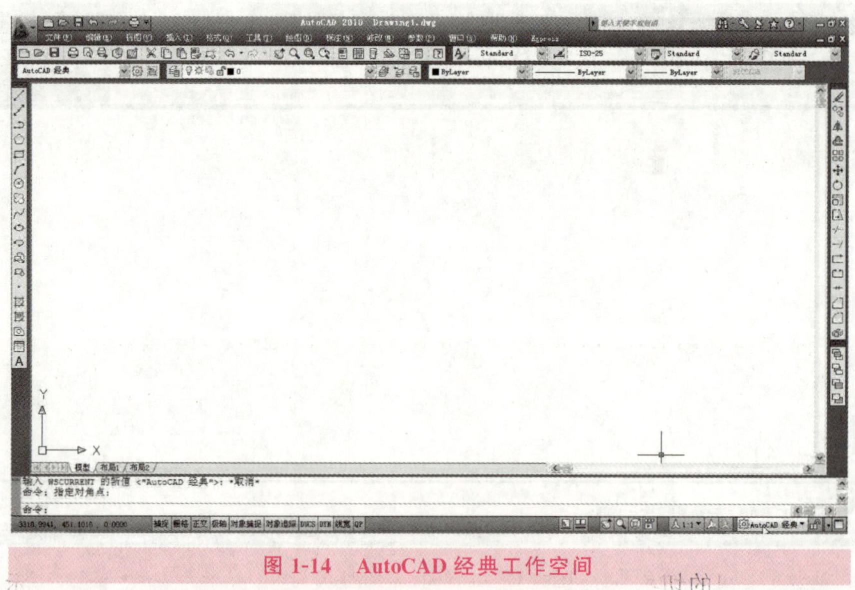

图 1-14　AutoCAD 经典工作空间

3. AutoCAD 菜单

在标题栏的下方，AutoCAD 2010 提供了 11 个下拉菜单。用户可以通过选择菜单命令完成指定的操作，这是执行命令的方式之一。如图 1-15 所示为“绘图”下拉菜单。

4. AutoCAD 工具栏

在任何一个工作空间中(特别是 AutoCAD 经典)，均可以通过右击工具栏来显示工具栏菜单，以便选择打开或关闭，如图 1-16 所示。

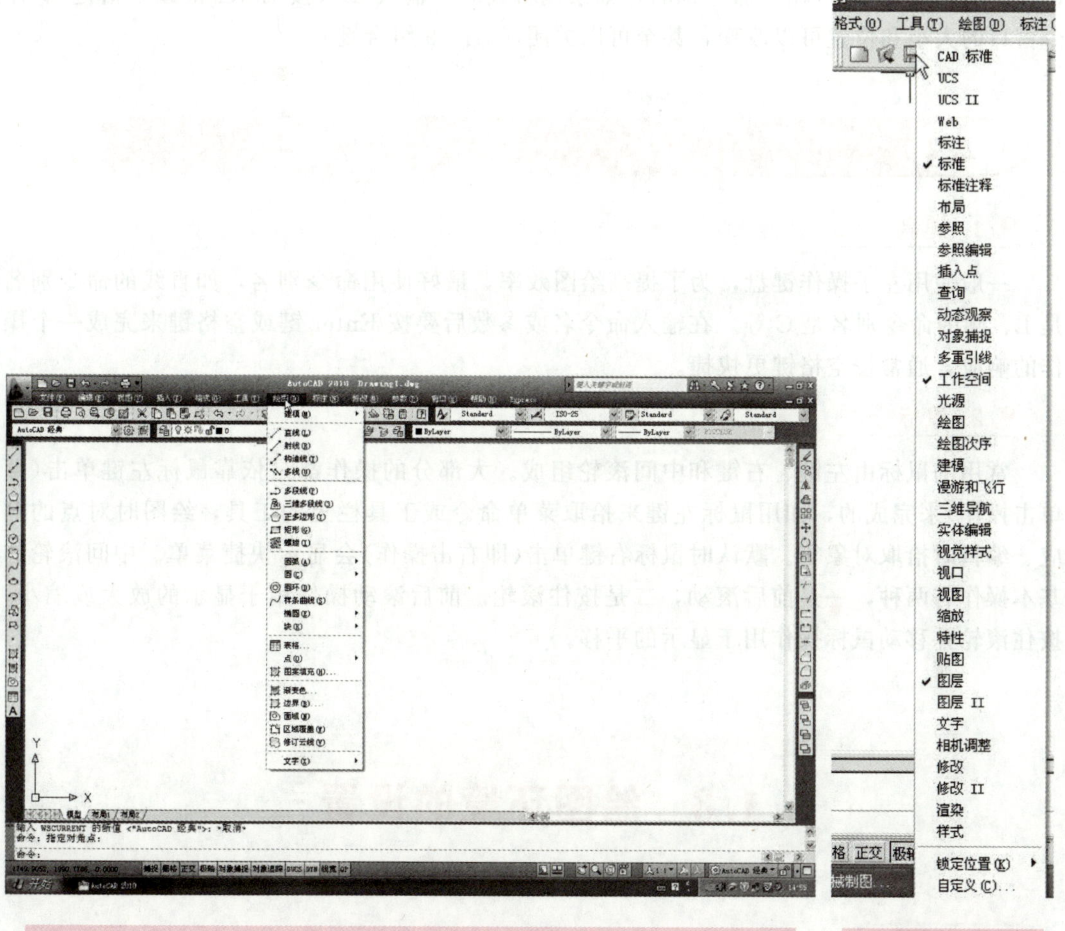

图 1-15 “绘图”下拉菜单

图 1-16 工具栏

5. AutoCAD 选项卡

当选择了“二维草图与注释”或“三维建模”工作空间时，在标题栏下方将显示功能选项卡，如“二维草图与注释”工作空间(见图 1-12)中有“常用”“插入”“注释”“参数化”“视图”“管理”“输出”等选项卡。

6. 状态行

状态行位于窗口的下方，用于显示系统的当前状态，如当前光标的坐标、绘图工具的设置状态、绘图空间的切换、注释性选择、状态行的显示设置等，如图 1-17 所示。

图 1-17 状态行

7. 命令窗口

默认时命令窗口位于状态行的上方，如图 1-14 所示。命令窗口用于显示命令提示信息和命令的输入，可以输入命令的全称，如绘制直线时，输入“Line”(按 Enter 键或空格键后绘制直线)，也可输入命令别名，如绘制直线时，输入“L”(按 Enter 键或空格键)。命令窗口的大小和位置可以改变，甚至可以关闭(Ctrl+9 组合键)。

1.2.2 AutoCAD 键盘与鼠标的操作

1. 键盘

一般使用左手操作键盘，为了提高绘图效率，最好使用命令别名，如直线的命令别名是 L、圆的命令别名是 C 等。在输入命令名或参数后要按 Enter 键或空格键来完成一个操作的响应，通常按空格键更快捷。

2. 鼠标

常用的鼠标由左键、右键和中间滚轮组成。大部分的操作都是依靠鼠标左键单击(即单击操作)来完成的，如用鼠标左键来拾取菜单命令或工具栏上的工具，绘图时对点的响应、编辑时拾取对象等。默认时鼠标右键单击(即右击操作)会显示快捷菜单。中间滚轮的基本操作有两种，一是前后滚动，二是按住滚轮。前后滚动操作用于显示的放大或缩小，按住滚轮并移动鼠标操作用于显示的平移。

1.3 绘图环境的设置

知识导入

AutoCAD 广泛应用于机械、建筑、电气等工程的设计，不同的行业有不同的绘图要求和标准，这就要求用户要根据本行业的要求去设置 AutoCAD 的绘图环境。对于机械制图，绘图环境的设置主要有图层的设置、文字样式的创建、标注样式的创建等。为了将来应用的方便性，用户最好将设置的绘图环境保存成模板文件，以方便今后的调用。

相关知识

1.3.1 图层设置

1. 图层命令

图层命令如图 1-18 所示。

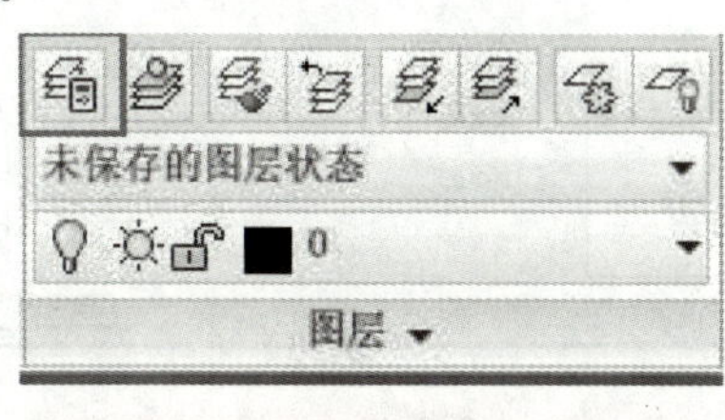

图 1-18 图层命令

命令方式：格式菜单、图层工具栏、图层面板、命令行(命令名 LAYER 或命令别名 LA)。

2. 图层操作

一般按线型管理图层，如图 1-19 所示。

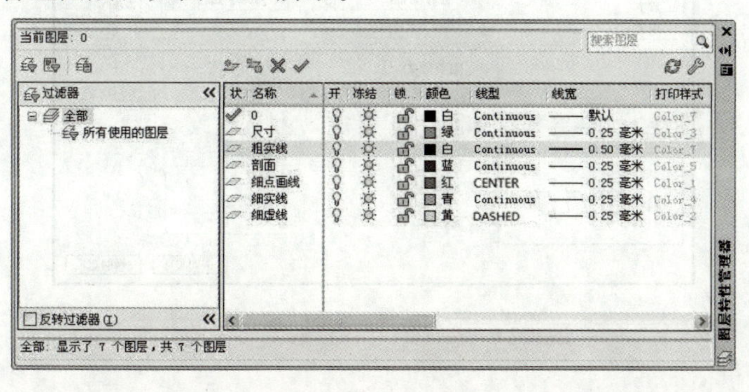

图 1-19 图层设置

1.3.2 文字样式

文字样式应符合 GB/T 14691—1993《技术制图　字体》中的规定。

1. 文字样式命令

文字样式命令的图标为 A。

命令方式：格式菜单、格式工具栏、文字面板、命令行(命令名 STYLE 或命令别名 ST)。

2. 新建文字样式

新建一个用于汉字的文字样式，命名为“汉字”，字体设置为“T 仿宋 GB2312”(先取消勾选“使用大字体”复选框)，宽度因子设置为“0.7500”，如图 1-20 所示。

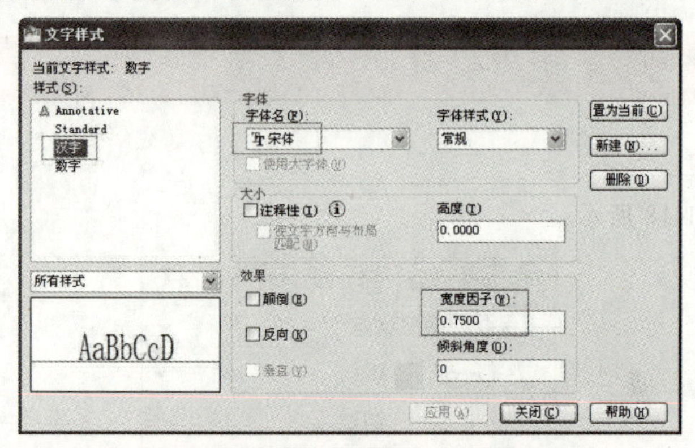

图 1-20 用于汉字的文字样式

再新建一个用于尺寸数字的文字样式，命名为“数字”，字体设置为“gbeitc.shx ”(勾选“使用大字体”复选框)，宽度比例设置为“1.0000”，如图 1-21 所示。

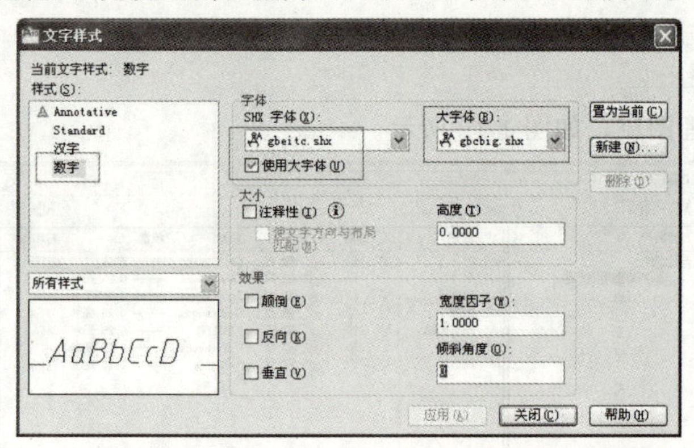

图 1-21 用于尺寸标注的文字样式

1.3.3 尺寸样式

尺寸样式应符合 GB/T 4458.4—2003《机械制图 尺寸标注》中的规定。

1. 尺寸样式命令

尺寸样式命令的图标为[icon]。

命令方式：格式菜单、格式工具栏、标注面板、命令行(命令名 DIMSTYLE 或命令别名 D)。

2. 新建样式

为了符合我国机械制图标准的标注，需要新建一个样式，在默认的 ISO-25 样式的基础上，新建一个名为“机械-25”的标注样式(见图 1-22)。其基础样式设置如下：文字高度设置为“2.5”，箭头大小设置为“2”，尺寸界线超出尺寸线设置为“2”，起点偏移量设置为“0”，基线间距设置为“6”，数字位置从尺寸线偏移设置为“0.625”，文字样式设置为“数字”，如图 1-23～1-25 所示。

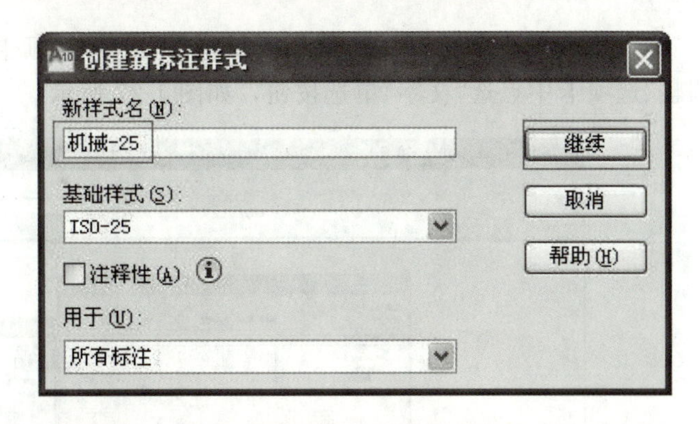

图 1-22 新建“机械-25”标注样式

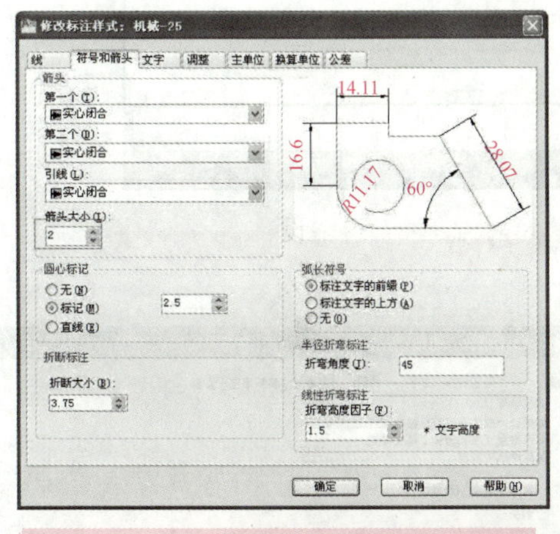

图 1-23 “符号和箭头”选项卡的设置

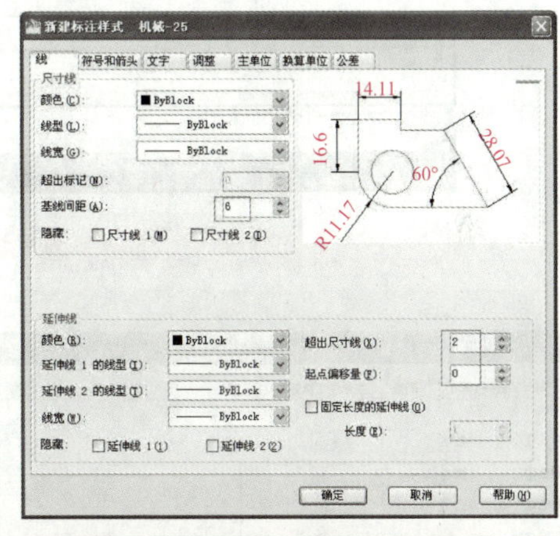

图 1-24 “线”选项卡的设置

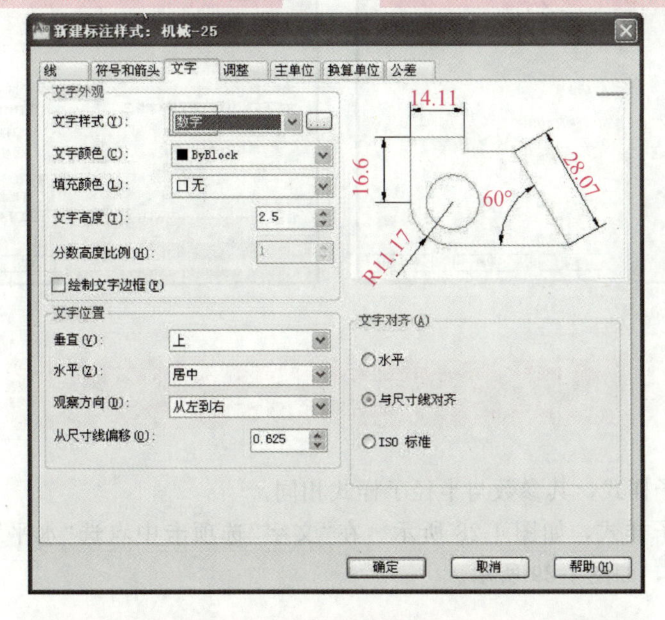

图 1-25 “文字”选项卡的设置

为使角度、圆的直径和圆弧半径符合标准，在“机械-25”的基础上再新建如下子样式：

1)新建半径子样式，如图 1-26 所示。在“文字”选项卡中点选“ISO 标准”单选按钮。在“调整”选项卡中点选“文字”单选按钮，如图 1-27 所示。

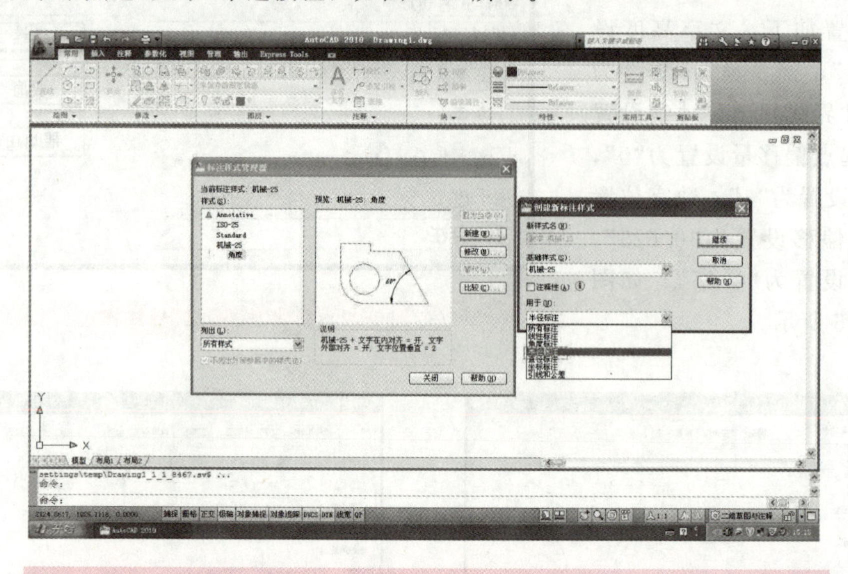

图 1-26 新建半径子样式

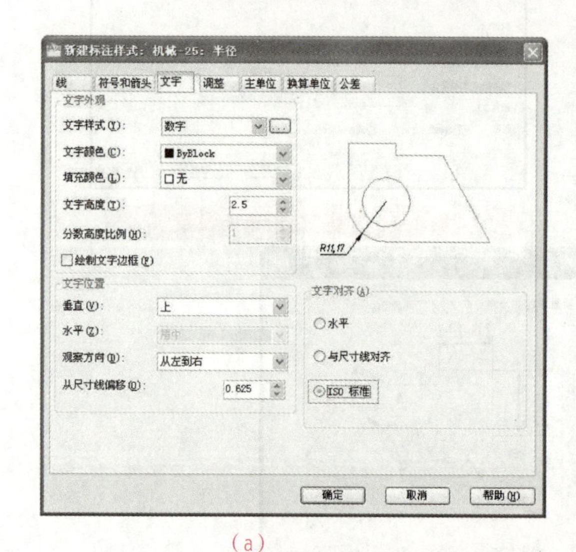

(a)

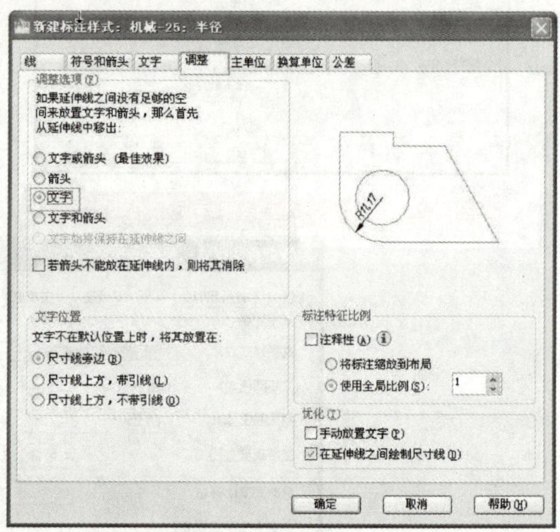

(b)

图 1-27 半径子样式“文字”和“调整”选项卡的设置

(a)“文字”选项卡的设置；(b)“调整”选项卡的设置

2)新建直径子样式，其参数与半径子样式相同。

3)新建角度子样式，如图 1-28 所示。在“文字”选项卡中点选“水平”单选按钮，“垂直”设置为“外部”，如图 1-29 所示。

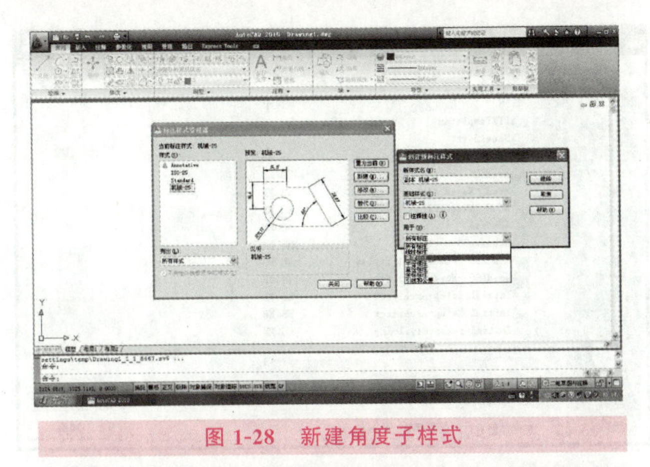

图 1-28 新建角度子样式

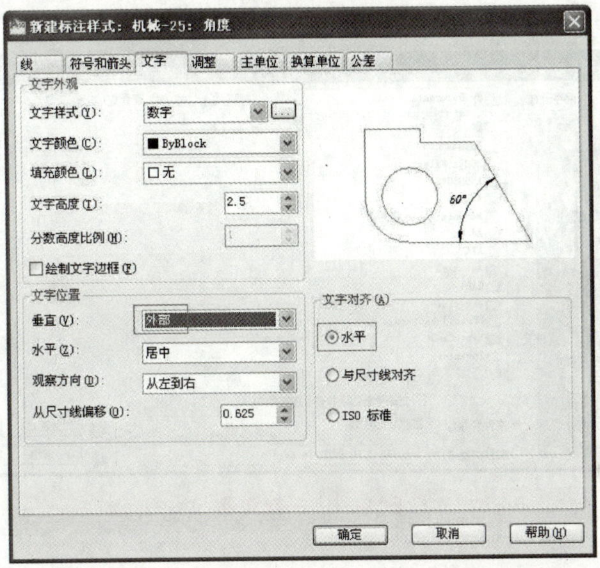

图 1-29 角度子样式“文字”选项卡的设置

1.3.4 新建文件

新建命令的图标为▢。

命令方式：文件菜单、标准工具栏、命令行(命令名 NEW 或 Ctrl+N 组合键)。

新建文件，如图 1-30 所示。

1.3.5 保存文件

保存命令的图标为▣。

命令方式：文件菜单、标准工具栏、命令行(命令名 SAVE 或 Ctrl+S 组合键)。

保存文件，如图 1-31 所示。

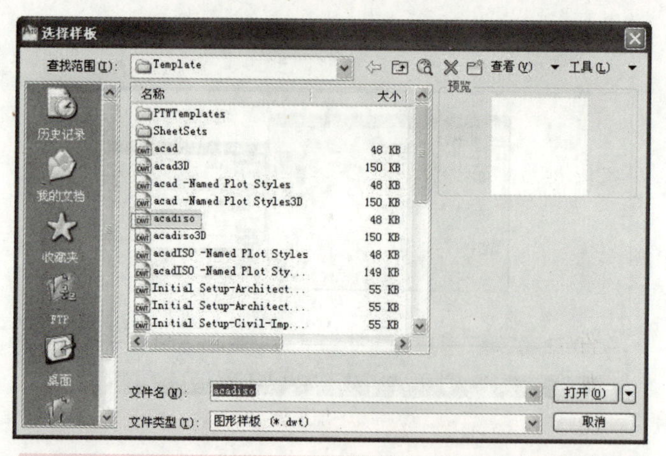

图 1-30 新建文件

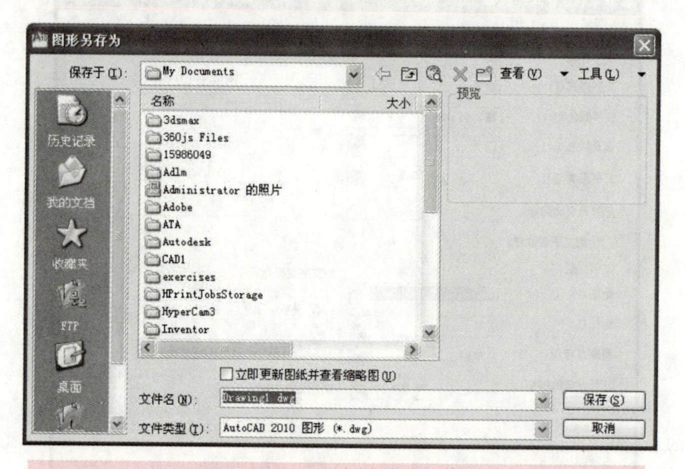

图 1-31 保存文件

1.3.6 打开文件

打开命令的图标为。

命令方式：文件菜单、标准工具栏、命令行(命令名 OPEN 或 Ctrl + O 组合键)。

打开文件，如图 1-32 所示。

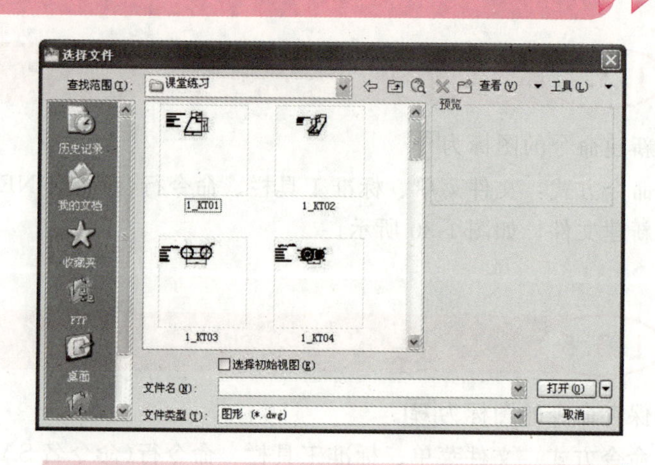

图 1-32 打开文件

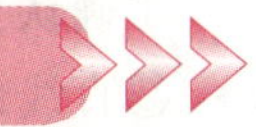

1.3.7 创建图形样板的步骤

1)新建文件，确认 acadiso. dwt 被选择，单击“确定”按钮。

2)设置图层。

3)创建文字样式。

4)创建尺寸样式。

5)保存文件，在文件类型文本框中选择“AutoCAD 图形样板(*. dwt)”，在文件名文本框中输入样板文件名，如“机械 A3”。

说明：当选择了“AutoCAD 图形样板(*. dwt)”后，路径会自动变为 Template 文件夹，一般不要改变，新建文件时容易找到。

6)关闭文件。

1.4 基本图形的绘制练习

练习 1

◈训练重点

正交模式绘制直线、对象追踪、对象捕捉(端点)、线性尺寸标注，如图 1-33 所示。

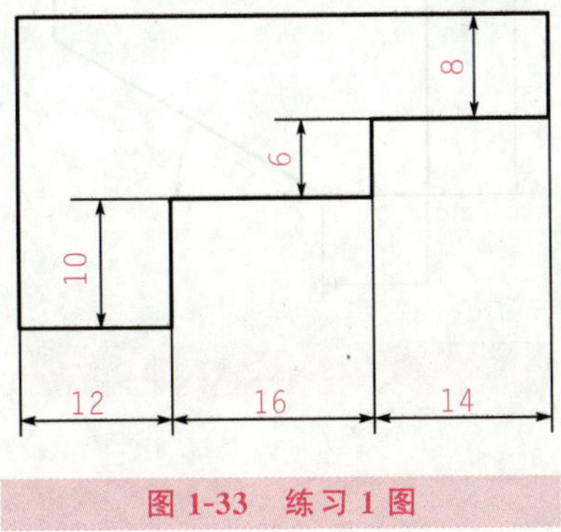

图 1-33 练习 1 图

◈训练步骤

1)新建文件。

①新建文件，选择“机械 A3. dwt”。

②保存文件，存储在个人文件夹中并命名为“作业 1. dwg”。

③打开文件，选择练习 1. dwg(文件可从北京理工大学出版社官网 www. bitpress. com. cn 下载，下同)”。

④窗口菜单：垂直平铺。

2)绘图。

①确认当前图层为“粗实线”。

②直线命令的图标为。

命令方式：绘图菜单、绘图工具栏、二维绘图面板、命令行(命令名 LINE 或命令别名 L)，如图 1-34 所示。

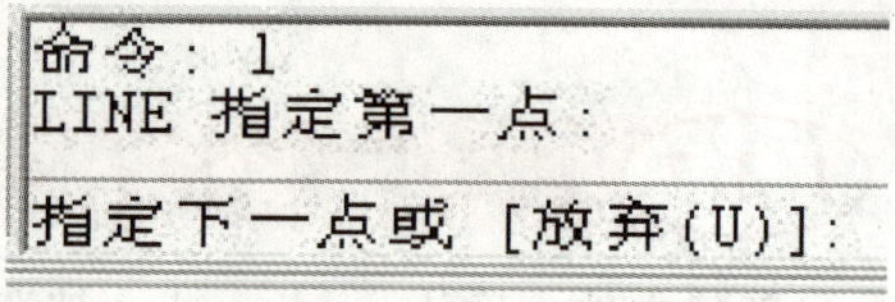

命令：l
LINE 指定第一点：
指定下一点或 [放弃(U)]：

图 1-34　直线命令行

③绘图技术：正交模式、对象追踪、对象捕捉(或闭合)。

3)标注尺寸。

①将尺寸图层设置为当前层。

②线性标注命令的图标为。

命令方式：标注菜单、标注工具栏、标注面板、命令行(命令名 DIMLINEAR 或命令别名 DLI)。

③标注方式：按 Enter 键后选择对象标注。

4)保存文件。

练习 2

◈训练重点

极轴模式绘制直线、极轴设置、对象追踪、角度标注，如图 1-35 所示。

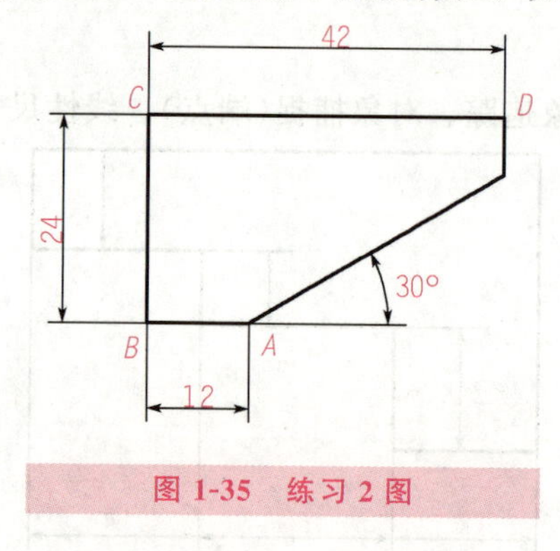

图 1-35　练习 2 图

◈训练步骤

1)新建文件。

①新建文件，选择“机械 A3. dwt”。

②保存文件，存储在个人文件夹中并命名为“作业 2. dwg”。

③打开文件，选择“练习 2. dwg”。

④窗口菜单：垂直平铺。

2)绘图。

①确认当前图层为“粗实线”。

②设置极轴，右击状态栏上的极轴，弹出“草图设置”对话框，如图 1-36 所示。

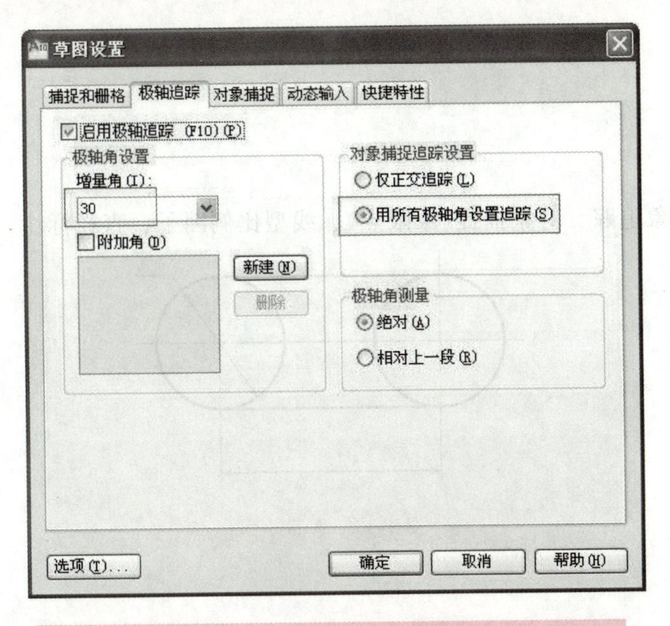

图 1-36 “草图设置”对话框

③绘制方法：从 A 至 D 绘制三段直线(使用极轴追踪)，在 D 点时，先向下(显示垂线)，在碰 A 点后向右上方(显示 30°极轴线)，与垂线极轴相交时单击，如图 1-37 所示。

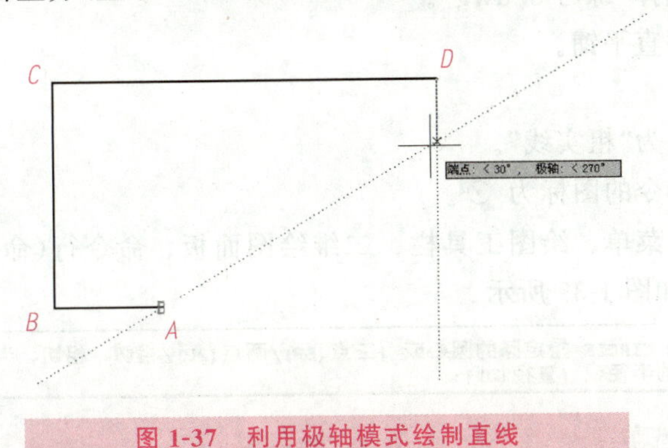

图 1-37 利用极轴模式绘制直线

3)标注尺寸。

①将尺寸标注图层设置为当前层。

②标注线性尺寸。

③标注角度尺寸。角度标注的图标为[图标]。

命令方式：标注菜单、标注工具栏、标注面板、命令行(命令名 DIMANGULAR 或命令别名 DAN)。

④标注方式：分别选择两直线边。

4)保存文件。

练习 3

◈训练重点

圆命令、对象追踪、对象捕捉(象限点)、线型比例因子、直径标注，如图 1-38 所示。

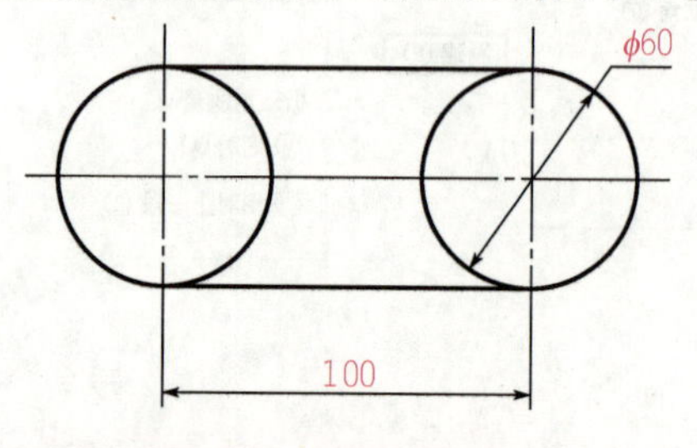

图 1-38　练习 3 图

◈训练步骤

1)新建文件。

①新建文件，选择“机械 A3. dwt”。

②保存文件，存储在个人文件夹中并命名为“作业 3. dwg”。

③打开文件，选择“练习 3. dwg”。

④窗口菜单：垂直平铺。

2)绘图。

①确认当前图层为“粗实线”。

②绘制圆。圆命令的图标为 ⊙。

命令方式：绘图菜单、绘图工具栏、二维绘图面板、命令行(命令名 CIRCLE 或命令别名 C)。圆命令行如图 1-39 所示。

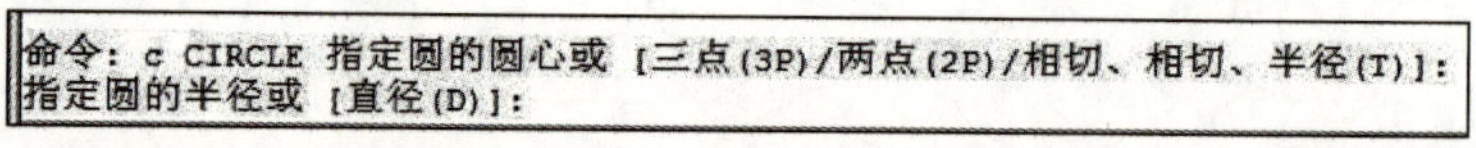

```
命令: c CIRCLE 指定圆的圆心或 [三点(3P)/两点(2P)/相切、相切、半径(T)]:
指定圆的半径或 [直径(D)]:
```

图 1-39　圆命令行

第一个圆：圆心任意，半径 30。

第二个圆：碰第一个圆的圆心，向正右方追踪，输入“100”，半径默认(即按 Enter 键)。

③绘制直线。使用象限点捕捉。

④绘制中心线。将细点划线图层设置为当前层，用直线命令绘制中心线(追踪象限点目测距离)。

⑤调整线型比例。使用全局线型比例因子命令调整线型比例。

命令方式：格式菜单、尺寸样式对话框、命令行(命令名 LTSCALE 或别名 LTS)。

一般情况下默认值为 1。

线型比例=1:

线型比例=0.5:

线型比例=2:

3)标注尺寸。

①将尺寸标注图层设置为当前层。

②标注线性尺寸。

③标注直径尺寸。直径标注命令的图标为⃠。

命令方式：标注菜单、标注工具栏、标注面板、命令行(命令名 DIMDIAMETER 或命令别名 DDI)。

标注方式：选择圆。

4)保存文件。

练习 4

◈训练重点

对象捕捉(切点)，如图 1-40 所示。

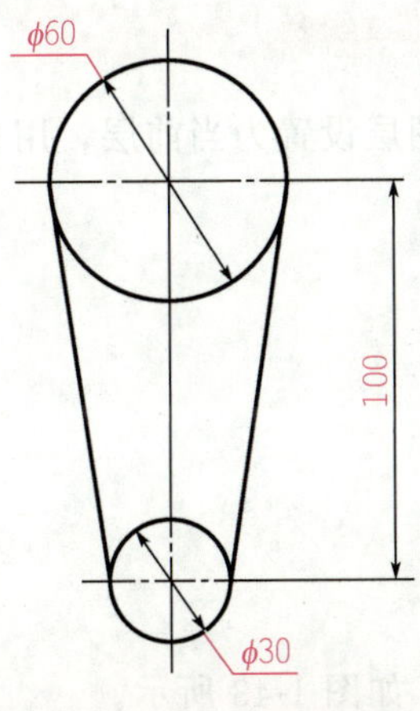

图 1-40 练习 4 图

◈训练步骤

1)新建文件。

①新建文件，选择“机械 A3. dwt”。

②保存文件，存储在个人文件夹中并命名为“作业 4. dwg”。

③打开文件，选择“练习 4. dwg”

④窗口菜单：垂直平铺。

2)绘图。

①将粗实线图层设置为当前层。

②绘制圆。

③绘制直线。使用临时对象捕捉(切点)。

方法一：使用对象捕捉工具栏，如图 1-41 所示。

方法二：按住 Shift 键，右击弹出快捷菜单，如图 1-42 所示。

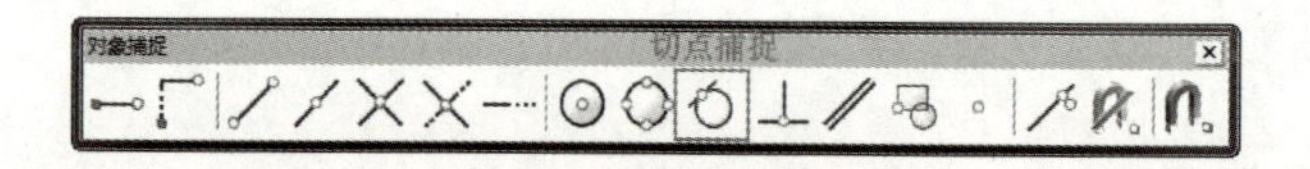

图 1-41 对象捕捉工具栏

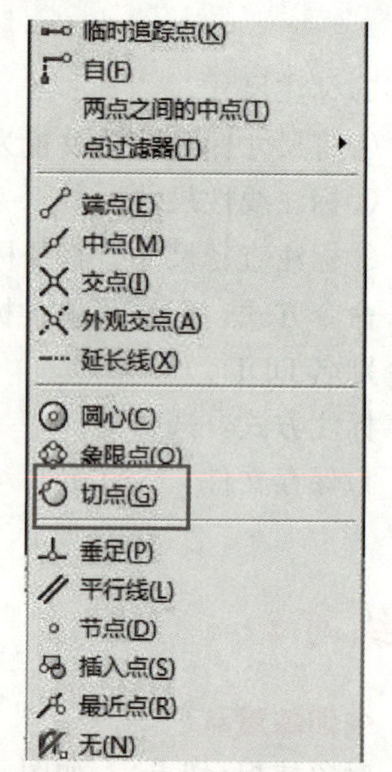

图 1-42 切点快捷菜单

④绘制中心线。将细点划线图层设置为当前层，用直线命令绘制中心线。

⑤调整线型比例。

3)标注尺寸。

4)保存文件。

练习 5

◈训练重点

矩形命令、对象追踪(双向)，如图 1-43 所示。

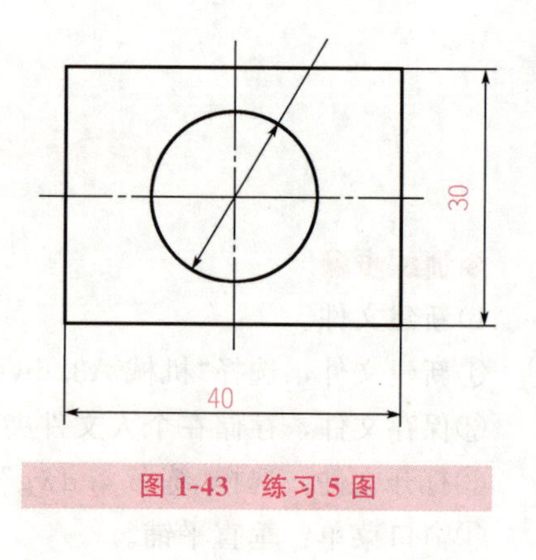

图 1-43 练习 5 图

◈训练步骤

1)新建文件。

①新建文件，选择“机械 A3. dwt”。

②保存文件，存储在个人文件夹中并命名为“作业 5. dwg”。

③打开文件，选择“练习 5. dwg”。

④窗口菜单：垂直平铺。

2)绘图。

①绘制矩形。矩形命令的图标为□。

命令方式：绘图菜单、绘图工具栏、二维绘图面板、命令行(命令名 RECTANG 或命令别名 REC)。

矩形命令行如图 1-44 所示。

```
命令: rec RECTANG
指定第一个角点或 [倒角(C)/标高(E)/圆角(F)/厚度(T)/宽度(W)]:
指定另一个角点或 [面积(A)/尺寸(D)/旋转(R)]: d
指定矩形的长度 <10.0000>: 40
指定矩形的宽度 <10.0000>: 30
指定另一个角点或 [面积(A)/尺寸(D)/旋转(R)]:
```

图 1-44　矩形命令行

②绘制圆。双向对象追踪，碰水平线中点向下追踪，再碰垂直线中点向右追踪，相交时单击。

③绘制中心线并调整线型比例。

3)标注尺寸。

4)保存文件。

练习 6

◈训练重点

矩形命令、对象捕捉(捕捉自)、对象追踪、辅助作图、删除命令、修剪命令、圆角命令、对齐线性标注，如图 1-45 所示。

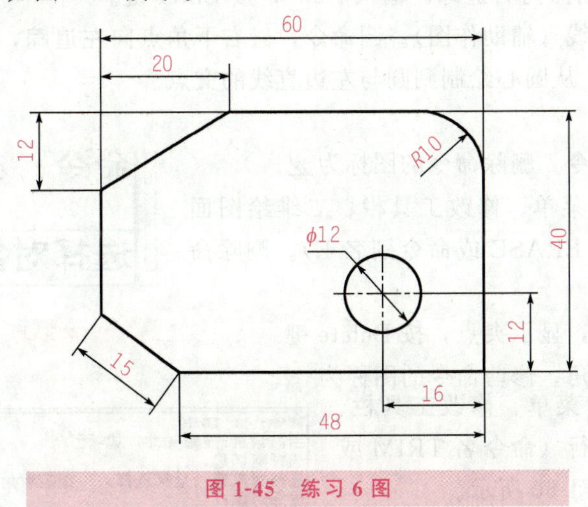

图 1-45　练习 6 图

◈训练步骤

1)新建文件。

①新建文件，选择“机械 A3. dwt”。

②保存文件，存储在个人文件夹中并命名为“作业 6. dwg”。

③打开文件，选择“练习 6. dwg”。

④窗口菜单：垂直平铺。

2)绘图。

①绘制 60×40 矩形(矩形命令)。使用相对坐标，如图 1-46 所示。

```
命令: rec RECTANG
指定第一个角点或 [倒角(C)/标高(E)/圆角(F)/厚度(T)/宽度(W)]:
指定另一个角点或 [面积(A)/尺寸(D)/旋转(R)]: @60,40
```

图 1-46 相对坐标与矩形命令

②绘制 $\phi12$ 圆。对象捕捉(捕捉自)，如图 1-47 所示。

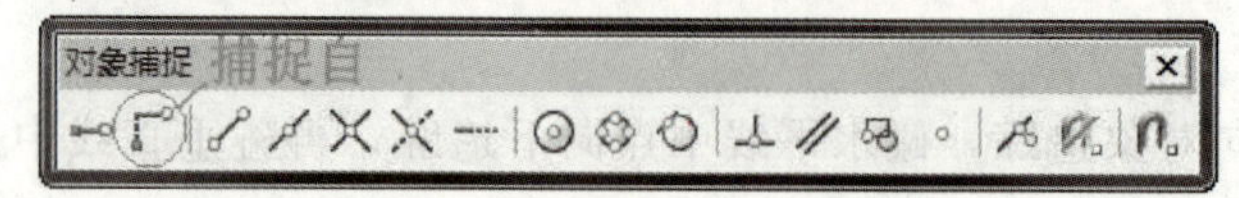

图 1-47 对象捕捉(捕捉自)

圆命令，单击捕捉自工具，单击右下角点，输入“@-16,12”，按 Enter 键，输入半径“6”，按 Enter 键，如图 1-48 所示。

```
命令: c CIRCLE 指定圆的圆心或 [三点(3P)/两点(2P)/相切、相切、半径(T)]: _from 基点: <偏移>: @-16,12
指定圆的半径或 [直径(D)]: 6
```

图 1-48 相对坐标与圆命令行

③绘制左上角直线（对象追踪）。直线命令，碰左上角点向下追踪，输入“12”，按 Enter 键，再碰左上角点向右追踪，输入“20”，按 Enter 键。

④绘制左下角直线（辅助作图）。圆命令，碰右下角点向左追踪，输入“48”，半径输入“15”；直线命令，从圆心绘制到圆与左边直线的交点。

⑤删除辅助圆。

方法一：删除命令。删除命令的图标为。

命令方式：修改菜单、修改工具栏、二维绘图面板、命令行（命令名 ERASE 或命令别名 E）。删除命令行如图 1-49 所示。

```
命令: e ERASE
选择对象:
```

图 1-49 删除命令行

方法二：选择圆，显示夹点，按 Delete 键。

⑥修剪左边两个角。修剪命令的图标为。

命令方式：修改菜单、修改工具栏、二维绘图面板、命令行（命令名 TRIM 或命令别名 TR），如图 1-50 所示。

```
命令: tr TRIM
当前设置:投影=UCS, 边=无
选择剪切边...
选择对象或 <全部选择>: 指定对角点: 找到 2 个
选择对象:
选择要修剪的对象，或按住 Shift 键选择要延伸的对象，或
[栏选(F)/窗交(C)/投影(P)/边(E)/删除(R)/放弃(U)]:
选择要修剪的对象，或按住 Shift 键选择要延伸的对象，或
[栏选(F)/窗交(C)/投影(P)/边(E)/删除(R)/放弃(U)]:
```

图 1-50 修剪命令行

⑦绘制圆角。圆角命令的图标为。

命令方式：修改菜单、修改工具栏、二维绘图面板、命令行（命令名 FILLET 或命令别名 F）。圆角命令行如图 1-51 所示。

```
命令: f FILLET
当前设置: 模式 = 修剪, 半径 = 0.0000
选择第一个对象或 [放弃(U)/多段线(P)/半径(R)/修剪(T)/多个(M)]: r 指定圆角半径 <0.0000>: 10
选择第一个对象或 [放弃(U)/多段线(P)/半径(R)/修剪(T)/多个(M)]:
选择第二个对象, 或按住 Shift 键选择要应用角点的对象:
```

图 1-51 圆角命令行

⑧绘制中心线并调整线型比例。

3）标注尺寸。

①标注线性尺寸。

②标注直径尺寸。

③标注半径尺寸。

④标注倾斜尺寸。

对齐线性标注命令的图标为。

命令方式：标注菜单、标注工具栏、标注面板、命令行（命令名 DIMALIGNED 或命令别名 DAL）。

4）保存文件。

练习 7

◈训练重点

相对坐标、修改尺寸样式、修改半径尺寸，如图 1-52 所示。

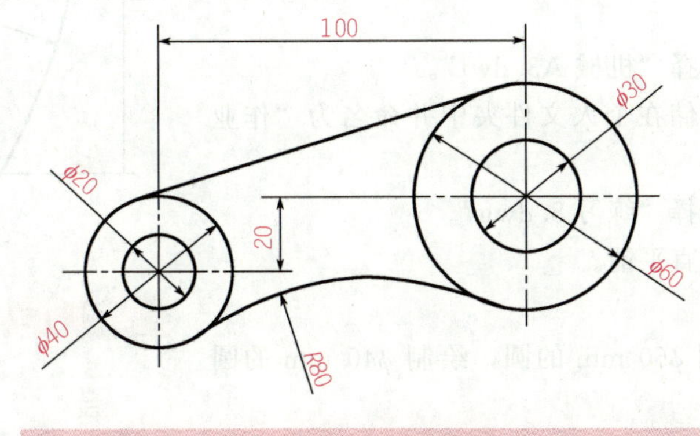

图 1-52　练习 7 图

◈训练步骤

1）新建文件。

①新建文件，选择“机械 A3. dwt”。

②保存文件，存储在个人文件夹中并命名为“作业 7. dwg”。

③打开文件，选择“练习 7. dwg”。

④窗口菜单：垂直平铺。

2）绘图。

①绘制圆。分别绘制 ϕ20 mm 和 ϕ40 mm 的圆。

ϕ60 mm 圆的定位：使用相对坐标，如图 1-53 所示。

```
命令: c CIRCLE 指定圆的圆心或 [三点(3P)/两点(2P)/相切、相切、半径(T)]: @100,20
指定圆的半径或 [直径(D)] <6.0000>: 30
```

图 1-53　绘制圆命令行

②绘制公切线。

③绘制圆弧。使用圆角命令。

④绘制中心线并调整线型比例。

3）修改尺寸样式。选择直径子样式，修改。在“文字”选项卡中选择“与尺寸线对齐”。

4）标注尺寸。

5）修改半径尺寸。选择 R80 mm 尺寸，右击，在弹出的快捷菜单中选择“标注文字位置-与引线一起移动”命令，拖动尺寸到合适位置。

6）保存文件。

练习 8

◈训练重点

绘圆方式（相切、相切、半径），如图 1-54 所示。

◈训练步骤

1）新建文件。

①新建文件，选择“机械 A3. dwt”。

②保存文件，存储在个人文件夹中并命名为“作业 8. dwg”。

③打开文件，选择“练习 8. dwg”。

④窗口菜单：垂直平铺。

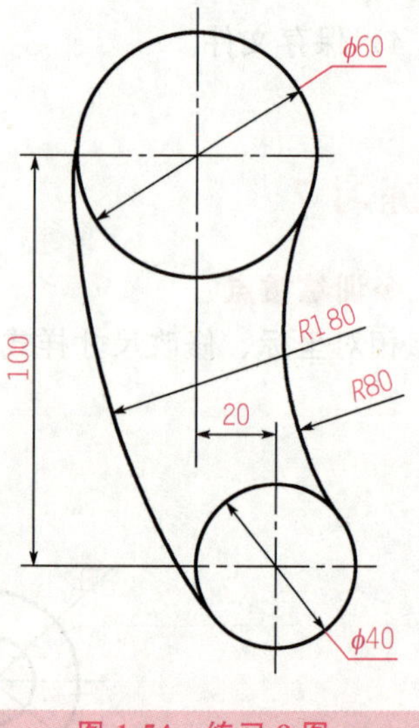

图 1-54 练习 8 图

2）绘图。

①绘制圆。绘制 ϕ60 mm 的圆，绘制 ϕ40 mm 的圆（使用相对坐标）。

②绘制 R180 mm 圆弧（不能用圆角命令），如图 1-55 所示。

```
命令：c CIRCLE 指定圆的圆心或 [三点(3P)/两点(2P)/相切、相切、半径(T)]: T
指定对象与圆的第一个切点：
指定对象与圆的第二个切点：
指定圆的半径：180
```

图 1-55 绘制圆弧

③修剪圆弧。

④绘制 R80 mm 圆弧。用圆角命令绘制 R80 mm 圆弧。

⑤绘制中心线并调整线型比例。

3）标注尺寸。

4）修改半径尺寸。

5）保存文件。

练习 9

◈训练重点

多线样式、多线命令、倒角命令、控制符、多重引线样式、多重引线命令，如图 1-56 所示。

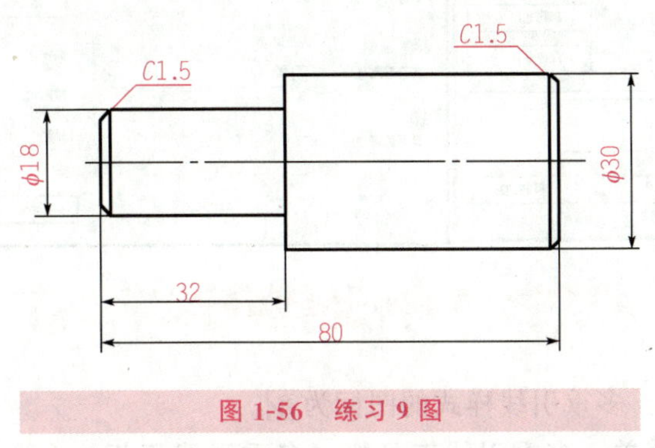

图 1-56 练习 9 图

◈训练步骤

1）新建文件。

①新建文件，选择“机械 A3. dwt”。

②保存文件，存储在个人文件夹中并命名为“作业 9. dwg”。

③打开文件，选择“练习 9. dwg”。

④窗口菜单：垂直平铺。

2）多线样式。

命令方式：格式菜单、命令行（命令名 MLSTYLE），多线样式及修改多线样式如图 1-57和图 1-58 所示。

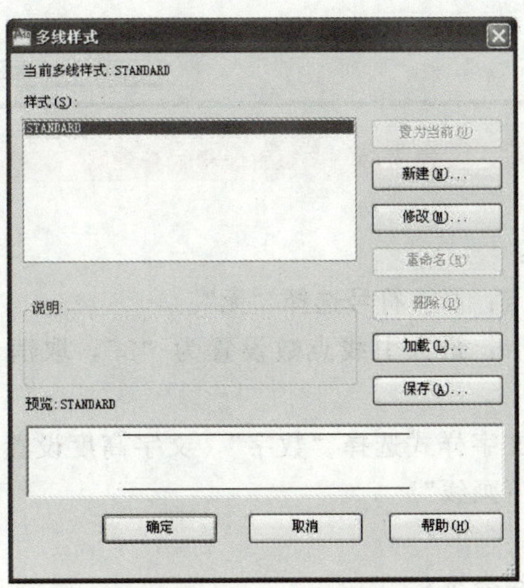

图 1-57 多线样式

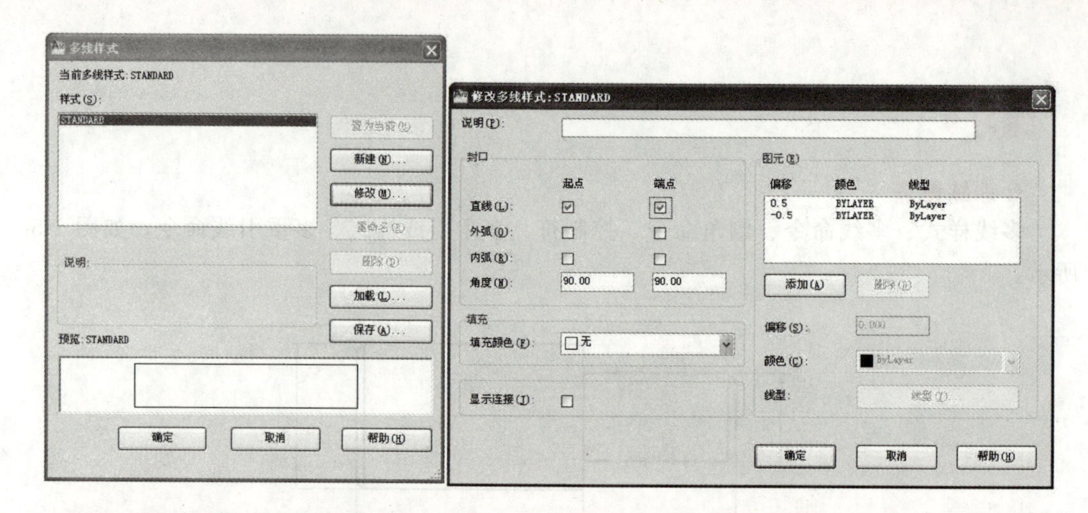

图 1-58 修改多线样式

3）多重引线样式。多重引线样式的图标为。

命令方式：格式菜单、多重引线工具栏、多重引线面板、命令行（命令名 MLEADERSTYLE 或命令别名 MLS）。多重引线样式管理器如图 1-59 所示。

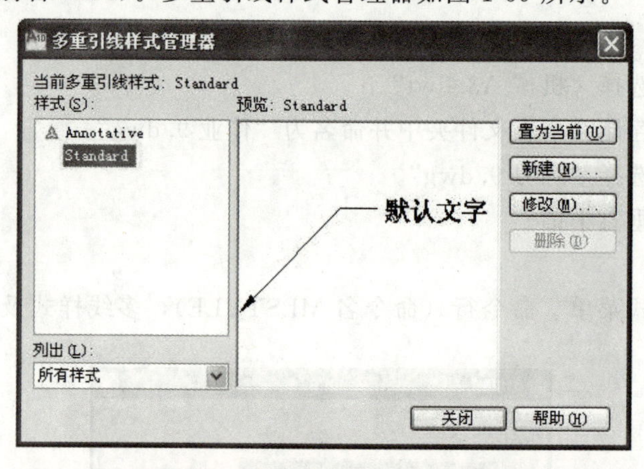

图 1-59 多重引线样式管理器

创建或修改方法如下：

①“引线格式”选项卡：箭头符号选择“无”。

②“引线结构”选项卡：最大引线点数设置为“3”，取消勾选“自动包含基线”复选框。

③“内容”选项卡：文字样式选择“数字”，文字高度设置为“3.5”，引线连接位置左右均选择“最后一行加下画线”。

4）绘图。

①绘制轴轮廓线（多线命令）。

命令方式：绘图菜单、命令行（命令名 MLINE 或命令别名 ML）。

操作步骤如下：

a. 输入“MLINE”，按 Enter 键。

b. 输入“J”，按 Enter 键（选择对正的方式）。

c. 输入“Z”，按 Enter 键（选择对正方式为“无”，即中间对正）。

d. 输入“S”，按 Enter 键（修改多线比例，即多线的宽度尺寸）。

e. 输入“18”，按 Enter 键（左端轴的直径为 18 mm）。

f. 任意位置单击（轴轮廓的起点）。

g. 向正右方追踪，输入“32”，按 Enter 键（左端轴的长度为 32 mm）。

h. 按 Enter 键（结束 MLINE 命令，此时完成 ϕ18 mm 轴的轮廓）。

i. 再按 Enter 键（重复上次命令，即 MLINE）。

j. 输入“S”，按 Enter 键（修改多线比例）。

k. 输入“30”，按 Enter 键（右端轴的直径为 30 mm）。

l. 追踪 ϕ18 mm 轴左端中点，输入“80”（这样做是为了避免轴的长度计算）。

m. 捕捉轴的右端中点。

n. 按 Enter 键（结束命令）。

如图 1-60 所示为绘制 ϕ18 mm 轴轮廓的操作界面。

```
命令: MLINE
当前设置: 对正 = 上, 比例 = 20.00, 样式 = STANDARD
指定起点或 [对正(J)/比例(S)/样式(ST)]: J
输入对正类型 [上(T)/无(Z)/下(B)] <上>: Z
当前设置: 对正 = 无, 比例 = 20.00, 样式 = STANDARD
指定起点或 [对正(J)/比例(S)/样式(ST)]: S
输入多线比例 <20.00>: 18
当前设置: 对正 = 无, 比例 = 18.00, 样式 = STANDARD
指定起点或 [对正(J)/比例(S)/样式(ST)]:
指定下一点: 32
指定下一点或 [放弃(U)]:
```

图 1-60 绘制 ϕ18 mm 轴轮廓

②绘制倒角。倒角命令的图标为□。

命令方式：修改菜单、修改工具栏、二维绘图面板、命令行（命令名 CHAMFER 或命令别名 CHA），如图 1-61 所示。用直线命令连接倒角内部的轮廓。

```
命令: CHAMFER
("修剪"模式) 当前倒角距离 1 = 0.0000, 距离 2 = 0.0000
选择第一条直线或 [放弃(U)/多段线(P)/距离(D)/角度(A)/修剪(T)/方式(E)/多个(M)]: D 指定第一个倒角距离 <0.0000>:
1.5
指定第二个倒角距离 <1.5000>:
选择第一条直线或 [放弃(U)/多段线(P)/距离(D)/角度(A)/修剪(T)/方式(E)/多个(M)]:
选择第二条直线, 或按住 Shift 键选择要应用角点的直线:
```

图 1-61 倒角命令行

③绘制中心线并调整线型比例。

5）标注尺寸。

①ϕ18 mm 的尺寸标注。线性尺寸命令行如图 1-62 所示。

```
命令: DIMLINEAR
指定第一条尺寸界线原点或 <选择对象>:
选择标注对象:
指定尺寸线位置或
[多行文字(M)/文字(T)/角度(A)/水平(H)/垂直(V)/旋转(R)]: T
输入标注文字 <18>: %%c18
指定尺寸线位置或
[多行文字(M)/文字(T)/角度(A)/水平(H)/垂直(V)/旋转(R)]:
标注文字 = 18
```

图 1-62 线性尺寸命令行

说明：%%C 是 AutoCAD 控制符，表示直径符号“ϕ”。

②倒角的标注。多重引线命令的图标为 。

命令方式：标注菜单、多重引线工具栏、多重引线面板、命令行（命令名 MLEADER 或命令别名 MLD），如图 1-63 所示。

```
命令： MLEADER
指定引线箭头的位置或 [引线基线优先(L)/内容优先(C)/选项(O)] <选项>:
指定下一点：
指定引线基线的位置：
```

图 1-63 多重引线命令行

6）保存文件。

练习 10

◈训练重点

多线绘图、分解命令、倒角绘制技巧、图案填充、添加直径符号、特性匹配，如图 1-64所示。

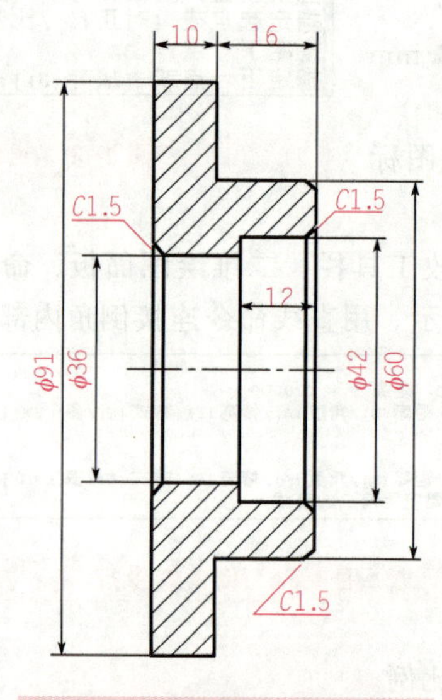

图 1-64 练习 10 图

◈训练步骤

1）新建文件。

①新建文件，选择“机械 A3. dwt”。

②保存文件，存储在个人文件夹中并命名为“作业 10. dwg”。

③打开文件，选择“练习 10. dwg”。

④窗口菜单：垂直平铺。

2）创建多线样式。

3）创建多重引线样式。

4）绘图。

①绘制外轮廓。用多线命令绘制 ϕ91 mm 和 ϕ60 mm 轴。分解上述多线（用多线绘制的图形不能进行修剪、倒角等编辑，必须分解成直线段）。分解命令的图标为。

命令方式：修改菜单、修改工具栏、二维绘图面板、命令行（命令名 EXPLODE 或命令别名 X），如图 1-65 所示。

图 1-65 分解命令行

修剪中间的线段，删除中间的线段（中间部分实际上有两段直线段重合在一起），使用倒角命令修改倒角。

②绘制内部孔轮廓。用多线命令绘制 ϕ42 mm 和 ϕ36 mm 的孔。选择 ϕ36 mm 的孔，将左侧的夹点向右追踪，输入“1.5”；选择 ϕ42 mm 的孔，将右侧的夹点向左追踪，输入“1.5”。设置极轴增量角为 45°，用直线命令绘制倒角轮廓（45°追踪）。

③绘制剖面线。创建图层“剖面线”，颜色设置为“蓝色”，线宽设置为“0.25”（其余默认），并设置该层为当前层。

图案填充命令的图标为。

命令方式：绘图菜单、绘图工具栏、二维绘图面板、命令行（命令名 HATCH 或命令别名 H），“图案填充和渐变色”对话框如图 1-66 所示。

单击样例，选择 ANSI31，单击边界区域中的“添加：拾取点”按钮，在图形剖面区域的内部单击，按 Enter 键，单击“确定”按钮，如图 1-67 所示。

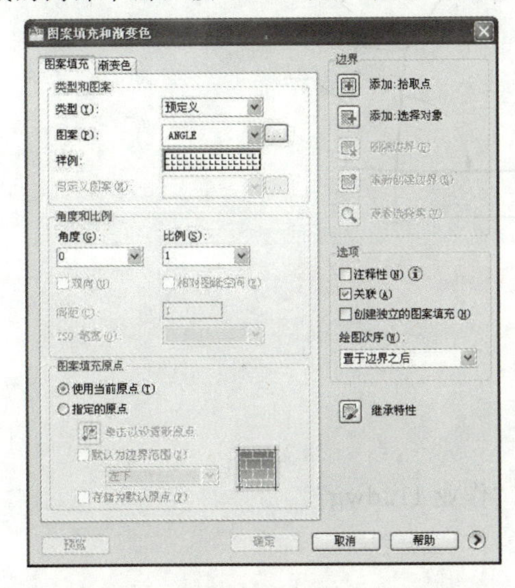

图 1-66 “图案填充和变色”对话框

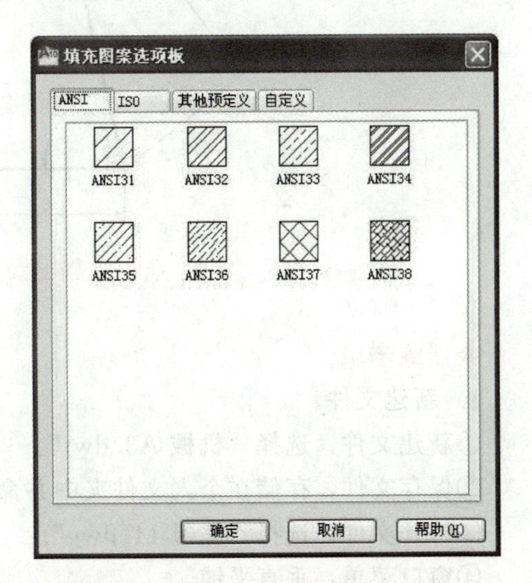

图 1-67 “填充图案选项板”对话框

5）标注尺寸。

①标注直径尺寸。用线性尺寸命令标注 4 个直径尺寸（不加符号“ϕ”），如图 1-68 所示。修改 ϕ91 mm 尺寸的特性。

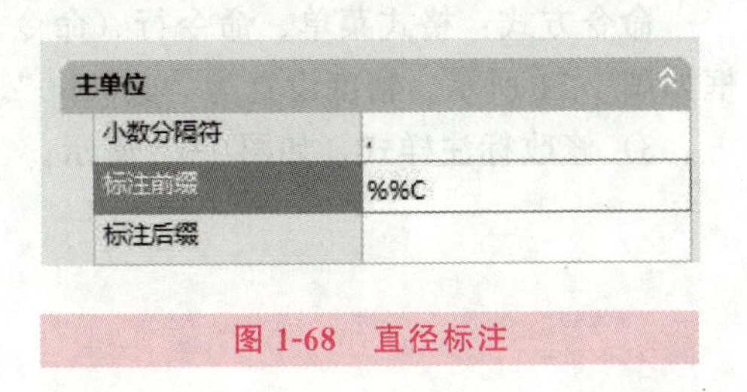

图 1-68 直径标注

特性匹配命令的图标为。

命令方式：修改菜单、标准工具栏、命令

行（命令名 MATCHPROP 或命令别名 MA），如图 1-69 所示。

```
命令: ma MATCHPROP
选择源对象:
当前活动设置:  颜色 图层 线型 线型比例 线宽 厚度 打印样式 标注 文字 填充图案 多段线 视口 表格材质 阴影显示 多重引线
选择目标对象或 [设置(S)]:
```

图 1-69 特性匹配命令行

选择源对象（即尺寸 ϕ91 mm），再选择目标对象（即其他几个直径尺寸）。

②标注其他线性尺寸和引线尺寸。

6）保存文件。

练习 11

◈训练重点

斜线的绘制方法、辅助作图，如图 1-70 所示。

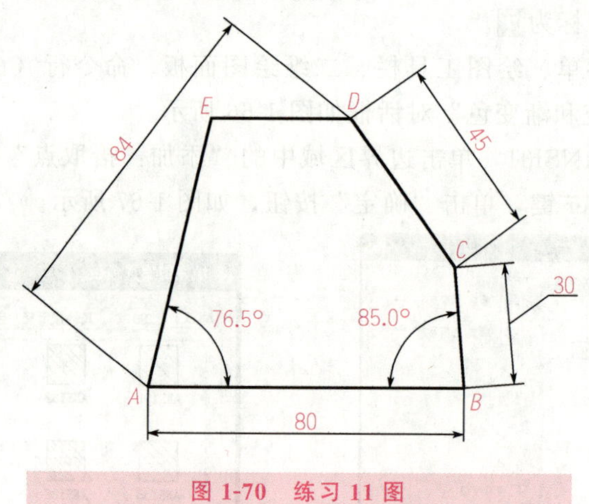

图 1-70 练习 11 图

◈训练步骤

1）新建文件。

①新建文件，选择“机械 A3. dwt”。

②保存文件，存储在个人文件夹中并命名为“作业 11. dwg”。

③打开文件，选择“练习 11. dwg”。

④窗口菜单：垂直平铺。

2）图形单位设置（图形单位命令）。

命令方式：格式菜单、命令行（命令名 UNITS 或命令别名 UN），“图形单位”对话框如图 1-71 所示。精度设置为“0. 0000”。

3）修改标注样式，如图 1-72 所示。

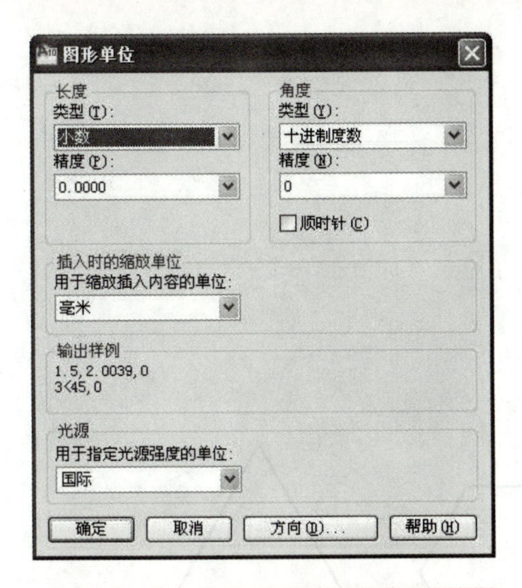

图 1-71 “图形单位”对话框

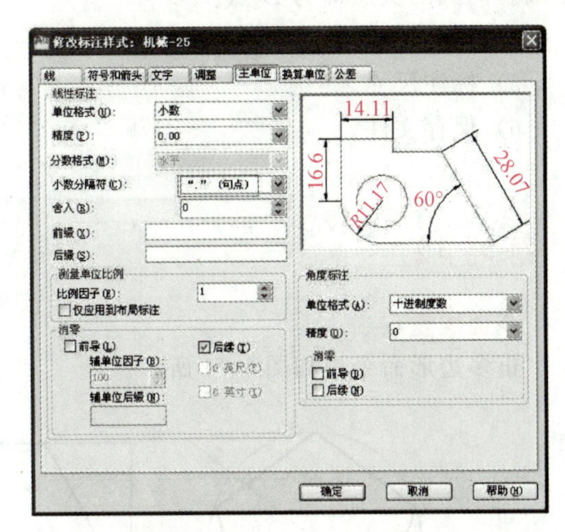

图 1-72 修改标注样式

4）绘图，如图 1-73 所示。

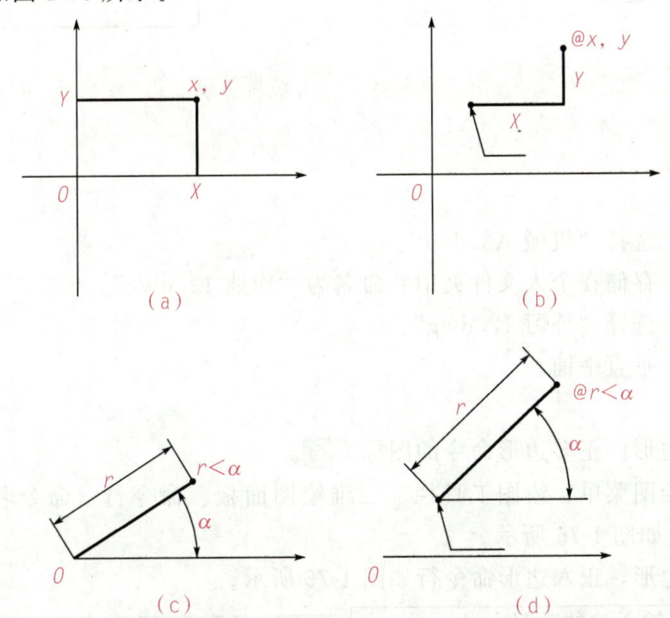

图 1-73 利用坐标绘制直线

（a）绝对直角坐标；（b）相对直角坐标；（c）绝对极坐标；（d）相对极坐标

①绘制 AB 直线。

②绘制 BC 直线。输入“@30<95”。

③绘制“AE”直线。

第一点：捕捉 A 点。

第二点：输入“<76.5”，按 Enter 键后向右上拖放单击。

④求 D 点。以 A 点为圆心，84 mm 为半径绘制圆；以 C 点为圆心，45 mm 为半径绘

制圆。两圆的交点即为 D 点。

⑤绘制 CDE 直线。

5）标注尺寸。

6）保存文件。

练习 12

◈训练重点

正多边形命令，如图 1-74 所示。

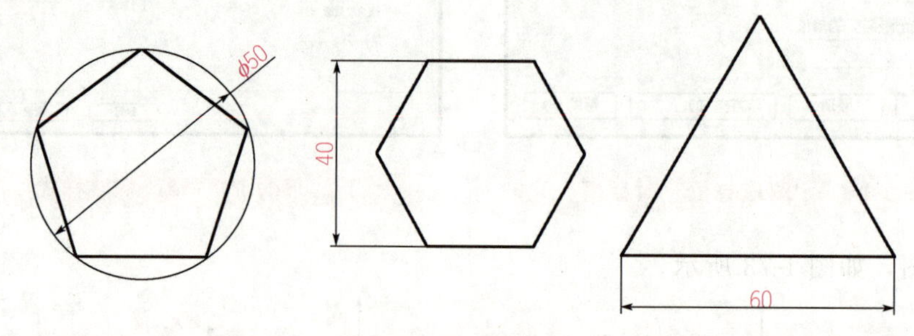

图 1-74　练习 12 图

◈训练步骤

1）新建文件。

①新建文件，选择“机械 A3. dwt”。

②保存文件，存储在个人文件夹中并命名为“作业 12. dwg”。

③打开文件，选择“练习 12. dwg”。

④窗口菜单：垂直平铺。

2）绘图。

①绘制正五边形。正多边形命令的图标为。

命令方式：绘图菜单、绘图工具栏、二维绘图面板、命令行（命令名 POLYGON 或命令别名 POL)，如图 1-75 所示。

②绘制正六边形，正六边形命令行如图 1-76 所示。

```
命令： POLYGON 输入边的数目 <4>: 5
指定正多边形的中心点或 [边(E)]:
输入选项 [内接于圆(I)/外切于圆(C)] <I>:
指定圆的半径: 25
```

图 1-75　正多边形命令行

```
命令： POLYGON 输入边的数目 <5>: 6
指定正多边形的中心点或 [边(E)]:
输入选项 [内接于圆(I)/外切于圆(C)] <I>: C
指定圆的半径: 20
```

图 1-76　正六边形命令行

③绘制正三角形，正三角形命令行如图 1-77 所示。

```
命令： POLYGON 输入边的数目 <6>: 3
指定正多边形的中心点或 [边(E)]: E
指定边的第一个端点: 指定边的第二个端点: 60
```

图 1-77　正三角形命令行

3）标注尺寸。

4）保存文件。

练习 13

◈训练重点

镜像命令，如图 1-78 所示。

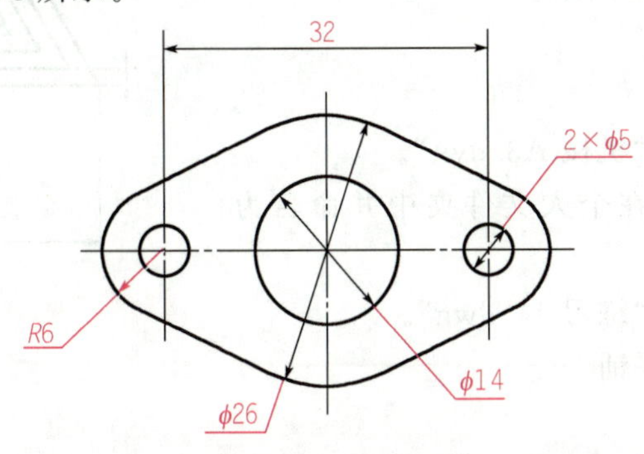

图 1-78 练习 13 图

◈训练步骤

1）新建文件。

①新建文件，选择“机械 A3. dwt”。

②保存文件，存储在个人文件夹中并命名为“作业 13. dwg”。

③打开文件，选择“练习 13. dwg”。

④窗口菜单：垂直平铺。

2）绘图。

①绘制一半图形（见图 1-79）。绘制 ϕ26 mm 的圆、绘制 R6 mm 的圆（水平追踪 16）、绘制共切线、修剪多余图线、绘制 ϕ5 mm 的圆。

②镜像另一半图形。镜像命令的图标为。

命令方式：修改菜单、修改工具栏、二维绘图面板、命令行（命令名 MIRROR 或命令别名 MI)，如图 1-80 所示。修剪多余图线。

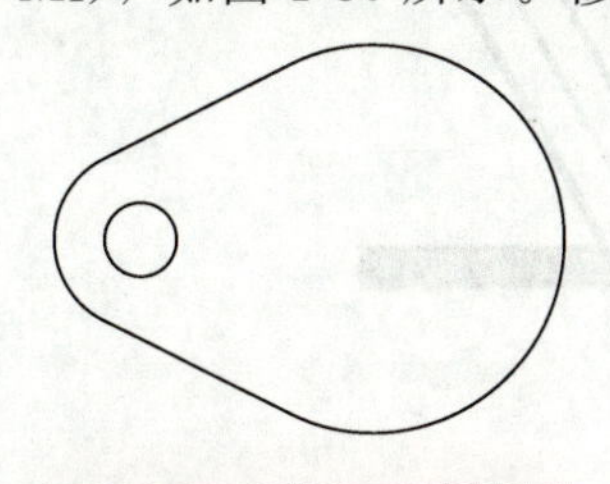

图 1-79 绘制一半图形

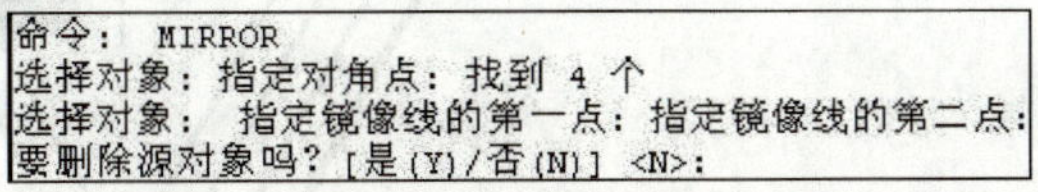

```
命令： MIRROR
选择对象：指定对角点：找到 4 个
选择对象：  指定镜像线的第一点：指定镜像线的第二点：
要删除源对象吗？[是(Y)/否(N)] <N>:
```

图 1-80 镜像命令行

③绘制中心线并调整线型比例。

3）标注尺寸。

4）保存文件。

练习 14

图 1-81 练习 14 图

◈训练重点

偏移命令，如图 1-81 所示。

◈训练步骤

1）新建文件。

①新建文件，选择“机械 A3. dwt”。

②保存文件，存储在个人文件夹中并命名为“作业 14. dwg”。

③打开文件，选择“练习 14. dwg”。

④窗口菜单：垂直平铺。

2）绘图。

①绘制正三角形。

②绘制间距为 3 的内部三角形。偏移命令的图标为。

命令方式：修改菜单、修改工具栏、二维绘图面板、命令行（命令名 OFFSET 或命令别名 O），如图 1-82 所示。

```
命令： OFFSET
当前设置：删除源=否  图层=源  OFFSETGAPTYPE=0
指定偏移距离或 [通过(T)/删除(E)/图层(L)] <通过>:  3
选择要偏移的对象，或 [退出(E)/放弃(U)] <退出>:
指定要偏移的那一侧上的点，或 [退出(E)/多个(M)/放弃(U)] <退出>:
选择要偏移的对象，或 [退出(E)/放弃(U)] <退出>:
指定要偏移的那一侧上的点，或 [退出(E)/多个(M)/放弃(U)] <退出>:
选择要偏移的对象，或 [退出(E)/放弃(U)] <退出>:
指定要偏移的那一侧上的点，或 [退出(E)/多个(M)/放弃(U)] <退出>:
选择要偏移的对象，或 [退出(E)/放弃(U)] <退出>:
```

图 1-82 偏移命令行

③镜像图形（对称线位置为 30°极轴双向追踪），如图 1-83 所示。

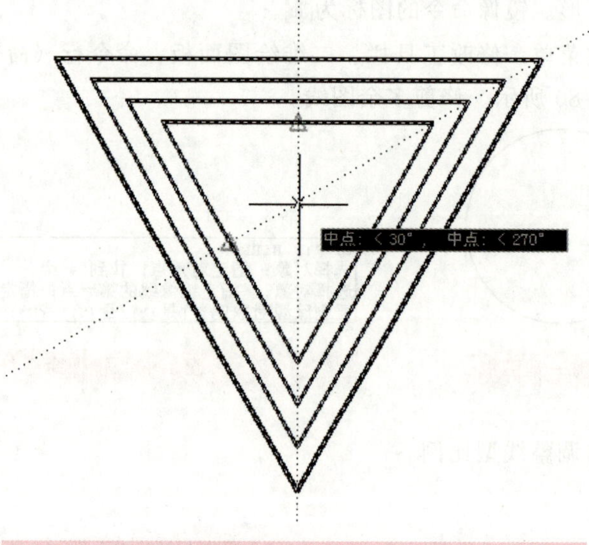

图 1-83 镜像图形

④修剪图形。

3）标注尺寸。

4）保存文件。

练习 15

◈训练重点

构造线命令、射线命令、偏移应用、圆角设置，如图 1-84 所示。

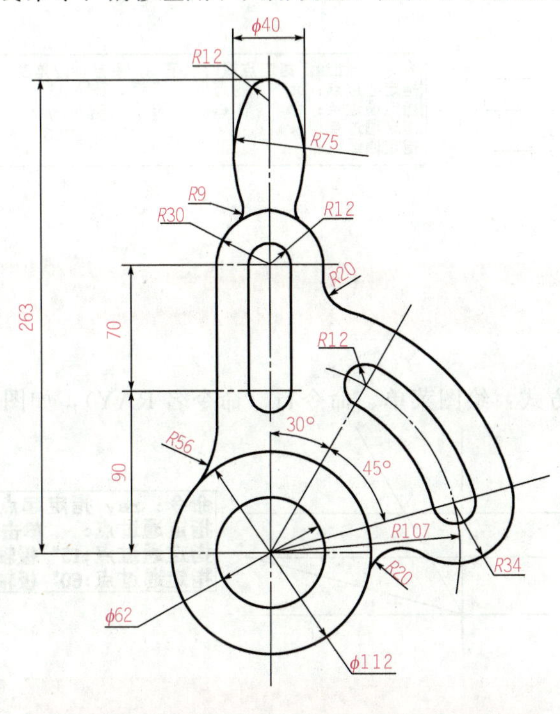

图 1-84　练习 15 图

◈训练步骤

1）新建文件。

①新建文件，选择“机械 A3. dwt”。

②保存文件，存储在个人文件夹中并命名为“作业 15. dwg”。

③打开文件，选择“练习 15. dwg”。

④窗口菜单：垂直平铺。

2）绘图。

①绘制定位线。将细点划线设置为当前层。构造线命令的图标为▨。

命令方式：绘图菜单、绘图工具栏、二维绘图面板、命令行（命令名 XLINE 或命令别名 XL），如图 1-85 所示。

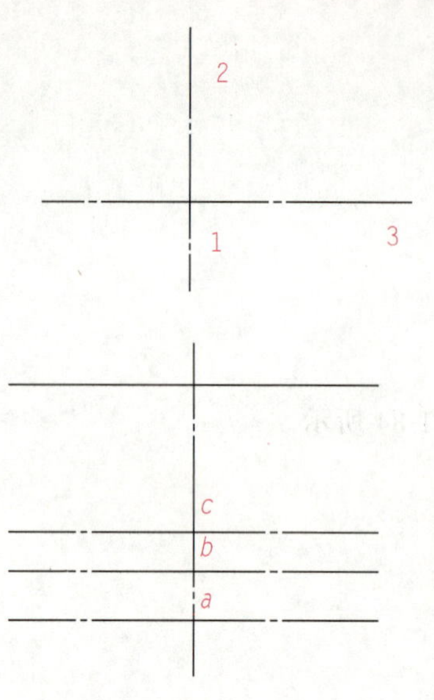

命令：xl XLINE 指定点或 [水平(H)/垂直(V)/角度(A)/二等分(B)/偏移(O)]:
指定通过点：
指定通过点：　按图中1、2、3三点绘制中心线
指定通过点：

(a)

命令：　XLINE 指定点或 [水平(H)/垂直(V)/角度(A)/二等分(B)/偏移(O)]: H
指定通过点：90　碰a点向上追踪，输入90
指定通过点：70　碰b点向上追踪，输入70
指定通过点：263　碰c点向上追踪，输入263
指定通过点：

(b)

图 1-85　构造线命令

(a) 构造线命令行；(b) 按构造线命令绘图

射线命令的命令方式：绘图菜单、命令行（命令名 RAY），如图 1-86 所示。

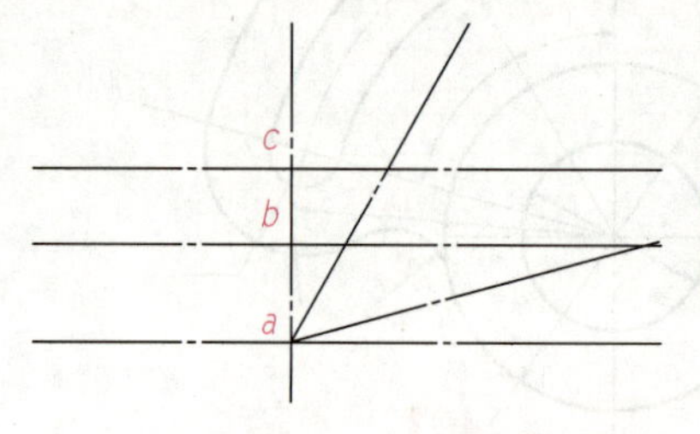

命令：ray 指定起点：
指定通过点：　单击a点
指定通过点:15°　极轴追踪
指定通过点:60°　极轴追踪

图 1-86　绘制射线

说明：构造线命令和射线命令都是无限长的线，一般用于绘制辅助线，充分利用极轴追踪与对象追踪可以快速绘制图形的定位线。

绘制 *R*107 定位圆

②绘制圆。先绘制上方和右方内部的小圆 $R12$ mm，用修剪命令修剪，如图 1-87 所示。

③偏移轮廓。分别用 18 和 22 偏移轮廓，如图 1-88 所示。

④绘制手柄。如图 1-89 所示。

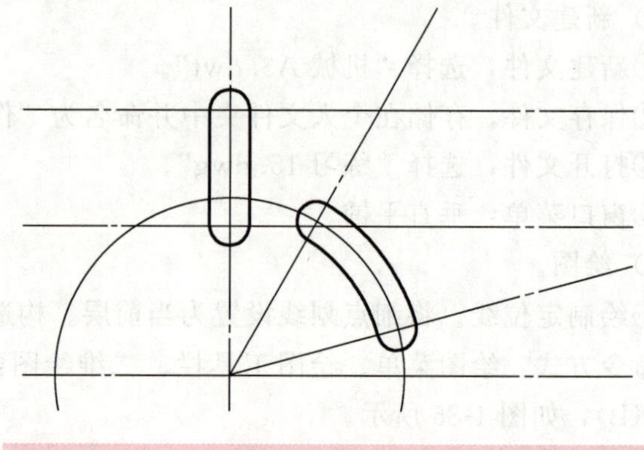

图 1-87　绘制圆

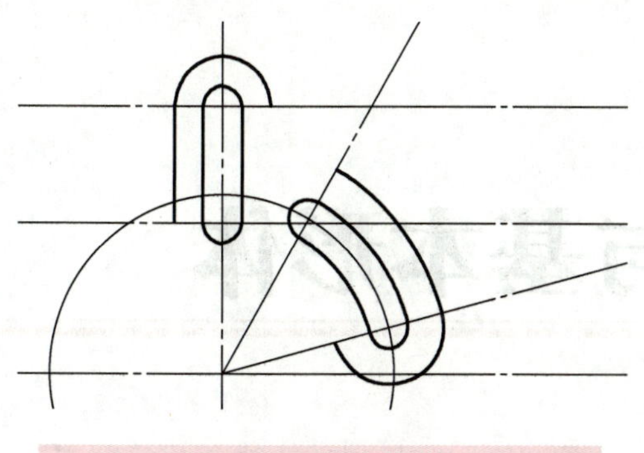

图 1-88 偏移轮廓

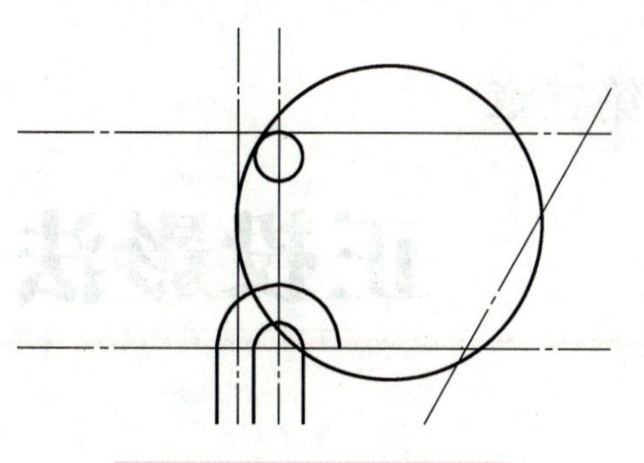

图 1-89 绘制手柄（一）

圆角命令设置及设置后图形如图 1-90 所示。

```
命令: f FILLET
当前设置: 模式 = 修剪, 半径 = 75.0000
选择第一个对象或 [放弃(U)/多段线(P)/半径(R)/修剪(T)/多个(M)]: T
输入修剪模式选项 [修剪(T)/不修剪(N)] <修剪>: N
选择第一个对象或 [放弃(U)/多段线(P)/半径(R)/修剪(T)/多个(M)]: R 指定圆角半径 <75.0000>: 9
选择第一个对象或 [放弃(U)/多段线(P)/半径(R)/修剪(T)/多个(M)]:
选择第二个对象，或按住 Shift 键选择要应用角点的对象:
```

(a)

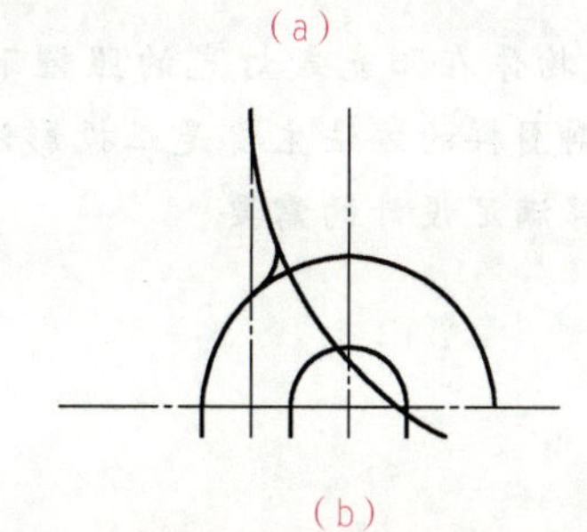

(b)

图 1-90 绘制手柄（二）

(a) 圆角命令设置；(b) 设置后图形

修剪、镜像后如图 1-91 所示。

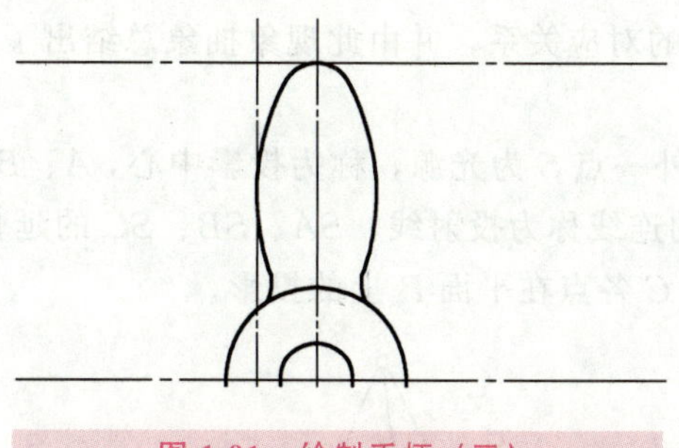

图 1-91 绘制手柄（三）

⑤绘制其余图形。绘制 $\phi62$ mm、$\phi112$ mm 两圆。用圆角命令绘制圆角（需将修剪设为 T）。

⑥绘制中心线，删除构造线和射线。

3）标注尺寸。

4）保存文件。

第二章

正投影法与基本形体

2.1 正投影法基础知识

知识导入

在日常生活中，我们常常看到物体在阳光或灯光的照耀下，会在墙面上产生一个影子，这就是投影。机械制图中绘制图样的方法主要是正投影法，这种方法绘图简单，绘制出的图形真实、度量方便，能够满足设计的需要。

相关知识

2.1.1 投影法的概念

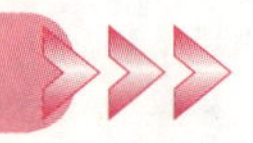

空间物体在阳光或灯光的照射下，会在地面上或墙面上产生物体的影子。人们发现影子的形状与物体存在一定的对应关系，并由此现象抽象总结出了工程图样的绘制原理和方法，即为投影法。

如图 2-1 所示，平面外一点 S 为光源，称为投影中心，A、B、C 为空间点，平面 P 为投影面，S 与 A、B、C 的连线称为投射线，SA、SB、SC 的延长线与平面 P 的交点分别为 a、b、c，称为 A、B、C 各点在平面 P 上的投影。

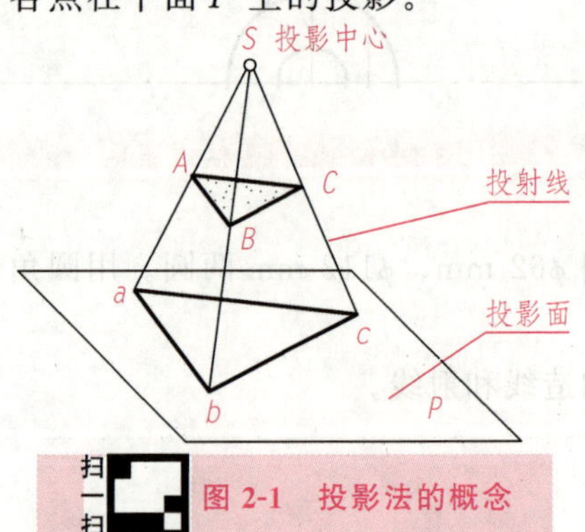

扫一扫 图 2-1 投影法的概念

2.1.2 投影法的分类

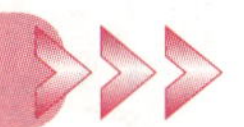

工程制图中有两种投影方法——中心投影法和平行投影法。

1. 中心投影法

图 2-1 中，由投影中心 S 发射出投射线 SA、SB、SC，在投影面 P 上得到物体形状的投影方法称为中心投影法。

采用中心投影法绘制的图形，具有较强的立体感，常用于表达建筑物的外貌和零件造型。但由于不能反映空间物体表面的真实形状和大小，度量性差，因此在工程图样中很少采用。

2. 平行投影法

若将投影中心 S 沿某一方向移至无穷远处，则各投射线将彼此平行，这种投射线平行的投影方法称为平行投影法，如图 2-2 所示。

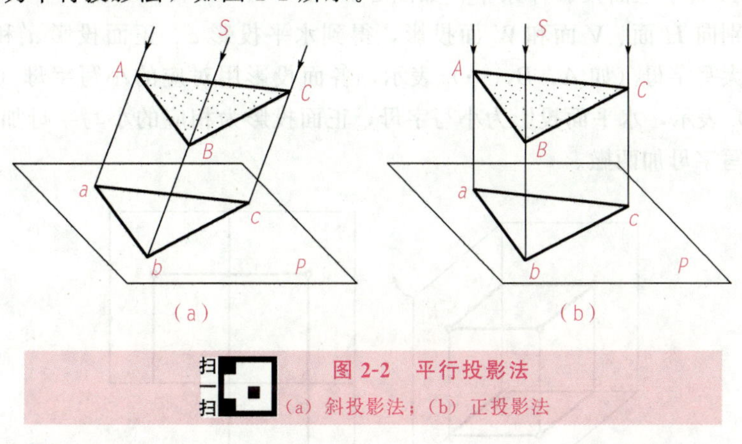

扫一扫

图 2-2 平行投影法

(a) 斜投影法；(b) 正投影法

根据投射线与投影面是否垂直将平行投影法分为两类：当投射线与投影面垂直时，称为直角投影法或正投影法；当投射线与投影面倾斜时，称为斜角投影法或斜投影法。

由于正投影法容易表达空间物体的形状和大小，度量性好，作图简便，因此在工程上应用最广。机械工程图样采用正投影法绘制。以后各章节中，如无特殊说明，投影均指正投影法。

2.1.3 正投影法的基本特性

1）真实性。当直线、曲线或平面平行于投影面时，直线或曲线的投影反映实长，平面的投影反映真实形状。

2）聚集性。当直线或平面、曲线垂直于投影面时，直线的投影集聚成一点，平面或曲面的投影聚集成直线或曲线。

3）类似性。当直线、曲线或平面倾斜于投影面时，直线或曲线的投影仍为直线或曲线，但小于实长。

2.1.4 点的三面投影

1. 三面投影体系的建立

如图 2-3 所示，三面投影体系由三个相互垂直的投影面组成，分别是水平投影面（简称水平面或 H 面）、正立投影面（简称正面或 V 面）和侧立投影面（简称侧面或 W 面）。

两投影面之间的交线 OX、OY、OZ 称为投影轴，三投影轴的交点 O 称为投影原点。

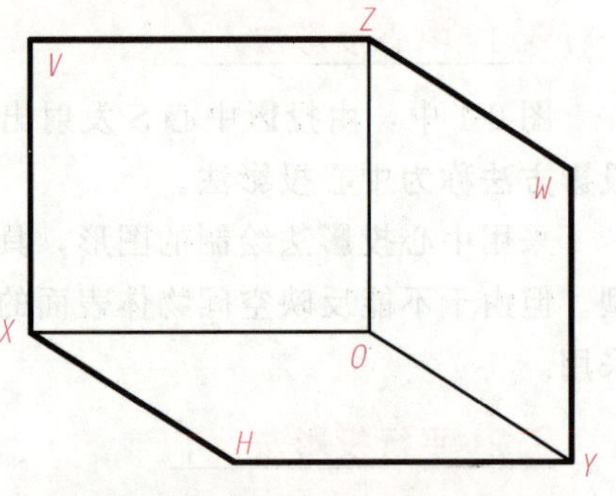

扫一扫 图 2-3 三面投影体系

2. 三面投影的形成

将空间点 A 置于三面投影体系中，如图 2-4（a）所示，然后分别向 H 面、V 面和 W 面投影，得到水平投影 a、正面投影 a' 和侧面投影 a''。规定空间点用大写字母（如 A，B，…）表示，各面投影用对应的小写字母（如 a、a'、a''，b、b'、b''，…）表示，水平面投影为小写字母，正面投影为相应的小写字母加一撇，侧面投影为相应的小写字母加两撇。

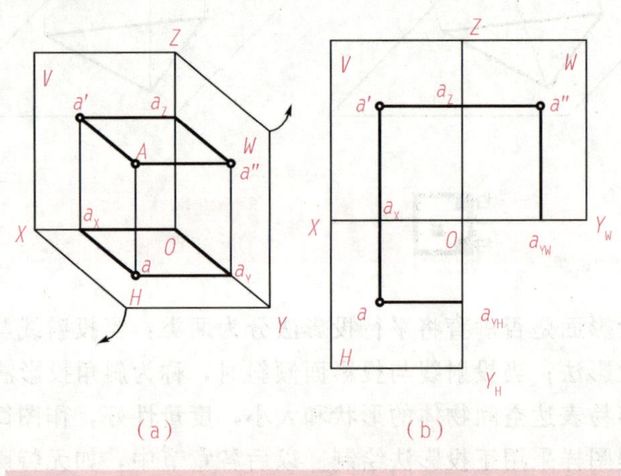

图 2-4 三面投影的形成

3. 点的三面投影规律

根据几何关系，结合图 2-4，可以从点的三面投影图中发现如下规律：

1）点的水平投影和正面投影的连线垂直于 OX 轴，即 $aa' \perp OX$；

2）点的正面投影和侧面投影的连线垂直于 OZ 轴，即 $a'a'' \perp OZ$；

3）点的水平投影到 OX 轴的距离等于点的侧面投影到 OZ 轴的距离，即 $aa_X = a''a_Z$。

点的三面投影规律可以概括为“两个垂直，一个相等”。“两个垂直”是指 $aa' \perp OX$，$a'a'' \perp OZ$；“一个相等”是指 $aa_X = a''a_Z$。

这一等量关系在作图中可通过以下两种方式实现：一种是利用圆弧转化，如图 2-5

(a) 所示；另一种是利用 45°辅助线转化，如图 2-5（b）所示。

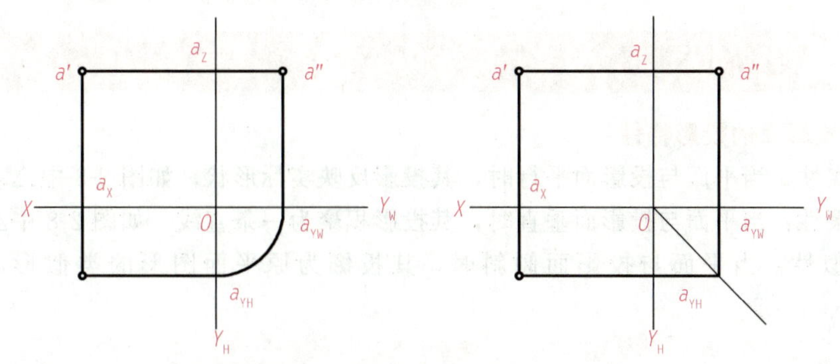

图 2-5 等量转化

(a) 利用圆弧转化；(b) 利用 45°辅助线转化

2.1.5 直线的三面投影 

由初等几何可知，两点可以决定一条直线；又由正投影法可知，空间一直线向任一平面进行正投影，一般情况下其投影仍为一直线，特殊情况下会积聚为一点。因此，作直线的三面投影，只要作出直线上任意两点的投影，然后连接该两点在同一投影面上的投影，即可得到直线的投影，如图 2-6 所示。

直线的投影特性：

1）聚集性：当直线与投影面垂直时，其投影积聚为一个点，如图 2-7 中直线 AB。

2）真实性：当直线与投影面平行时，其投影反映空间直线的真实长度，如图 2-7 中直线 CD。

3）收缩性：当直线与投影面倾斜时，其投影仍为直线，但长度变短，如图 2-7 中直线 EF。

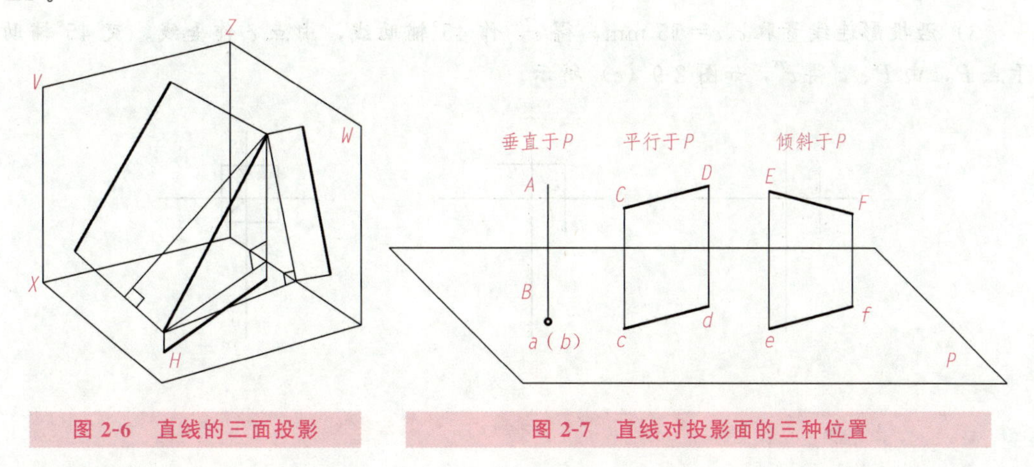

图 2-6 直线的三面投影　　**图 2-7 直线对投影面的三种位置**

2.1.6 平面的投影

平面对投影面的投影特性：

1）真实性：当平面与投影面平行时，其投影反映实际形状，如图 2-8 中△*ABC*。

2）积聚性：当平面与投影面垂直时，其投影积聚为一条直线，如图 2-8 中△*DEF*。

3）类似性：当平面与投影面倾斜时，其投影为原平面图形的类似形，如图 2-8 中△*GMN*。

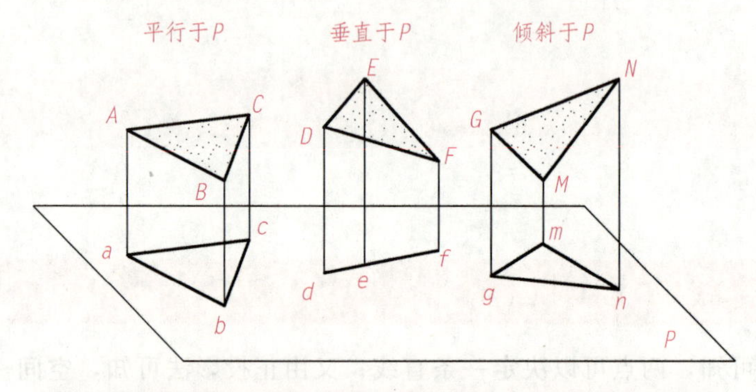

图 2-8 平面对一个投影面的三种位置

应用与实践

例 2-1 已知点 *C*（20，15，20），作其三面投影图。

解： 作图步骤如图 2-9 所示。

1）作投影轴，沿 *X* 轴量取 Oc_X＝20 mm，过 c_X 作投影连线垂直于 *OX* 轴，如图 2-9（a）所示。

2）沿投影连线量取 c_Xc'＝20 mm，得 c'，过 c' 作投影连线垂直于 *OZ* 轴，如图 2-9（b）所示。

3）沿投影连线量取 c_Xc＝15 mm，得 *c*，作 45°辅助线，由点 *c* 作垂线，交 45°辅助线于点 *P*，由 *P*、c' 得 c''，如图 2-9（c）所示。

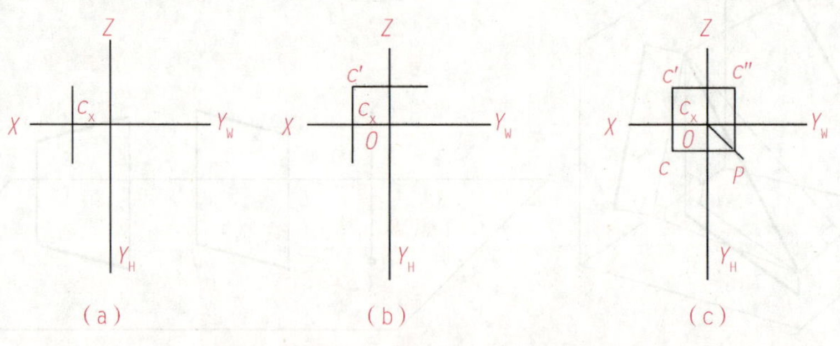

图 2-9 已知点的坐标，作其投影图

例 2-2 已知线段 *AB* 的两面投影，如图 2-10（a）所示，试求分 *AB* 为 2∶3 两段的点 *C* 的投影。

解 1）过 a' 任作一射线，在其上截取五个单位长，如图 2-10（b）所示。

2）连接 $5b'$，过 2 作 $5b'$ 的平行线，交 $a'b'$ 于 c'，如图 2-10（c）所示。

3）过 c' 作 OX 轴的垂线，交 ab 于 c，则 C（c，c'）即为所求，如图 2-10（d）所示。

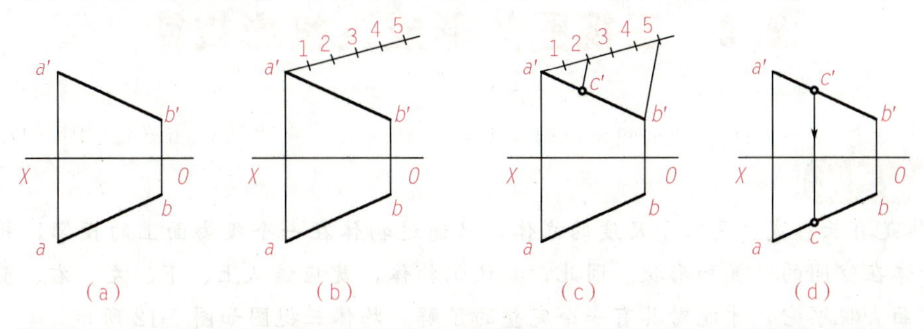

图 2-10 求定分点的两面投影

动动脑

如图 2-11 所示，已知正平线 ab，完成三面投影图。

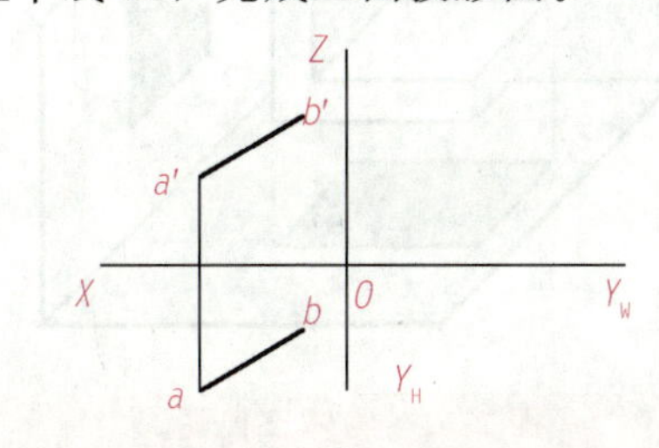

图 2-11 已知 ab，完成三面投影图

知识拓展

平面对三个投影面的投影特性如下。

（1）投影面平行面

投影面平行面是平行于一个投影面，而与另外两个投影面垂直的平面。根据平面所平行的投影面不同，可分为正平面（$//V$ 面）、水平面（$//H$ 面）和侧平面（$//W$ 面）三种。

（2）投影面垂直面

投影面垂直面是垂直于一个投影面，而与另外两个投影面倾斜的平面。根据平面所垂直的投影面不同，可分为正垂面（$\perp V$ 面）、铅垂面（$\perp H$ 面）和侧垂面（$\perp W$ 面）三种。

以上两种平面称为特殊位置平面。

（3）一般位置平面

一般位置平面是与三个投影面都倾斜的平面。一般位置平面的各面投影均不反映实形，是比原图形面积小的类似形，并且也不反映平面对投影面的倾角。

2.2 三视图的形成及投影规律

知识导入

物体是有长、宽、高三个尺度的立体，只通过物体在一个投影面上的投影，并不能确定物体在空间的位置和形状。因此，要认识物体，就应该从上、下、左、右、前、后各个方面去观察它，才能对其有一个完整的了解。物体三视图如图 2-12 所示。

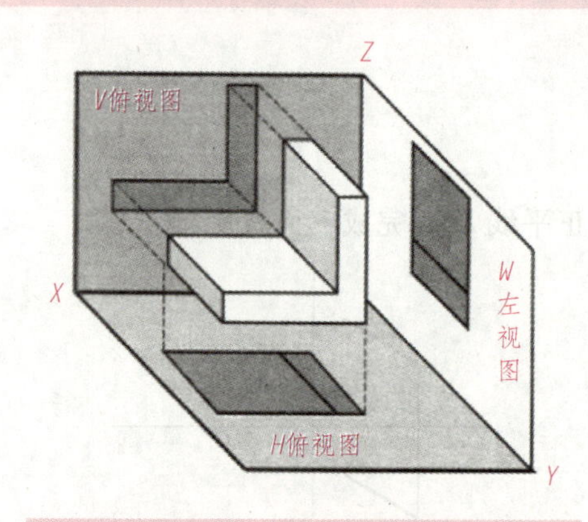

图 2-12 物体三视图

相关知识

2.2.1 三面投影面体系的建立

为了准确地表达物体的形状和大小，可选择图 2-13 的三个投影面。

三个投影面的名称和代号：正对观察者的投影面称为正立投影面（简称正面），用字母“V”表示；右边侧立的投影面称为侧立投影面（简称侧面），用字母“W”表示；水平位置的投影面称为水平投影面（简称水平面），用字母“H”表示。

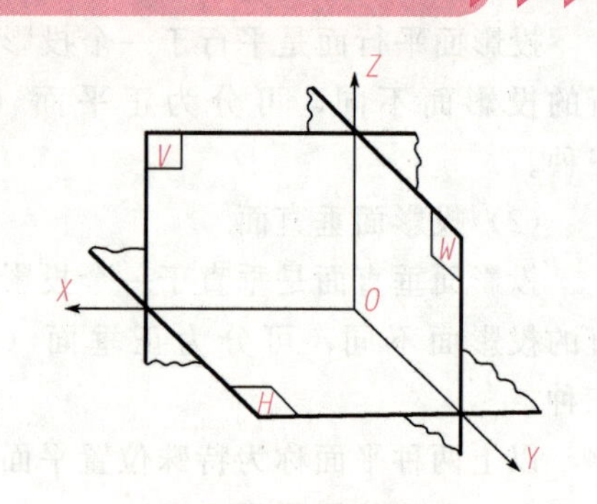

图 2-13 投影面示意图

这三个互相垂直的投影面就好像室内一角，即与相互垂直的两堵墙和地板相似，构成一个投影面体系。

三个投影面彼此垂直相交，形成三根投影轴，它们的名称分别如下：

1）V 面和 H 面相交的交线，称 OX 轴，简称 X 轴；

2）H 面和 W 面相交的交线，称 OY 轴，简称 Y 轴；

3）V 面和 W 面相交的交线，称 OZ 轴，简称 Z 轴；

X、Y、Z 三轴的交点称为原点，用字母 O 表示。

2.2.2 物体三面投影的形成

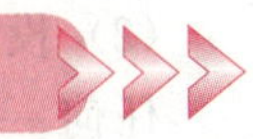

将物体置于三面投影体系中，按正投影法分别向三个投影面投射，由前向后投射在 V 面上得到的投影称为正面投影，反映形体的 X 坐标和 Z 坐标；由上向下投射在 H 面上得到的投影称为水平投影，反映形体的 X 坐标和 Y 坐标；由左向右投射在 W 面上得到的投影称为侧面投影，反映形体的 Z 坐标和 Y 坐标。

在三投影面体系中，按原则绘制物体的图形，称为视图。正面投影称为主视图，水平投影称为俯视图，侧面投影称为左视图。这三个视图称为物体的三面视图，简称三视图。

为了把空间的三个视图绘制在一个平面上，展开的方法是：正面（V）保持不动，水平面（H）绕 OX 轴向下旋转 90°，侧平面（W）绕 OZ 轴向右旋转 90°，使它们和正面（V）形成一个平面，如图 2-14 所示。

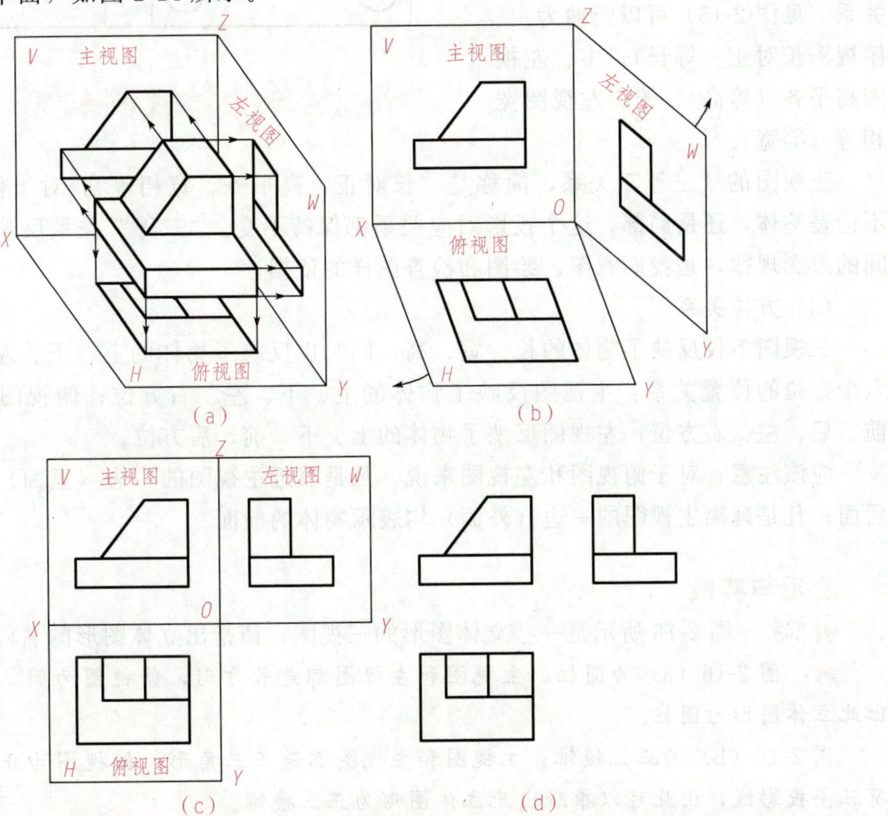

图 2-14 物体三面投影图

（a）物体在三面投影体系中的投影；（b）投影面的展开；（c）投影面展开后的三面投影；（d）三视图

2.2.3 三视图的关系及投影规律

(1) 位置关系

由图 2-14 可知，物体的三个视图按规定展开、摊平在同一平面上以后，具有明确的位置关系，即主视图在上方，俯视图在主视图的正下方，左视图在主视图的正右方。

(2) 投影关系

任何一个物体都有长、宽、高三个方向的尺寸。在物体的三视图中，我们可以看出：主视图反映物体的长度和高度；俯视图反映物体的长度和宽度；左视图反映物体的高度和宽度。

由于三个视图反映的是同一物体，其长、宽、高是一致的，因此每两个视图之间必有一个相同的度量。因此，三视图之间的关系（见图 2-15）可以归纳为主、俯视图长对正（等长）；主、左视图高平齐（等高）；俯、左视图宽相等（等宽）。

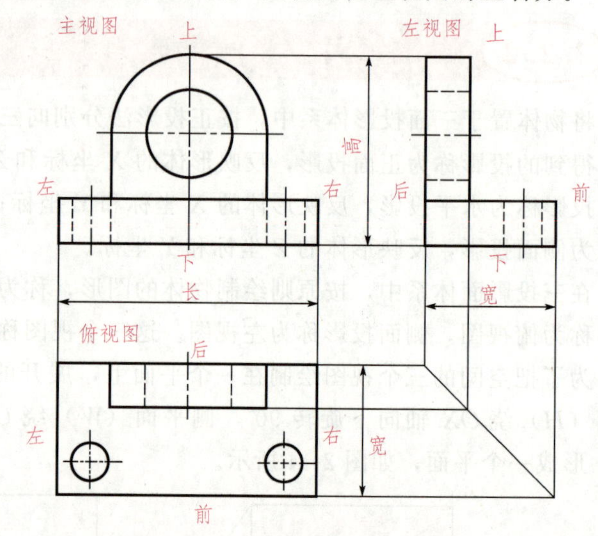

图 2-15 三视图对等关系

三视图的“三等”关系，简称是“长对正、高平齐、宽相等”。对于任何一个物体，不论是整体，还是局部，这个投影对应关系都保持不变。“三等”关系反映了三个视图之间的投影规律，是我们看图、绘图和检查图样的依据。

(3) 方位关系

三视图不仅反映了物体的长、宽、高，同时也反映了物体的上、下、左、右、前、后六个方位的位置关系：主视图反映了物体的上、下、左、右方位；俯视图反映了物体的前、后、左、右方位；左视图反映了物体的上、下、前、后方位。

应该注意，对于俯视图和左视图来说，凡是靠近主视图的一边（里面）均表示物体的后面；凡是远离主视图的一边（外面）均表示物体的前面。

应用与实践

例 2-3 图 2-16 所示是一些立体图形的三视图，请指出立体图形的名称。

解： 图 2-16 (a) 为圆柱，主视图和左视图都是长方形，俯视图为圆，由此可以推断出此立体图形为圆柱。

图 2-16 (b) 为正三棱锥，主视图和主视图都是正三角形，俯视图为正三角形且中间有三条投影线，由此可以推断出此立体图形为正三棱锥。

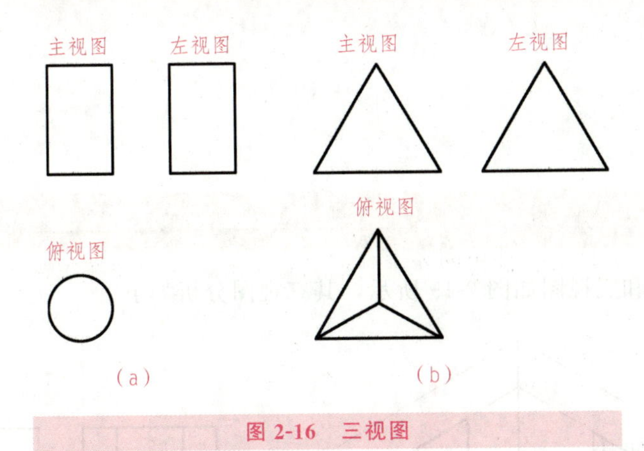

图 2-16 三视图

例 2-4 图 2-17 所示为一个物体的主视图和左视图，它是什么几何体？补画出其俯视图。

例 2-5 已知物体的主俯视图，如图 2-18 所示，补画其左视图。

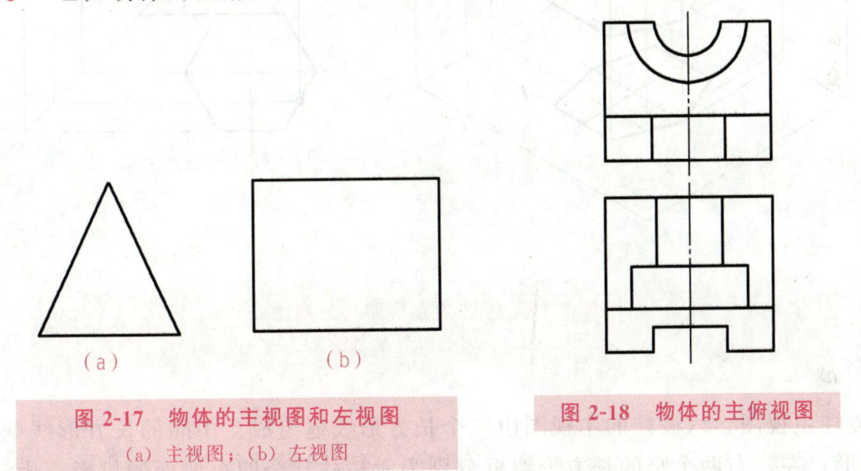

图 2-17 物体的主视图和左视图
(a) 主视图；(b) 左视图

图 2-18 物体的主俯视图

2.3 基本体的三视图

知识导入

在日常生活中，有许多不同形状的物体，本节内容重点探讨基本体的三视图，三视图的学习有利于培养学生空间想象能力和几何直观能力，对于机械相关知识的学习有一定的促进作用。

2.3.1 棱柱

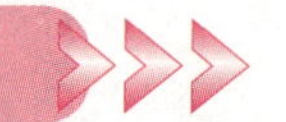

棱柱的直观图和三视图如图 2-19 所示，其三视图分析如下。

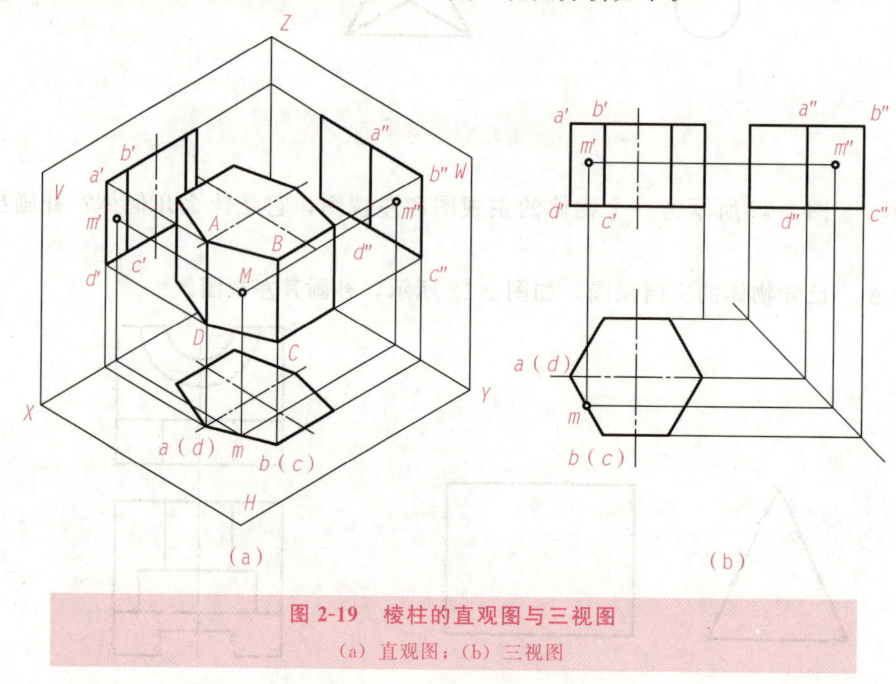

图 2-19 棱柱的直观图与三视图

(a) 直观图；(b) 三视图

1）棱柱主视图。六棱柱的主视图由三个长方形线框组成。中间的长方形线框反映前、后面的实形；左、右两个窄的长方形线框分别为六棱柱其余四个侧面的投影，由于它们不与正面 V 平行，因此投影不反映实形。顶、底面在主视图上的投影积聚为两条平行于 OX 轴的直线。

2）棱柱俯视图。六棱柱的俯视图为一正六边形，反映顶、底面的实形。六个侧面垂直于水平面 H，它们的投影都积聚在正六边形的六条边上。

3）棱柱左视图。六棱柱的左视图由两个长方形线框组成。这两个长方形线框是六棱柱左边两个侧面的投影，且遮住了右边两个侧面。由于两侧面与侧投影面 W 面倾斜，因此投影不反映实形。六棱柱的前、后面在左视图上的投影有积聚性，积聚为右边和左边两条直线；上、下两条水平线是六棱柱顶面和底面的投影，积聚为直线。

4）棱柱三视图的绘图步骤：先绘制三个视图的对称线作为基准线，然后绘制六棱柱的俯视图；根据“长对正”和棱柱的高度绘制主视图，并根据“高平齐”绘制左视图的高度线；根据“宽相等”绘制左视图。

2.3.2 棱锥

棱锥由几个三角形的侧棱面和一个多边形的底面围成。各侧棱面为共顶点的三角形。

图 2-20 所示为正三棱锥，在棱锥表面取点，属于棱锥特殊位置表面上的点，利用表面投影的积聚性求得，属于一般位置表面上的点，可通过在该面上作辅助线求得。

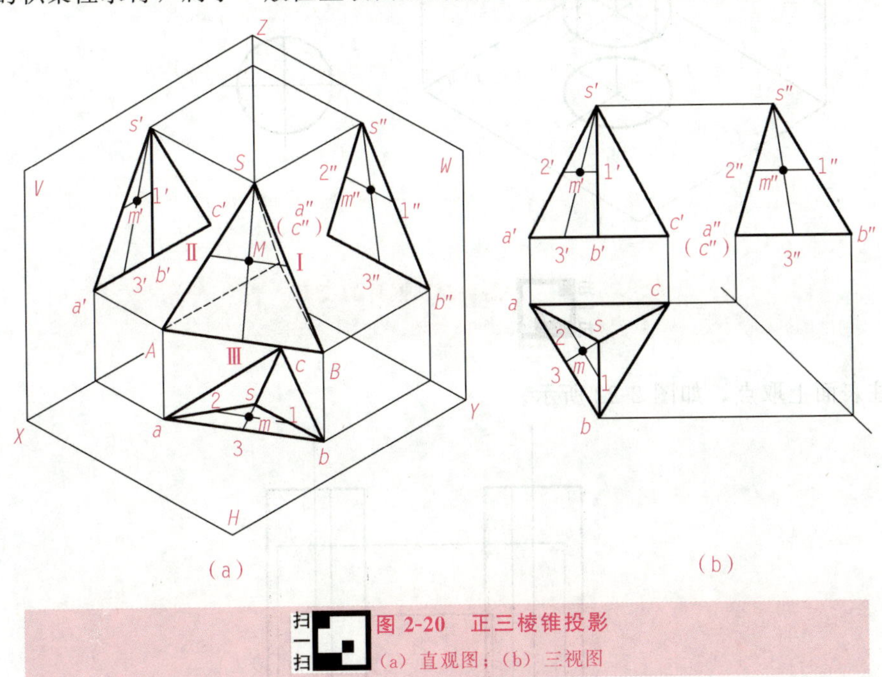

扫一扫 图 2-20 正三棱锥投影

(a) 直观图；(b) 三视图

2.3.3 圆柱

(1) 圆柱的形成

圆柱体表面是由圆柱面和上、下底平面（圆形）围成的，而圆柱面可以看做由一条与轴线平行的直母线绕轴线旋转而成。

(2) 圆柱的三视图分析

1) 主视图：圆柱体的主视图是一个长方形线框；

2) 俯视图：俯视图的水平投影反映实形——圆形；

3) 左视图：圆柱体的左视图也是一个长方形线框。

(3) 圆柱三视图的作图步骤

先绘制圆的中心线，然后绘制积聚的圆；以中心线和轴线为基准，根据投影的对应关系绘制其余两个投影图，即两个全等矩形，如图 2-21 所示。

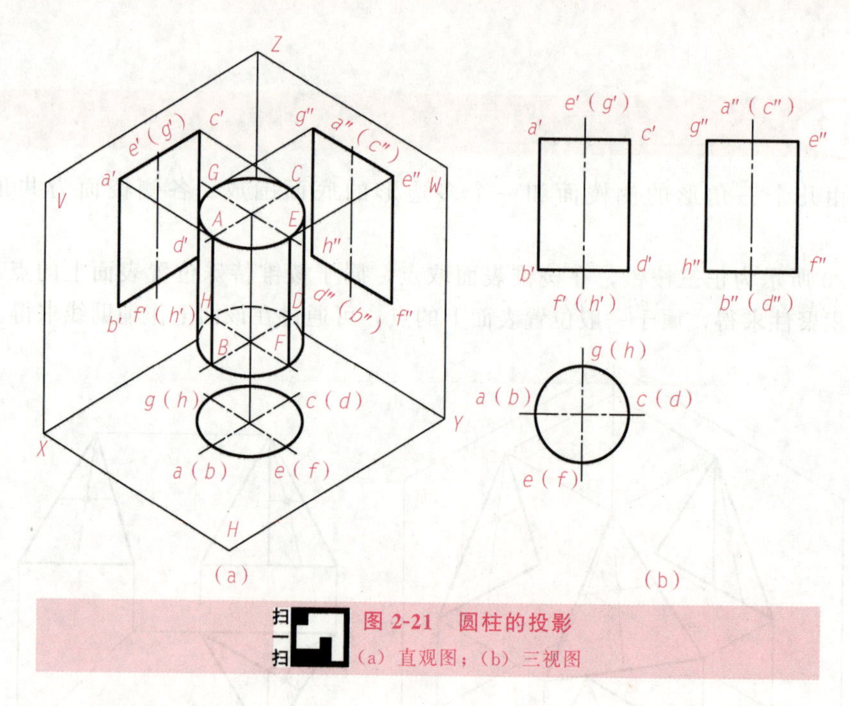

扫一扫 图 2-21　圆柱的投影

（a）直观图；（b）三视图

圆柱表面上取点，如图 2-22 所示。

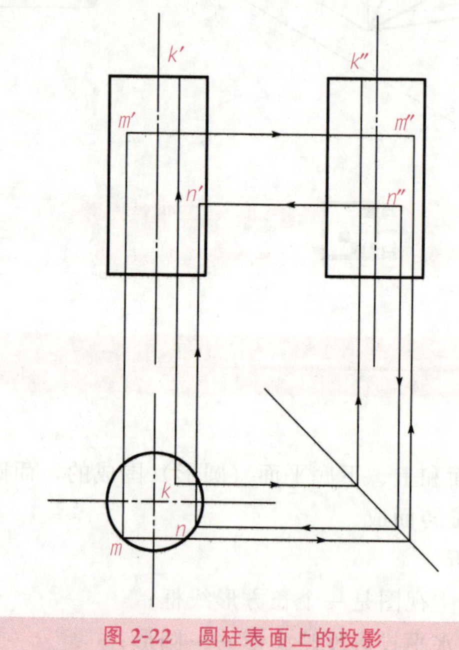

图 2-22　圆柱表面上的投影

2.3.4 圆锥

（1）圆锥的形成

圆锥体的表面由圆锥面和圆形底面围成，而圆锥面则可看做由直母线绕与其斜交的轴线旋转而成。

(2) 圆锥的三视图分析

1) 主视图：圆锥的主视图是一个等腰三角形；

2) 俯视图：俯视图的水平投影是一个圆；

3) 左视图：圆锥的左视图与它的主视图一样，也是一个等腰三角形。

(3) 圆锥三视图的作图步骤

先绘制中心线，然后绘制圆锥底圆，绘制主视图、左视图的底部；根据圆锥的高绘制顶点；连轮廓线，完成全图，如图 2-23 所示。

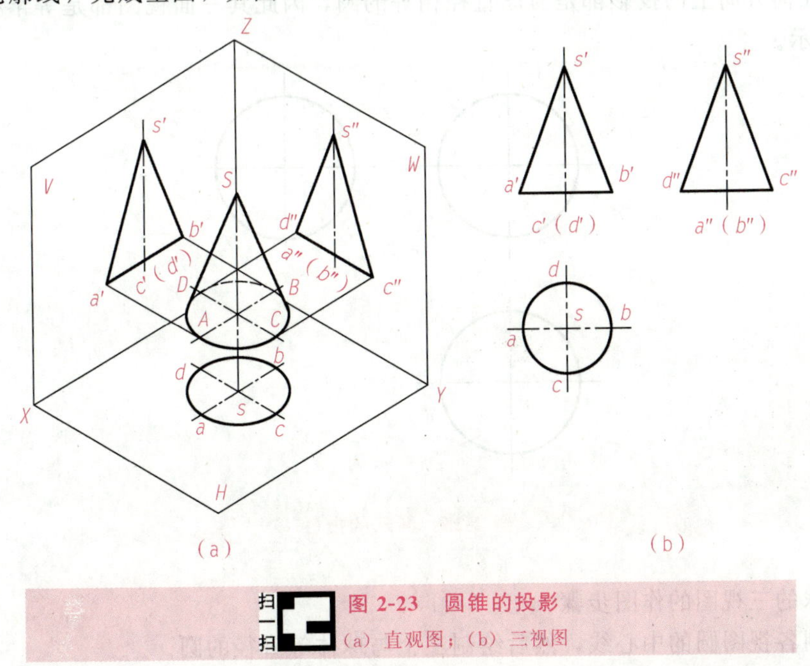

扫一扫 图 2-23 圆锥的投影
(a) 直观图；(b) 三视图

圆锥表面上取点，如图 2-24 所示（素线法）。

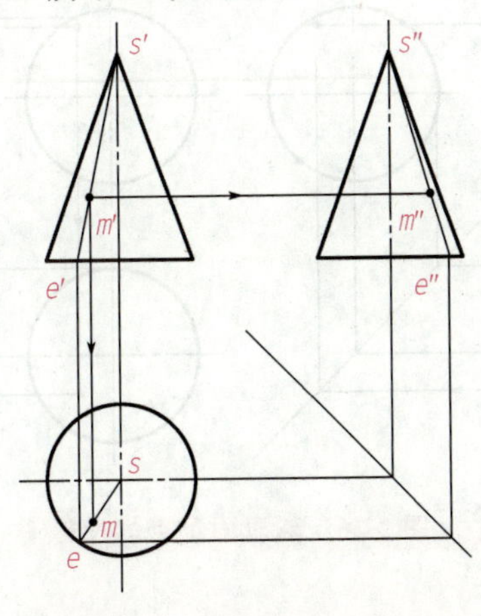

图 2-24 圆锥表面上点的投影

2.3.5 球

(1) 球的形成

球的表面可以看做以一个圆为母线，绕其自身的直径（即轴线）旋转而成。

(2) 球的三视图

球在任何方向上的投影都是与球直径相等的圆，因此其三面视图都是等半径的圆，如图 2-25 所示。

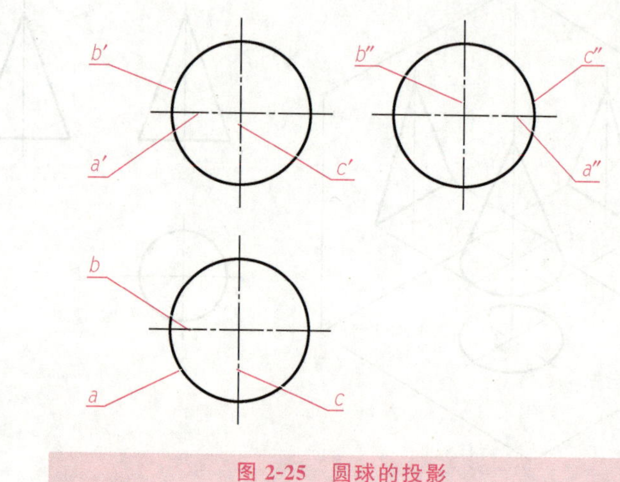

图 2-25 圆球的投影

(3) 球的三视图的作图步骤

先绘制各视图圆的中心线，然后绘制三个与球体等直径的圆。

球表面上点的投影如图 2-26 所示。

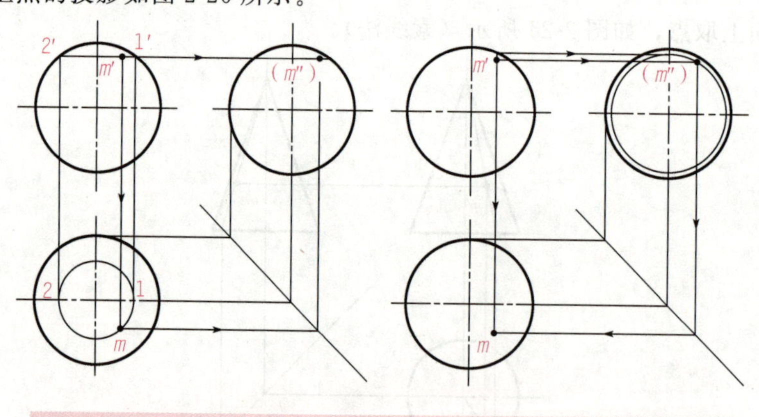

图 2-26 球表面上点的投影

应用与实践

例 2-6 利用 AutoCAD 软件绘制三视图。

根据组合体立体图（见图 2-27）及已知的主、俯视图（见图 2-28），绘制完整的三视图（提示：利用长对正、高平齐和宽相等的投影规律绘制组合体三视图）。

图 2-27 组合体立体图

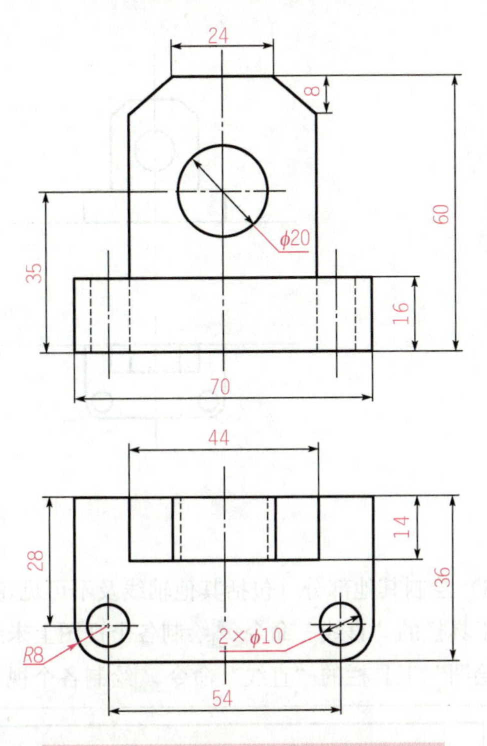

图 2-28 组合体主、俯视图

绘图步骤如下：

1）新建 AutoCAD 文件，默认选择“acad”样板，绘制 A3 图框和标题栏。

2）设置四个图层：

粗实线层：线宽 0.35 mm、线型 Continuous。

点划线层：线宽 0.18 mm、线型 ACAD ISO04W100。

细实线层：线宽 0.18 mm、线型 Continuous。

虚线层：线宽 0.18 mm、线型 ACAD ISO02W100。

3）绘制基准线。设置细实线层为当前层，执行“绘图”工具栏的“直线”命令，绘制三个视图的部分轮廓线（作为基准线）；切换到点划线层，执行“绘图”工具栏的“直线”命令绘制主、俯视图中的对称中心线（作为基准线），如图 2-29 所示。

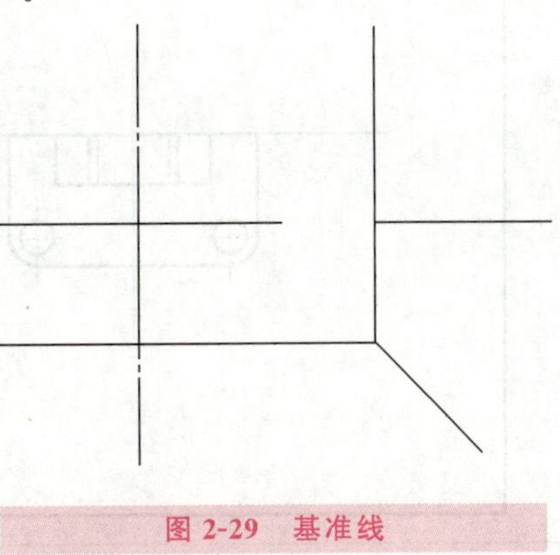
图 2-29 基准线

4）绘制三视图主要部分（可见轮廓线）。设置粗实线层为当前层，执行“绘图”工具栏的“直线”命令以及“圆”命令绘制轮廓线（利用三等规律，可充分利用“修改”工具栏的“偏移”命令以及其他相关命令），如图 2-30 所示。

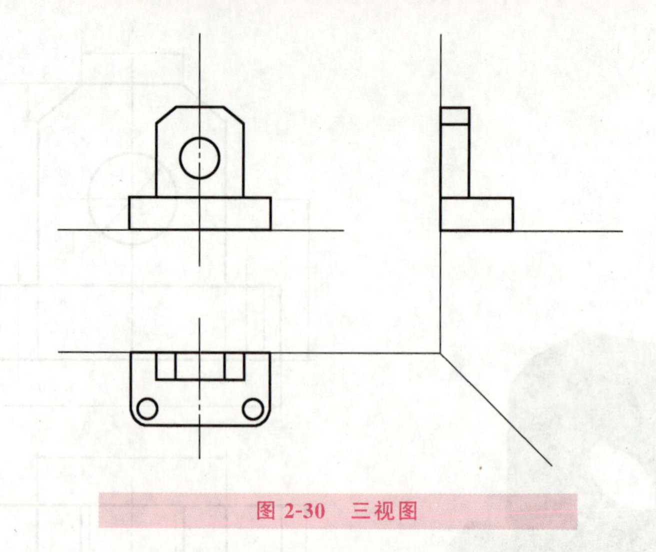

图 2-30 三视图

5）绘制其他部分（包括其他轴线及不可见轮廓线等）。设置点划线层为当前层，执行“绘图”工具栏的“直线”命令 绘制各个视图上未绘制的圆的轴线或中心线；切换到虚线层，执行“绘图”工具栏的“直线”命令 绘制各个视图上的绘制不可见轮廓线，如图 2-31 所示。

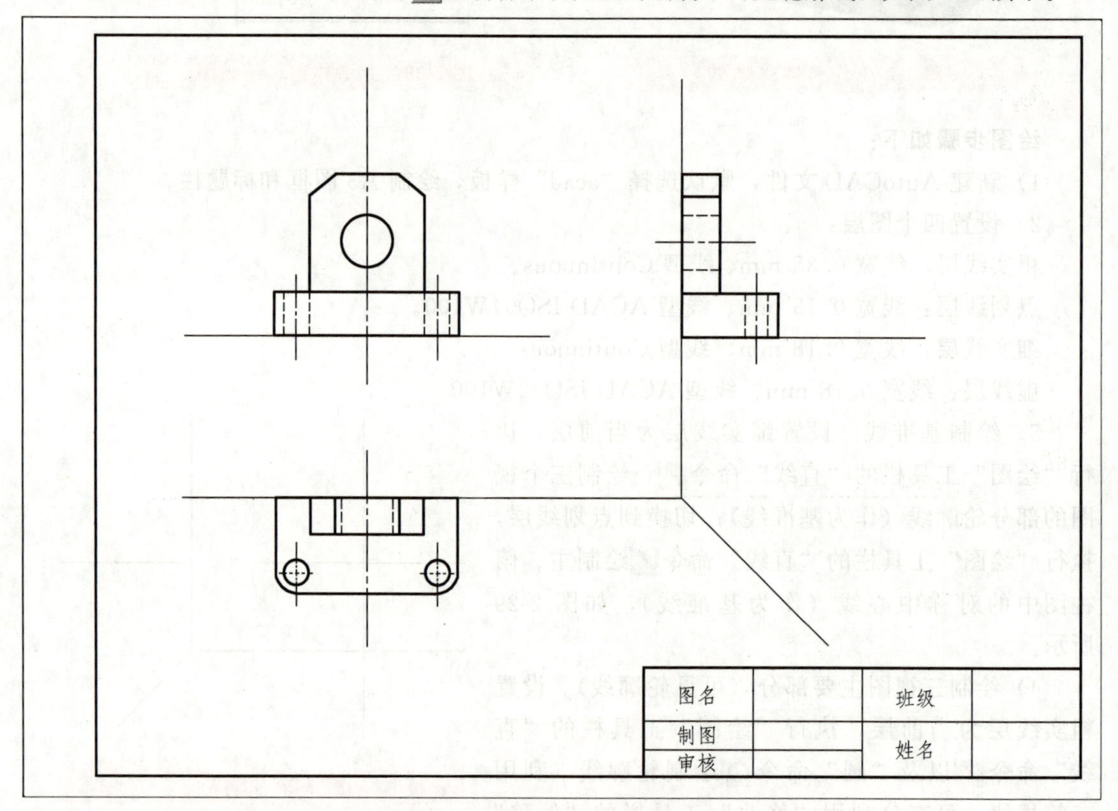

图 2-31 其他轴线及不可见轮廓线

6）检查、修改及细节处理。根据三视图的投影规律，检查三视图中是否有错误之处，同时去掉多余或过长的线。

7）文件保存与图像输出。

单击标准工具栏“标准”/“保存”按钮，弹出“图形另存为”对话框。在“保存于”下拉列表框中选择保存位置“桌面”，在“文件名”文本框中输入“实验一”。选择“文件”下拉菜单中的“输出”选项，存为位图格式（扩展名为 .bmp）样式图像或直接用键盘截取所绘图样。

2.4 基本体的尺寸标注

知识导入

视图表示物体大小，而其真实大小以所注的尺寸为依据，学好基本体的尺寸标注，对于后期复杂图形尺寸标注有很多帮助。

相关知识

2.4.1 平面立体尺寸标注

平面立体尺寸标注可标注长、宽、高三个方向的尺寸。

（1）正棱柱尺寸标注

除标注高度外，平面立体尺寸标注还可标注正多边形的外接圆直径，对于偶数边的正多边形也可标注其对边尺寸，外接圆直径或对边尺寸二者只能标注一个，如图 2-32 和图 2-33 所示。

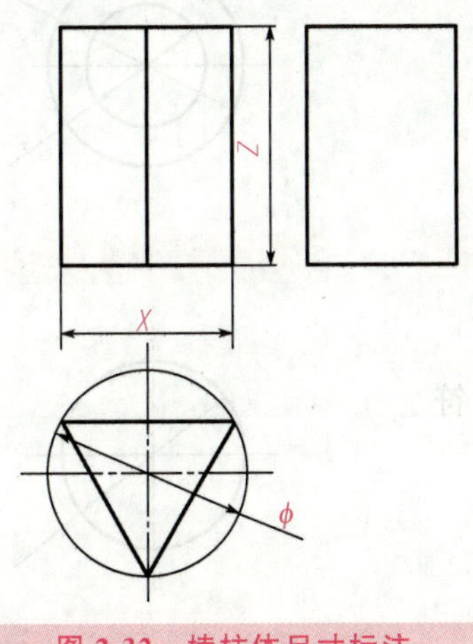

图 2-32 棱柱体尺寸标注

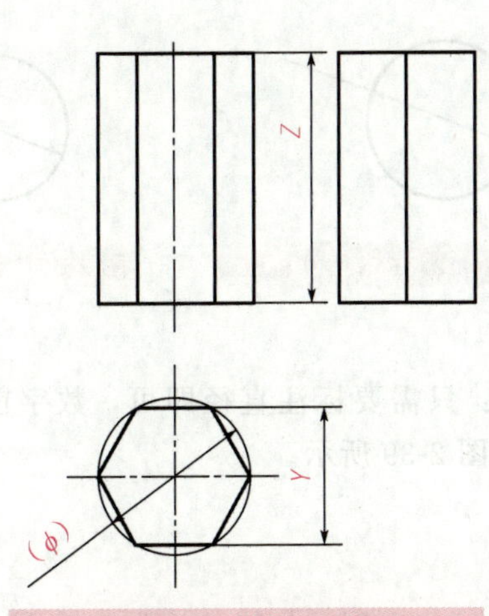

图 2-33 六棱柱尺寸标注

（2）非正多边形棱柱尺寸标注

非正多形棱注的尺寸标注必须在多边形视图中，如图 2-34 和图 2-35 所示。

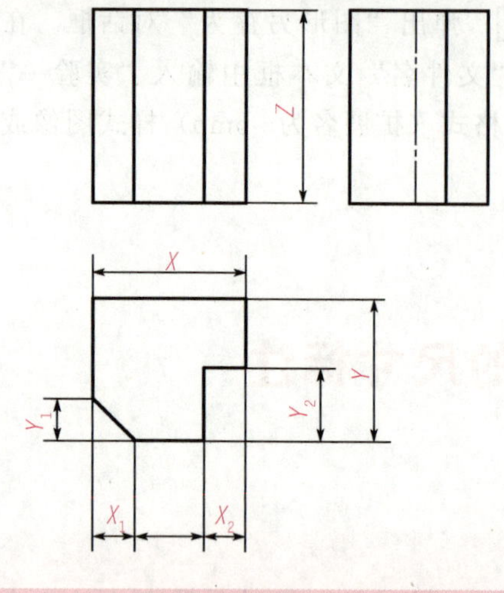

图 2-34 非正多边形棱柱尺寸标注（1）

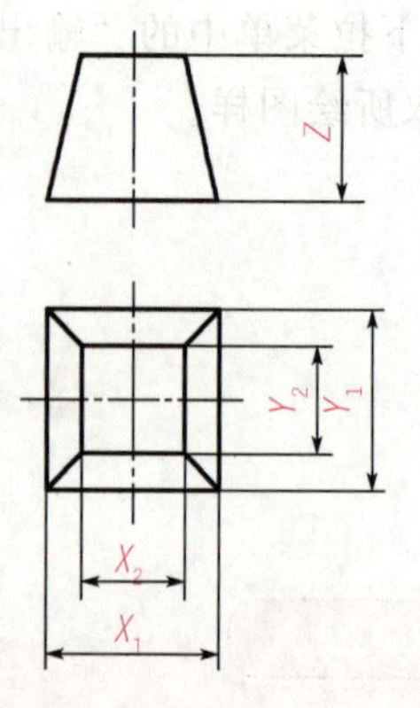

图 2-35 非正多边形棱柱圆锥体尺寸标注（2）

2.4.2 回转体的尺寸标注

圆柱体：标注其高度和直径，如图 2-36 所示。

圆锥体：标注其高度和底圆直径，如图 2-37 所示。

圆台：标注高度、底圆直径和顶圆直径，如图 2-38 所示。

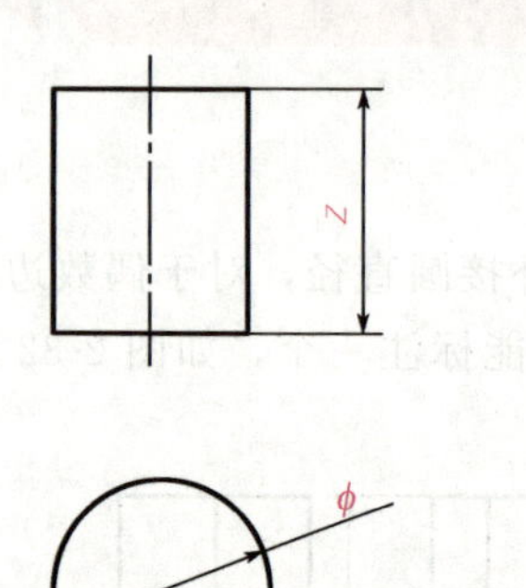

图 2-36 圆柱体尺寸标注

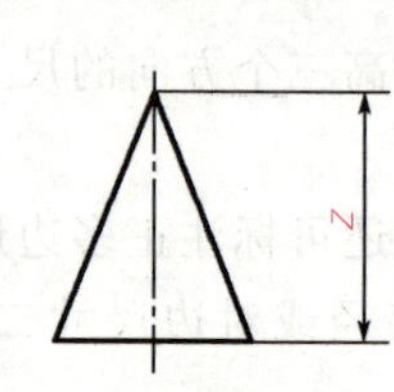

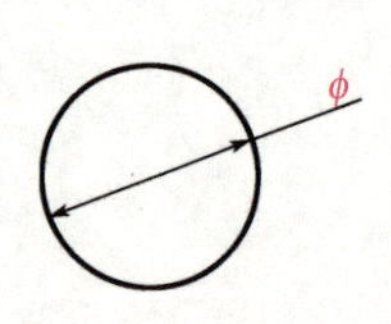

图 2-37 圆锥体尺寸标注

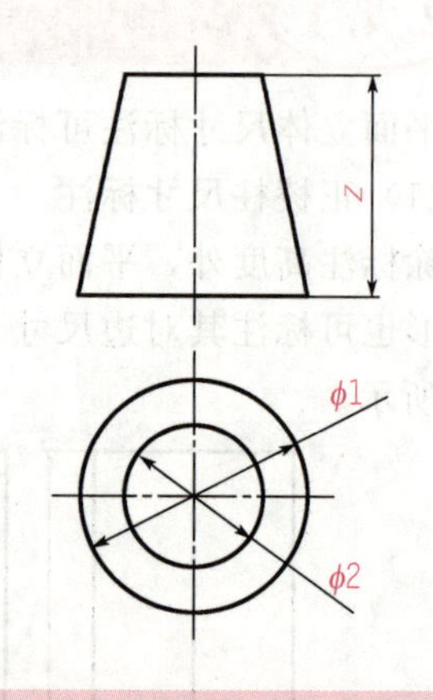

图 2-38 圆台尺寸标注

圆球：只需要标注直径即可，数字前面应加字符“$S\phi$”，如图 2-39 所示。

图 2-39 圆球尺寸标注

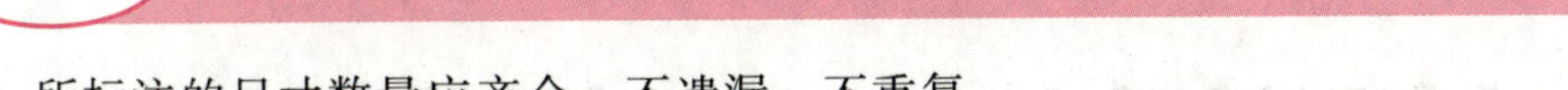

2.4.3 基本体的尺寸标注要领

1）所标注的尺寸数量应齐全、不遗漏、不重复。

2）尺寸标注配置清晰恰当，便于看图。

3）尺寸标注正确，符合国家标准《机械制图》中的有关规定。

动动脑

根据已知图形尺寸，绘制并标注图形尺寸，如图 2-40 所示。

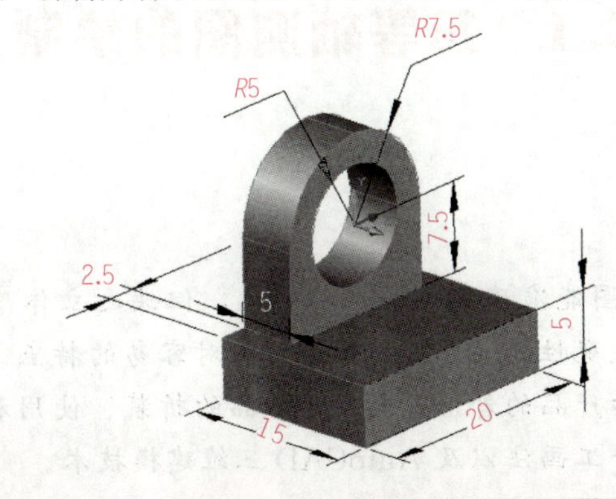

图 2-40　产品立体图

第三章

轴测图与三维建模基础

3.1 正等轴测图的绘制

知识导入

用正投影绘制的三视图能准确表达物体的形状，但缺乏立体感。轴测图属于立体图的范畴，具有立体感、直观性强、比透视图绘制相对容易的特点。在工程上，轴测图常被用于产品说明书中表示产品的外形，或用于产品的拆装、使用和维修的说明。本章介绍了常用的正等轴测图手工画法以及 AutoCAD 三维建模技术。

相关知识

3.1.1 正等轴测图的形成

轴测图是用平行投影的原理绘制的图形，如图 3-1（a）所示，将表示空间物体的三个

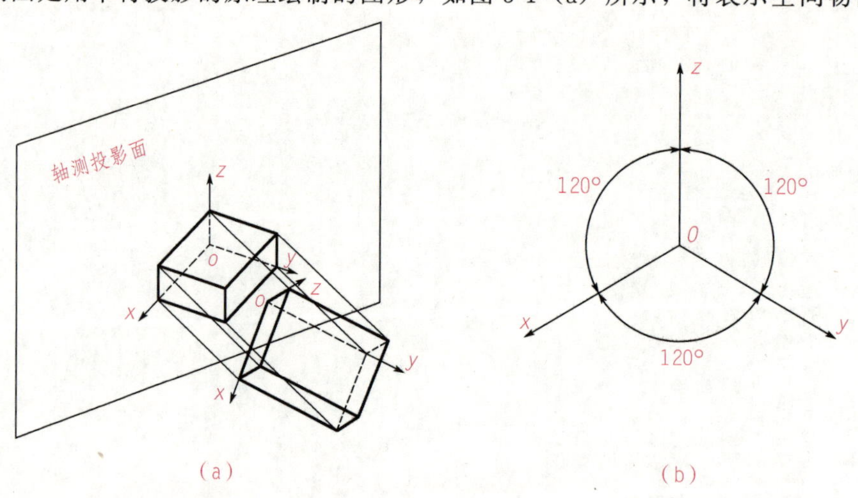

图 3-1　正等测的形成

坐标轴旋转至与轴测投影面倾角相同，此时将物体向轴测投影面作正投影，得到的投影图称为正等轴测图，简称正等测。

3.1.2 正等测的轴间角、轴向伸缩系数

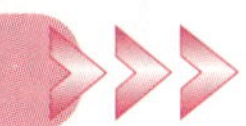

正等测的三个轴间角均相等，即

$$\angle X_1O_1Y_1=\angle Y_1O_1Z_1=X_1O_1Z_1=120°$$

如图 3-1（b）所示，作图时，通常将 O_1Z_1 轴绘制成铅垂线，使 O_1X_1、O_1Y_1 轴与水平方向成 30°。

轴测图的单位与相应的直角坐标轴的单位长度的比值称为轴向伸缩系数。OX、OY、OZ 轴上的轴向伸缩系数分别用 p_1、q_1、r_1 表示。

正等测的轴向伸缩系数也相等，即

$$p_1=q_1=r_1=0.82$$

为了作图方便，通常将轴向伸缩系数简化为 1，即在正等测的沿轴方向上采用 1∶1 的比例绘制。

3.1.3 正等测的投影特性

1. 平行性

空间平行的直线，轴测投影后仍平行；空间平行于坐标轴的直线，轴测投影后平行于相应的轴测轴。

2. 沿轴可测量性

在正等测图中沿着 OX 轴或 OY 轴或 OZ 轴的方向可 1∶1 的量取尺寸。

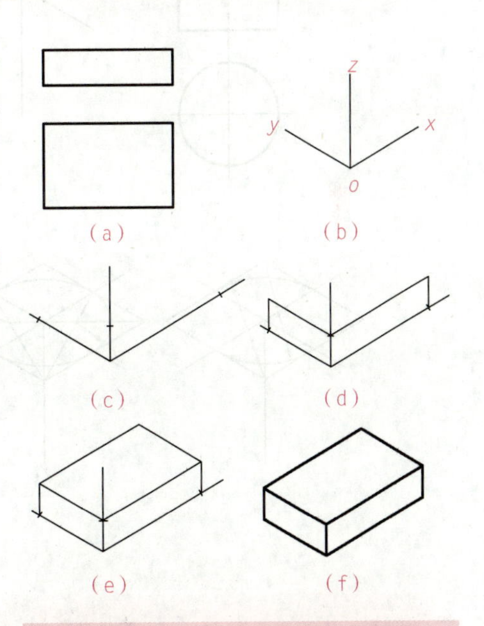

图 3-2　长方体正等测画法

（a）已知长方体两视图；（b）绘制正等测轴；（c）在对应的轴上分别量取长、宽、高的尺寸；（d）过度量点作相应平行线；（e）完成底稿图；（f）用粗实线加深

应用与实践

1. 平面体正等测的绘制

（1）长方体

长方体正等测的画法如图 3-2 所示。

（2）六棱柱

六棱柱正等测的画法如图 3-3 所示。

2. 曲面体正等测的绘制

（1）轴线垂直于 H 面的圆柱体

轴线垂直于 H 面的圆柱体的正等测的绘制可采用菱形法，如图 3-4 所示。

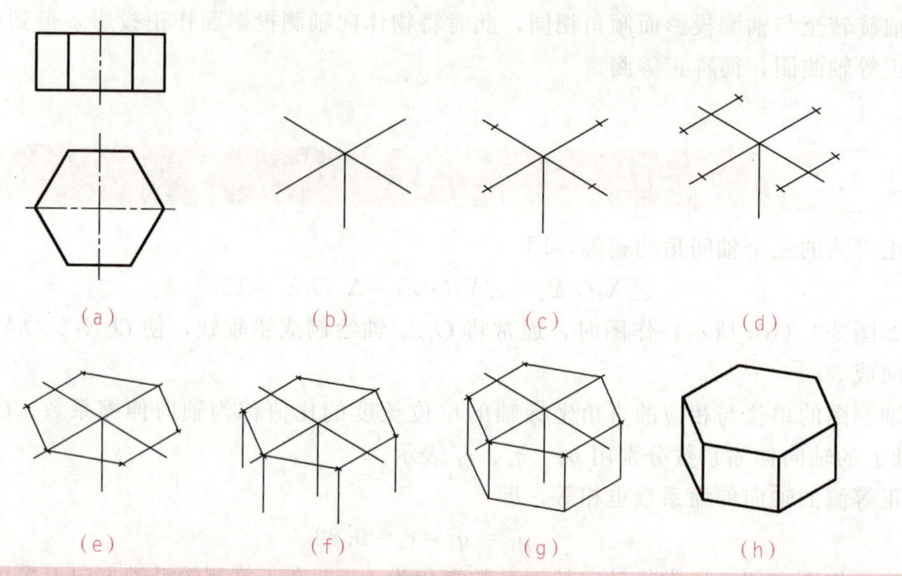

图 3-3 六棱柱正等测画法

(a) 已知六棱柱两视图；(b) 绘制正等测轴；(c) 按 OX、OY 方向量取尺寸；(d) 绘制前后两条边；(e) 连接六个顶点；(f) 绘制四条高度边；(g) 完成底稿图；(h) 用粗实线加深

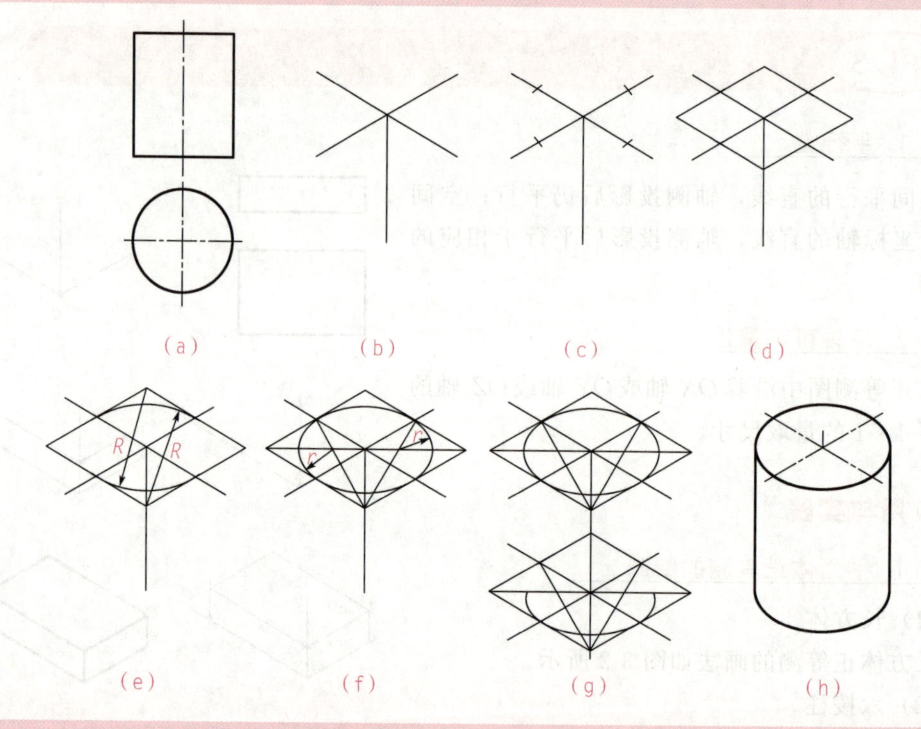

图 3-4 圆柱正等测画法（一）

(a) 已知圆柱两视图；(b) 绘制轴测轴；(c) 以半径为尺寸量取四点；(d) 过点作平行四边形；(e) 绘制大圆弧；(f) 确定小圆圆心，绘制小圆弧；(g) 按圆柱的高用同样方法绘制；(h) 用粗实线加深

(2) 轴线垂直于 W 面的圆柱体

轴线垂直于 W 面的圆柱体的正等测的绘制可采用快速定心法，如图 3-5 所示。

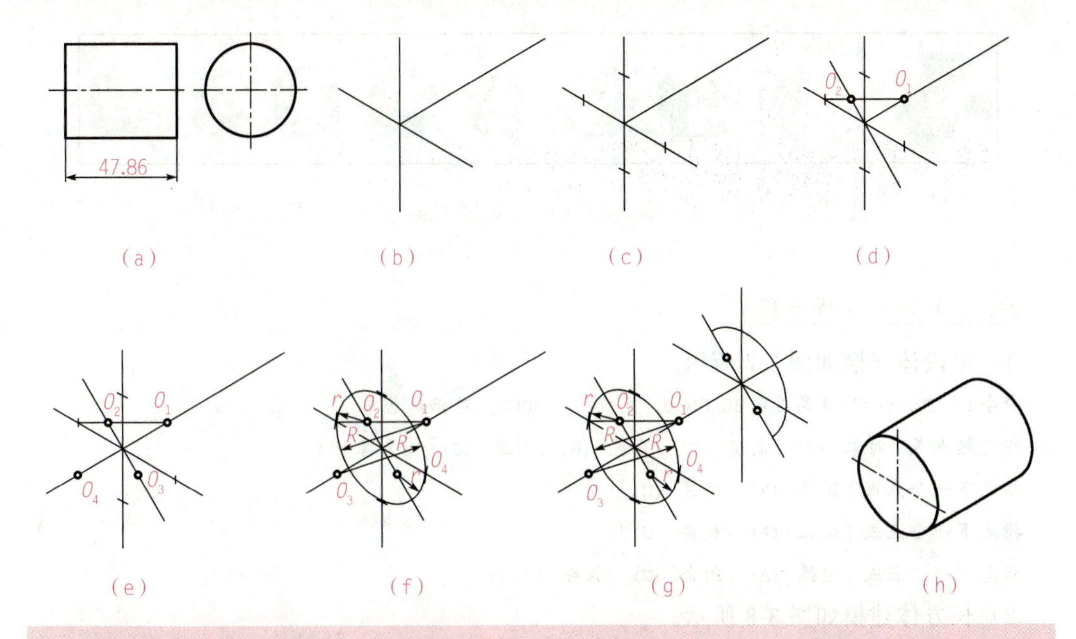

图 3-5 圆柱体正等测画法（二）

(a) 已知圆柱两视图；(b) 绘制轴测轴；(c) 以半径为尺寸量取四点；(d) 过某点作另一轴的垂线及 Z 轴垂线；(e) 对称找出另外两个圆心；(f) 绘制四段圆弧；(g) 根据圆柱高平移圆心；(h) 用粗实线加深

3.2 AutoCAD 三维建模方法

知识导入

三维实体能直观地表达所设计机件的实际形状，在 AutoCAD 中，常用的三维建模方法主要为利用基本体工具建模与利用二维图形辅助建模两种。

相关知识

3.2.1 利用基本体工具建模

1. AutoCAD 2010 基本体建模工具

在工作空间工具栏中，选择“三维建模”命令，在三维制作面板中可使用基本体建模工具创建三维实体。如图 3-6 所示，分别是多段体、长方体、楔体、圆锥体、球体、圆柱体、棱锥体、圆环体。

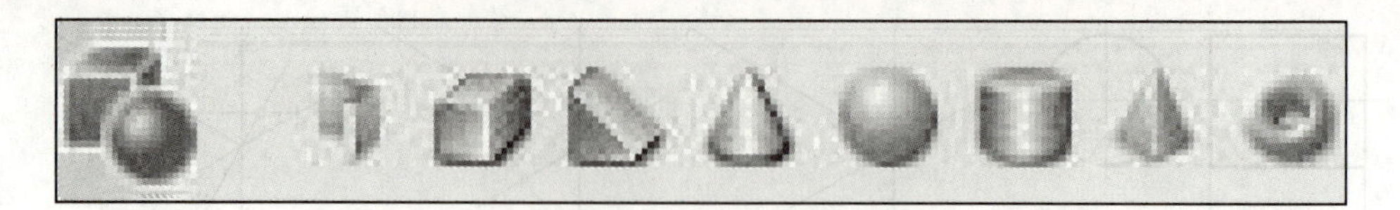

图 3-6 基本体建模工具

2. 基本体建模流程

1）多段体建模如图 3-7 所示。

命令：_ Polysolid 高度= 80.0000，宽度= 5.0000，对正= 居中

指定起点或［对象 (O) /高度 (H) /宽度 (W) /对正 (J)］< 对象> :

指定下一个点或［圆弧 (A) /放弃 (U)］:

指定下一个点或［圆弧 (A) /放弃 (U)］:

指定下一个点或［圆弧 (A) /闭合 (C) /放弃 (U)］:

2）长方体建模如图 3-8 所示。

命令：_ box

指定第一个角点或［中心 (C)］:

指定其他角点或［立方体 (C) /长度 (L)］:

指定高度或［两点 (2P)］< 55> :

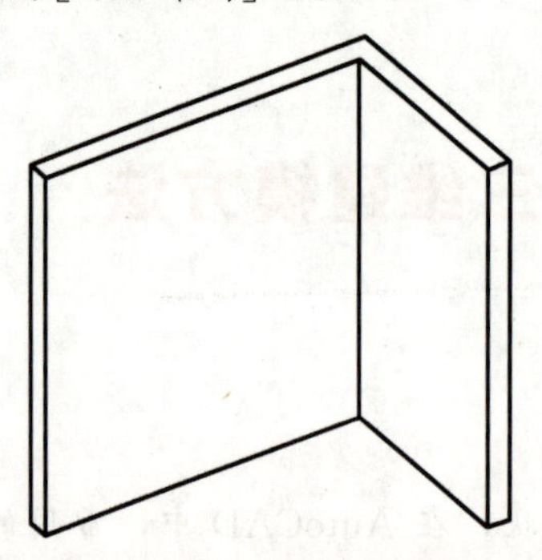

图 3-7 多段体建模

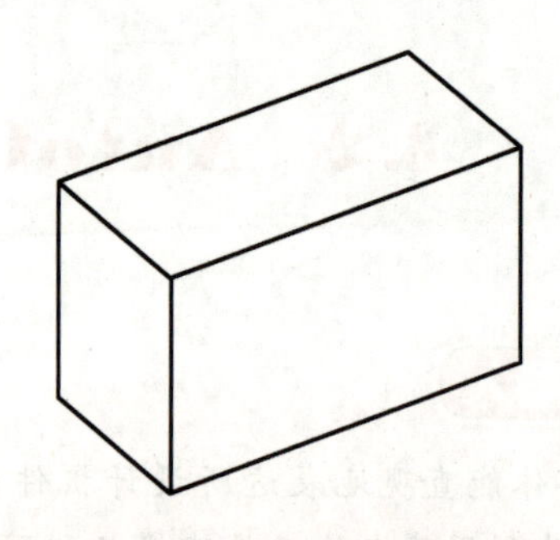

图 3-8 长方体建模

3）楔体建模如图 3-9 所示。

命令：_ wedge

指定第一个角点或［中心 (C)］:

指定其他角点或［立方体 (C) /长度 (L)］:

指定高度或［两点 (2P)］< 32> :

4）圆锥体建模如图 3-10 所示。

命令：_ cone

指定底面的中心点或［三点 (3P) /两点 (2P) /相切、相切、半径 (T) /椭圆 (E)］:

指定底面半径或［直径 (D)］: 20

指定高度或［两点 (2P) /轴端点 (A) /顶面半径 (T)］: 30

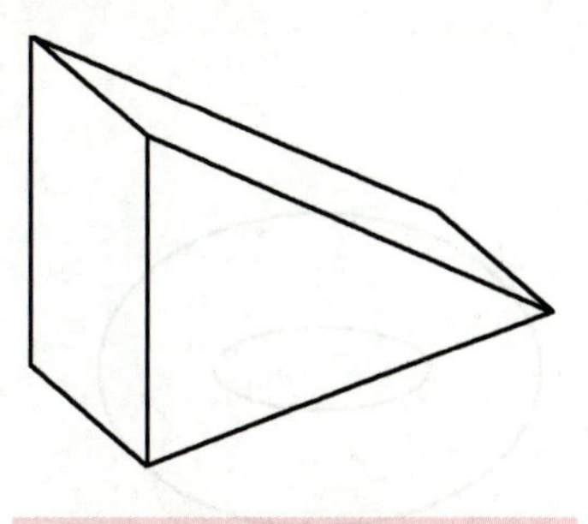

图 3-9 楔体建模

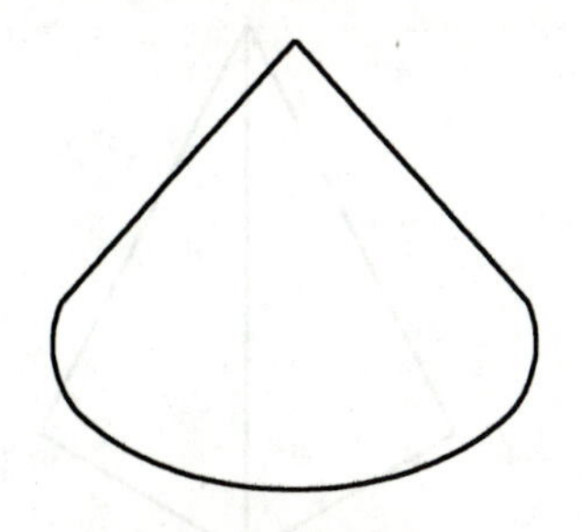

图 3-10 圆锥体建模

5）球体建模如图 3-11 所示。

命令：_ sphere

指定中心点或[三点 (3P) /两点 (2P) /相切、相切、半径 (T)]:

指定半径或[直径 (D)] < 20.0000> :

6）圆柱体建模如图 3-12 所示。

命令：_ cylinder

指定底面的中心点或[三点 (3P) /两点 (2P) /相切、相切、半径 (T) /椭圆 (E)]:

指定底面半径或[直径 (D)] < 20.0000> : 30

指定高度或[两点 (2P) /轴端点 (A)] < 30.0000> : 50

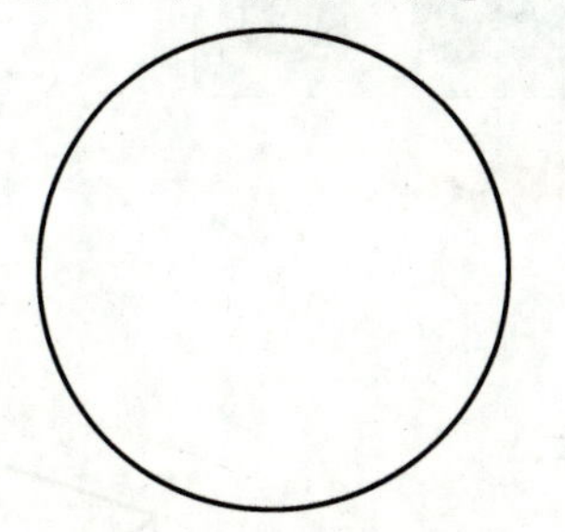

图 3-11 球体建模

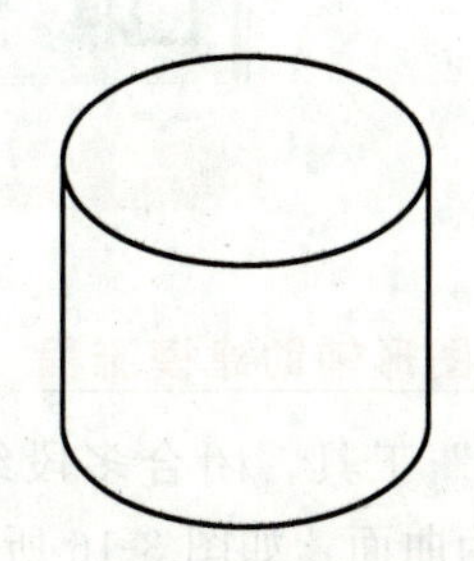

图 3-12 圆柱体建模

7）棱锥体建模如图 3-13 所示。

命令： PYRAMID

4个侧面 外切

指定底面的中心点或[边 (E) /侧面 (S)]:

指定底面半径或[内接 (I)] < 30.0000> :

指定高度或[两点 (2P) /轴端点 (A) /顶面半径 (T)] < 50.0000> :

8）圆环体建模如图 3-14 所示。

命令：_ torus

指定中心点或[三点 (3P) /两点 (2P) /相切、相切、半径 (T)]:

指定半径或[直径 (D)] < 30.0000> :

指定圆管半径或[两点 (2P) /直径 (D)]: 10

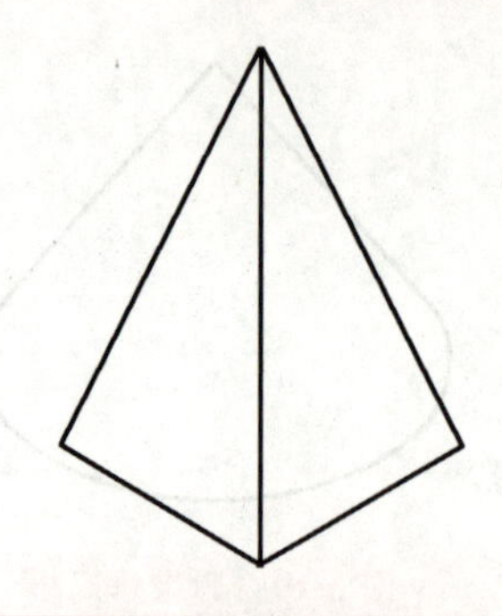

图 3-13 棱锥体建模

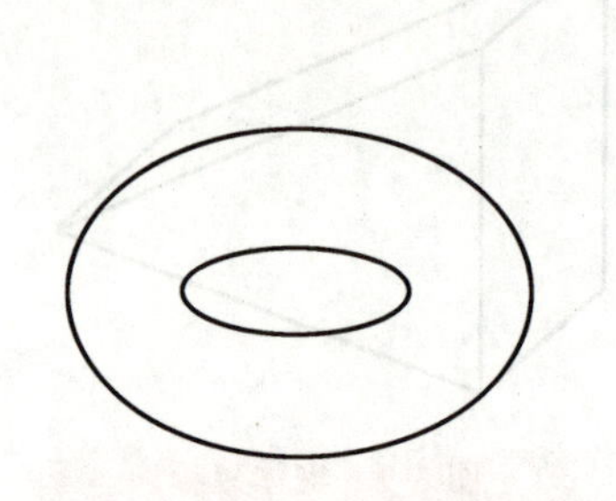

图 3-14 圆环体建模

3.2.2 利用二维图形辅助建模

1. AutoCAD 2010 利用二维图形辅助建模工具

辅助建模工具分别是拉伸、按住并拖动、旋转、扫掠、放样，如图 3-15 所示。

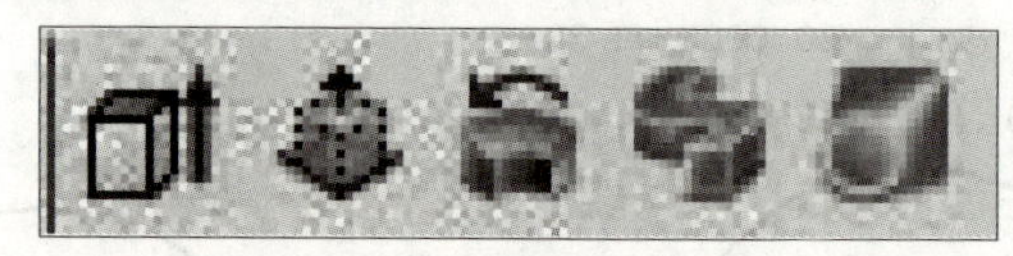

图 3-15 辅助建模工具

2. 二维图形辅助建模流程

1）“拉伸”工具。闭合多段线拉伸为实体，开放线段拉伸为曲面，如图 3-16 所示。

命令：_ extrude

当前线框密度： ISOLINES= 4

选择要拉伸的对象：找到 1 个

选择要拉伸的对象：

指定拉伸的高度或［方向 (D) /路径 (P) /倾斜角 (T)］< 36.3633> : 20

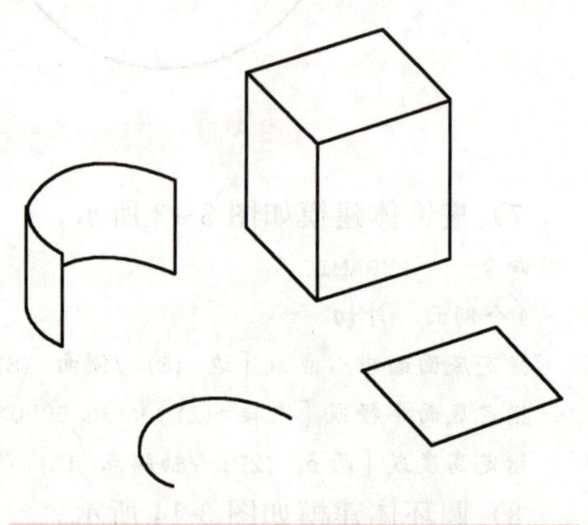

图 3-16 “拉伸”工具

2）“按住并拖动”工具。此工具要求二维图形一定是封闭的，但不一定是多段线，如图 3-17 所示。

命令：_ presspull

单击有限区域以进行按住或拖动操作。

已提取 1 个环。

已创建 1 个面域。

40（输入面域的高度）

3）“旋转”工具。闭合多段线旋转为实体，开放线段旋转为曲面，如图 3-18 所示。

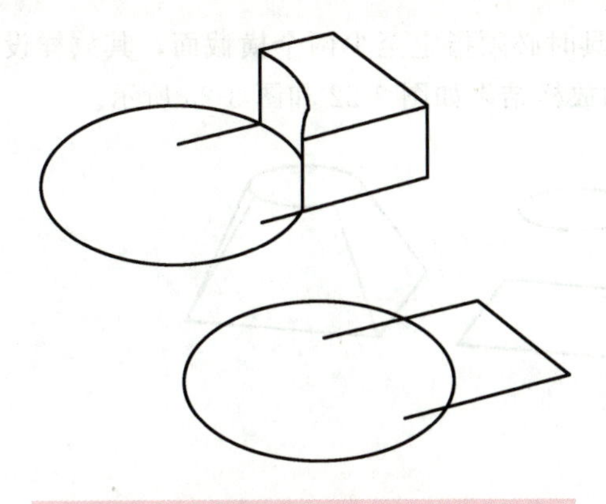

图 3-17 “按住并拖动”工具

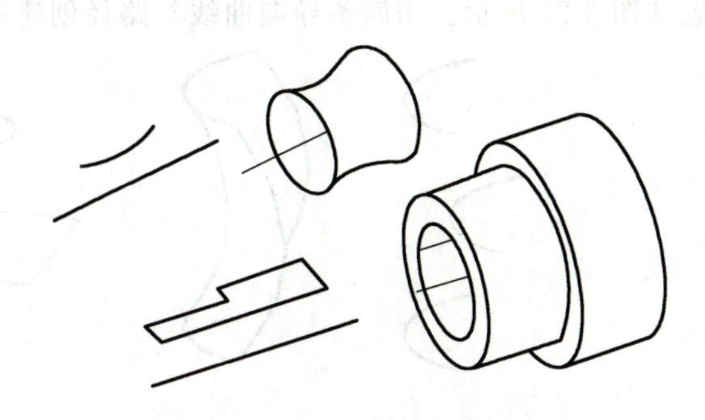

图 3-18 “旋转”工具

命令： REVOLVE

当前线框密度： ISOLINES= 4

选择要旋转的对象：找到 1 个

选择要旋转的对象：

指定轴起点或根据以下选项之一定义轴［对象 (O) /X/Y/Z］< 对象> ：

选择对象：

指定旋转角度或［起点角度 (ST)］< 360> ：

4）“扫掠”工具。使用“扫掠”工具，可以通过沿开放或闭合的二维或三维路径扫掠开放或闭合的平面曲线（轮廓），创建新实体或曲面。扫掠沿指定的路径以指定轮廓的形状，绘制实体或曲面。可以扫掠多个对象，但是这些对象必须位于同一平面中，如图 3-19 所示。

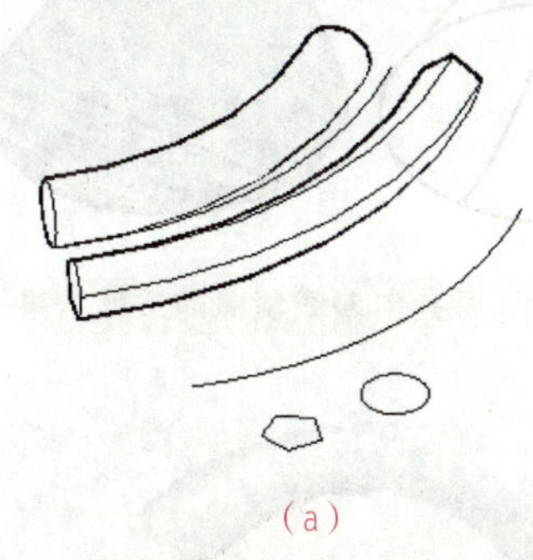

(a)

(b)

图 3-19 “扫掠”工具

命令：_ sweep

当前线框密度： ISOLINES= 4

选择要扫掠的对象：找到 1 个

选择要扫掠的对象：

选择扫掠路径或［对齐 (A) /基点 (B) /比例 (S) /扭曲 (T)］：

5）“放样”工具。使用“放样”工具，可以通过指定一系列横截面来创建新实体或曲面。横截面用于定义结果实体或曲面的截面轮廓（形状）。横截面（通常为曲线或直线）可以是开放的线段，也可以是闭合的多段线，如图 3-20 所示。“放样”工具用于在横截面之间的空间内绘制实体或曲面。使用“放样”工具时必须指定至少两个横截面，其放样设置如图 3-21 所示。用四条导向曲线与路径创建的放样结果如图 3-22 和图 3-23 所示。

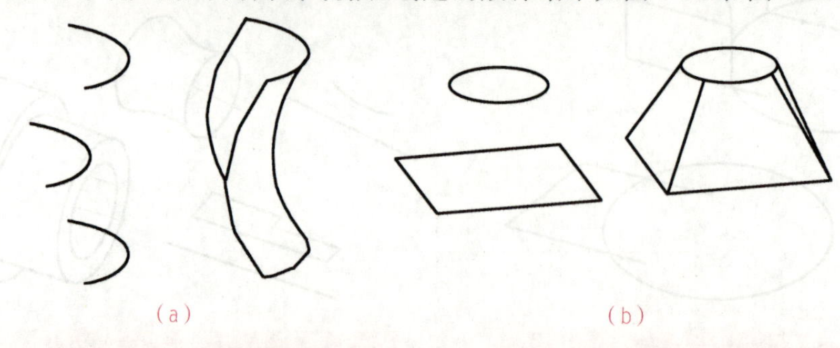

图 3-20　“放样”工具

(a) 横截面为开放线段；(b) 横截面为闭合多段线

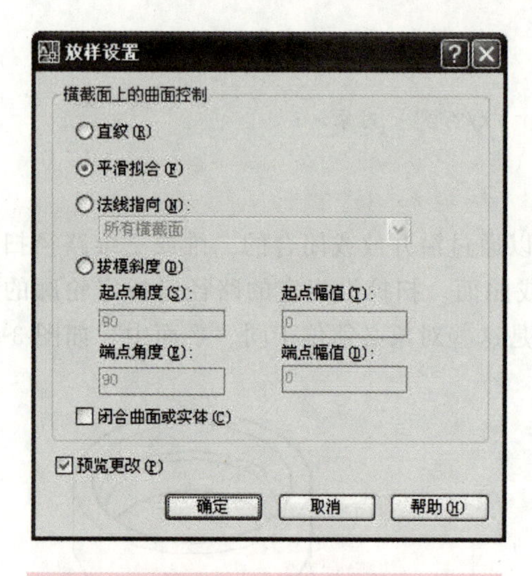

图 3-21　放样设置

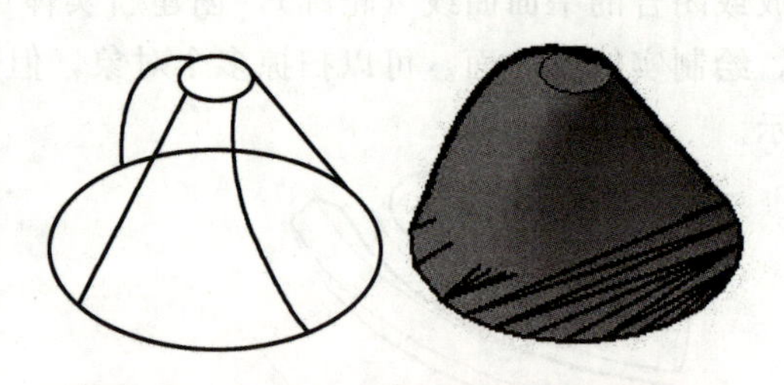

图 3-22　用四条导向曲线创建的放样结果

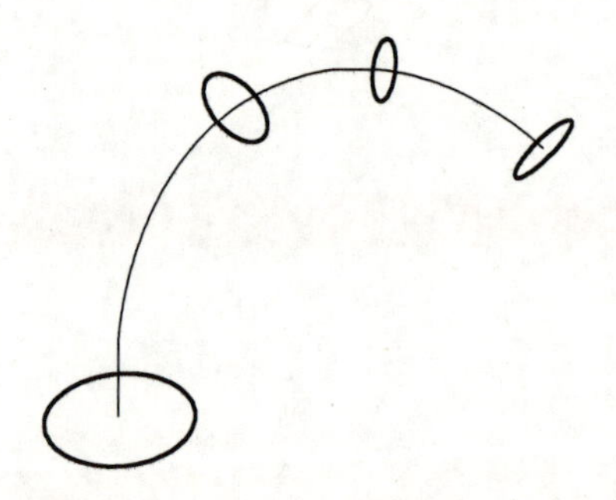

图 3-23　用路径创建的放样如果（路径曲线必须与横截面的所有平面相交）

```
命令：_ loft
按放样次序选择横截面：找到 1 个
按放样次序选择横截面：找到 1 个，总计 2 个
```

按放样次序选择横截面：

输入选项 [导向 (G) /路径 (P) /仅横截面 (C)] < 仅横截面> : C

每条导向曲线必须满足以下条件才能正常工作：①与每个横截面相交；②始于第一个横截面；③止于最后一个横截面。

应用与实践

例 3-1 已知零件的两视图，创建其三维实体，如图 3-24 所示。

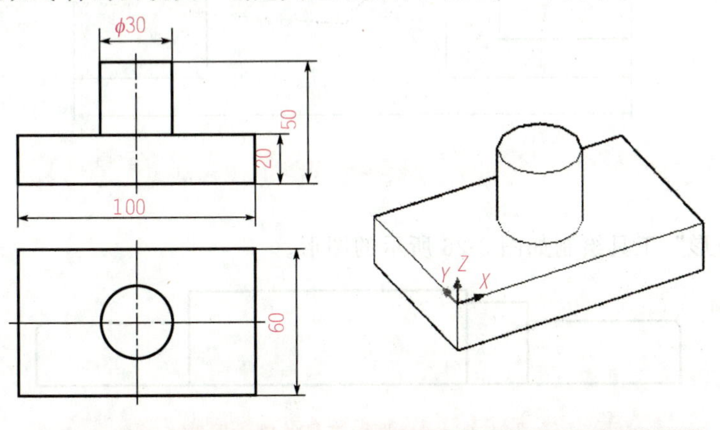

图 3-24 创建三维实体

命令：_ box

指定第一个角点或 [中心 (C)]:

指定其他角点或 [立方体 (C) /长度 (L)]: l

指定长度: 100

指定宽度: 60

指定高度或 [两点 (2P)] < 70.7362> : 20

命令: ucs

当前 UCS 名称: * 俯视 *

指定 UCS 的原点或 [面 (F) /命名 (NA) /对象 (OB) /上一个 (P) /视图 (V) /世界 (W) /X/Y/Z/Z 轴 (ZA)] < 世界> : f

选择实体对象的面:

输入选项 [下一个 (N) /X 轴反向 (X) /Y 轴反向 (Y)] < 接受> :

说明：用“UCS”命令将坐标系设置在长方体的上表面，以利于后面创建圆柱体。

命令: _ cylinder

指定底面的中心点或 [三点 (3P) /两点 (2P) /相切、相切、半径 (T) /椭圆 (E)]:

指定底面半径或 [直径 (D)] < 30.0000> : 15

指定高度或 [两点 (2P) /轴端点 (A)] < 20.0000> : 30

命令: _ union

选择对象: 指定对角点: 找到 2 个

选择对象:

说明：用“并集”命令（UNION）可以将几个实体合并成一个实体。

例 3-2 “旋转”工具的应用。根据图 3-25 所示的视图与尺寸，创建轴的三维实体。

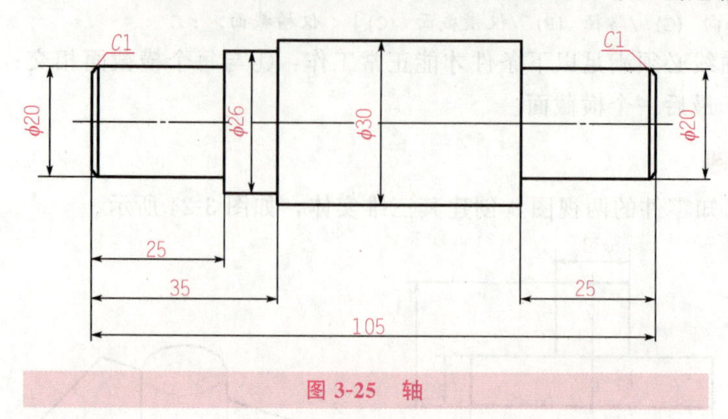

图 3-25 轴

1）用“矩形”工具绘制如图 3-26 所示的图形。

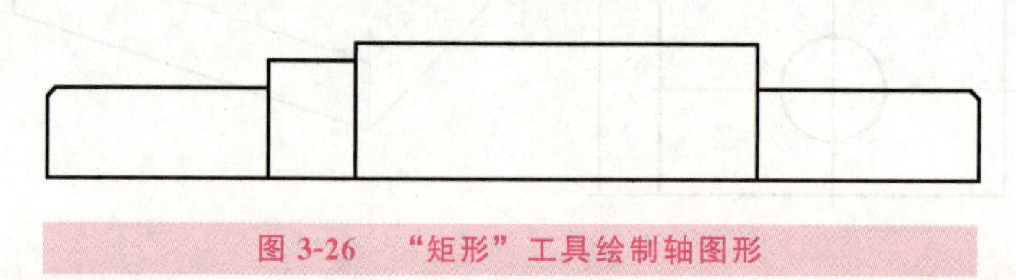

图 3-26 “矩形”工具绘制轴图形

2）用“旋转”工具创建三维实体，最后使用“并集”工具创建的轴的三维实体。如图 3-27 所示。

例 3-3 “按住并拖放”工具的应用。利用图 3-28 所示的二维视图，创建三维实体。

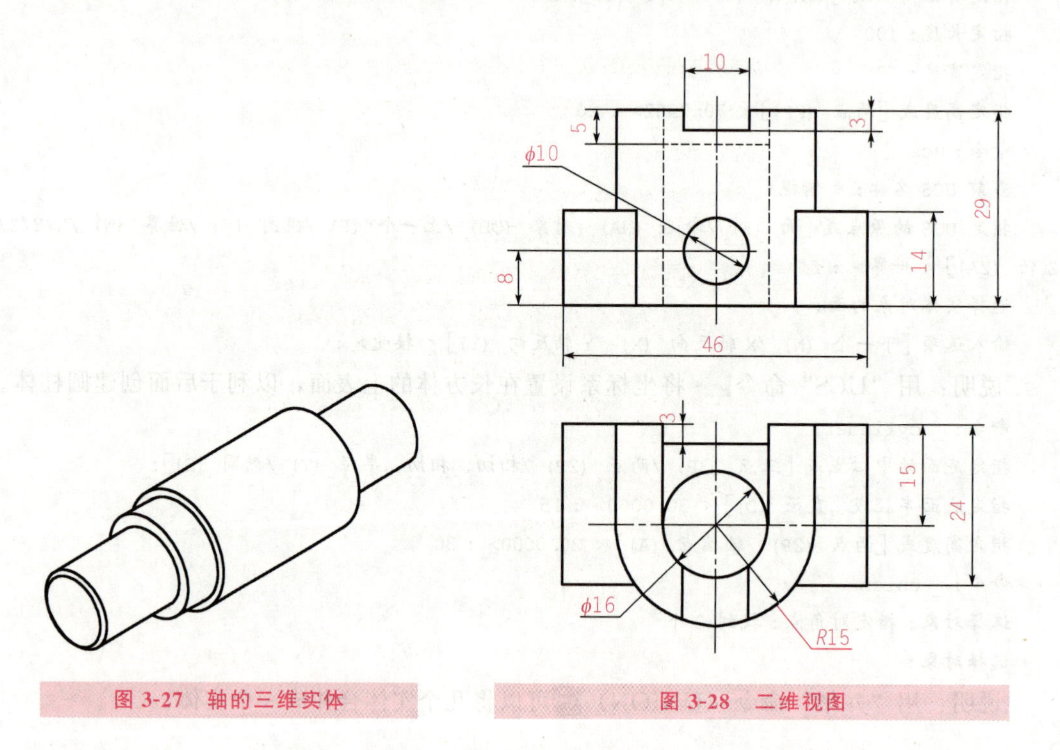

图 3-27 轴的三维实体

图 3-28 二维视图

1）绘制俯视图，按 Shift＋鼠标滚轮拖放至三维视图。

2）选择“按住并拖动”工具，单击俯视图上的一个区域，输入高度尺寸“14”，如图 3-29（a）所示。

3）用同样的操作方法拖放出其他区域的高度，并集所有对象，如图 3-29（b）～图 3-29（d）所示。

4）用 UCS 定位坐标系，如图 3-29（e）所示。

5）绘制圆柱体，并用“差集”工具创建孔，如图 3-29（f）所示。

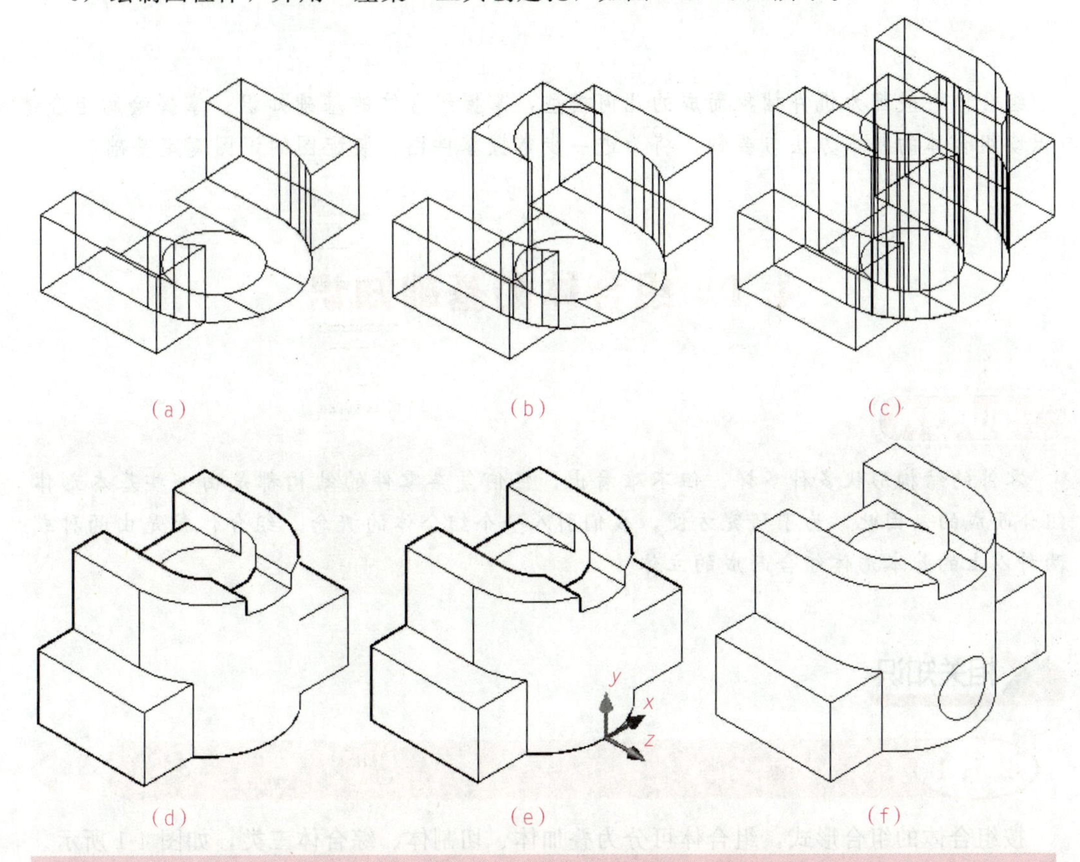

图 3-29 用“按住并拖放”工具创建三维实体

（a）拖放高度 14 mm；（b）拖放高度 24 mm；（c）拖放高度 29 mm；
（d）拖放高度 26 mm；（e）设置用户坐标系；（f）创建圆柱体及差集出孔

第四章

组　合　体

组合体一般都为机件抽象而成的几何模型，掌握组合体的基础知识、掌握绘制组合体与识读组合体的基本方法与要领，将为进一步掌握零件图、装配图的识图奠定基础。

4.1　组合体的基础知识

知识导入

零件的结构形状多种多样，但不难看出，任何复杂零件的结构都是由一些基本形体组合而成的，因此，为了研究方便，我们引入一个组合体的概念。组合体就是由两种或两种以上的基本形体组合而成的立体。

相关知识

4.1.1　组合体的分类

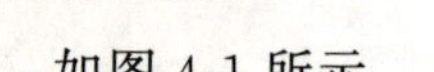

按组合体的组合形式，组合体可分为叠加体、切割体、综合体三类，如图 4-1 所示。

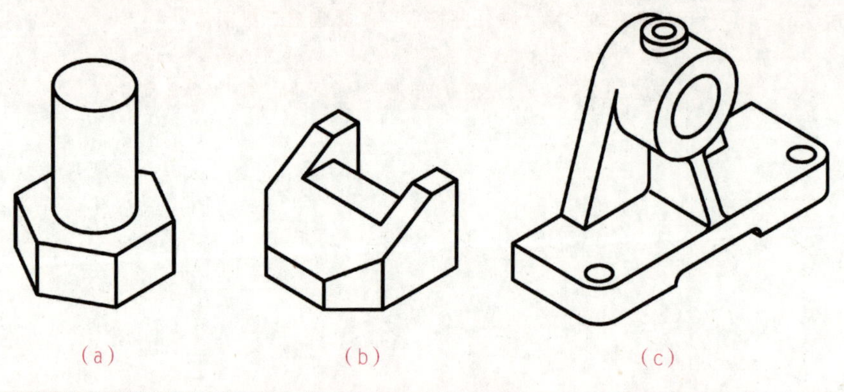

图 4-1　组合体的类型

(a) 叠加体；(b) 切割体；(c) 综合体

4.1.2 组合体中基本体之间的表面连接关系

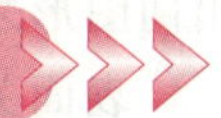

两基本体组合在一起时，两者之间的表面有以下的关系：

1）平齐：如图 4-2 所示，长方体与圆柱体组合在一起，长方体的前平面与圆柱体的平面是重合的，这种关系称为平齐关系。在绘制主视图时，矩形与圆之间没有图线将它们分割开来。

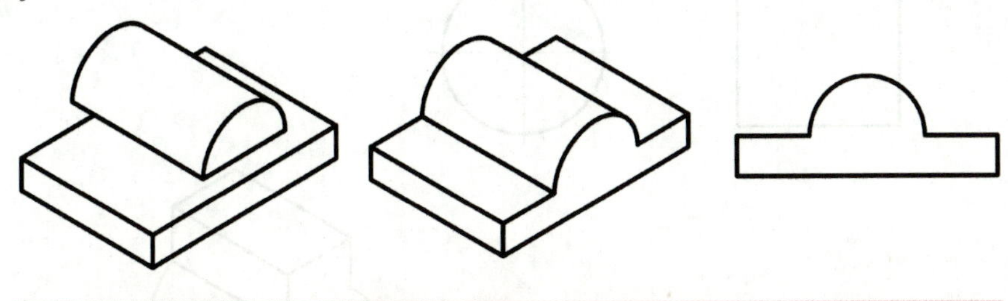

图 4-2 表面平齐关系

2）不平齐：如图 4-3 所示，长方体与圆柱体组合在一起，长方体的前平面与圆柱体的前平面是相错关系，这种关系称为不平齐关系。在绘制主视图时，长方体与圆柱体之间有图线将它们分割开来。

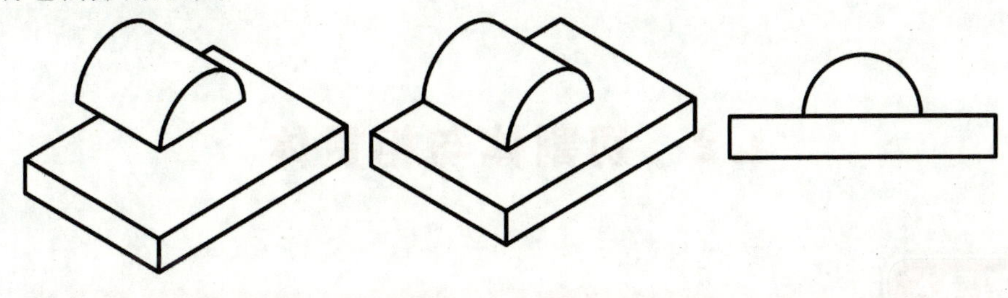

图 4-3 表面不平齐关系

3）相交：如图 4-4（a）所示，长方体与圆柱体之间是相交关系，从主视图中可以看出两图形之间有相交后的轮廓投影。

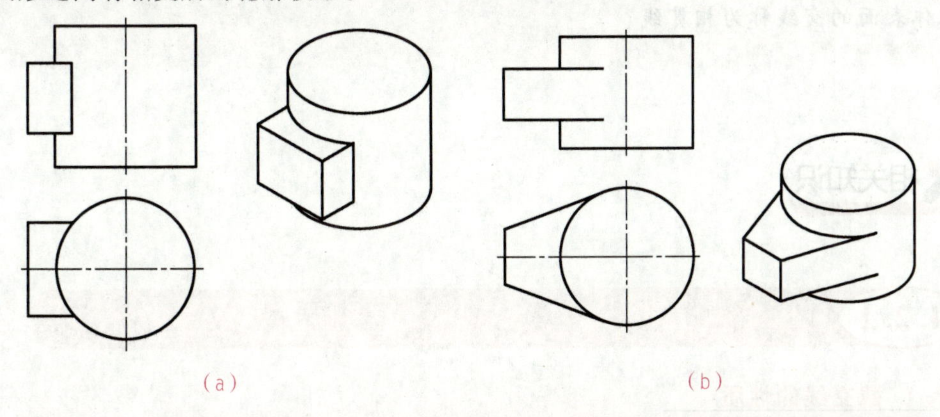

图 4-4 表面相交和相切关系

4）相切：如图 4-4（b）所示，长方体与圆柱体之间是相切关系，从主视图中可以看出两图形之间相切处没有轮廓投影。

表面关系分析，如图 4-5 所示，两形体的左端面是平齐关系，因此，左视图中圆与矩形之间没有图线隔开；在主视图中，长方体的前平面与圆柱体是相交关系，因此在主视图中两图形之间会有相交线的画法。

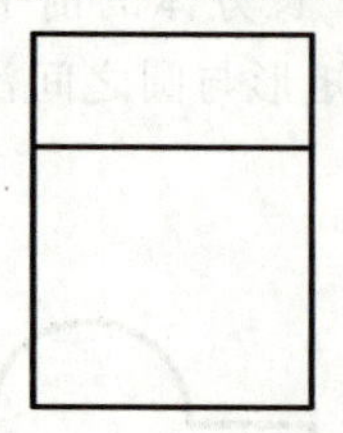
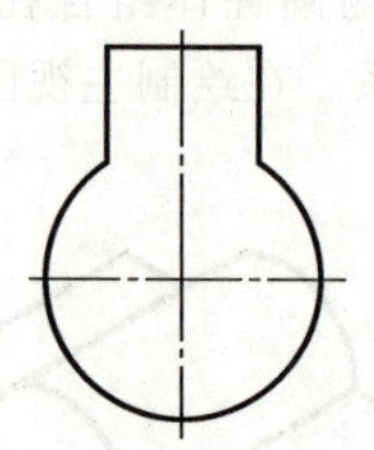
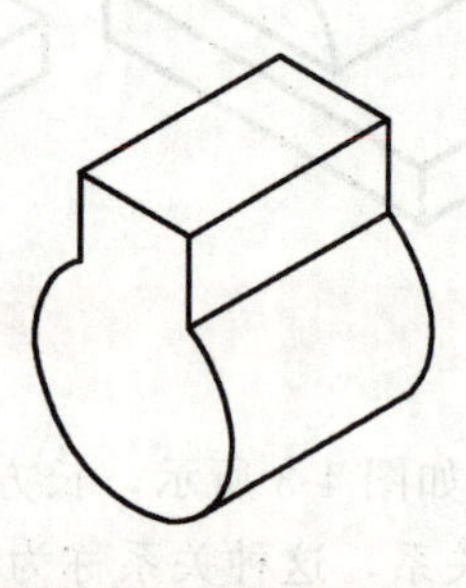

图 4-5 表面平齐与相交

4.2 切割体与相贯体

知识导入

单纯的切割与单纯的叠加是组合体的基础，为了便于分析组合体，本节介绍切割体与相贯体的画法与识读。在机器设备中，有些机械零件是由基本体被平面截切而成的，这种形体称为切割体，平面与基本体表面的交线，称为截交线。两立体相交称为相贯，两立体表面的交线称为相贯线。

相关知识

4.2.1 切割体

1. 截交线的性质

1）封闭性：截交线的形状是一封闭的平面形。

2）共有性：截交线是截平面与立体表面所共有的。

2. 平面立体被截切的情况

1）单一平面的截切，如图 4-6 所示。

2）多个平面的截切，如图 4-7 所示。

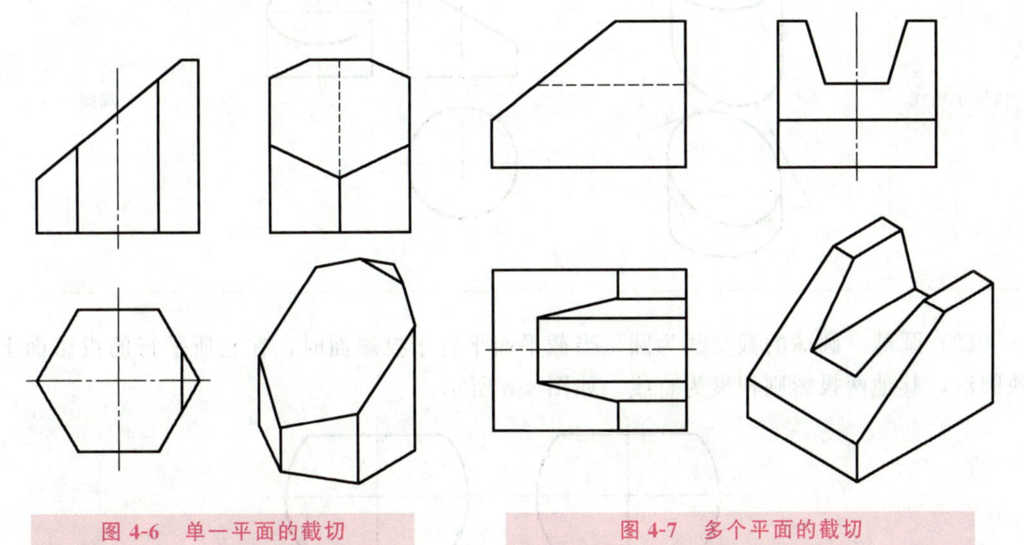

图 4-6 单一平面的截切　　图 4-7 多个平面的截切

3. 曲面立体的截交线

（1）圆柱体。圆柱体被截切有三种情况，见表 4-1。

表 4-1 圆柱体的截交线

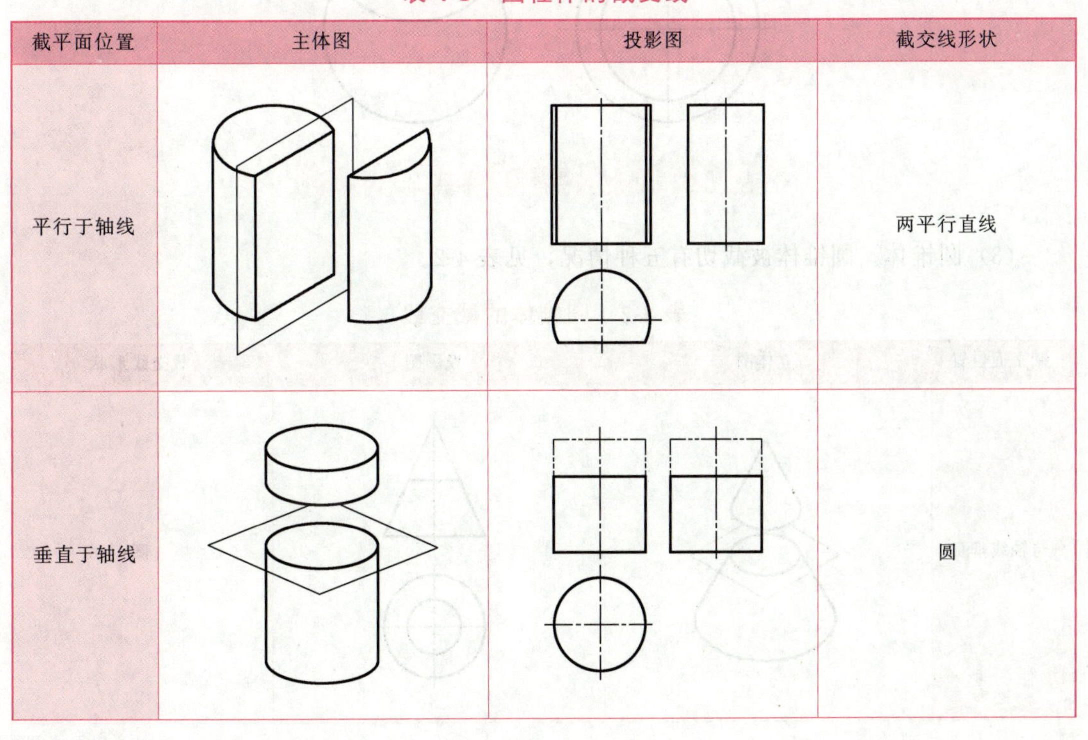

截平面位置	主体图	投影图	截交线形状
平行于轴线			两平行直线
垂直于轴线			圆

续表

截平面位置	主体图	投影图	截交线形状
倾斜于轴线	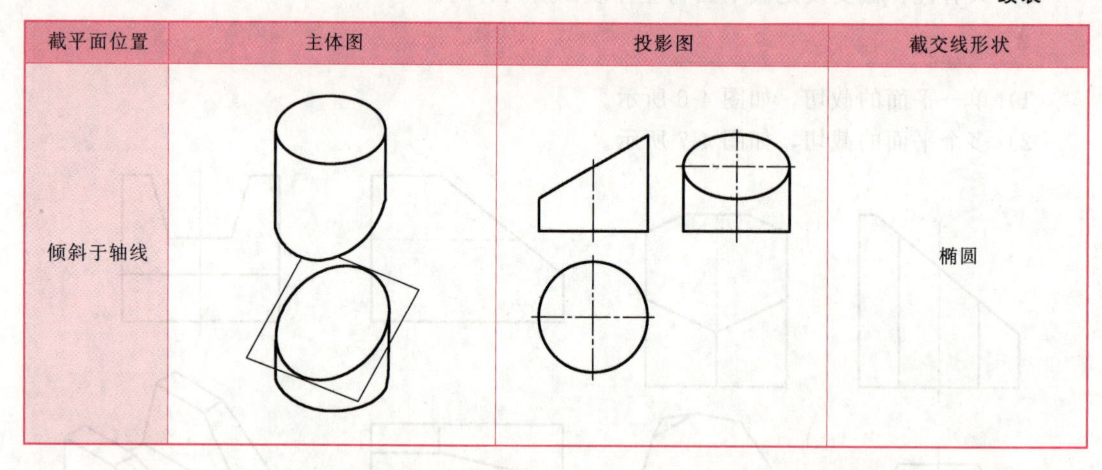		椭圆

（2）圆球。圆球的截交线为圆，当截平面平行于投影面时，在它所平行的投影面上反映圆形，其他两投影则积聚为直线，如图 4-8 所示。

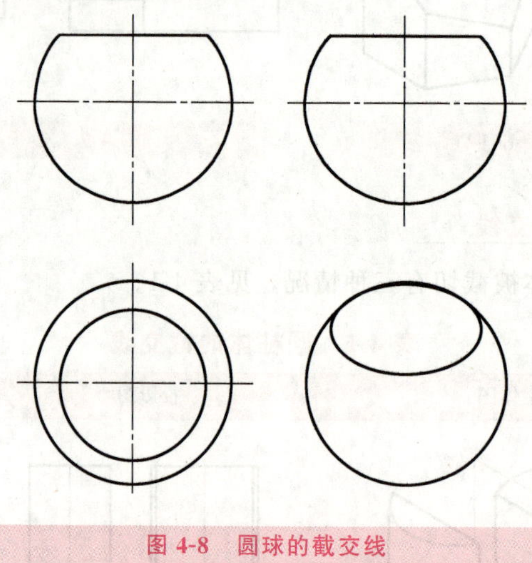

图 4-8　圆球的截交线

（3）圆锥体。圆锥体被截切有五种情况，见表 4-2。

表 4-2　圆锥体的截交线

截平面位置	立体图	投影图	截交线形状
与轴线垂直			圆

续表

截平面位置	立体图	投影图	截交线形状
过圆锥顶点	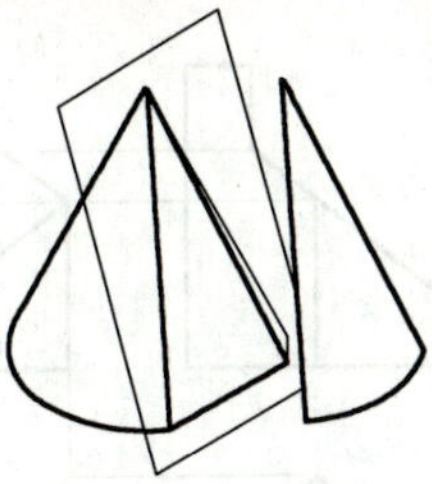	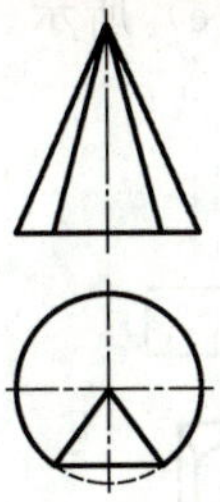	两相交直线
平行于素线	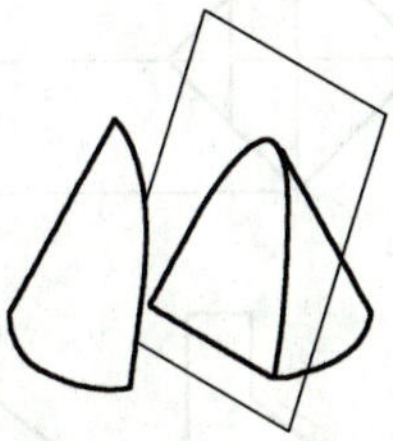	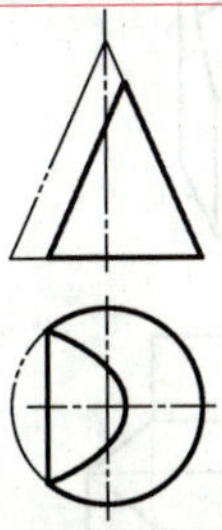	抛物线
与轴线倾斜	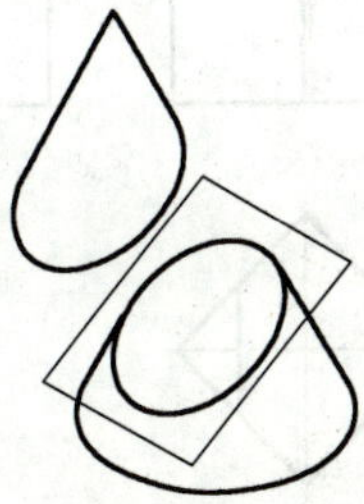	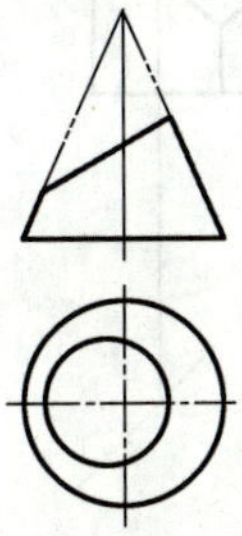	椭圆
与轴线平行	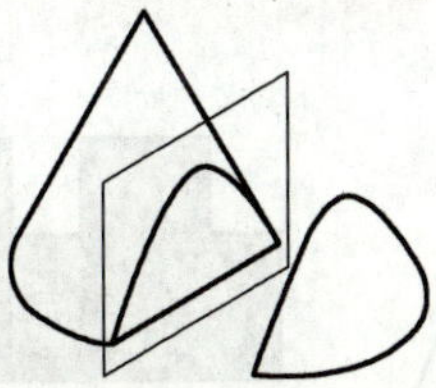	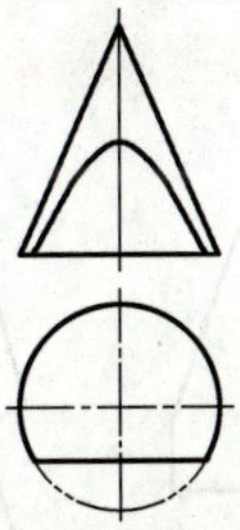	双曲线

应用与实践

例 4-1 用 AutoCAD 完成如图 4-9（a）所示的平面体切割练习。

方法一：按投影关系绘制。

1）打开文件“4.2-1.dwg”，如图 4-9（a）所示。

2）分析正垂面的两视图，根据投影关系绘制截平面的左视图，如图 4-9（b）所示。

3）分析侧平面的两视图，补绘截交线的左视图，如图 4-9（c）所示。

4）分析可见性，补齐图线，如图 4-9（d）所示。

方法二：建模方法。

1）打开文件“4.2-2.dwg”，如图 4-10（a）所示。

2）创建三维实体，如图 4-10（b）所示。

3）用平面摄影命令生成视图，如图 4-10（c）所示。
4）调整视图的方向与位置，如图 4-10（d）所示。
5）整理图线，如图 4-10（e）所示。

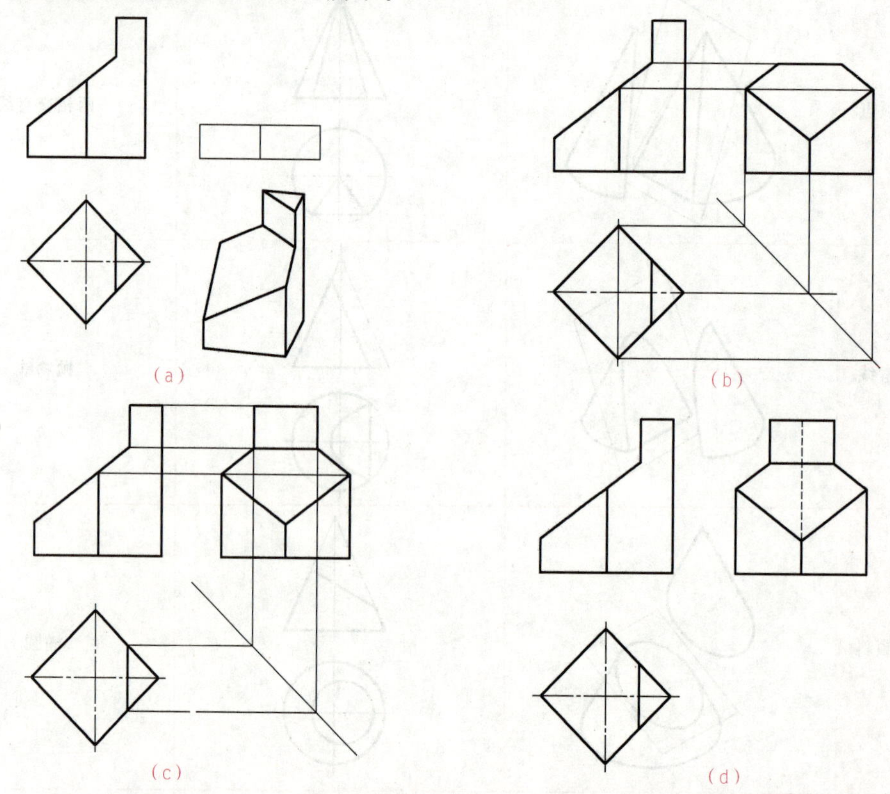

图 4-9　按投影关系绘制左视图

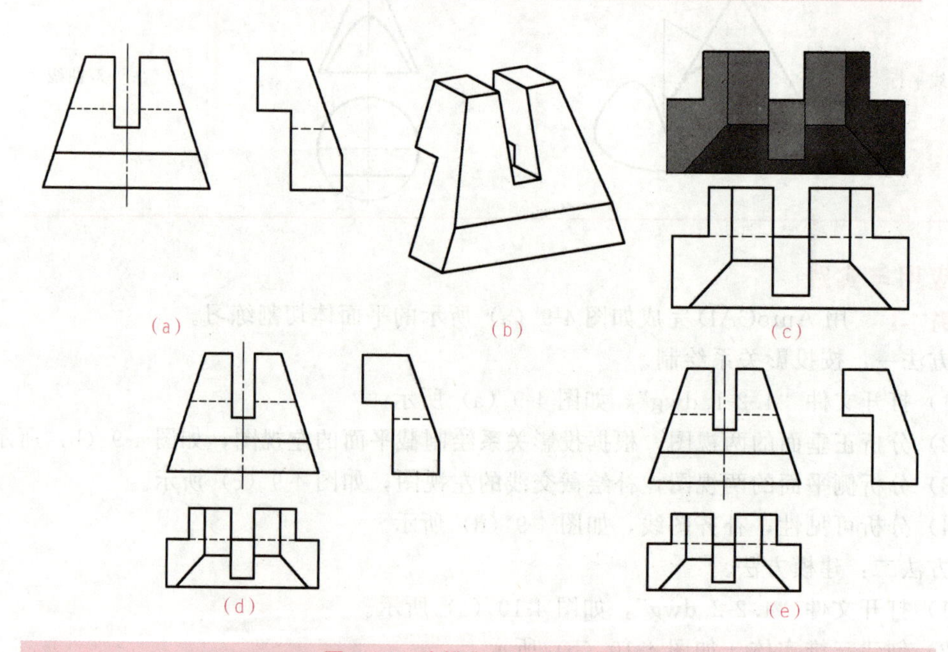

图 4-10　建模方法生成左视图

例 4-2　用 AutoCAD 完成下列曲面切割体练习。

方法一：按投影关系绘制。

1）打开文件“4.2-3.dwg”，如图 4-11（a）所示。

2）绘制圆柱体的左视图，如图 4-11（b）所示。

3）分析侧平面的两视图，补绘截交线的左视图，如图 4-11（c）所示。

4）分析可见性，加深图线，如图 4-11（d）所示。

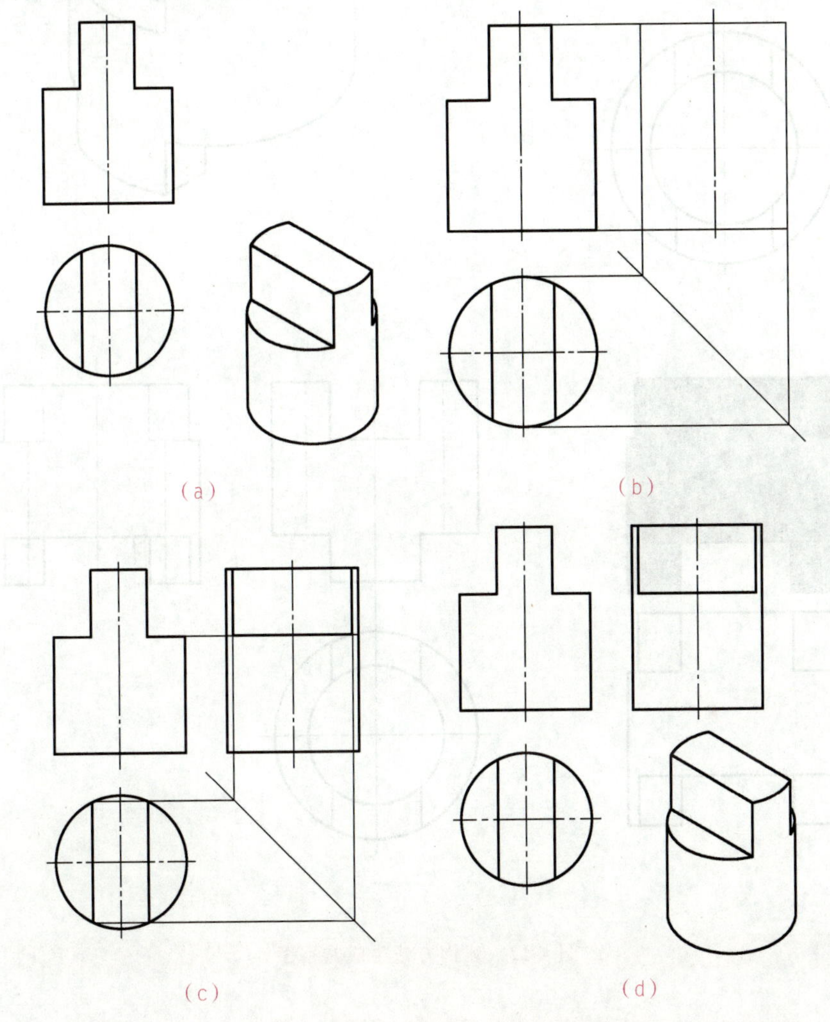

图 4-11　按投影关系绘制左视图

方法二：建模方法。

1）打开文件“4.2-4.dwg”，如图 4-12（a）所示。

2）创建三维实体，如图 4-12（b）所示。

3）用平面摄影命令生成视图，如图 4-12（c）所示。

4）调整视图的方向与位置，并整理图线，如图 4-12（d）所示。

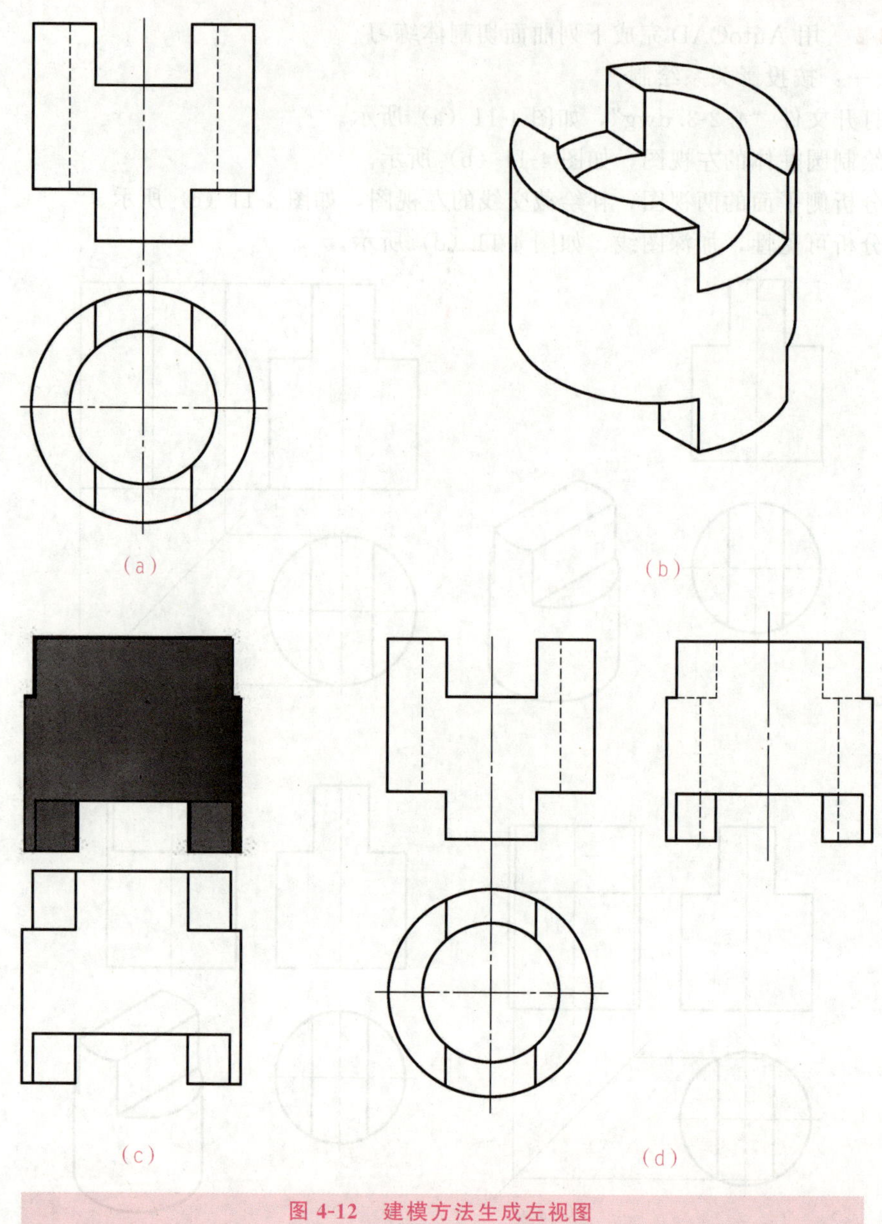

图 4-12 建模方法生成左视图

4.2.2 相贯体

1. 相贯线的性质

1）封闭性：相贯线通常是一条封闭的空间曲线，特殊情况下为平面曲线。

2）共有性：相贯线是相交两圆柱表面所共有的。

2. 两正交圆柱相贯线的情况

两圆柱的轴线垂直相交称为正交。两圆柱正交时，有两种情况，一种是两不等径圆柱正交，如图 4-13（a）和图 4-13（c）所示；另一种是两等径圆柱正交，如图 4-13（b）所示。

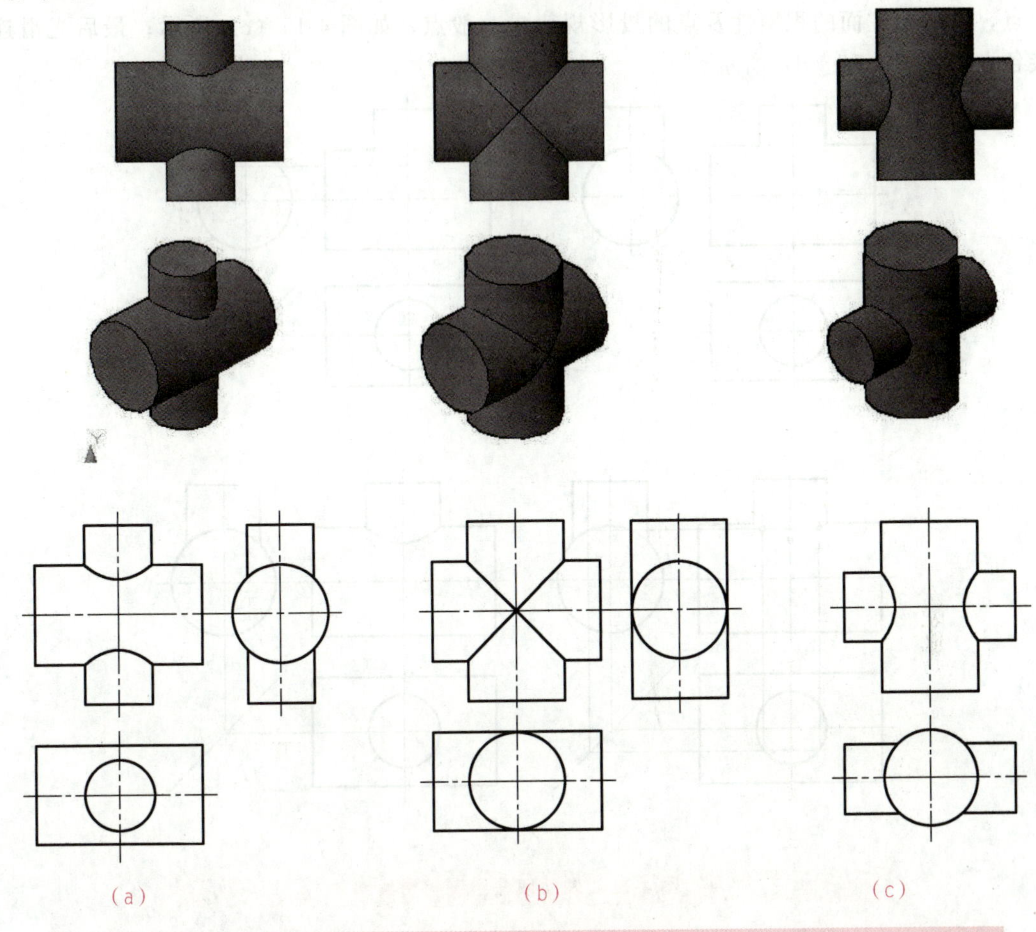

图 4-13 两正交圆柱的相贯线

3. 圆柱与圆锥相贯

如图 4-14 所示，圆柱与圆锥正交时，相贯线在左视图中积聚在圆柱面的圆的轮廓上，而相贯线在主视图中因前后对称只表现出前方可见的部分，俯视图中在上半圆柱面的相贯线是可见的，而在下半圆柱面上的相贯线是不可见的。手工作图中，通常应用辅助平面法求相贯线上的点的投影。

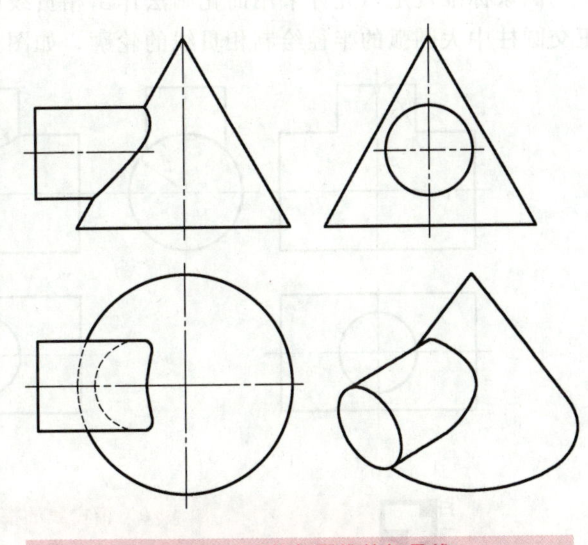

图 4-14 圆柱与圆锥的相贯线

应用与实践

例 4-3 绘制图 4-15（a）所示两圆柱的相贯线。

方法一：表面取点画法。

先求特殊点，即小圆柱的最前素线与大圆柱面的交点，如图 4-15（b）所示；再求一般点，利用圆柱面的积聚性及点的投影规律求一般点，如图 4-15（c）所示；最后光滑连接各点，如图 4-15（d）所示。

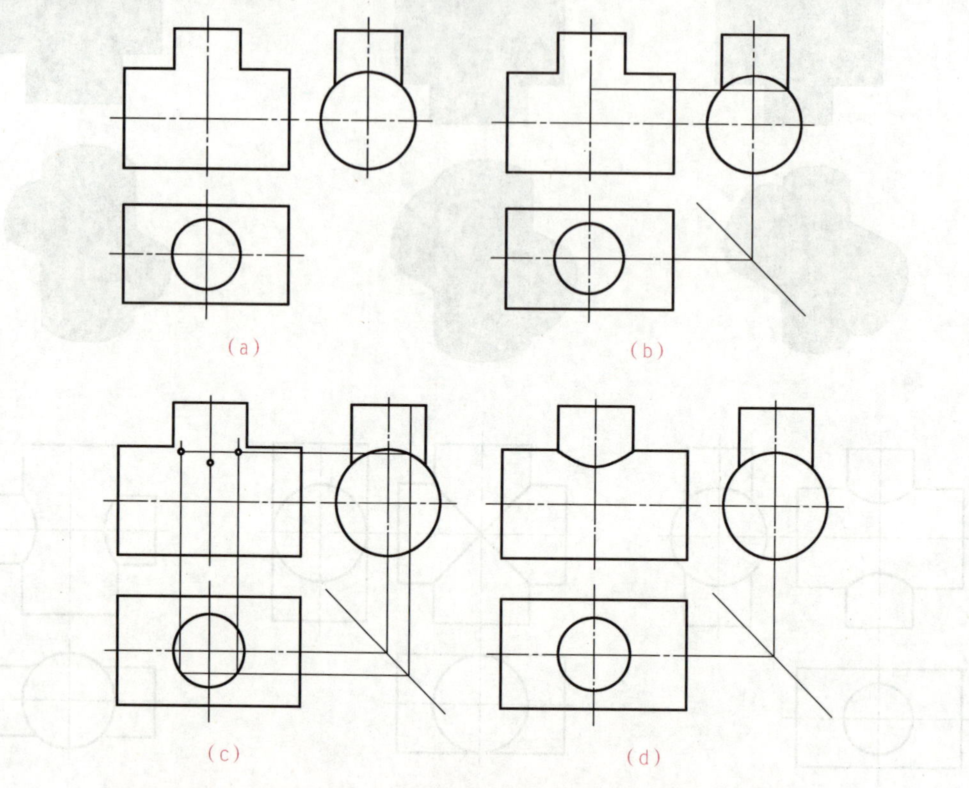

图 4-15 表面取法绘制相贯线

方法二：简化画法。

国家标准规定，允许采用简化画法作出相贯线的投影，即以圆弧代替非圆曲线，用两正交圆柱中大圆弧的半径绘制相贯线的轮廓，如图 4-16 所示。

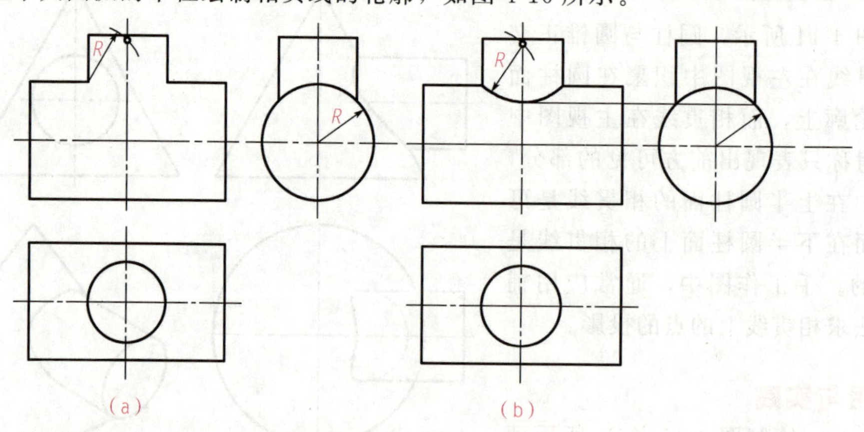

扫一扫

图 4-16 相贯线的简化画法

（a）以大圆柱的半径绘制圆弧（找圆心）；（b）再以大圆柱的半径绘制相贯线

方法三：建模方法。

用 AutoCAD 完成相贯线画法练习。

打开文件“4.2-5.dwg”，如图 4-17（a）所示。

1）创建正交两圆柱的三维实体，如图 4-17（a）所示。

2）用平面摄影命令生成视图。

3）整理图线，如图 4-17（b）所示。

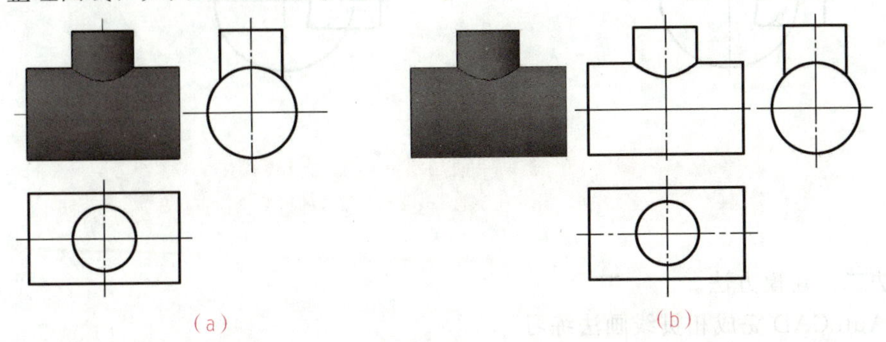

图 4-17　建模方法生成左视图

例 4-4　完成圆柱与圆锥相贯线画法练习。

方法一：辅助平面法。

圆柱与圆锥相贯线的画法步骤如图 4-18 所示。

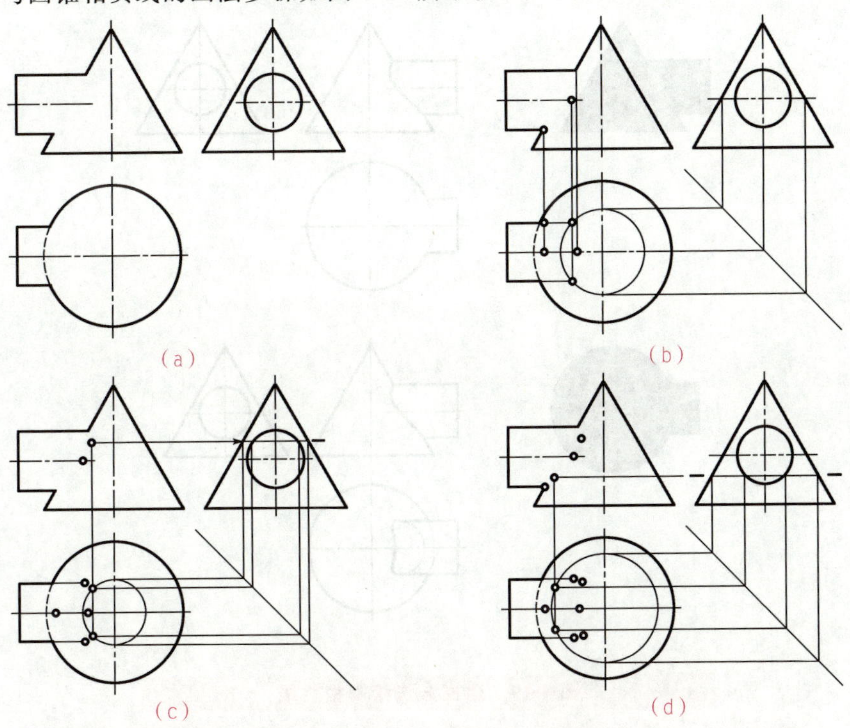

图 4-18　辅助平面法绘制相贯线

（a）补绘主视图、俯视图上的相贯线投影；（b）求相贯线上四个特殊点

（c）通过上半圆柱垂直圆锥的轴线剖切；（d）通过下半圆柱垂直圆锥的轴线剖切

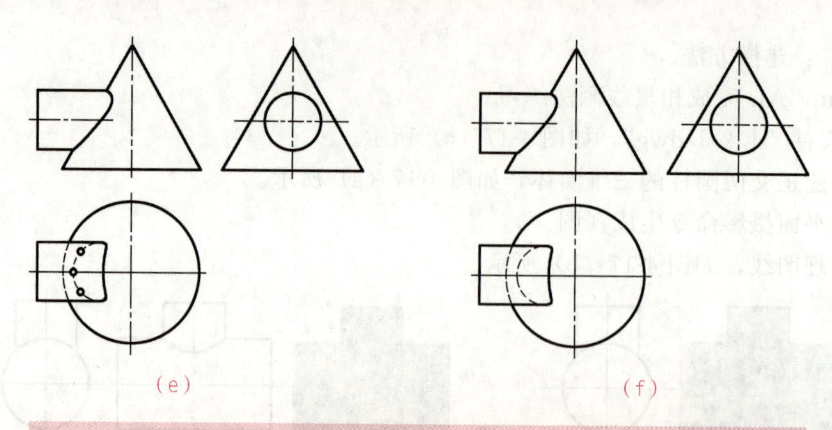

图 4-18 辅助平面法绘制相贯线（续）

(e) 光滑连接各点（注意可见性）；(f) 去除点的投影，检查加深

方法二：建模方法。

用 AutoCAD 完成相贯线画法练习。

打开文件“4.2-6.dwg”。

1）创建三维实体。

2）用平面摄影命令生成主视图，如图 4-19（a）所示。

3）用平面摄影命令生成俯视图，如图 4-19（b）所示。

4）整理图线。

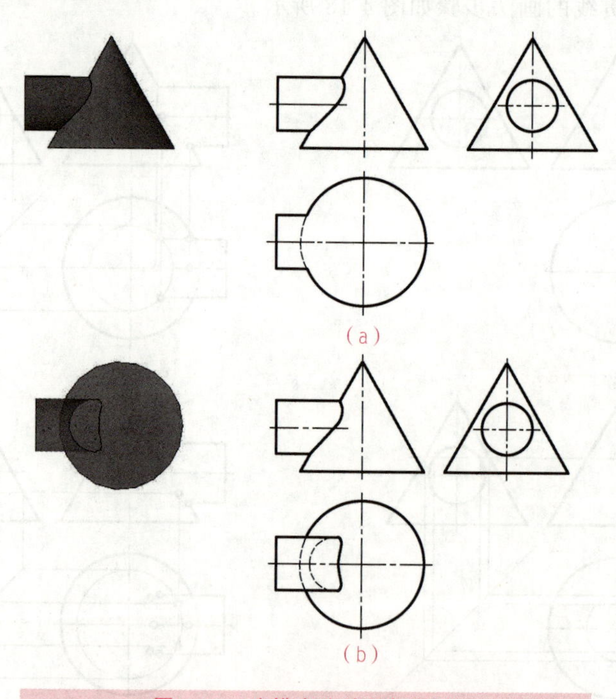

图 4-19 建模方法绘制相贯线

4.3 组合体三视图画法与尺寸标注

知识导入

前面分别介绍了组合体的概念、组合形式以及截交线和相贯线的画法。在此基础上，本节将讨论组合体三视图的画法与尺寸标注。这是机械制图中画法的基础和重点，对于组合体的尺寸标注本节也仅从几何的角度来考虑，对于零件的设计与工艺的尺寸标注，将在第七章中叙述。

4.3.1 组合体三视图画法

1. 切割型组合体三视图画法

切割型组合体三视图画法主要采用形体分析法和面形分析法。通常在整体上采用形体分析法，即分析该组合体是由哪几部分切割所形成的，将组合体分解成若干基本切割部分，按切割的主次依次绘制出每一部分的三视图；局部采用面形分析法，即每个切割面的三面投影分析。

2. 综合型组合体三视图画法

将综合型组合体分解出叠加部分和切割部分，通常先按叠加组合的关系，按主次关系依次绘制出三视图；再按切割体的分解画法，依次绘制出切割部分的三视图。

应用与实践

(1) 手工练习。完成习题集中的组合体画法练习。

(2) CAD 制图。用 AutoCAD 完成组合体画法练习。

例 4-5 绘制图 4-20 (d) 所示切割体的三视图。

用 CAD 仿照手工绘图的方法，绘制其三视图。

1) 绘制出基本体的三视图，如图 4-20 (a) 所示；再绘制出左侧切割部分的三视图，如图 4-20 (b) 所示。先绘制主视图切割面的投影，再根据投影关系绘制其他两视图。

2) 绘制出右侧切割部分的三视图，如图 4-20 (c) 所示。先绘制主视图切割面的投影，再根据投影关系绘制其他两视图。

3) 绘制出矩形槽的三视图，如图 4-20 (d) 所示。先绘制左视图矩形槽的投影，再根据投影关系绘制其他两视图。

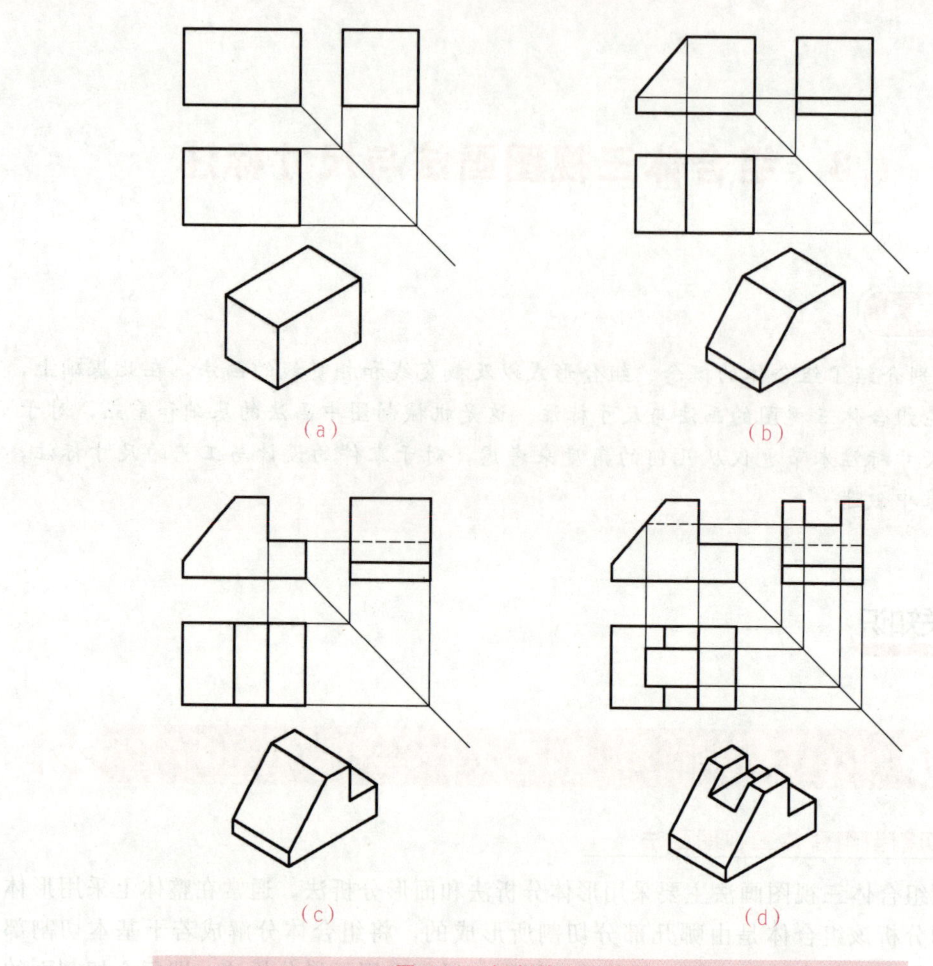

图 4-20 切割体 CAD 画法

4）检查并加深图线。说明：步骤 1）～步骤 4）为底稿图，作图时用细实线绘制，图例中为了强调投影关系，轮廓线用了粗实线。

4.3.2 标注组合体的尺寸

1. 尺寸标注的基本要求

1）正确：符合国家标准的规定，主要依据 GB/T 4458.4—2003《机械制图　尺寸注法》、GB/T 16675.2—2012《技术制图　简化表示法　第 2 部分：尺寸注法》。

2）完整：是指标注尺寸既不遗漏，也不多余。

3）清晰：是指尺寸注写布局整齐、清晰，便于看图。

2. 基本体的尺寸标注

（1）平面体。棱柱体和棱锥体一般应标注底面尺寸和高度尺寸，如图 4-21 所示。

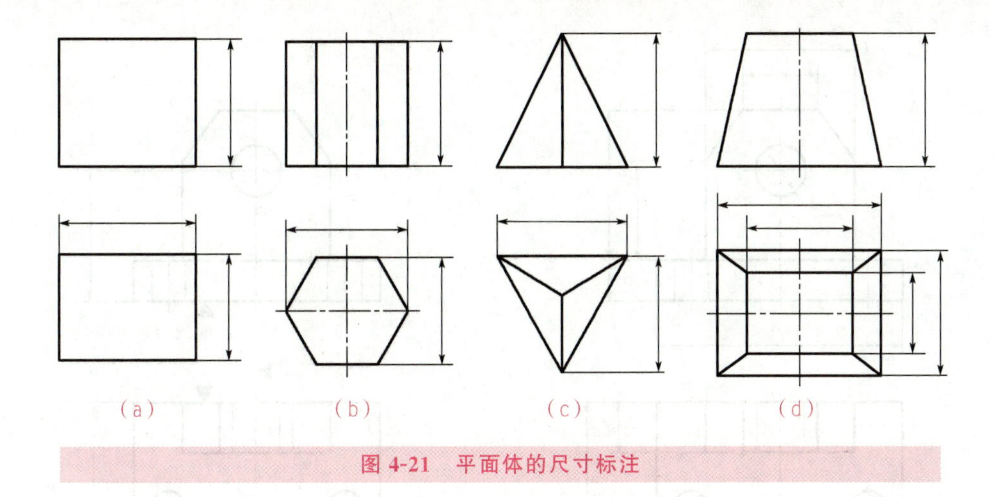

图 4-21 平面体的尺寸标注

(2) 曲面体。圆柱体和圆锥体应标注底圆的直径尺寸和高度尺寸，而直径尺寸通常在不反映圆的视图上标注，并在数字前加“ϕ”，球体在直径数字前加“Sϕ”，如图 4-22 所示。

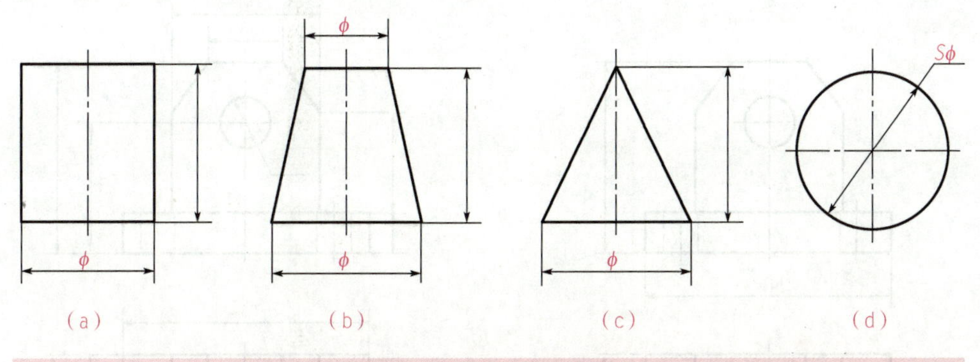

图 4-22 曲面体的尺寸标注

3. 组合体的尺寸标注

(1) 尺寸种类

1) 定形尺寸。用以确定组合体各组成部分形状大小的尺寸称为定形尺寸，如图 4-23 (a) 所示。

2) 定位尺寸。用以确定组合体各组成部分之间的相对位置的尺寸称为定位尺寸，如图 4-23 (b) 所示。

3) 总体尺寸。用以确定组合体外形的总长、总宽、总高的尺寸称为总体尺寸，如图 4-23 (c) 所示。

(2) 尺寸基准

在标注各部分之间的定位尺寸时，首先要确定标注定位尺寸的起点，即尺寸基准。每个组合体应有长、宽、高三个方向的尺寸基准。组合体的尺寸基准一般选择组合体的安放位置平面、对称平面、主要平面和轴线等。在图 4-23 (b) 中，高度基准为底板底平面，宽度基准为组合体的后平面，长度基准为对称平面。

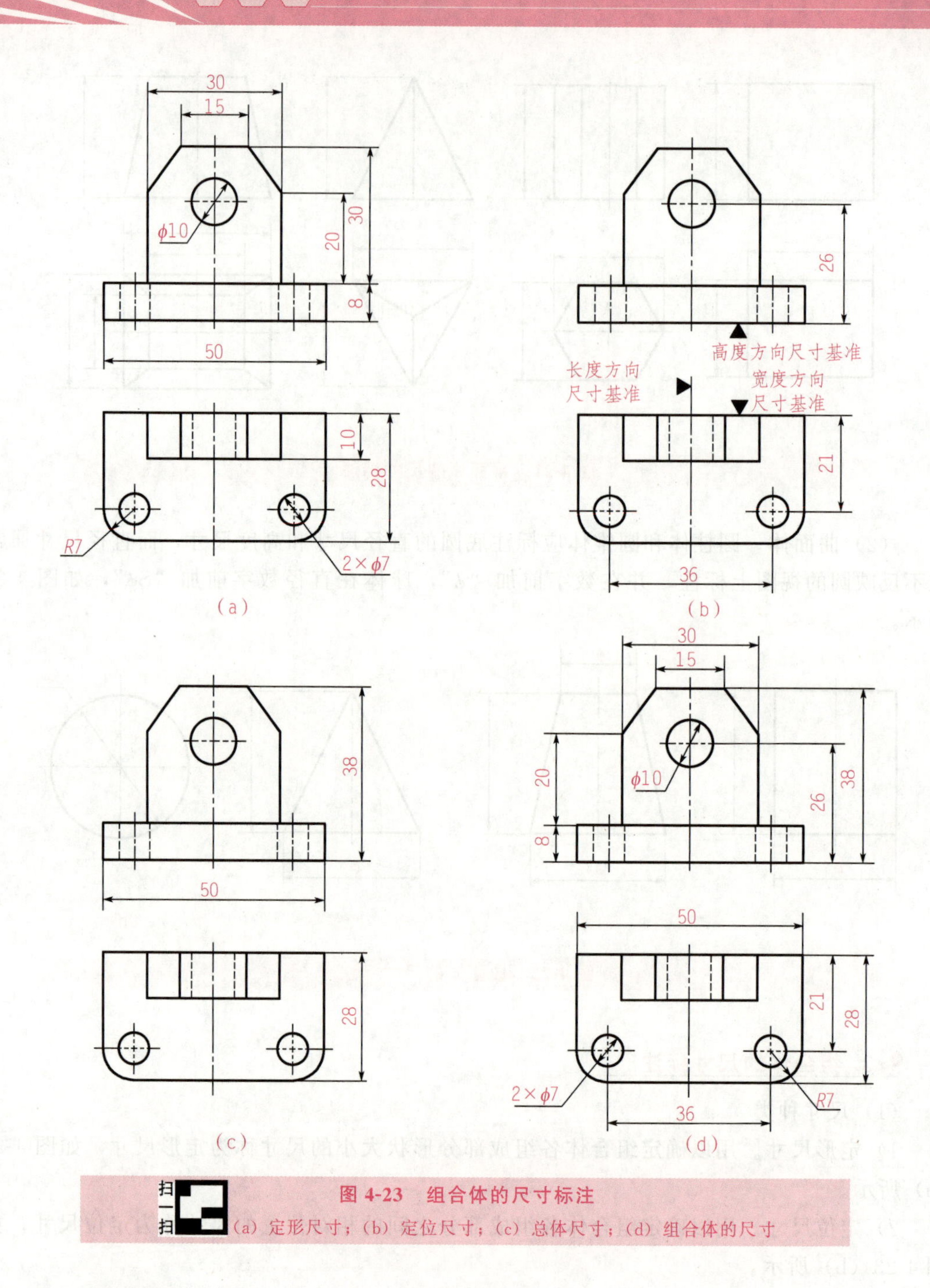

图 4-23 组合体的尺寸标注

(a) 定形尺寸；(b) 定位尺寸；(c) 总体尺寸；(d) 组合体的尺寸

(3) 尺寸清晰

为了便于看图，标注尺寸应排列适当、整齐、清晰。因此，标注尺寸时应注意以下几点：

1) 突出特征。将定形尺寸标注在形体特征明显的视图上。如图 4-23 (a) 所示，立板尺寸布置在主视图上，底板尺寸布置在俯视图上。

2) 相对集中。同一形体的尺寸应尽量集中标注，如图 4-23 (d) 所示。

3) 排列整齐。尺寸排列要整齐、清楚。尺寸尽量标注在两个相关视图之间和视图外面，如图 4-23 所示，同一方向的尺寸线，最好绘制在一条线上，不要错开。

4）布局清晰。应根据尺寸的大小依次排列，大尺寸在外，小尺寸在内，尽量避免尺寸线与尺寸线、尺寸界线和轮廓线相交，如图 4-23 所示。

应用与实践

（1）手工练习。完成习题集中的组合体尺寸标注练习。

（2）CAD 制图。用 AutoCAD 完成习题集中的组合体尺寸标注练习。

4.4 读组合体的三视图

知识导入

绘图是运用正投影的投影特性将形体进行投影并绘制出视图的过程，读图是根据已有的视图想象形体形状的过程。组合体的读图，就是在对组合体的视图进行分析的基础上，想象出组合体各组成部分的形状以及相对位置的过程。

相关知识

4.4.1 读图的基本要领

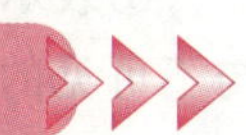

1. 几个视图联系起来看

一般情况下，一个视图不能确定物体的完整形状，因此看图时，必须将几个视图联系起来进行分析才能想象出物体的形状。如图 4-24 所示，俯视图都相同，联系不同的主视图，便可想象出各自的形状。

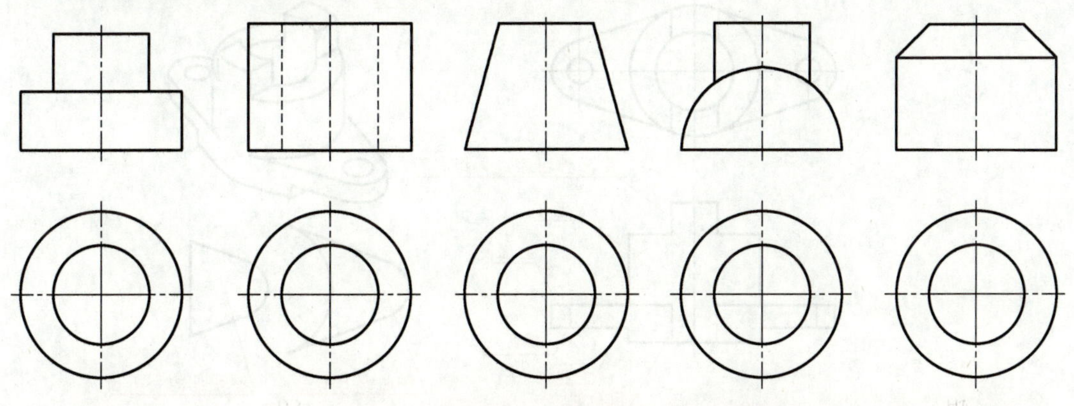

图 4-24 一个视图一般不能确定物体的完整形状

2. 读图时要注意抓特征视图

看图时，必须要抓住反映物体形状特征和位置特征的视图。如图 4-25 所示的物体三视图，俯视图反映出物体的形状特征，主视图反映出物体的位置特征，而左视图则表达不了叠加和切割部分的位置关系。

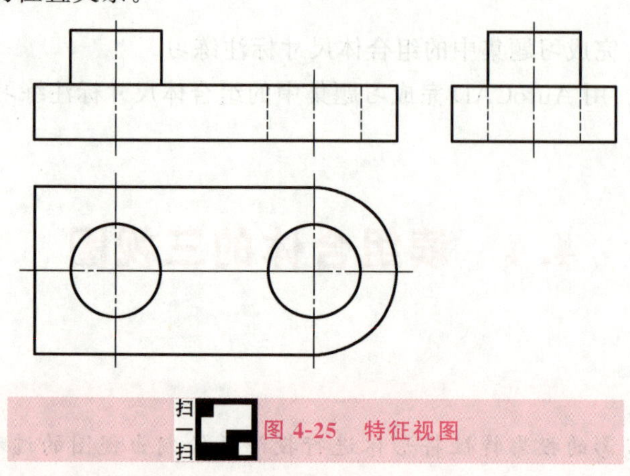

扫一扫 图 4-25 特征视图

3. 必要时，要弄清视图中线框和图线的含义

简单的组合体三视图，一般根据基本体的投影关系便可想象出物体的形状，而复杂的组合体，特别是多次截切的组合体，一时不能看懂其结构和形状，此时可深入理解图中线框和图线的含义，从而分析立体的结构形状。

1）封闭线框的含义通常有以下三种情况。

①表示一个平面或曲面。如图 4-26 所示，左视图下部的矩形表示平面，俯视图可见与不可见的平面。

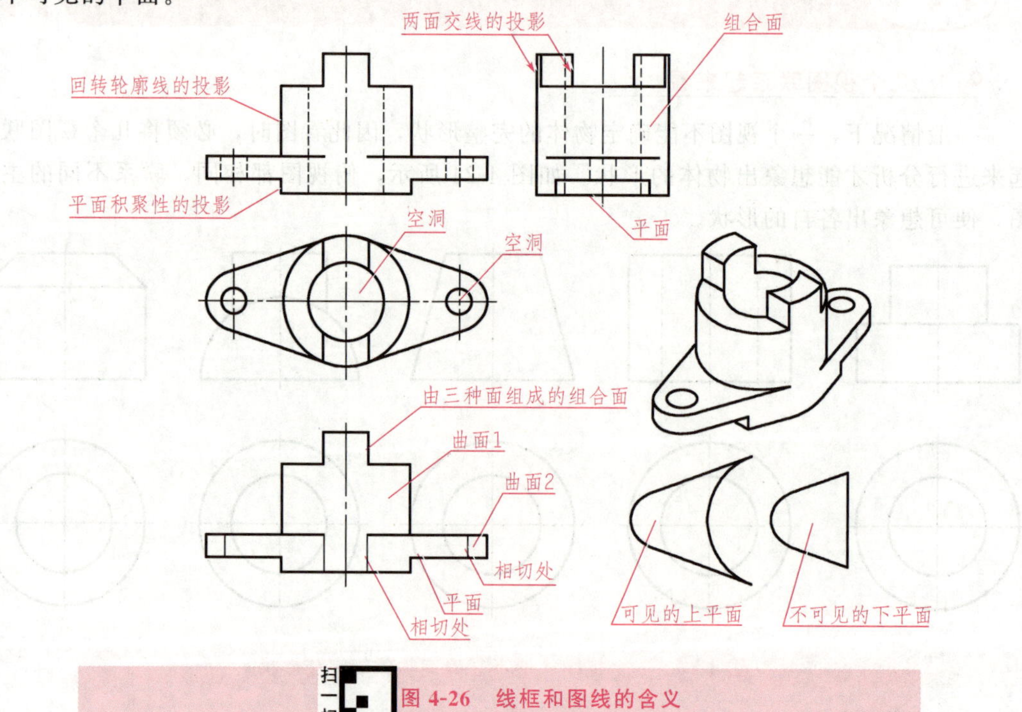

扫一扫 图 4-26 线框和图线的含义

②表示一个组合面。如图 4-26 所示，主视图中的线框是由三个面组合而成的，因为它们之间是相切关系，所以在主视图中反映出一个封闭线框。左视图也同样如此。

③表示一个空洞。如图 4-26 所示，俯视图中的三个圆，表示出三个通透的孔。

2）图中图线的含义有三种情况：①表示平面或圆柱面的积聚性投影；②表示两面相交线的投影；③表示曲面立体回转轮廓线的投影。

如图 4-26 所示，主视图中上部是回转轮廓线的投影，而下部则是平面积聚性的投影。左视图中箭头所指处为圆柱面与平面相交所产生的截交线的投影。

4.4.2 读图的基本方法

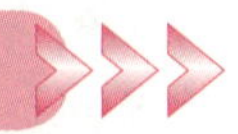

读图的主要方法是形体分析法，对于复杂切割型组合体，在运用形体分析法的同时，还要用面形分析法来理解切割面的空间关系。

1. 形体分析法

用形体分析法读图时，首先用“分线框、对投影”的方法，分析构成组合体的各基本形体，找出反映每个基本形体的形状特征视图，对照其他视图想象出各基本形体的形状；然后分析各基本形体间的相对位置、组合形式和表面连接关系，综合想象出组合体的形状。图 4-27 所示是应用形体分析法求作左视图（根据主、俯视图）的作图步骤。

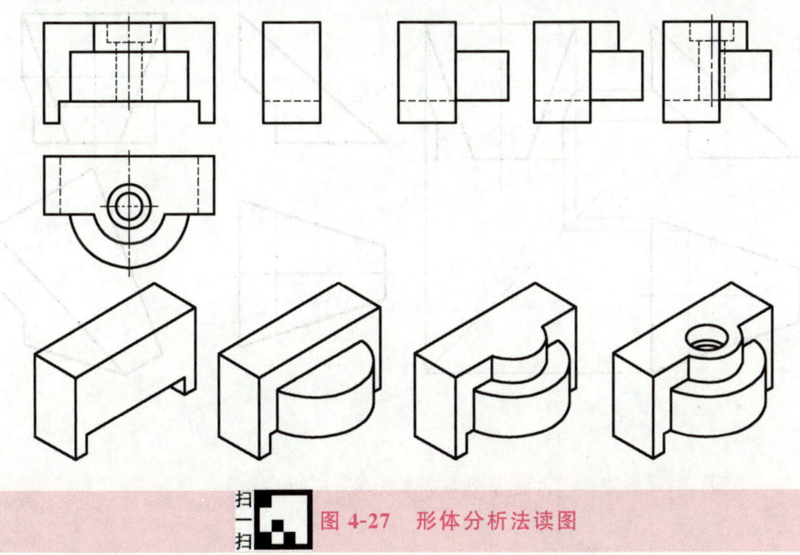

扫一扫 图 4-27 形体分析法读图

2. 面形分析法

对于复杂的切割型组合体，除了运用形体分析法外，还要采用面形分析法读图。所谓面形分析法，就是分析切割面在物体的位置关系，找到它们在三视图中的对应关系，确定每一个面的形状，从而想象出物体的整体形状。

如图 4-28（a）所示的切割型组合体，已知主视图和俯视图，想象立体的形状，补绘左视图。

1）俯视图的梯形是可见的，应该位于上方，从主视图中找不到梯形的对应，因此该梯形面在主视图中一定是积聚的，根据正垂面的两视图补绘出左视图的梯形，如图 4-28（b）所示。

2）主视图外形基本是三角形，根据俯视图的对应关系，判断出该面是铅垂面，按投影关系，两三角形应该位于梯形的两边，如图 4-28（b）所示。

3）根据主视图右下角的切割，在三角形面上求出左视图中的截交线投影，如图 4-28（c）所示。

4）分析可见性，想象立体的整体形状，完成左视图，如图 4-28（d）所示。

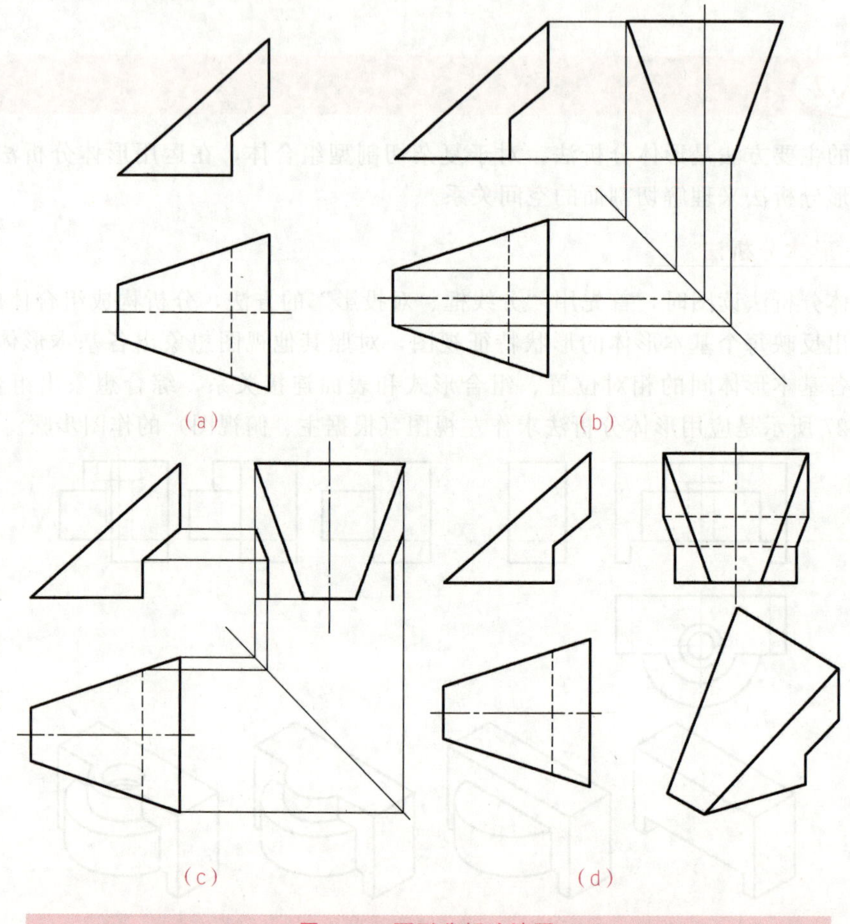

图 4-28 面形分析法读图

应用与实践

（1）手工练习。完成习题集中组合体视图的识读练习。

（2）CAD 制图。用 AutoCAD 完成习题集中组合体视图的识读练习。

第五章

机件的基本表示法

在工程实际中，机件的形状是多种多样的，有些机件的内外形状都比较复杂，仅用三视图来准确、清晰、完整、规范地将其内外形状结构表达清楚非常困难。因此，国家标准《技术制图》《机械制图》规定了各种表达方法。本章主要介绍视图、剖视图、断面图、局部放大图及其简化画法。

5.1 视 图

知识导入

在实际生产中，机械零件的形状多种多样，仅用所学的三视图难以将复杂机件的外部结构简单而准确地表达清楚，为了提高绘图和识图能力，本节介绍表达机件外部形状的方法——视图。

相关知识

视图主要用于表达机件的外部结构形状，必要时才用细虚线表达其不可见部分。视图分为基本视图、向视图、局部视图、斜视图四种。

5.1.1 基本视图

机件向基本投影面投射所得到的视图称为基本视图。

为了清晰地表达出机件的上、下、左、右、前、后方位的形状和大小，在原有三个投影面的基础上，再增加三个投影面，使六个投影面构成一个正六面体，如图 5-1（a）所示。

右视图——从右向左投射得到的视图；

仰视图——从下向上投射得到的视图；

后视图——从后向前投射得到的视图。

六个投影面按规定的方向旋转展开，如图 5-1（b）所示。六个视图之间的投影关系仍应符合“长对正、高平齐、宽相等”。方位关系除后视图外，各视图靠近主视图里侧，均反应机件的后面；而远离主视图的外侧，均反应机件的前面，如图 5-1（c）所示。实际绘图时，并不是每一个机件都要绘制六个基本视图，而是根据机件的复杂程度，选用适当的基本视图。

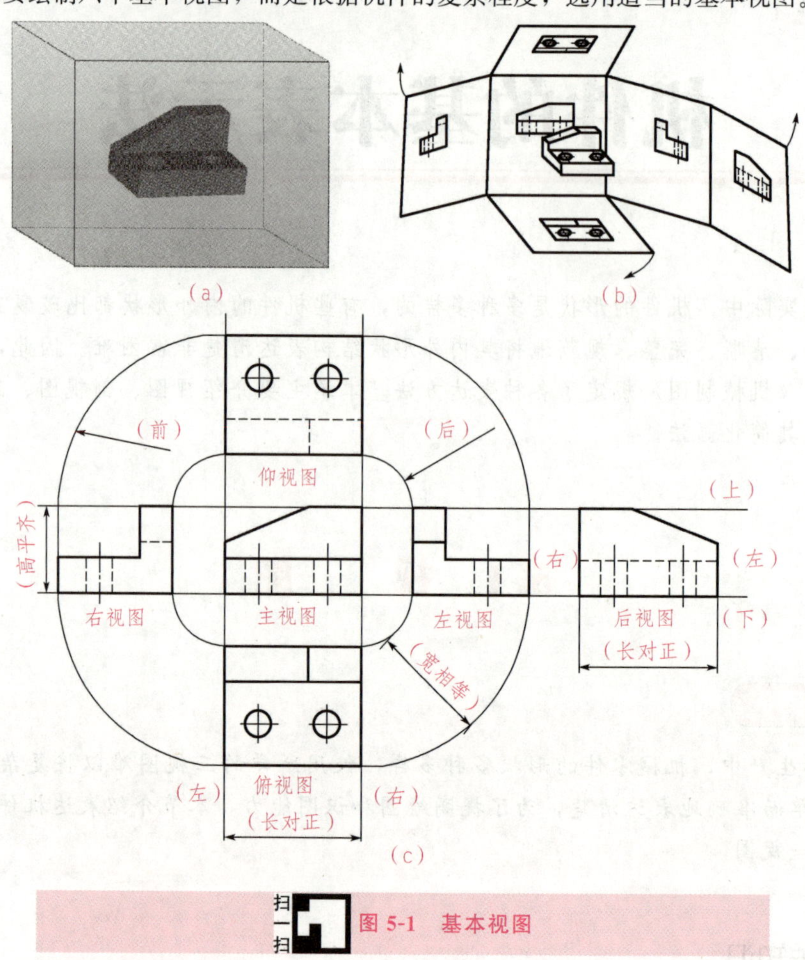

扫一扫 图 5-1 基本视图

5.1.2 向视图

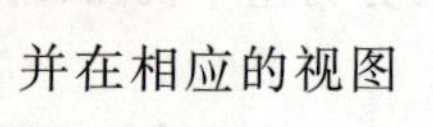

向视图是可以自由配置的视图。应在视图的上方标注出视图的名称，并在相应的视图附近用箭头指明投射方向，标注上相同的大写字母，如 *A*、*B*、*C* 等，如图 5-2 所示。

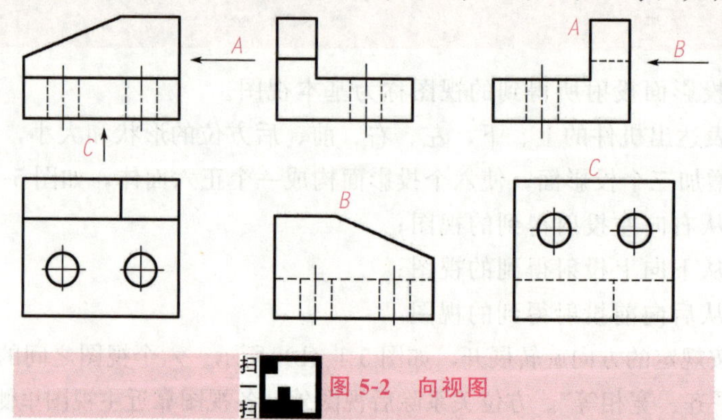

扫一扫 图 5-2 向视图

5.1.3 局部视图

将机件的某一部分向基本投影面投射所得到的视图，称为局部视图。

当机件的主要形状已经表达清楚，只有局部结构未表达清楚时，为了简便，不必再绘制一个完整的视图，而只需绘制出未表达清楚的局部结构，如图 5-3 所示。

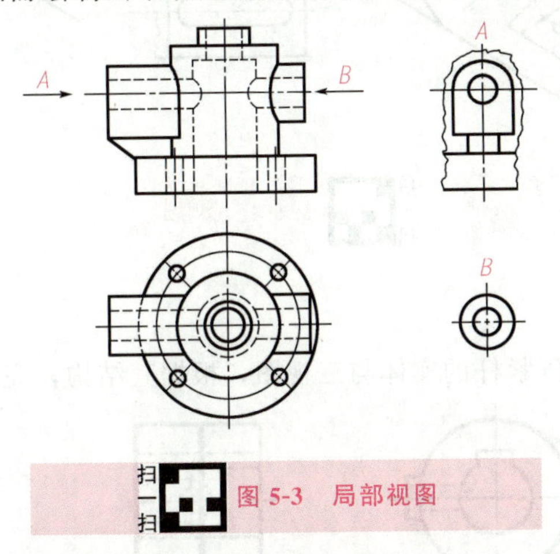

扫一扫 图 5-3 局部视图

绘制局部视图时，一般在局部视图的上方标注视图的名称，并在相应的视图附近用箭头指明投射方向，标注出相同的字母，字母一律水平书写。

当局部视图按投影关系配置，中间又没有其他视图隔开时，可省略标注。

局部视图的断裂边界线用波浪线表示。当所表达的局部结构是独立的、完整的，且外轮廓线又成封闭时，波浪线可省略不画，如图 5-3 所示的 B 向局部视图。

5.1.4 斜视图

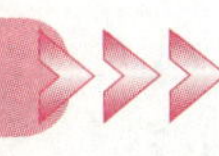

机件向不平行于任何基本投影面的平面投射所得到的视图，称为斜视图。

如图 5-4（a）所示，倾斜部分的上下表面均是正垂面，由于它对其余几个投影面都是倾斜的，因此其投影都不反映实形。现设置一个与倾斜部分平行的投影面 P，再将倾斜部分向这个投影面进行投射，所得到的视图就反映了该部分的实形。当机件上有倾斜于基本投影面的结构时，为了表达倾斜部分的真实外形，设置一个与倾斜部分平行的投影面，将倾斜结构向该投影面投射，这样得到的视图就是斜视图。

斜视图通常只用于表达机件倾斜部分的实形，其余部分不必全部绘制出，而用波浪线断开。绘制斜视图时，必须在视图的上方标注出视图的名称，在相应的视图附近用箭头指明投射方向，并注上相同的大写字母，字母一律水平方向书写，如图 5-4（b）所示。

斜视图一般按投影关系配置，必要时也可配置在其他适当的位置。为了便于绘图，允许将斜视图旋转摆正绘制出，此时在图形上方应标注出旋转符号，如图 5-4（c）所示。旋转符号为半圆形，其半径为字体高，线宽为字高的 1/10 或 1/14。字母标在箭头一端，并可将旋转角度写在字母之后。

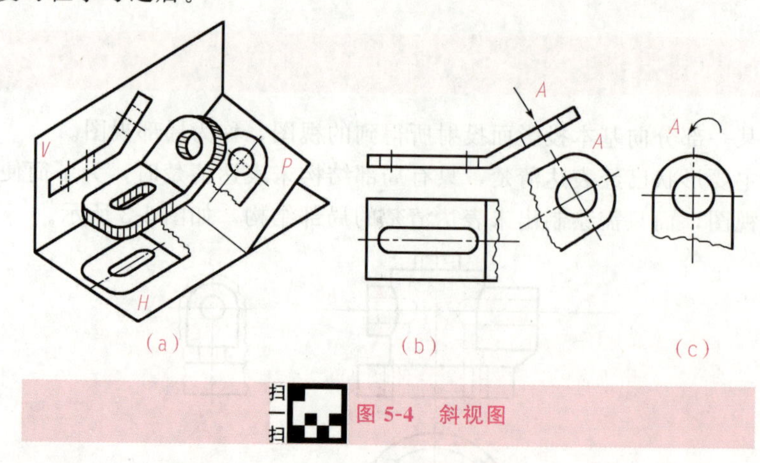

图 5-4 斜视图

应用与实践

例 5-1 分析图 5-5 压紧杆的实体与三视图，根据其结构，完善压紧杆的表达方案。

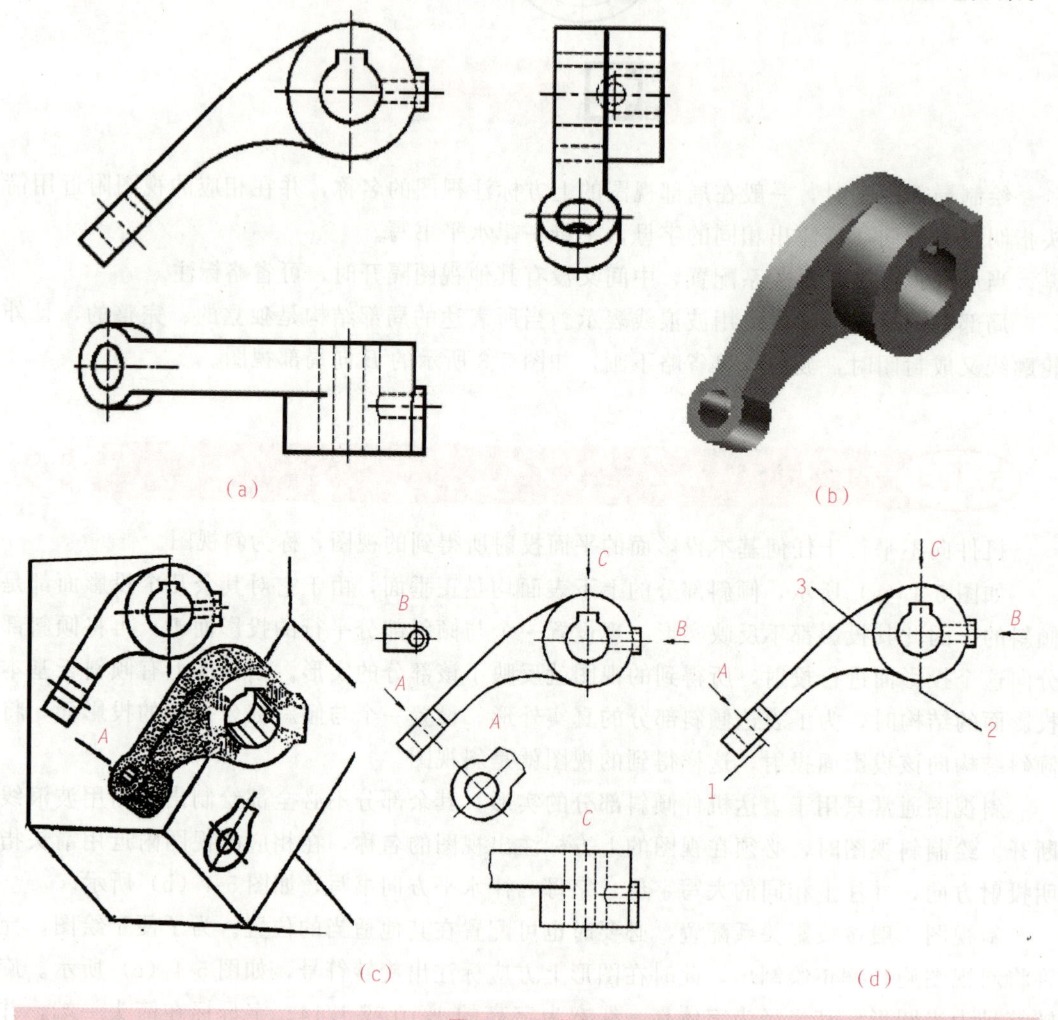

图 5-5 压紧杆

解：5-5（b）所示为具有倾斜结构压紧杆的立体图。图 5-5（a）是它的三视图。由于其倾斜表面是正垂面，所以它在左视图及俯视图上均不反映真实形状，给绘图和看图带来困难，也不便于标注尺寸；同时该零件右边的凸台形状，在左视图上又只能用虚线表示，因此图 5-5（a）所示表达方式不合适。压紧杆采用主视图、斜视图和局部视图能够简单清楚地表达整体结构、倾斜部分和局部结构，比较合适。

绘图步骤如下：

1）确定主视图位置，绘制中心线，按投影关系绘制主视图。

2）如图 5-5（d）所示，沿着 1 处的轴线绘制出 *A* 向斜视图的中心线，绘制出倾斜表面的真实形状。由于斜视图只要求表达该零件倾斜部分的真实形状，因此其余部分不必全部绘制出而用波浪线断开，如图 5-5（c）中的 *A* 向斜视图。

3）如图 5-5（d）所示的 *C* 向局部视图，沿着 2 处的轴线绘制出 *C* 向局部视图的中心线，绘制出俯视方向上反映真实形状的部分。局部视图的范围应以波浪线表示，如图 5-5（c）中的 *C* 向局部视图。

4）如图 5-5（d）所示的 *B* 向局部视图，沿着 3 处的轴线绘制出 *B* 向局部视图的中心线，绘制出右视方向上凸台形状的部分。由于该部分是局部完整的且外轮廓线又是封闭的，因此波浪线可省略，如图 5-5（c）中的 *B* 向局部视图。

注意

1）在视图附近用箭头标明投射方向和名称（字母），在绘制局部视图的上方标注视图的名称，字母一律水平书写。

2）根据机件的结构和投影关系，绘制所要表达部分的视图，局部视图的断裂边界线用波浪线表示，注意波浪线不能超出实体边界，如图 5-5（c）的 *A* 向局部视图。

3）当所表达的局部结构是独立的、完整的，且外轮廓线又成封闭时，波浪线可省略不画，如图 5-5（c）的 *B* 向局部视图。

动动脑

1）看懂图 5-6 所示的三视图，补绘出该形体的 *A* 向、*B* 向、*C* 向视图。

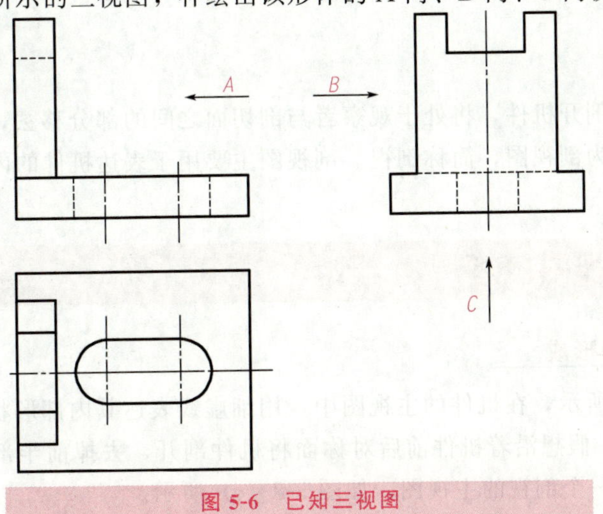

图 5-6　已知三视图

2）根据图 5-7 所示的两视图，补绘 A 向局部视图和 B 向斜视图。

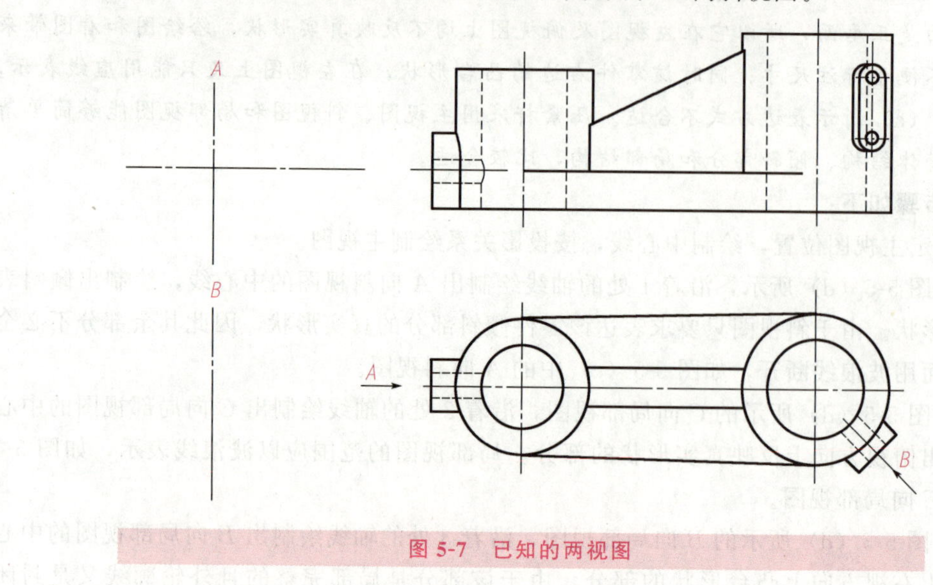

图 5-7　已知的两视图

5.2　剖视图

知识导入

视图主要用来表达机件的外部结构形状及形体之间的相对位置，当机件的内部结构比较复杂时，内部结构的表达盲点会增多，出现虚线较多，会使表达不清楚，且不便于看图和标注尺寸，为此采用剖视图来表达。

相关知识

假想用剖切面剖开机件，将处于观察者与剖切面之间的部分移去，其余部分向投影面投射所得的图形称为剖视图，简称剖视。剖视图主要用于表达机件的内部结构形状。

5.2.1　剖视图概述

1. 剖视图的形成

如图 5-8（b）所示，在机件的主视图中，用细虚线表达其内部形状，不够清晰。按图 5-8（a）所示方法，假想沿着机件前后对称面将机件剖开，去掉前半部分，将后半部分向正面投影，就得到一个剖视的主视图，如图 5-8（c）所示。

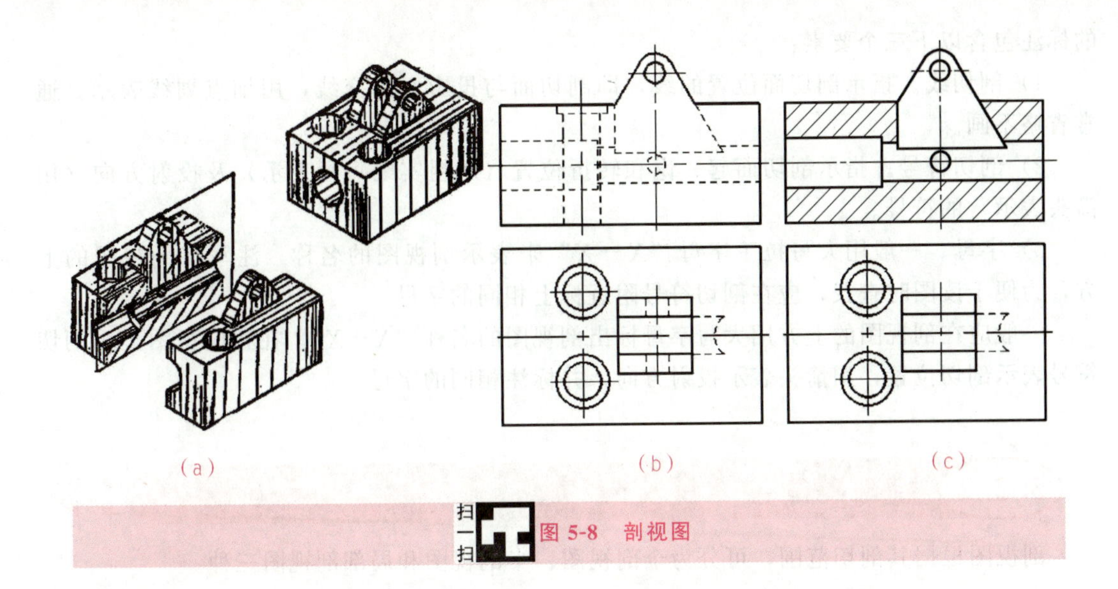

扫一扫 图 5-8 剖视图

2. 剖视图画法

1）确定剖切面的位置。剖切平面的位置应尽量通过较多的内部结构（孔、槽等）的中心线或对称平面，并平行于选定的基本投影面。

2）剖视图可以按投影关系配置，也可绘制在其他位置并标注。绘制剖视图时，可先绘制出视图底稿，再绘制出剖切平面与机件实体接触部分的投影，即剖面区域的轮廓线和剖面线，最后绘制剖切平面之后的机件可见部分的投影，不可见轮廓线一般不绘制，只有对尚未表达清楚的结构，才用细虚线表达，由于剖切是假想的，因此，其他视图时仍应完整绘制出，不受影响。

3）常用材料的剖面符号，通用剖面线为间隔相等的平行细实线，一般与图形主要轮廓线或剖面区域的对称中心线成 45°夹角，如图 5-9 所示。同一物体的各个剖面区域的剖面线应间隔相等，方向一致，相邻两物体间的剖面线应方向不同或间隔不同绘制出，如图 5-10所示。

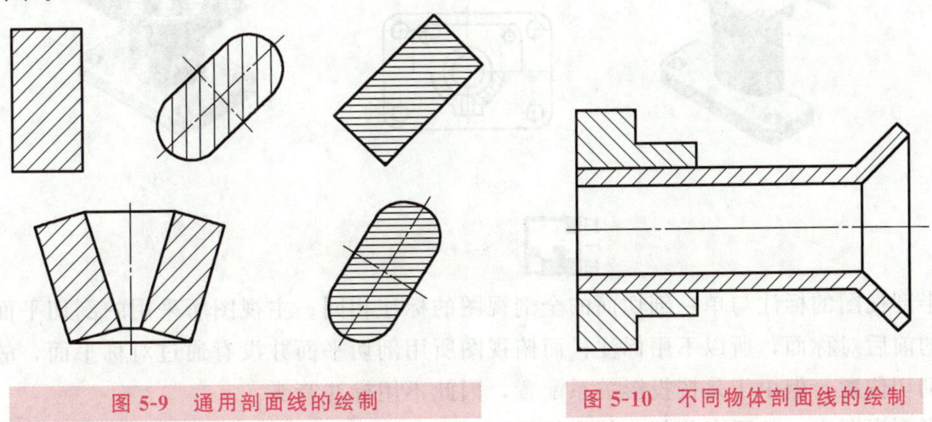

图 5-9 通用剖面线的绘制

图 5-10 不同物体剖面线的绘制

3. 剖视图的标注

为避免误读，一般需对剖视图标注视图名称、标明剖切位置、标出投影方向。剖视图的标注包含以下三个要素：

1）剖切线。指示剖切面位置的线，即剖切面与投影面的交线，用细点划线表示，通常省略不画。

2）剖切符号。指示剖切面起、讫和转折位置（用粗实线短画表示）及投射方向（用箭头表示）的符号。

3）字母。一般用大写拉丁字母“$X-X$”来表示剖视图的名称，注写在剖视图的上方，为便于读图时查找，应在剖切符号附近标上相同的字母。

一般应在剖视图的上方用大写字母标出剖视图的名称“$X-X$”，在相应视图上用剖切符号表示剖切位置，用箭头表示投射方向，并标注相同的字母。

5.2.2 剖视图的种类及其应用

剖视图根据其剖切范围，可分为全剖视图、半剖视图和局部剖视图三种。

1. 全剖视图

全剖视图是用剖切面完全剖开机件所得到的剖视图。全剖视图适用于表达外部结构比较简单，而内部结构较复杂且不对称的机件，如图 5-8（c）所示。

2. 半剖视图

当机件具有对称平面时，在垂直于对称平面的投影面上的投射，可以以对称中心线为界，一半绘制成剖视图，另一半绘制成视图，这种剖视图称为半剖视图。半剖视图用于表达内、外结构都比较复杂的对称机件，如图 5-11 所示。

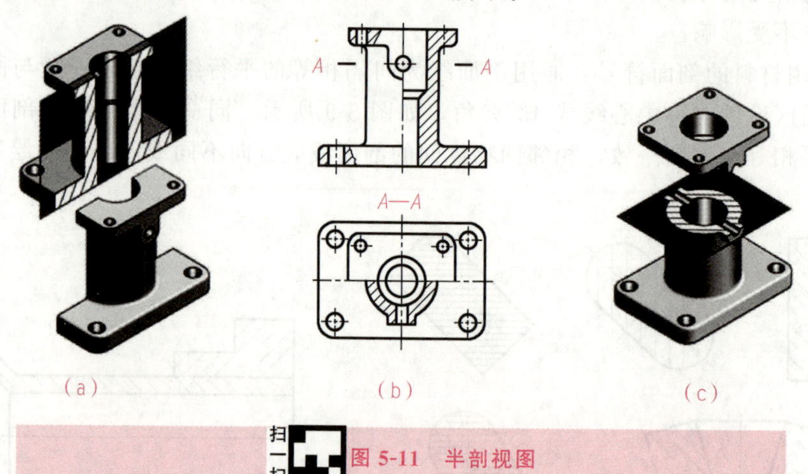

扫一扫 图 5-11 半剖视图

半剖视图的标注与单一剖切面的全剖视图的标注相同。主视图所采用的剖切平面为机件间的前后对称面，所以不用标注；而俯视图所用剖切平面并没有通过对称平面，故必须标注剖切位置，但由于是按投影关系配置，因此不用标注箭头。

半剖视图中，由于有些部分的形状只绘制了一半，因此标注尺寸时，尺寸线上只能绘制出一端的箭头，另一端只需超过中心线即可。

半剖视图中，视图与剖视的分界线必须是细点划线，若对称机件的轮廓线与对称线重合时，则不宜采用半剖视图，而应改用局部剖视图来表达。

3. 局部剖视图

根据剖切面局部的剖切机件所得的剖视图，称为局部剖视图。局部剖视图适用于表达外形复杂，而内部结构也复杂且不对称的机件，如图 5-12 所示。

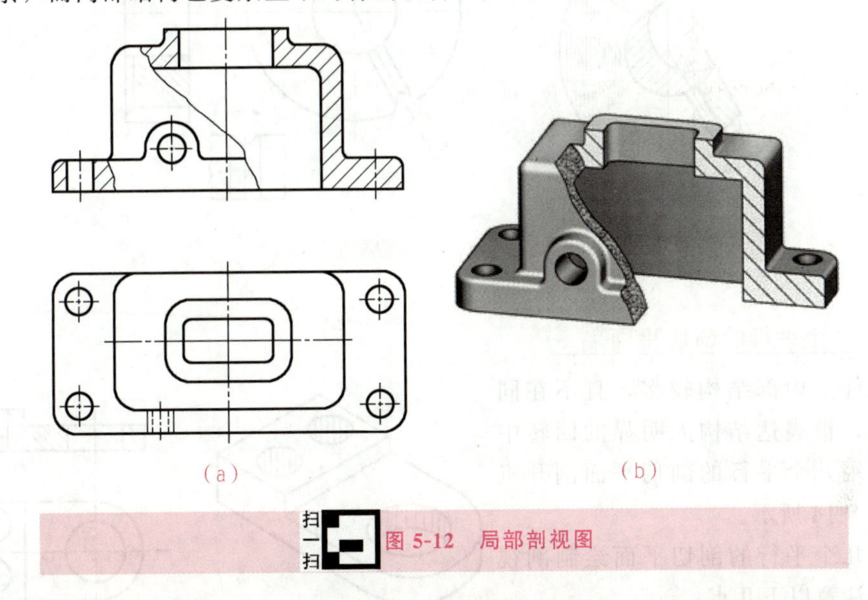

(a)　　(b)

扫一扫 图 5-12 局部剖视图

图 5-12 中的机件顶部有一矩形孔，底板上有四个安装孔，箱体的左右、上下、前后都不对称。为了兼顾内外结构形状的表达，将主视图绘制成两个不同剖切位置的局部剖视图。在俯视图上，为了保留顶部的外形，采用视图绘制。

局部剖视图的标注与全剖视图相同，当剖切位置明确时，局部剖视图不必标注。

5.2.3 剖切面的种类

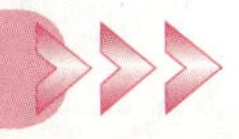

剖视图能否清晰地表达机件的内部结构形状，剖切面的选择很关键。根据机件内部结构形状的特点和表达的需要，国家标准规定了以下三种常用的剖切面。

1. 单一剖切平面

当机件的内部结构位于同一剖切平面时，可选用单一剖切平面，如图 5-8、图 5-11 和图 5-12 所示的全剖视图、半剖视图、局部剖视图均为用单一剖切平面剖开所得。

2. 几个相交的剖切平面

当机件内部的结构形状用单一剖切平面不能完全表达，且该机件又具有垂直于某一基本投影面的回转轴时，可用几个相交的剖切平面来剖开机件，如图 5-13 所示。

采用相交剖切平面绘制剖视图时，应注意以下几点：

1）在剖切面的起、讫与转折处绘制出剖切符号，标出名称，并绘制出投射方向，如图 5-13 所示。

2）将剖开的结构及其有关部分绕回转轴旋转到与选定的基本投影面平行后再进行投

射，如图 5-13 所示。在剖切平面后的其他结构一般仍按原来位置投射。

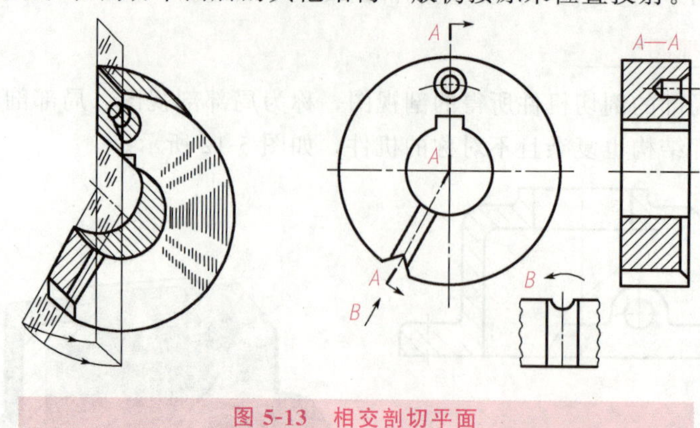

图 5-13 相交剖切平面

3. 几个平行的剖切平面

当机件上内部结构较多，且不在同一平面内，被表达结构无明显的回转中心时，可用几个平行的剖切平面剖开机件，如图 5-14 所示。

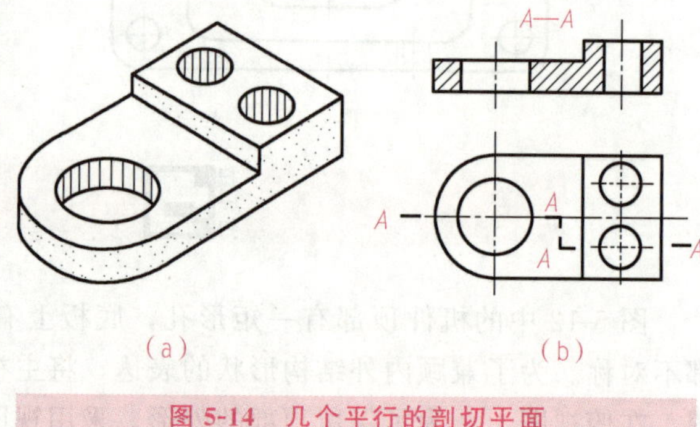

图 5-14 几个平行的剖切平面

采用几个平行的剖切平面绘制剖视图时，应注意以下几点：

1）在剖切面的起、讫与转折处绘制出剖切符号，标出名称，并绘制出投影方向，如图 5-14 所示。

2）由于剖切是假想的，因此不应绘制出剖切平面转折处的投影，如图 5-14 所示。

5.2.4 绘制剖视图的注意事项

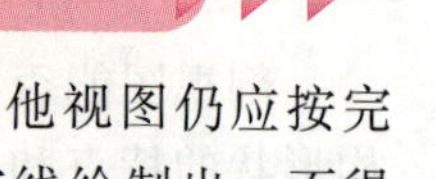

1）由于剖切是假想的，因此当机件的某个视图绘制成剖视图后，其他视图仍应按完整机件绘制出。绘制剖视图时，剖切平面后的可见轮廓线必须全部用粗实线绘制出，不得遗漏。

2）绘制剖视图的目的在于清晰地表示机件的内部结构形状。因此，选择剖切平面时，一般选用特殊位置平面，且尽量通过机件的对称平面或内部孔、槽等结构的轴线。

3）剖视图中已经表达清楚的结构，在其他视图中相应的虚线则省略不画，如图 5-8（c）所示；但若不绘制虚线就无法表达清楚机件形状的结构，则虚线不能省略，如图 5-15所示。

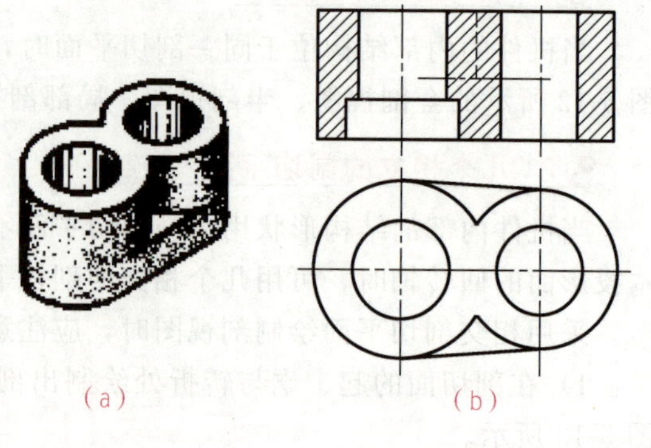

图 5-15 剖视图中必要的虚线

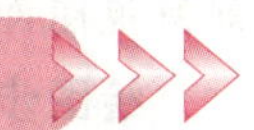

5.2.5 省略标注的几种形式

1）转折处位置较小，难以注写又不会引起误解时，可省略字母。

2）当剖视图按投影关系配置，中间又无其他图形隔开时，可省略箭头，如图 5-14 所示。

3）当单一剖切平面通过机件对称平面或基本对称平面，且剖视图按投影关系配置，中间又无其他图形隔开时，可省略标注，如图 5-15 所示。

4）当单一剖切平面的剖切位置明显时，局部剖视图的标注可省略，如图 5-12 所示。

应用与实践

例 5-2 分析图 5-16 所示的轴承座的实体与三视图，完善其表达方案。

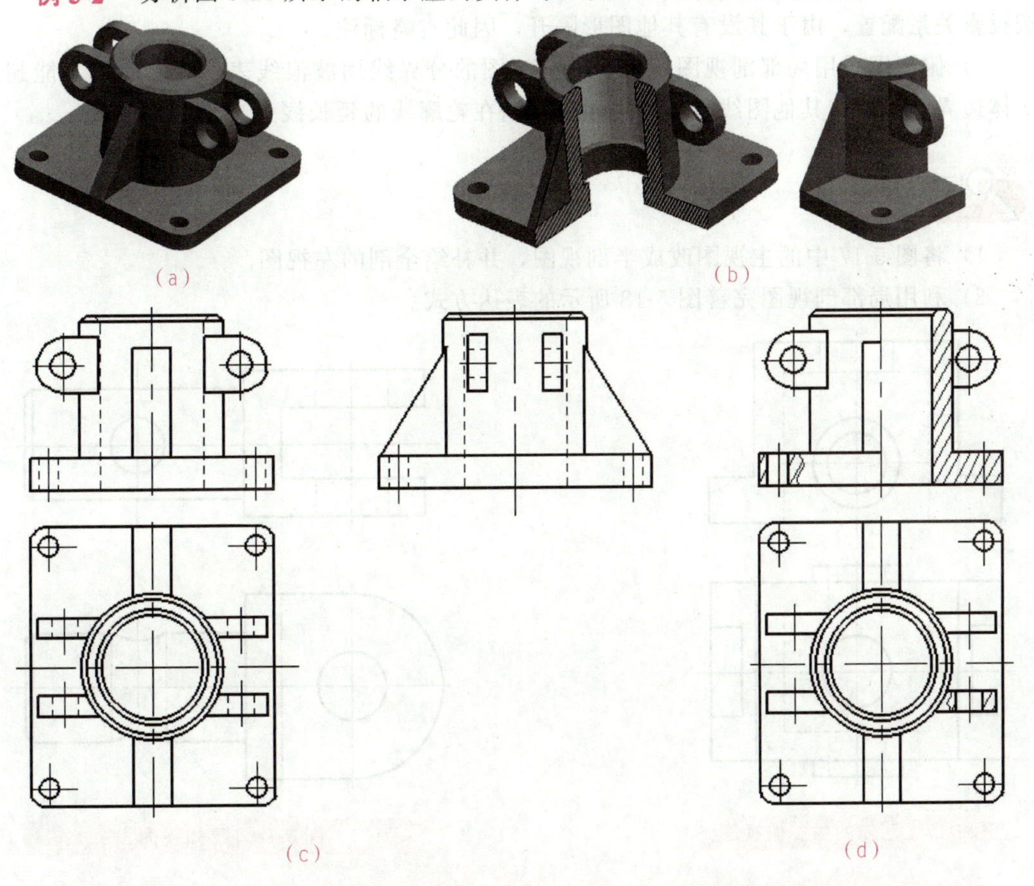

图 5-16 轴承座

解： 图 5-16 (a) 所示是内外结构对称的轴承座的立体图。图 5-16 (c) 是它的主、俯、左三个视图。由于其内部结构较复杂，因此它在主视图及俯视图上均有细虚线，给绘制图和看图带来困难，也不便于标注尺寸，因此图 5-16 (c) 所示的表达方式不合适。主视图可采用半剖视图和局部剖视图表达轴承座的内、外部结构和底板的四个小孔，俯视图可采用局部剖视图将四个支耳上的孔表达清楚。通过上述分析可知，由半剖主视图和局部剖俯视图即可把机件表达清楚，如图 5-16（d）所示。

绘图步骤如下：

1）绘制出主、俯视图草图，确定剖切面的位置，主视图剖切位置为该机件的前后对称中心面。

2）半剖视图以中心线为界，左侧绘制视图，右侧绘制剖视图，局部剖视图以波浪线为界，左侧小孔绘制剖视图。绘制出剖切平面与机件实体接触部分的投影，即剖面区域的轮廓线和剖面线。

3）最后绘制剖切平面之后的机件可见部分的投影。

4）完善图形，描深全图。

注意：

1）半剖的主视图采用单一剖切平面进行剖切，且在零件的前后对称中心平面处剖切，按投影关系配置，由于其没有其他图形隔开，因此省略标注。

2）俯视图采用局部剖视图，视图与剖视图的分界线用波浪线表示，波浪线不能超出实体边界，不能与其他图线重合，也不能绘制在轮廓线的延长线上。

动动脑

1）将图 5-17 中的主视图改成半剖视图，并补绘全剖的左视图。

2）利用局部剖视图完善图 5-18 所示的表达方式。

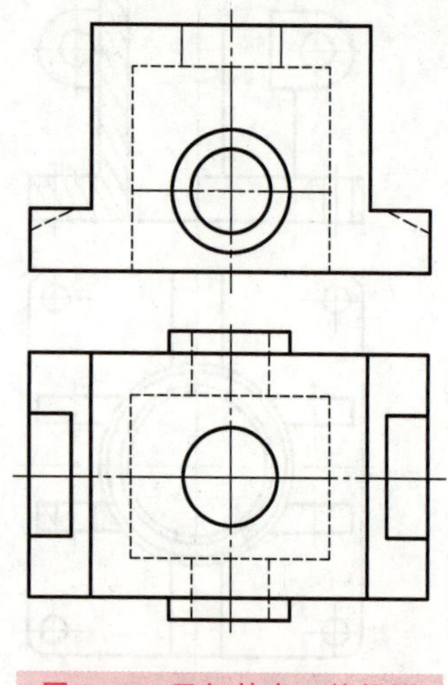

图 5-17 已知的主、俯视图

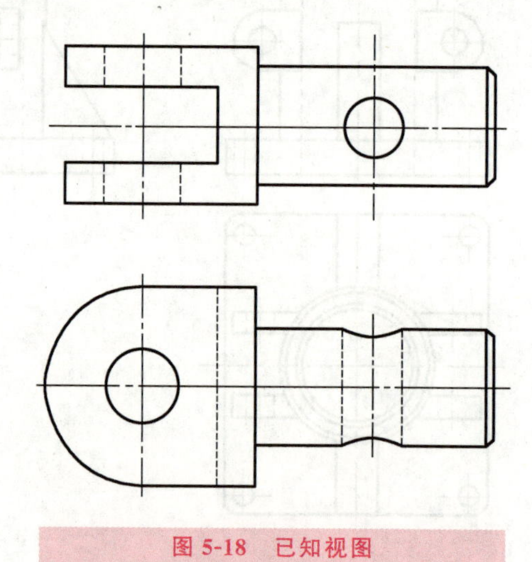

图 5-18 已知视图

5.3 断 面 图

知识导入

为了简单明确地表达清楚轴类、叉架类零件的断面结构形状，应采用断面图绘制。绘制断面图时，应遵循国家标准 GB/T 17452—1998《技术制图 图样画法 剖视图和断面图》和 GB/T 4458.6—2002《机械制图 图样画法 剖视图和断面图》。

相关知识

5.3.1 断面图的概念

假想用剖切面将机件的某处切断，仅绘制出剖切面与机件接触部分的图形，该图形称为断面图。

为了表达轴上的键槽，假想用一个垂直于轴线的剖切平面在键槽处将轴切断，只绘制出断面及剖面符号，该图形即为断面图，如图 5-19 所示。

剖视图与断面图的区别是：断面图只绘制机件被剖切后的断面形状，而剖视图除了绘制断面形状外，还必须绘制机件上位于剖切平面后的可见轮廓线。

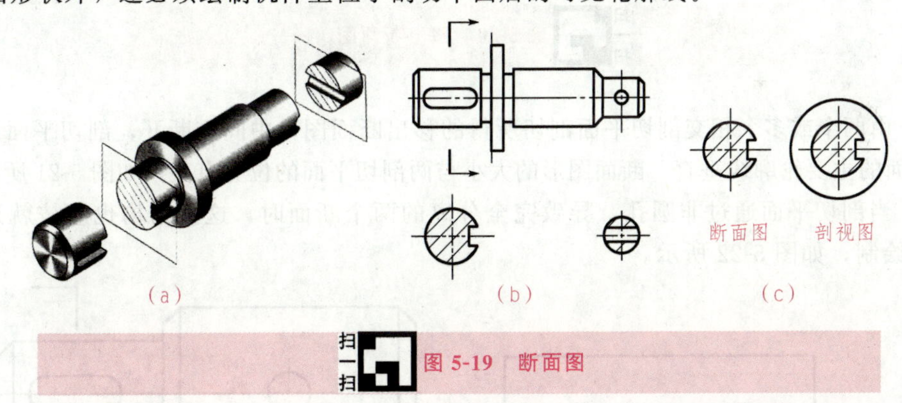

扫一扫 图 5-19 断面图

5.3.2 断面图的种类及画法

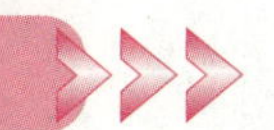

按断面图配置位置不同，断面图可分为移出断面图和重合断面图两种。

1. 移出断面图

移出断面图是指绘制在视图轮廓线之外的断面图，如图 5-19（b）所示。移出断面图的轮廓线用粗实线绘制，并尽量配置在剖切符号或剖切面的延长线上，或按投影关系配置，必要时也可配置在其他位置。

（1）移出断面图标注的省略情况

1）剖视图的标注方法同样适用于移出断面图。

2）按投影关系配置的移出断面图，以及对称的移出断面图均可省略箭头。

3）配置在剖切符号或剖切面延长线上的移出断面图可省略字母。

4）配置在剖切符号或剖切面延长线上且断面形状对称的移出断面图可省略标注。

（2）绘制移出断面图的注意事项

1）当剖切平面通过由回转面形成的孔或凹坑的轴线时，这些结构按就近原则剖视绘制；这些断面通过圆孔和锥孔轴线、圆周轮廓线绘制成封闭的，键槽处应按断面图绘制，如图 5-20 所示。

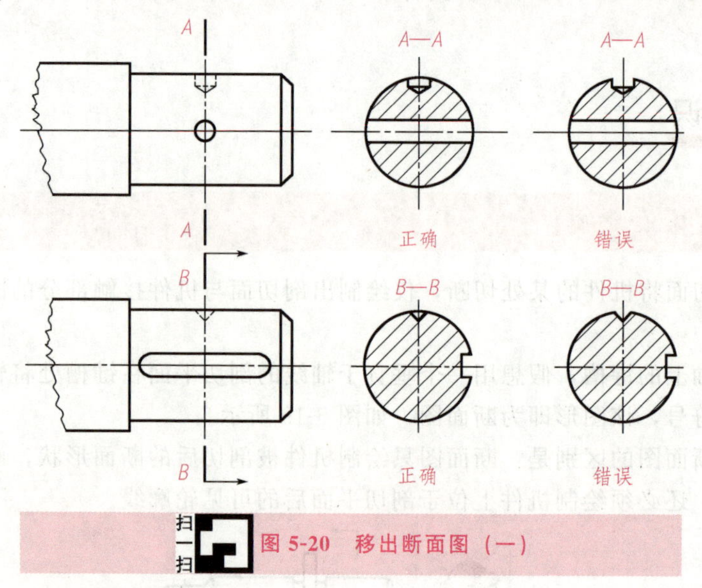

图 5-20 移出断面图（一）

2）由两个或多个相交剖切平面剖切所得的移出断面图，中间应断开，剖切平面应与被剖切平面的主要轮廓线垂直。断面图形的大小与两剖切平面的位置有关，如图 5-21 所示。

3）当剖切平面通过非圆孔，导致完全分离的两个断面时，这些结构也应按就近原则剖视图绘制，如图 5-22 所示。

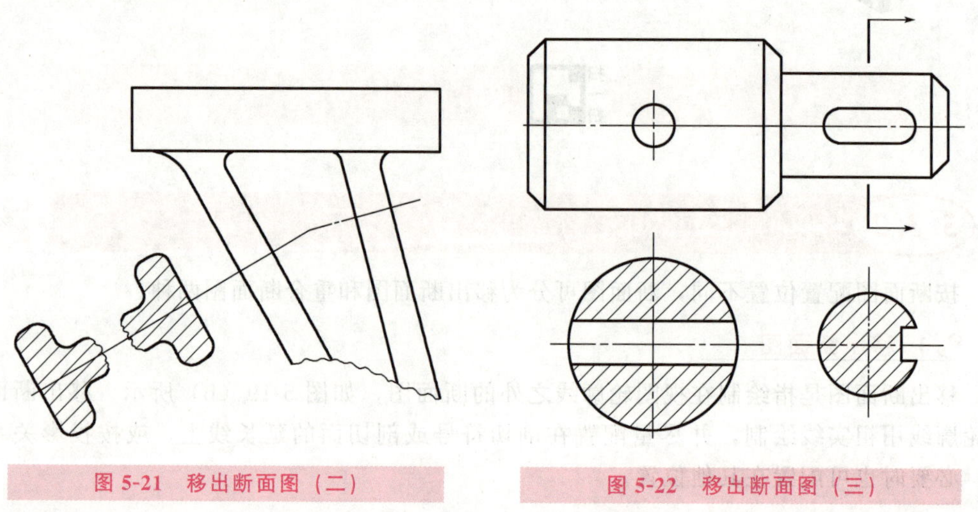

图 5-21 移出断面图（二）

图 5-22 移出断面图（三）

2. 重合断面图

绘制在视图轮廓线之内的断面图称为重合断面图。绘制重合断面图时，轮廓线用细实线绘制。当视图的轮廓线与重合断面的图形重叠时，视图中的轮廓线仍应连续绘制出。重合断面图一般省略标注，如图 5-23 所示。

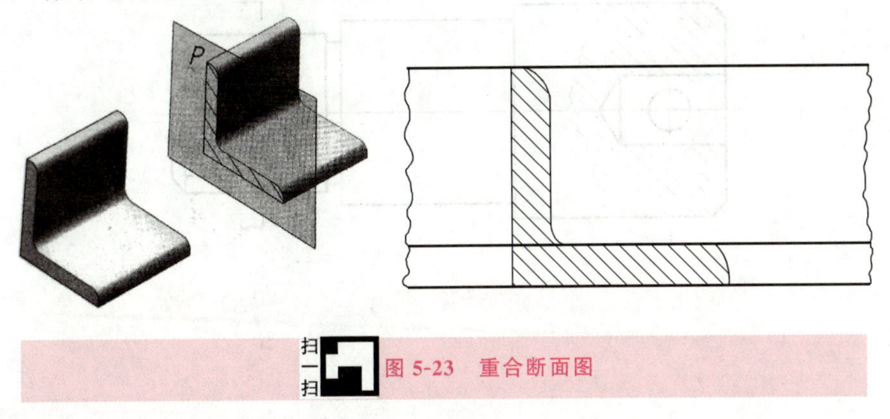

扫一扫 图 5-23 重合断面图

应用与实践

例 5-3 完成输出轴左、右两端断面图的绘制，如图 5-24 所示。

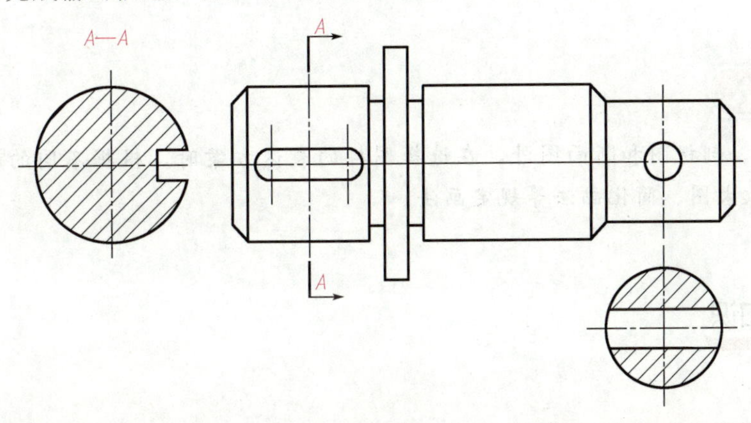

图 5-24 输出轴

解： 如图 5-24 所示的主视图，为了清楚地表达输出轴的结构，可在主视图的基础上，采用左右两处移出断面图进行表达。主视图表达总体外形结构，两处断面图表达轴上的键槽和通孔结构。左边轴端上在前面只开一处键槽，在相应位置仅绘制断面形状。右边轴端处是一个由前往后的圆柱形通孔，会导致两个断面分离，因此通孔处应按就近剖视绘出，绘制好剖面线和相应标注。

绘图步骤如下：

1）确定剖切位置。在主视图上确定剖切位置，并标注好剖切起止位置和相应字母。

2）确定所绘制断面图的位置。先绘制出断面图底稿，再绘制出剖切平面与机件实体接触部分的投影，即剖面区域的轮廓线和剖面线。

3）完善标注。在相应的断面图上方标注相应字母。

动动脑

1）绘制出图 5-25 所示轴的两处移出断面图，键槽深为 4 mm。

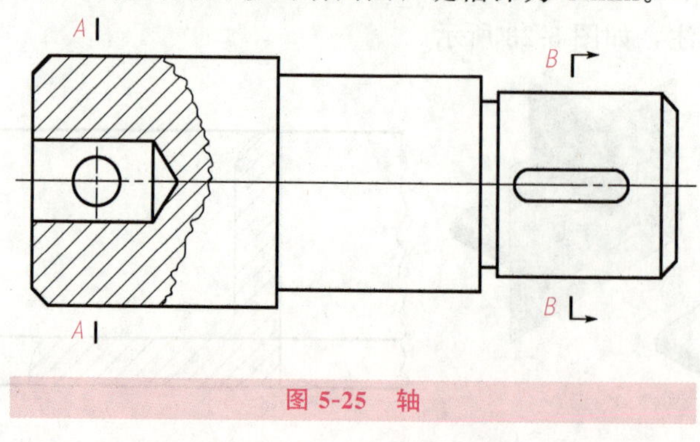

图 5-25　轴

5.4　局部放大图及简化画法

知识导入

除了视图、剖视图和断面图外，在选择图样的表达方案时，根据不同的机件结构还常采用局部放大图、简化画法等规定画法。

相关知识

5.4.1　局部放大图

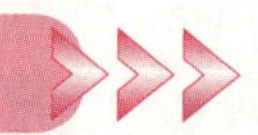

将机件的局部结构，用大于原图形所用比例绘制出的图形，称为局部放大图。当同一机件上有几处需要放大时，可用细实线圈出，用罗马数字依次标明放大的部位，并在局部放大图的上方标注出相应的数字和所用比例，如图 5-26 所示。

5.4.2　简化画法

为了简化作图和看图方便，国家标准规定了一些简化画法，现做简单介绍。

1）对于机件的肋、轮辐及薄壁等，如按纵向剖切，则这些结构都不绘制剖切符号，而用粗实线将它们与其邻接部分分开。当零件回转体上均匀分布的肋、轮辐、孔等结构不处于剖切平面上时，可将这些结构旋转到剖切平面上绘制出，如图 5-27 所示。

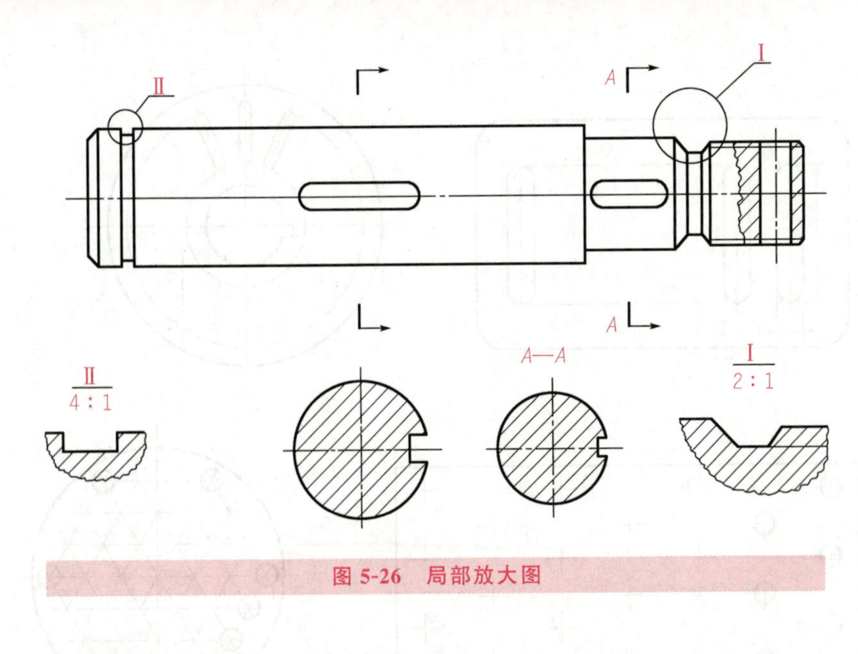

图 5-26 局部放大图

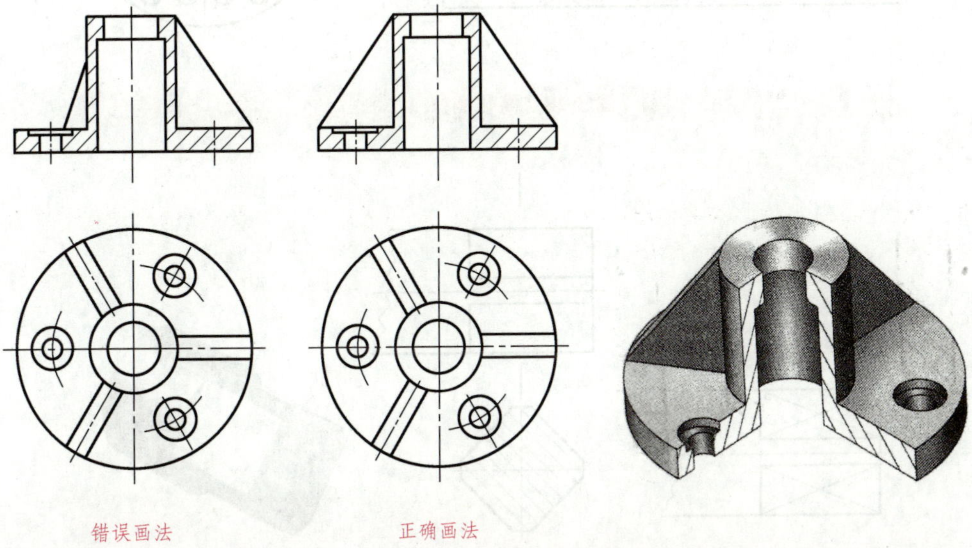

错误画法

正确画法

图 5-27 简化画法（一）

2）当机件上有若干相同结构的孔、槽、齿等，并按一定规律分布时，只需绘制出一个或几个完整的结构，其余的可用细点划线表示出这些结构的中心位置或用细实线将这些结构连接起来，但必须注明总数，如图 5-28 所示。

3）为了减少视图，可用相交的两条细实线来表达平面，如图 5-29 所示。

4）较长机件沿长度方向的形状一致或按一定规律变化时，可断开后缩短绘制，但要标注实际尺寸，如图 5-30 所示。

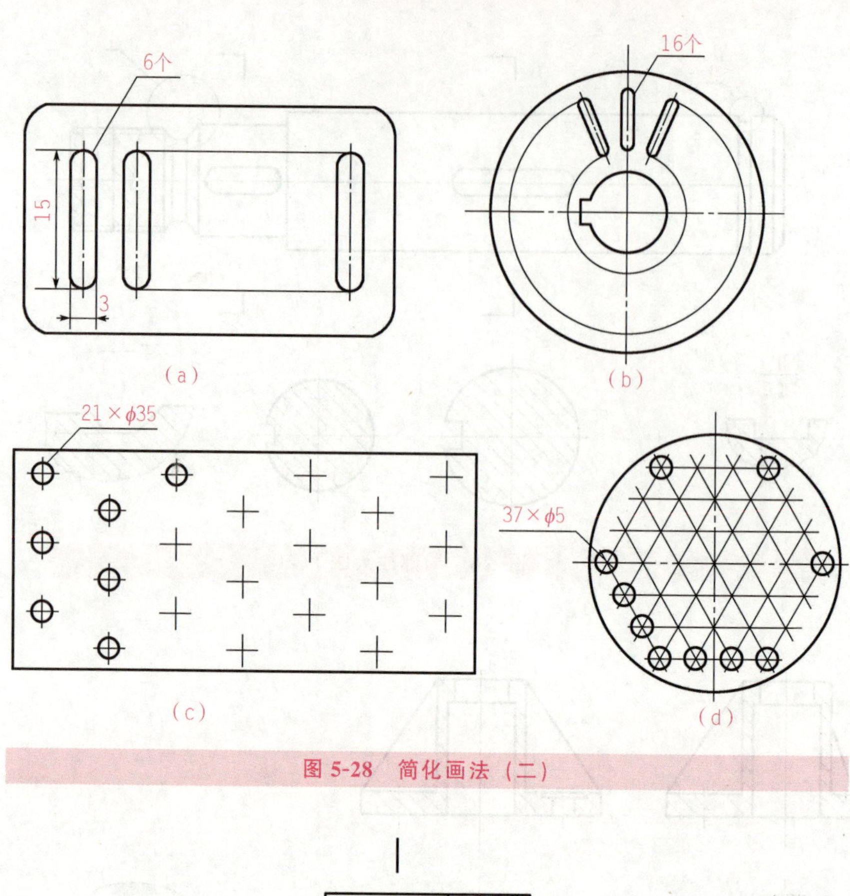

图 5-28 简化画法（二）

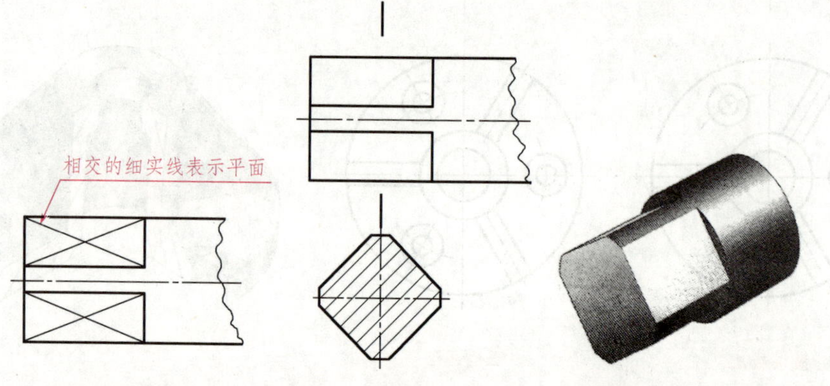

图 5-29 简化画法（三）

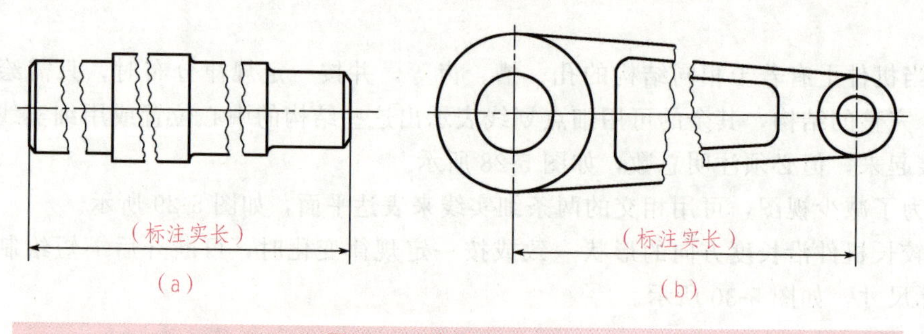

图 5-30 简化画法（四）

5）在不致引起误会的情况下，可用细实线绘制过渡线、用粗实线圆弧绘制相贯线、用直线绘制相贯线，也可以用模糊画法表示相贯线，圆柱形法兰上均匀分布的孔的简化画法如图 5-31 所示。

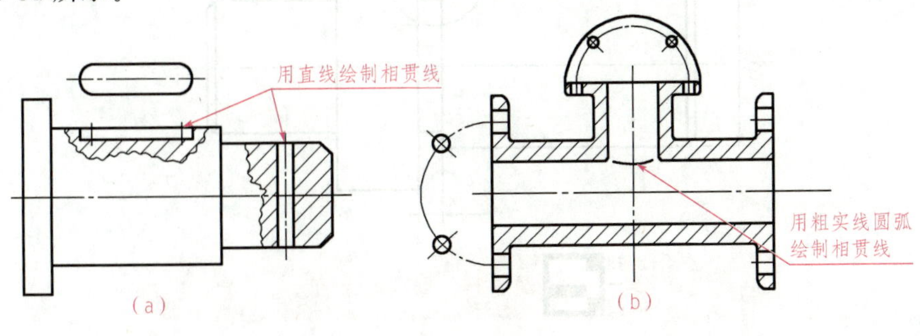

图 5-31 简化画法（五）

6）机件中与投影面倾斜度不大于 30°的圆或圆弧的投影可用圆或圆弧绘制，如图 5-32 所示。

7）在不致引起误解的情况下，剖面区域内的剖面线可以省略不画，如图 5-33 所示。

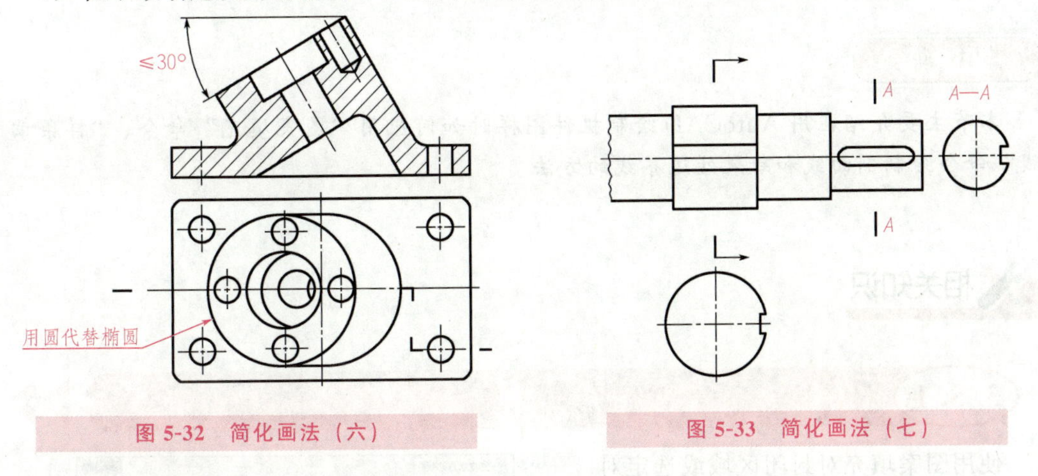

图 5-32 简化画法（六）

图 5-33 简化画法（七）

动动脑

1）按简化画法的规定改正图 5-34 中的剖视图。

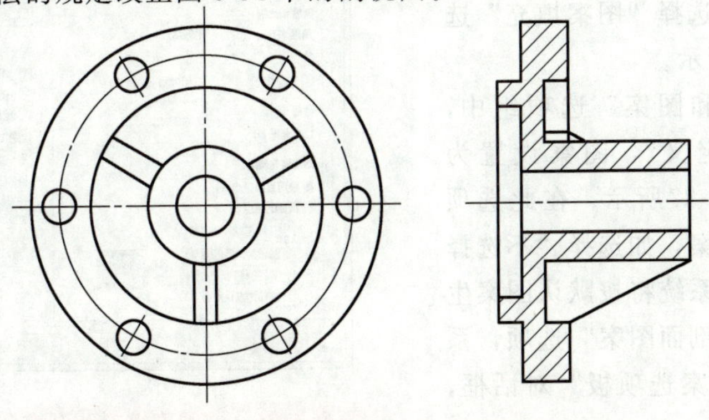

图 5-34 剖视图

2）绘制出图 5-35 中标出部分的局部放大图。

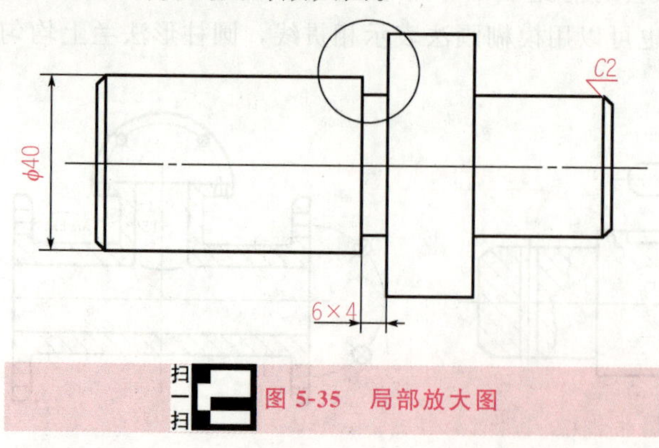

扫一扫 图 5-35 局部放大图

5.5 利用 AutoCAD 绘制机件图样

知识导入

本节主要介绍在用 AutoCAD 绘制机件图样时如何应用“图案填充”命令、“样条曲线”命令绘制剖面线和断裂处边界线的方法。

5.5.1 图案填充——绘制剖面线

使用图案填充对封闭区域或选定对象进行填充，生成剖面线。

在 CAD 中绘制剖面线时，执行“剖面线”命令，弹出“图案填充和渐变色”对话框，选择“图案填充”选项卡，如图 5-36 所示。

1）在“类型和图案”选项组中，类型设置为“预定义”，图案设置为“ANSI31”，如图5-37所示。在此选项组中可选择剖面图案，如选择“不选择剖面图案”选项，系统将按默认图案生成；如选择“选择剖面图案”选项，系统将弹出“填充图案选项板”对话框，如图 5-38 所示。

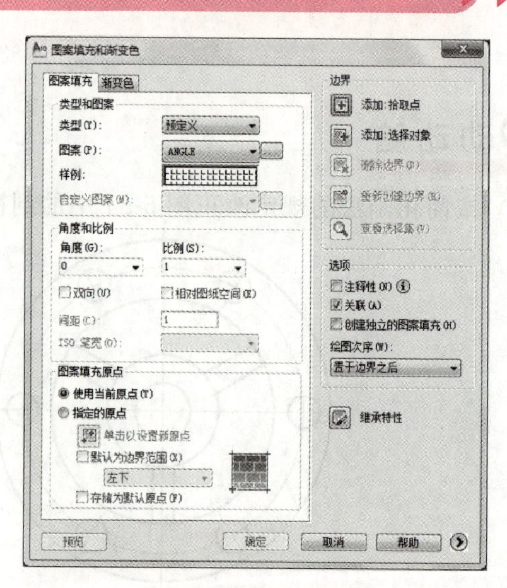

图 5-36 “图案填充和渐变色”对话框

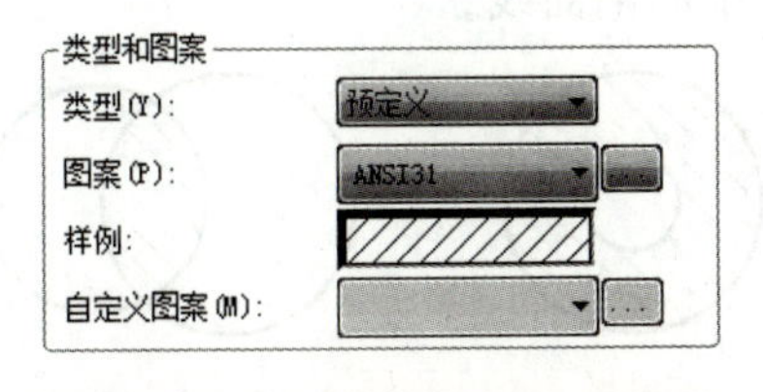

图 5-37 “类型和图案”选项组

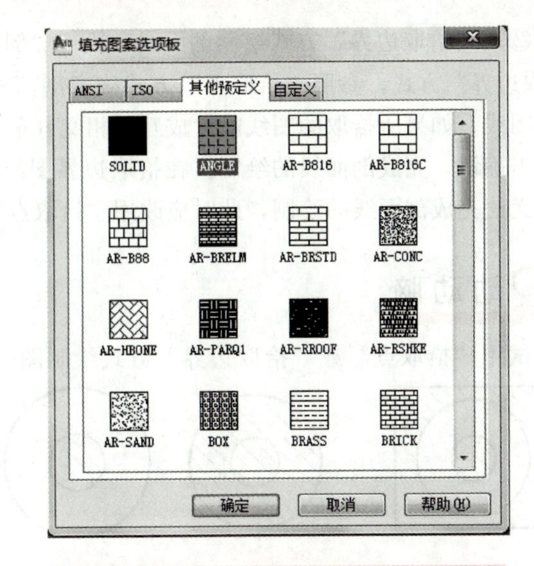

图 5-38 “填充图案选项板”对话框

2）在“角度和比例”选项组中，角度设置为“0”，比例设置为“1”，如图 5-39 所示。

3）“边界”选项组如图 5-40 所示。

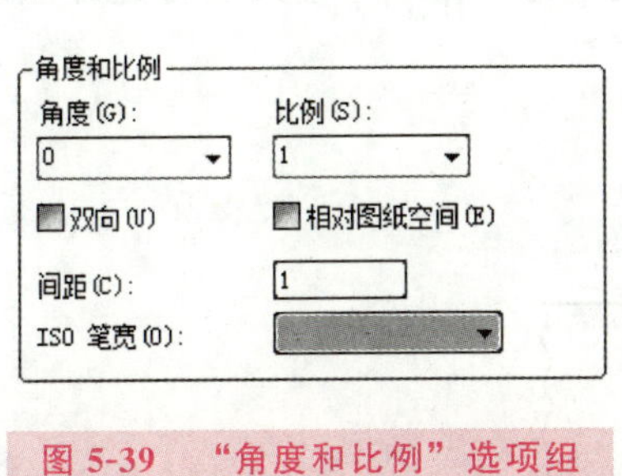

图 5-39 “角度和比例”选项组

图 5-40 “边界”选项组

①用“拾取点”方式绘制剖面线。执行“剖面线”命令，在“边界”选项组中选择“拾取点”方式，利用鼠标左键拾取需要填充剖面线的封闭区域内一点，结束拾取后右击确认，弹出对话框再单击确认，完成剖面线的绘制，如图 5-41 所示。此方法操作方便、简单，适用于各种封闭区域，但操作时需注意：系统根据拾取点的位置，从右向左搜索最小内环，根据环生成剖面线，如果拾取点在环外，则操作无效。

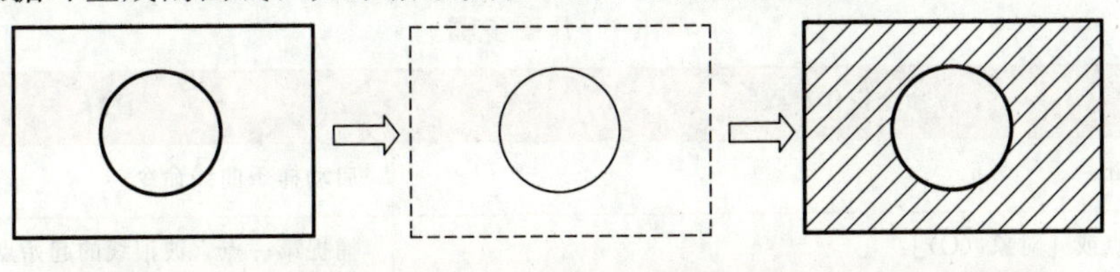

图 5-41 用“拾取点”方式绘制剖面线

②用“拾取边界”方式绘制剖面线。执行“剖面线”命令，在“边界”选项组中选择“拾取边界”方式，参照“拾取点”方式确定剖面图案与参数，利用鼠标拾取构成封闭环的若干图线，如果所拾取的图线能生成互不相交（重合）的封闭环，则右击确认，弹出对话框再单击确认，完成剖面线的绘制。在拾取边界图线不能够生成互不相交的封闭环的情况下，系统无法完成剖面线的绘制，此时应改用“拾取点”方式，在指定区域内生成剖面线。

动动脑

试用“拾取点”或“拾取边界”方式绘制图 5-42 中的剖面线。

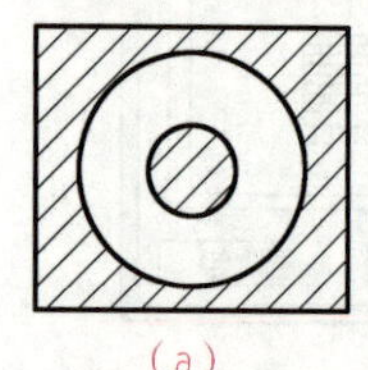
(a)
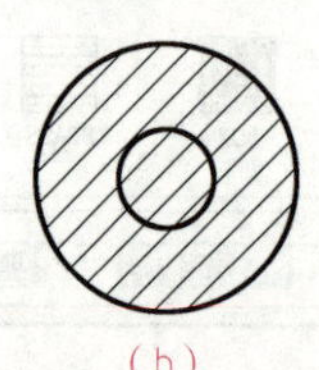
(b)
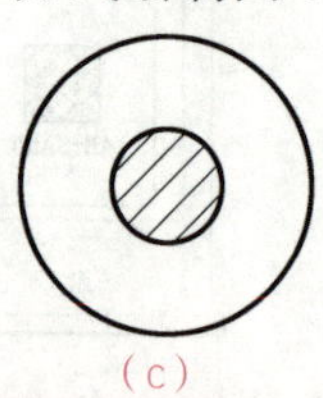
(c)
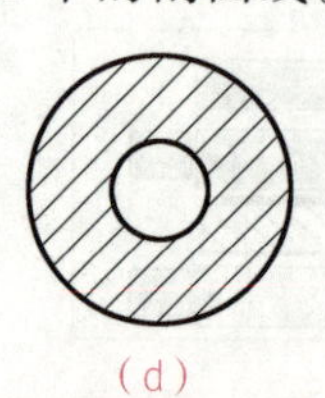
(d)
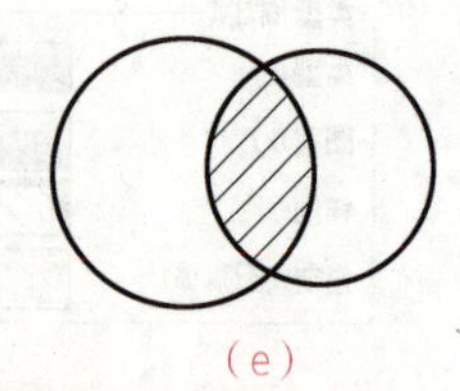
(e)

图 5-42 绘制剖面线

5.5.2 样条曲线——绘制断裂处边界线

“样条曲线”命令的作用是经过或接近一系列给定点的光滑曲线，生成断裂处边界线。在 CAD 中绘制断裂处边界线时，执行“样条曲线”命令，直接进行选择点绘制，绘制结束后按三次 Enter 键结束。

应用与实践

例 5-4 绘制图 5-43 所示的波浪线。

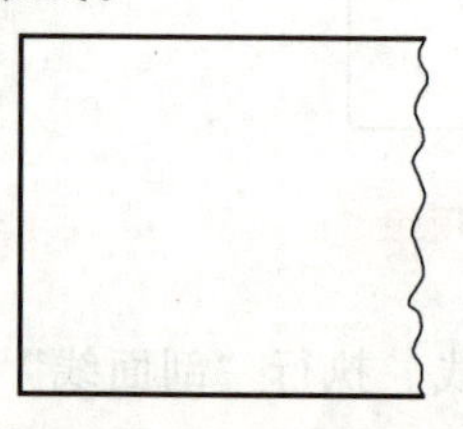

图 5-43 波浪线

作图步骤见表 5-1。

表 5-1 作图步骤

命令操作步骤	注释
命令：_ spline	启动样条曲线命令
指定第一个点或 [对象 (O)]：	捕捉第一点（波浪线的起始点）
指定下一点：	捕捉第二点（波浪线的中间点）

续表

命令操作步骤	注释
指定下一点或［闭合（C）拟合公差（F）］〈起点切向〉：〈正交 关〉	捕捉第三点（波浪线的中间点）
指定下一点或［闭合（C）拟合公差（F）］〈起点切向〉：	捕捉第四点（波浪线的中间点）
指定下一点或［闭合（C）拟合公差（F）］〈起点切向〉：	捕捉第五点（波浪线的终止点）
指定下一点或［闭合（C）拟合公差（F）］〈起点切向〉：	结束选择点↙
指定起点切向：	确定第一点的切向↙
指定端点切向：	确定第一点的切向，结束样条曲线命令

例 5-5 绘制图 5-44 所示的短轴。

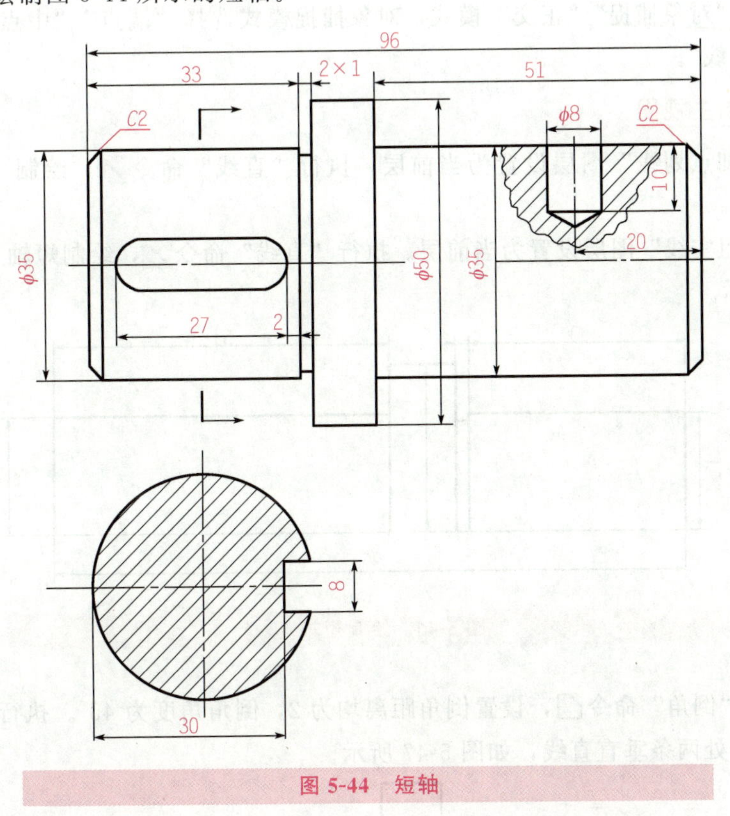

图 5-44 短轴

绘图步骤如下：

1. 设置绘图环境

1）启动 AutoCAD 2010，进入绘图界面，将工作空间切换到“AutoCAD 经典”。

2）设置图形界限为 297×210，执行“全部缩放”命令，将图形界限满屏显示。

3）设置图层、线型、线宽、颜色。新建“粗实线”“尺寸标注”“细点划线”“波浪线”“剖面线”共五个图层，线型、线宽、颜色的设置如图 5-45 所示。

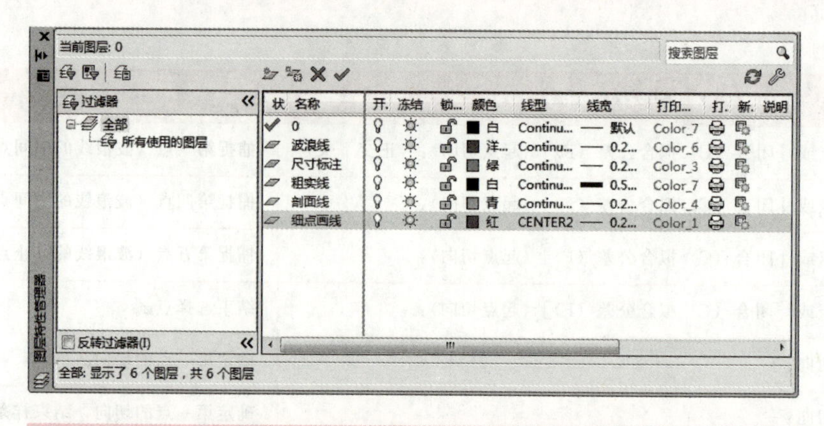

图 5-45 图层参数设置

4）启用“对象捕捉”“正交”模式，对象捕捉模式选择“端点”“中点”“圆心”“交点”和“延长线”。

2. 绘制主视图

1）将“细点划线”图层设置为当前层。执行“直线”命令，绘制一条长 104 mm 的中心线。

2）将“粗实线”图层设置为当前层。执行“直线”命令，绘制短轴上半部分轮廓，如图 5-46 所示。

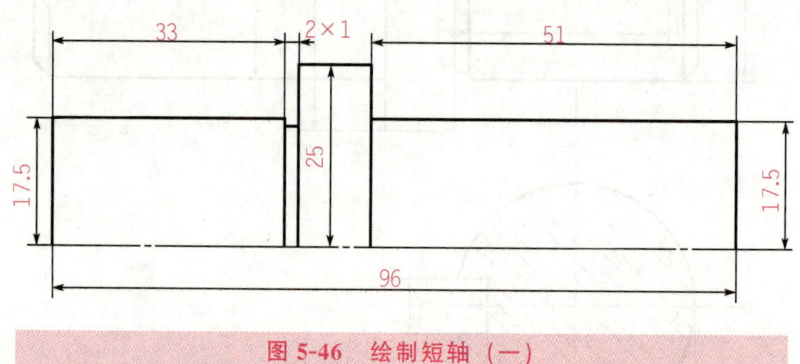

图 5-46 绘制短轴（一）

3）执行“倒角”命令，设置倒角距离均为 2，倒角角度为 45°。执行“直线”命令，绘制倒角处两条垂直直线，如图 5-47 所示。

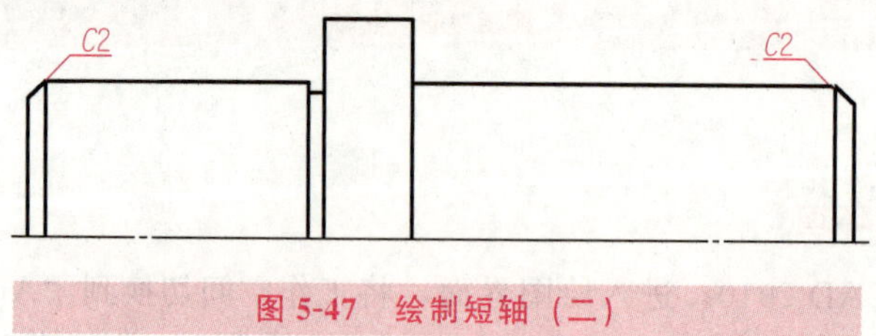

图 5-47 绘制短轴（二）

4）执行“镜像”命令，选择短轴上半部分轮廓为镜像对象，选择水平中心线为镜像线，镜像出下半部分，如图 5-48 所示。

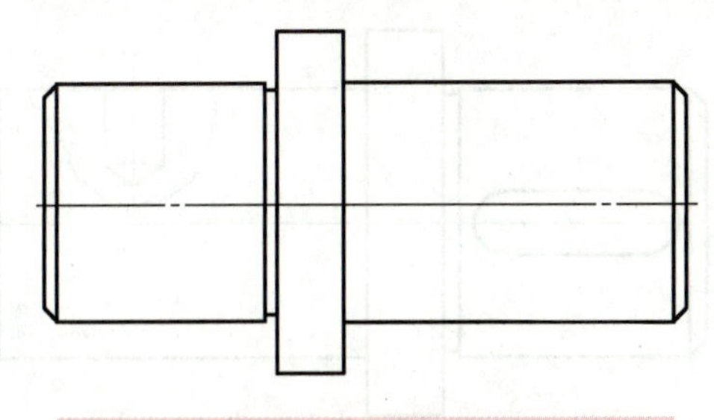

图 5-48 绘制短轴（三）

5）执行“偏移”命令，设置偏移距离为 20，选择轴右端轮廓线作为偏移对象，向左偏移。重复偏移命令，设置偏移距离为 4，将刚偏移的对象向左、向右偏移。重复偏移命令，设置偏移距离为 10，选择轴右端上方轮廓线作为偏移对象，向下偏移。设置极轴增量角为 30°，启用极轴模式。执行“直线”命令，绘制倾斜直线。执行“修剪”命令，修剪多余的图线。将“波浪线”图层设置为当前图层，执行“样条曲线”命令。将“粗实线”图层设置为当前图层，执行“圆弧”命令、“直线”命令、“修剪”命令完成键槽的绘制，如图 5-49 所示。

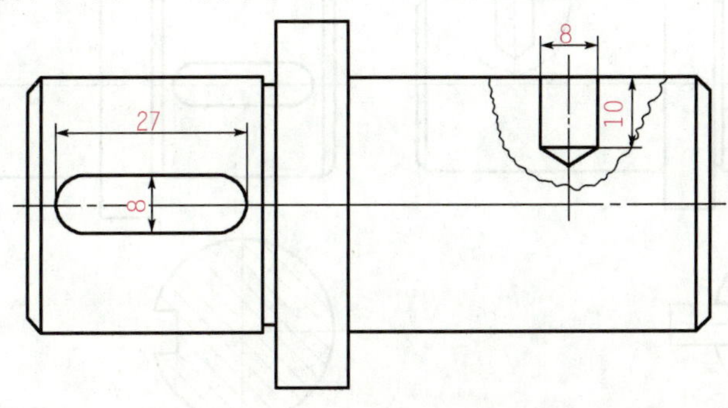

图 5-49 绘制短轴（四）

3. 绘制移出断面图

1）将“细点划线”图层设置为当前图层，绘制移出断面图的中心线。将“粗实线”图层设置为当前图层，执行“圆弧”命令、“直线”命令、“修剪”命令完成移出断面图的绘制，如图 5-50 所示。

2）将“剖面线”图层设置为当前图层。执行“图案填充”命令，弹出“图案填充和渐变色”对话框，选择“图案填充”选项卡，图案设置为“ANSI31”，角度和比例设置为“0”和“0.5”，边界选择“拾取点”，分别在六个封闭区域单击，结果如图 5-51（a）所示。系统自动根据围绕指定点构成封闭区域的现有对象确定边界，并以虚线亮显。按 Enter 键，回到“图案填充和渐变色”对话框，单击“预览”按钮，按 Enter 键，单击“确定”按钮，完成剖面线绘制，如图 5-51（b）所示。

3）将“粗实线”图层设置为当前图层，绘制粗短线，指明移出断面图的剖切位置。将“尺寸标注”图层设置为当前图层，绘制箭头，指明投射方向，如图 5-52 所示。

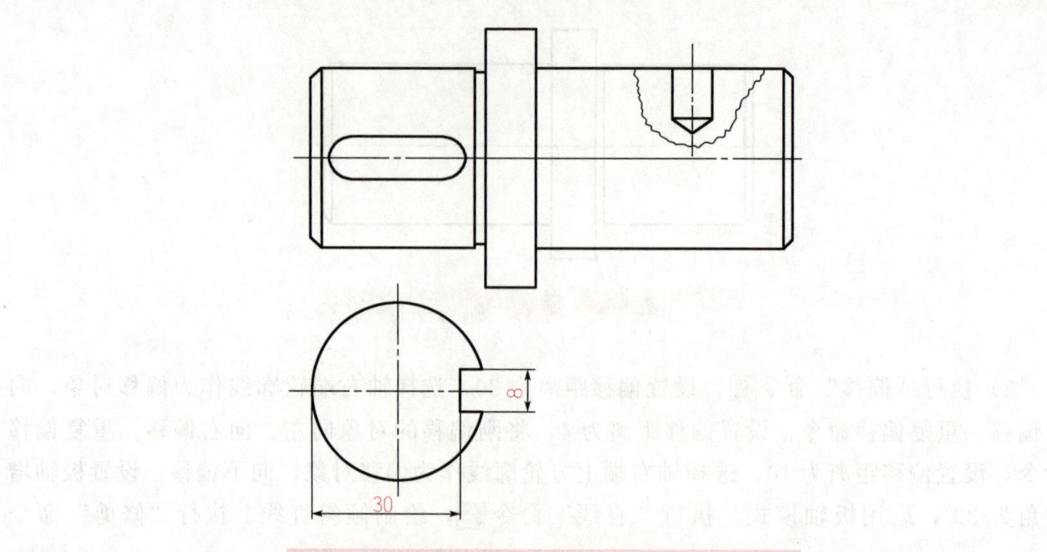

图 5-50 绘制短轴（五）

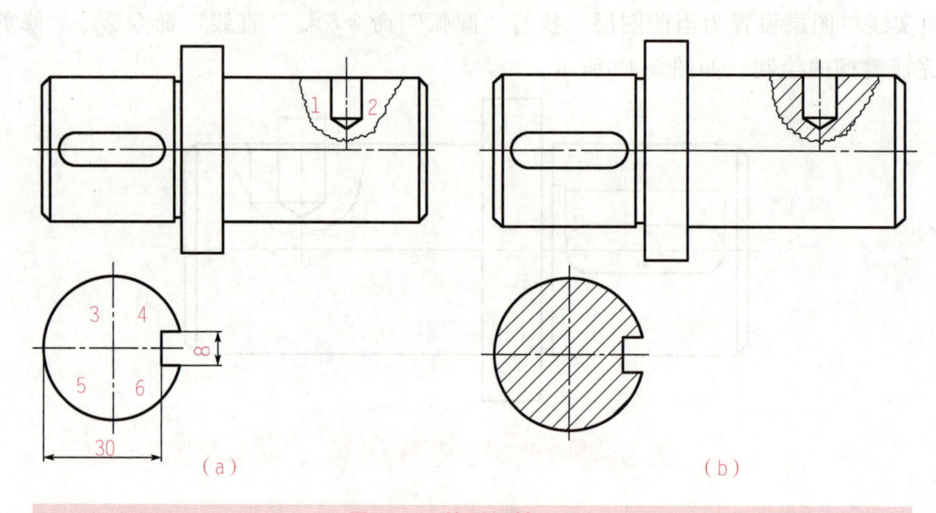

图 5-51 绘制短轴（六）

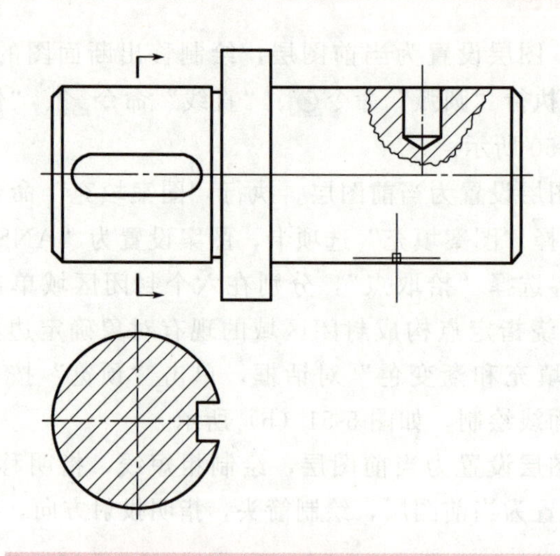

图 5-52 绘制短轴（七）

动动脑

1）将图 5-53 改成半剖视图。

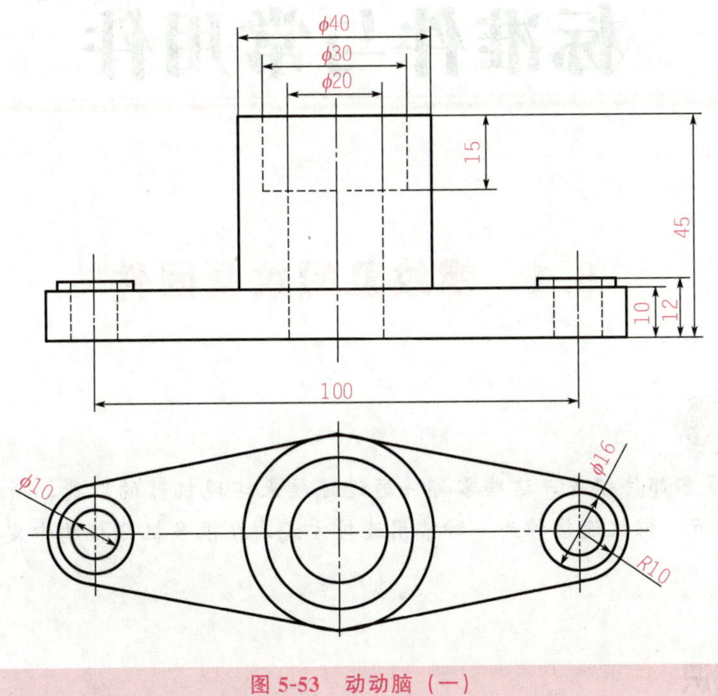

图 5-53 动动脑（一）

2）根据图 5-54，绘制出 A—A 位置的移出断面图。

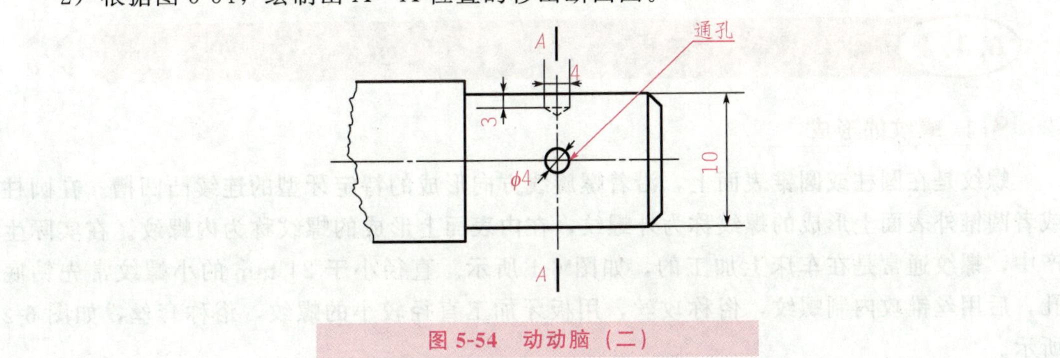

图 5-54 动动脑（二）

第六章

标准件与常用件

6.1 螺纹及螺纹紧固件

知识导入

机器由许多零部件组成，这些零部件通过连接来实现机器的职能，所以连接是构成机器的重要环节。螺纹连接作为一种常用连接方式，在很多机器机构中发挥了很重要的作用。

相关知识

6.1.1 螺纹的基本知识

1. 螺纹的形成

螺纹是在圆柱或圆锥表面上，沿着螺旋线方向形成的特定牙型的连续凸凹槽。在圆柱或者圆锥外表面上形成的螺纹称为外螺纹，在内表面上形成的螺纹称为内螺纹。在实际生产中，螺纹通常是在车床上加工的，如图 6-1 所示。直径小于 24 mm 的小螺纹常先钻底孔，后用丝锥攻内制螺纹，俗称攻丝，用板牙加工直径较小的螺纹，俗称套丝，如图 6-2 所示。

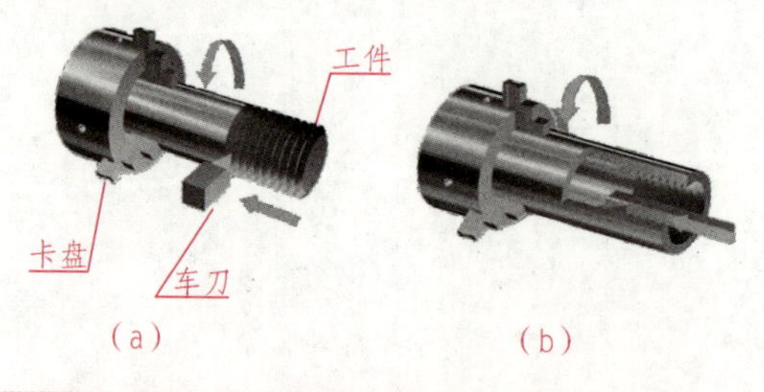

图 6-1 车削螺纹

(a) 车外螺纹；(b) 车内螺纹

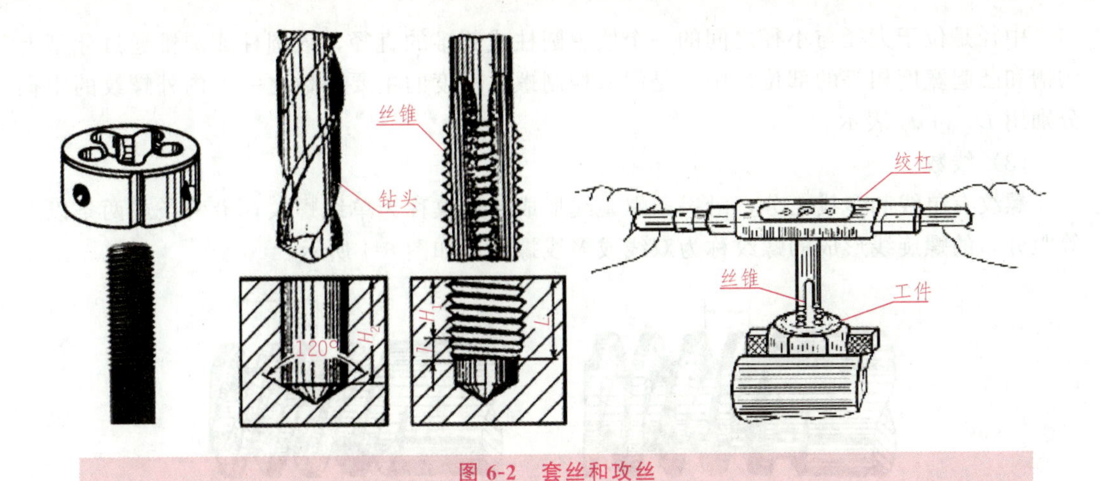

图 6-2 套丝和攻丝

2. 螺纹要素

螺纹的基本要素有五个，即牙型、直径、线数、螺距和导程、旋向。内、外螺纹配合时，两者的五要素必须相同。

（1）牙型

通过螺纹轴线剖切的断面上螺纹的轮廓形状称为螺纹牙型。螺纹断面凸起部分顶端称为牙顶，沟槽的底部称为牙底（图 6-3）。常见的螺纹牙型有三角形、梯形、锯齿形和矩形等，其中矩形螺纹尚未标准化，其余牙型的螺纹均为标准螺纹。

（2）直径

如图 6-3 所示，螺纹直径分为大径、小径、中径。

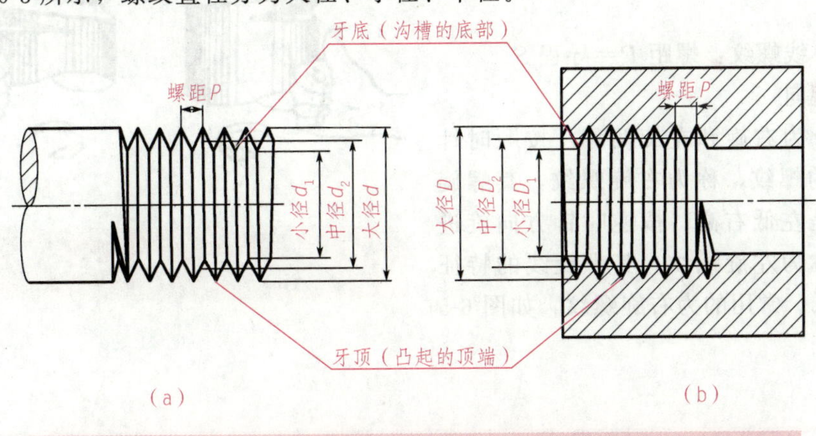

图 6-3 螺纹的直径

(a) 外螺纹；(b) 内螺纹

大径是指与外螺纹牙顶或内螺纹牙底相切的假想圆柱或圆锥的直径。内外螺纹的大径分别用 D 和 d 表示，大径是螺纹的公称直径。

小径是指与外螺纹的牙底或内螺纹的牙顶相切的假想圆柱或圆锥的直径。内外螺纹的小径分别用 D_1 和 d_1 表示。

中径是位于大径与小径之间的一个假想圆柱或圆锥的直径，该圆柱或圆锥通过牙型上沟槽和凸起宽度相等的部位，中径是用来控制螺纹精度的主要参数之一。内外螺纹的中径分别用 D_2 和 d_2 表示。

（3）线数

螺纹有单线和多线之分，沿一条螺旋线形成的螺纹称为单线螺纹，沿两条或两条以上等距分布的螺旋线形成的螺纹称为双线或多线螺纹，如图 6-4 所示。

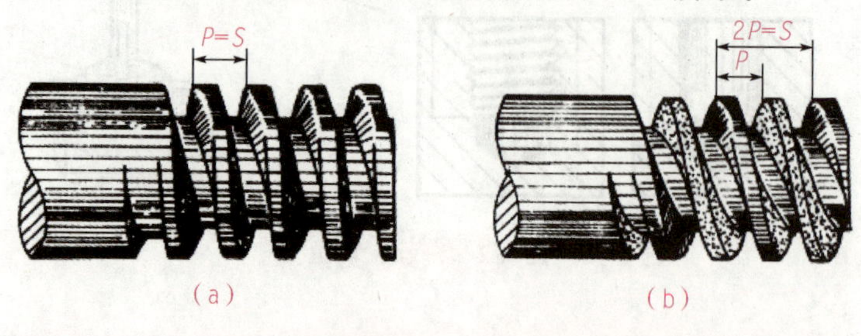

图 6-4 螺纹的螺距、线数、导程

（a）单线螺纹；（b）双线螺纹

（4）螺距和导程

螺距是指相邻两牙在中径线上对应两点间的轴向距离，用字母 P 表示。

导程是指在同一条螺旋线上的相邻两牙在中径线上对应两点间的轴向距离，用字母 S 表示如图 6-4 所示。

对于多线螺纹：螺距 $P=$ 导程 $S/$线数 n。

对于单线螺纹：螺距 $P=$导程 S。

（5）旋向

螺纹分为右旋和左旋两种。按顺时针方向旋进的螺纹，称为右旋螺纹，其螺旋线的特征是左低右高；按逆时针方向旋进的螺纹，称为左旋螺纹，其螺旋线的特征是左高右低。常用的为右旋螺纹，如图 6-5 所示。

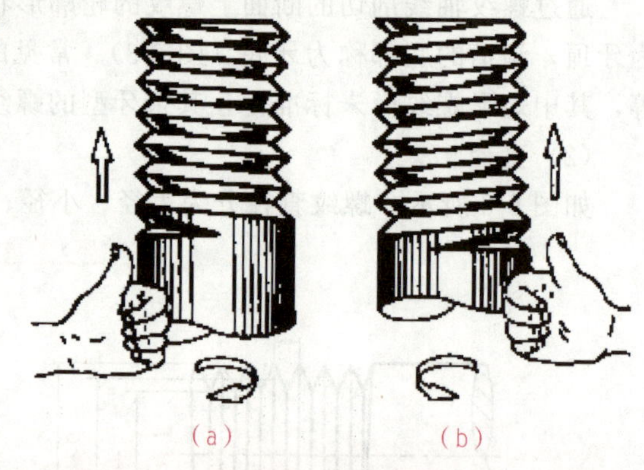

图 6-5 螺纹的旋向

（a）左旋螺纹；（b）右旋螺纹

6.1.2 螺纹的规定画法

1. 外螺纹画法

在轴向视图中，牙顶线（大径）用粗实线表示，牙底线（小径）用细实线表示，螺杆的倒角或倒圆部分也应绘制出。在投影为圆的视图中，表示牙底的细实线只绘制约 3/4 圈，此时轴上的倒角省略不画。螺纹终止线用粗实线表示，通常，小径按 0.85 倍大径绘制，如图 6-6 所示。

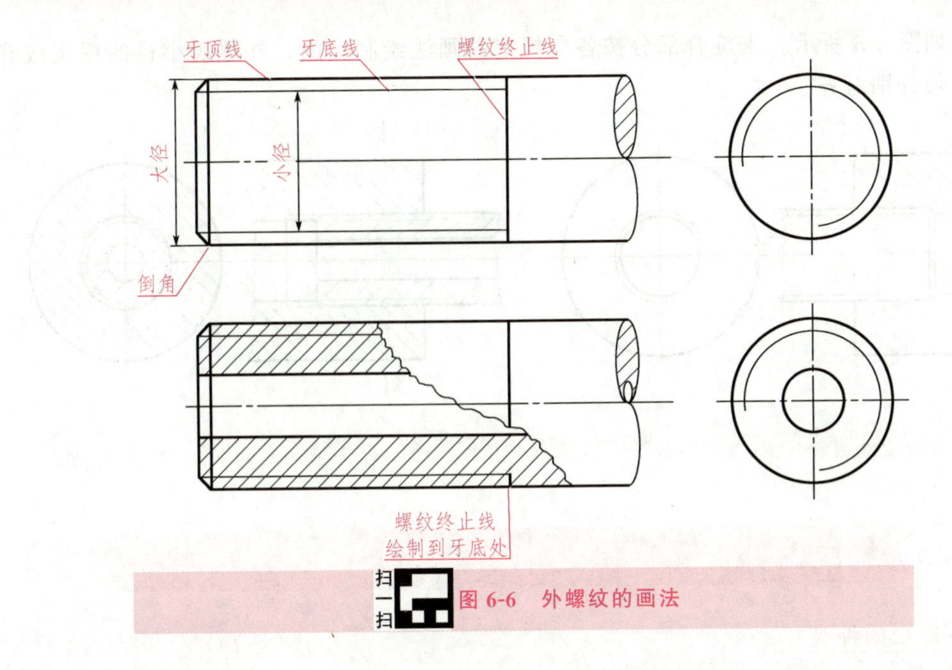

图 6-6 外螺纹的画法

2. 内螺纹画法

在剖视图中，螺纹牙顶线（小径）用粗实线表示，牙底线（大径）用细实线表示；剖面线绘制到牙顶线粗实线处。在投影为圆的视图中，牙顶线（小径）用粗实线表示，表示牙底线（大径）的细实线只绘制约 3/4 圈；空口的倒角省略不画，如图 6-7 所示。

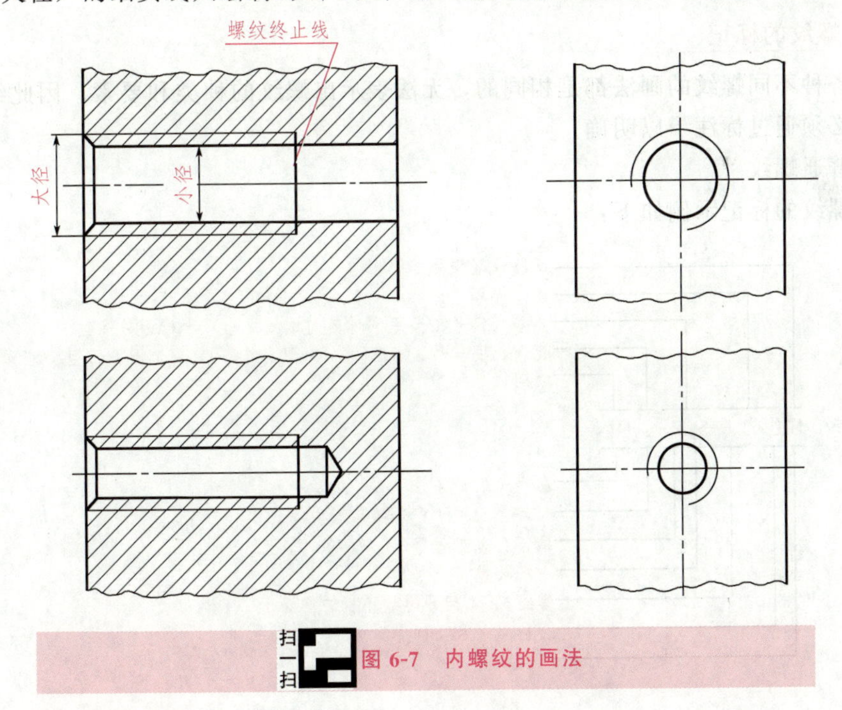

图 6-7 内螺纹的画法

3. 螺纹连接画法

在剖视图中，内、外螺纹旋合的部分应按外螺纹的画法绘制，其余部分仍按各自的画法表示，如图 6-8 所示。未旋合部分按各自规定的画法绘制，内、外螺纹小径的粗实线和细实线必须分别对齐。

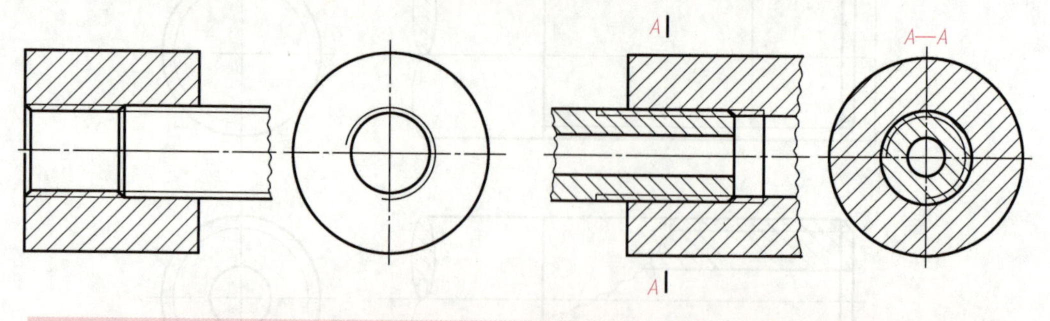

图 6-8 螺纹连接的画法

6.1.3 螺纹的种类和标记

1. 螺纹的种类

1）连接螺纹。连接螺纹是指起连接作用的螺纹。常用的有四种标准螺纹，即粗牙普通螺纹、细牙普通螺纹、管螺纹和锥管螺纹。管螺纹又分为55°度非密封管螺纹和55°度密封管螺纹。

2）传动螺纹。传动螺纹是指用于传递动力和运动的螺纹。常用的有梯形螺纹和锯齿形螺纹。

2. 螺纹的标记

由于各种不同螺纹的画法都是相同的，无法表示出螺纹的种类和要素，因此绘制螺纹图样时，必须通过标注予以明确。

（1）普通螺纹

普通螺纹的标记示例如下：

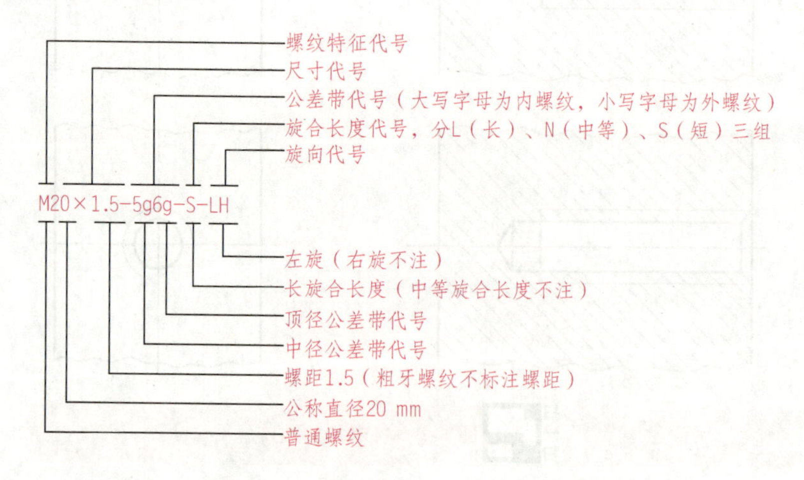

（2）梯形螺纹和锯齿形螺纹

梯形螺纹和锯齿形螺纹的标记示例如下：

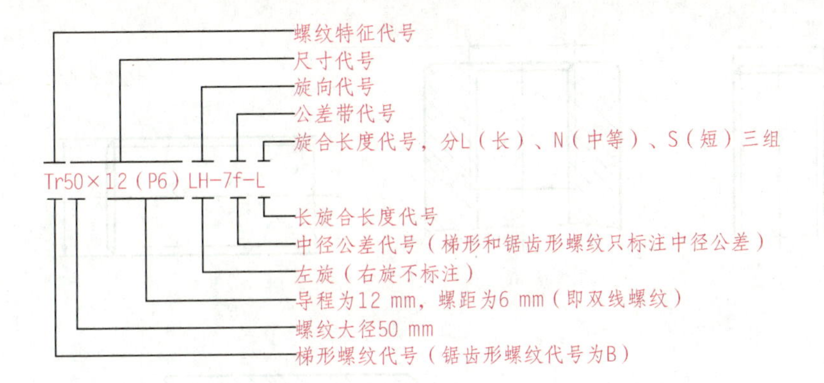

（3）管螺纹

管螺纹分为55°非密封管螺纹和55°密封管螺纹两种。

1）55°非密封管螺纹标记示例如下：

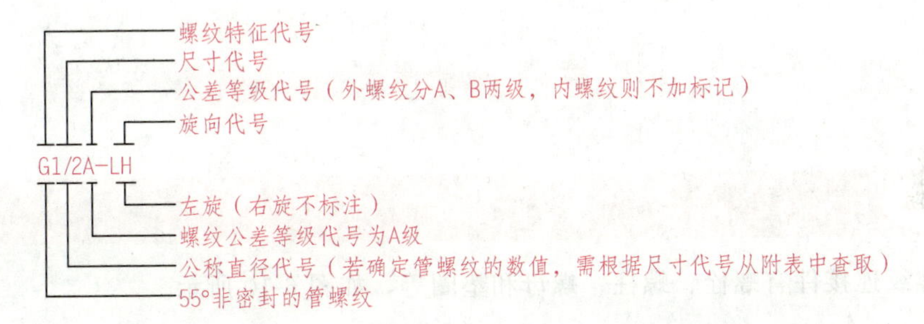

2）55°密封管螺纹标记示例如下：

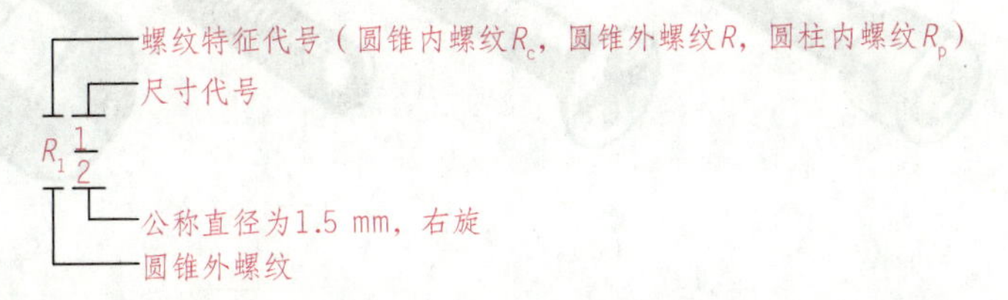

（4）螺纹的标注

国家标准规定，公称直径以mm为单位的螺纹，其标记应直接标注在大径的尺寸线或其延长线上；管螺纹的标记一律标注在引出线上，引出线应由大径处引出或由对称中心线处引出。

1）粗牙普通螺纹，公称直径为20 mm，右旋，中径、顶径公差带分别为5g、6g，中等旋合长度。其螺纹标注如图6-9（a）所示。

2）细牙普通螺纹，公称直径为20 mm，螺距2 mm，左旋，中径、小径公差带均为6H，短旋合长度。其螺纹标注如图6-9（b）所示。

3）梯形螺纹，公称直径为32 mm，螺距6 mm，左旋，中径公差代号7e，中等旋合长度。其螺纹标注如图6-9（c）所示。

4）55°非密封管螺纹，尺寸代号为1.5，公差为A级，右旋。其螺纹标注如图6-9（d）所示。

5）密封管螺纹，尺寸代号为1.5，右旋。其螺纹标注如图6-9（e）所示。

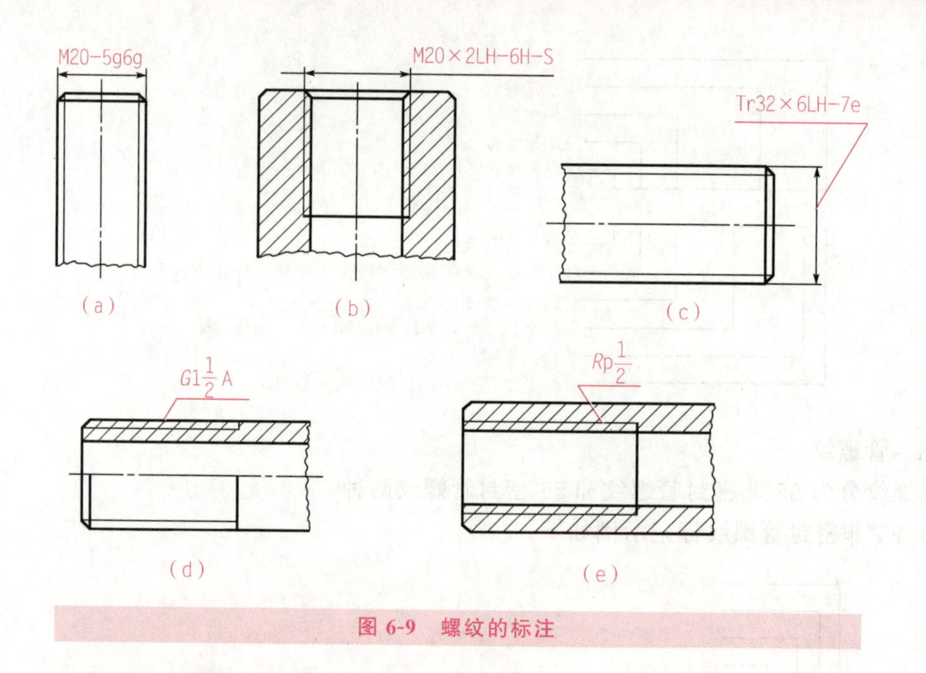

图 6-9 螺纹的标注

6.1.4 螺纹连接件

常用螺纹连接件有螺栓、螺柱、螺母和垫圈等，如图 6-10 所示。

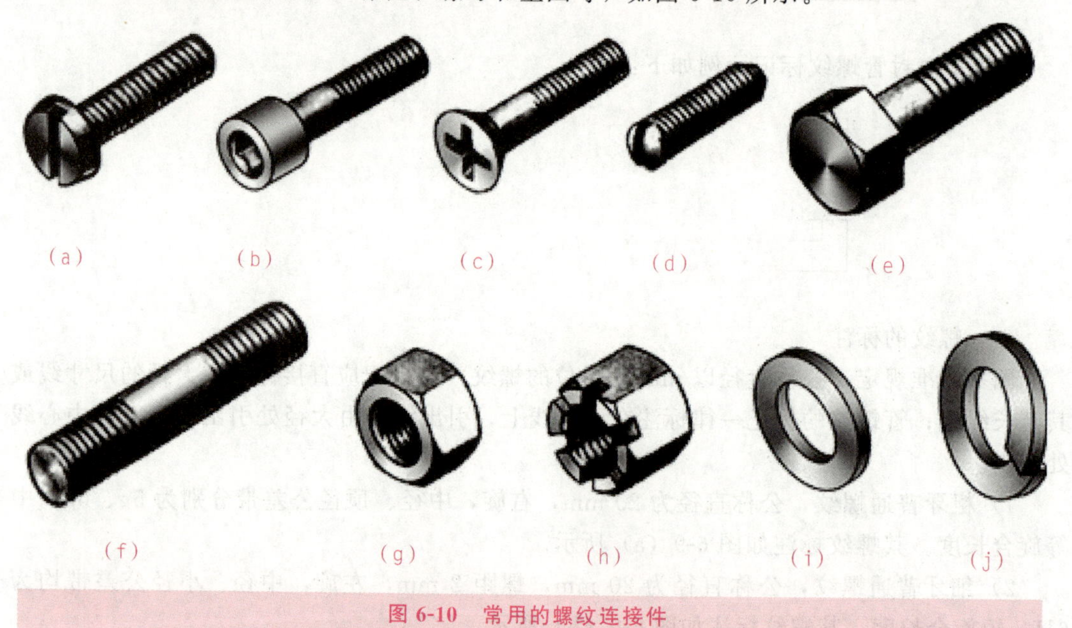

图 6-10 常用的螺纹连接件

(a) 开槽盘头螺钉；(b) 内六角圆柱头螺钉；(c) 十字槽沉头螺钉；(d) 开槽锥端紧定螺钉；(e) 六角头螺栓；(f) 双头螺柱；(g) 1 型六角螺母；(h) 六角开槽螺母；(i) 平垫圈；(j) 弹簧垫圈

表 6-1 中列出了螺栓、双头螺柱和螺钉等常用的螺纹连接件。它们的形式、结构和尺寸已经标准化，并有规定的标记。

表 6-1 常用的螺纹连接件

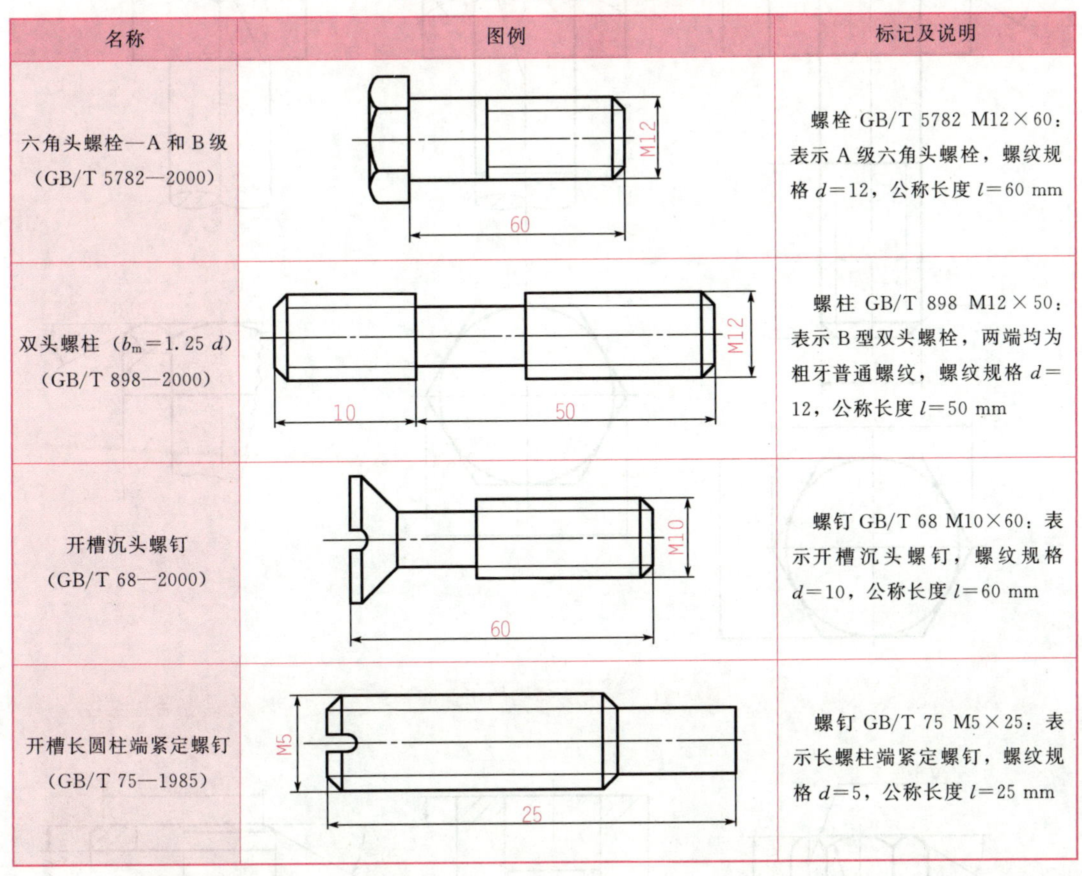

名称	图例	标记及说明
六角头螺栓—A 和 B 级（GB/T 5782—2000）	M12；60	螺栓 GB/T 5782 M12×60：表示 A 级六角头螺栓，螺纹规格 $d=12$，公称长度 $l=60$ mm
双头螺柱（$b_m=1.25\ d$）（GB/T 898—2000）	M12；10；50	螺柱 GB/T 898 M12×50：表示 B 型双头螺栓，两端均为粗牙普通螺纹，螺纹规格 $d=12$，公称长度 $l=50$ mm
开槽沉头螺钉（GB/T 68—2000）	M10；60	螺钉 GB/T 68 M10×60：表示开槽沉头螺钉，螺纹规格 $d=10$，公称长度 $l=60$ mm
开槽长圆柱端紧定螺钉（GB/T 75—1985）	M5；25	螺钉 GB/T 75 M5×25：表示长螺柱端紧定螺钉，螺纹规格 $d=5$，公称长度 $l=25$ mm

1. 螺栓连接及画法

（1）螺栓连接

螺栓连接适用于被连接件不太厚，且允许钻通孔的情况。连接时，螺栓的螺杆穿过被连接件的通孔，并在螺杆上套上垫圈，拧紧螺母。为了便于装配，机件上通孔直径 d_h 应比螺纹大径 d 大一些，一般定为 1.1 d。为了保证螺纹旋合强度，螺杆末端应伸出一定距离 a，通常 a 为 0.3 d 或 0.4 d。螺杆的公称长度 l 按下列公式计算：

$$l=\delta_1+\delta_2+h+m+a$$

式中，δ_1、δ_2——被连接件的高度；

h——垫圈厚度；

m——螺母高度；

a——螺杆末端伸出螺母的长度。

通过上式计算得到的 l 值，还应查阅螺栓标准图表，选取相近的标准数值。

（2）螺栓连接画法

绘制螺栓连接件的图形时，应根据其规定标记，按其标准中的各部分尺寸绘制。但为了方便作图，通常可按其各部分尺寸与螺纹大径 d 的比例关系近似地绘制，其比例画法如图 6-11～图 6-13 所示。

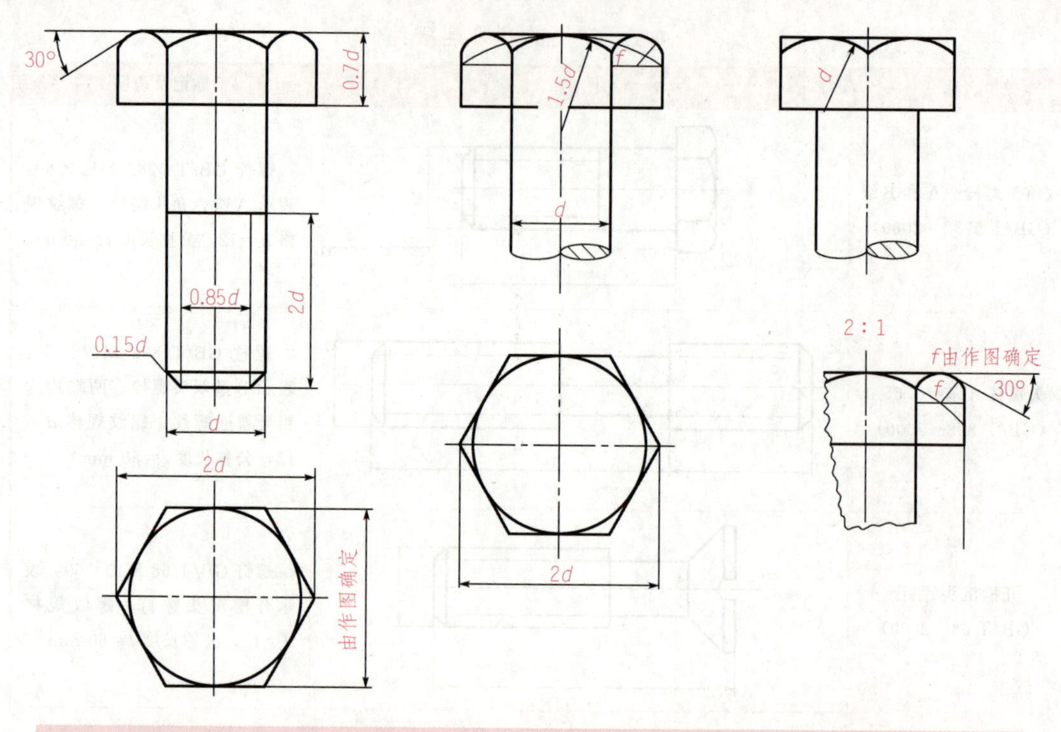

图 6-11 六角头螺栓的比例画法

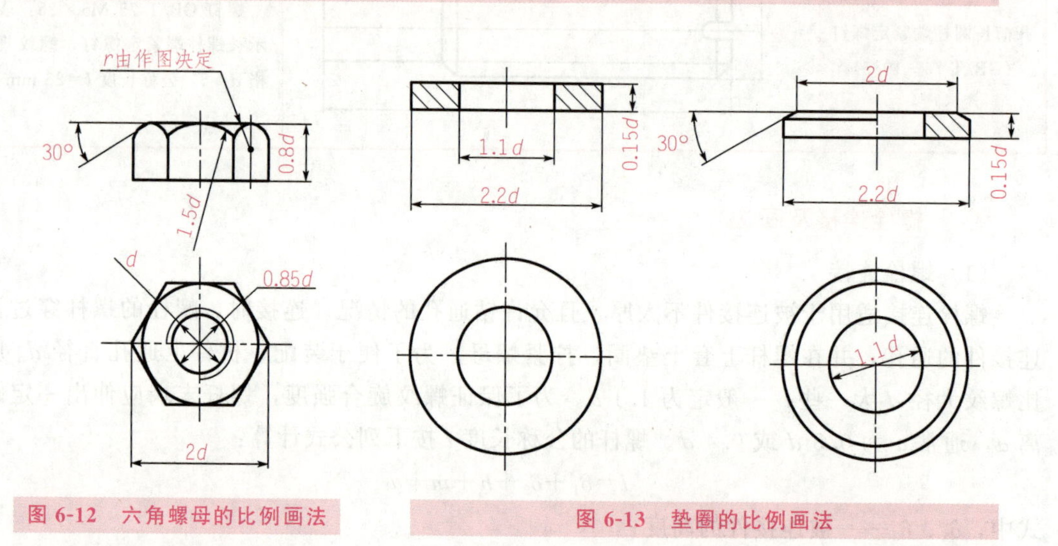

图 6-12 六角螺母的比例画法

图 6-13 垫圈的比例画法

装配时，先将螺栓的杆身自下而上穿过通孔，并在螺栓上端套上垫圈，再用螺母拧紧。

螺栓连接装配图通常采用比例画法，如图 6-14 所示；也可以采用简化画法，如图6-15所示。

1）当剖切平面通过螺栓、螺母、垫圈等标准件的基本轴线时，应按未剖切绘制，即只绘制出其外形。

2）两零件的接触面应只绘制一条线，而不得绘制成两条线或特意加粗。凡不接触的表面，不论间隙多小，都必须绘制两条线，如螺栓杆与零件孔之间就应绘制两条线，以示出间隙。

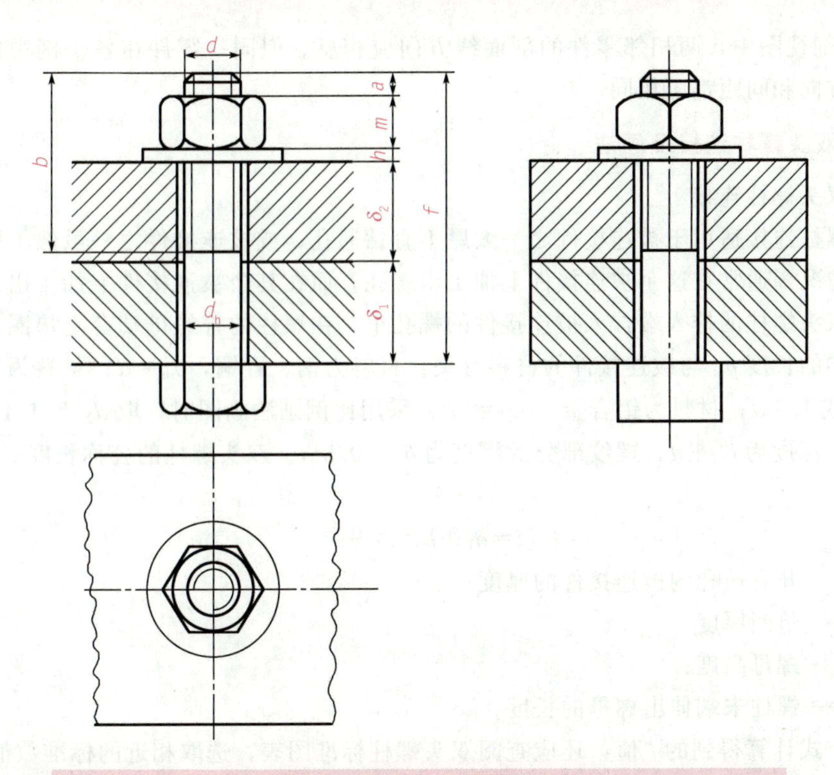

图 6-14 螺栓连接的比例画法

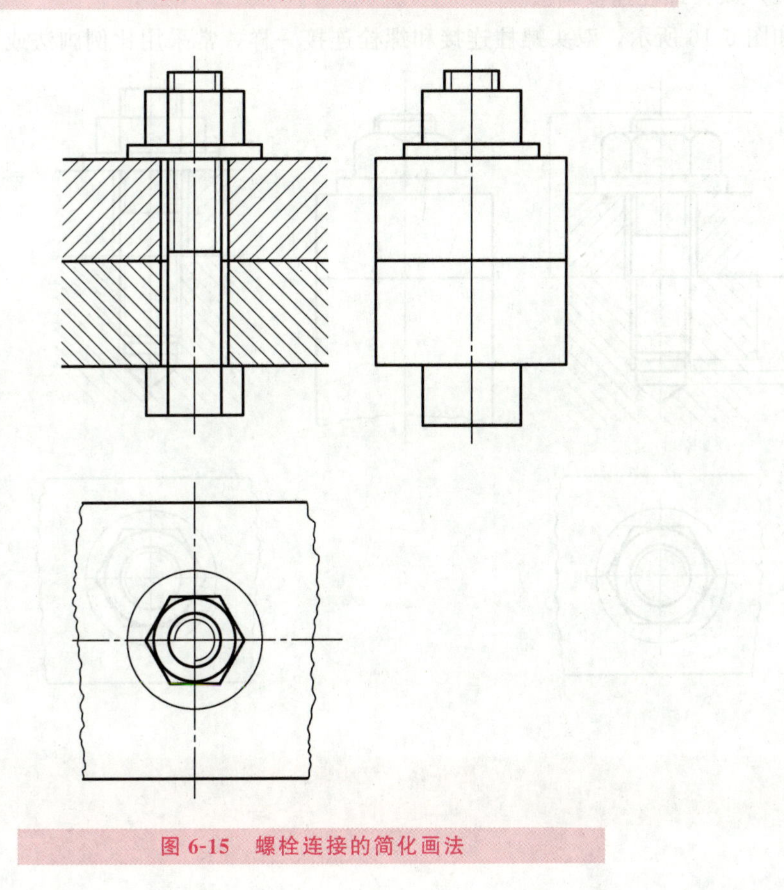

图 6-15 螺栓连接的简化画法

3）在剖视图中，两相邻零件的剖面线方向应相反。但同一零件在各个剖视图中，其剖面线的方向和间距都应相同。

2. 双头螺柱连接及画法

（1）双头螺柱连接

双头螺柱连接适用于被连接件之一太厚不宜钻通孔，或被连接件之一虽然不厚但不准钻通孔的情况。通常在这个被连接件上加工出螺孔，而在其余被连接件上加工出通孔。连接时，将双头螺柱的拧入端拧入被连接件的螺孔里，在螺柱的拧螺母端套上垫圈，拧紧螺母。拧入端的长度 b_m 与被连接件的材料有关：材料为钢、青铜，$b_m=d$；材料为铸铁，$b_m=1.25\,d$ 或 $1.5\,d$；材料为铝合金，$b_m=2\,d$。采用比例画法画图时，取 d_h 为 $1.1\,d$，不通螺孔的钻孔深度为 b_m+d，螺纹部分的深度为 $b_m+0.5\,d$。双头螺柱的公称长度 l 按下列公式计算：

$$l=\delta_1+h+m+a$$

式中，δ_1——开有通孔的被连接件的厚度；

h——垫圈厚度；

m——螺母高度；

a——螺柱末端伸出螺母的长度。

通过上式计算得到的 l 值，还应查阅双头螺柱标准图表，选取相近的标准数值。

（2）双头螺柱连接画法

如图 6-16 所示，双头螺柱连接和螺栓连接一样，常采用比例画法或简化画法。

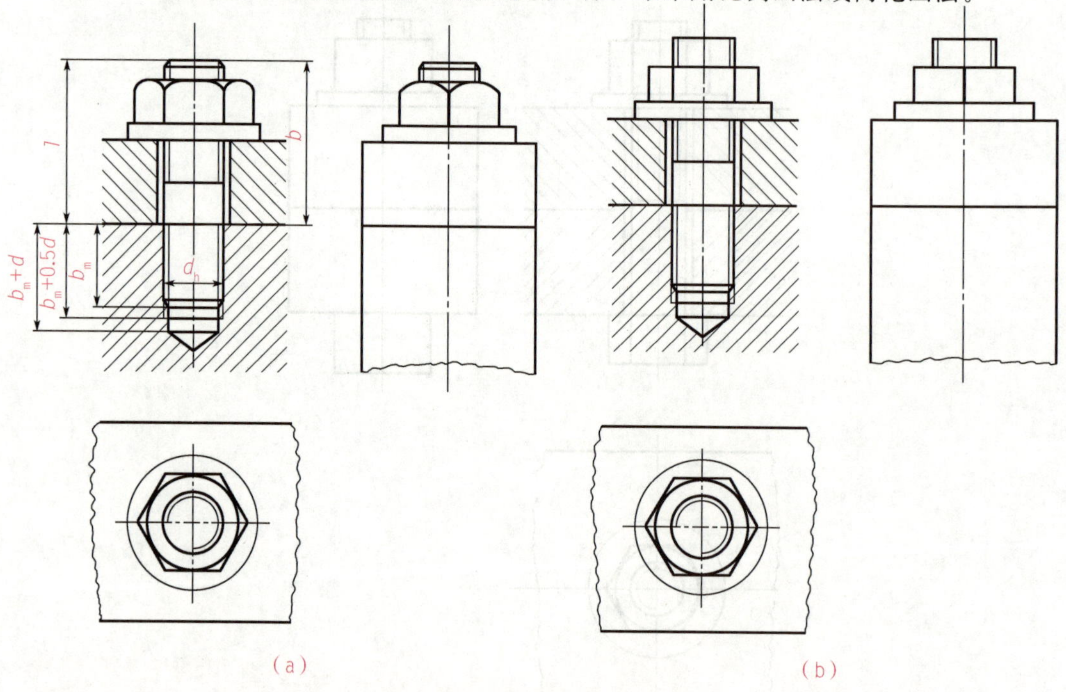

图 6-16 双头螺柱连接的画法

(a) 比例画法；(b) 简化画法

3. 螺钉连接

螺钉连接按用途可分为连接螺钉和紧定螺钉两种。

（1）连接螺钉

受力不大而又不便采用螺栓连接时，可采用螺钉连接，如图 6-17 所示。螺钉连接时，螺钉穿过有通孔的被连接件的孔，并拧入另一被连接件的螺孔里。为了保证拧紧和便于调整，螺钉的螺纹长度 b 必须大于拧入长度 b_m。螺钉的拧入长度 b_m 与攻有螺孔的被连接件的材料有关：材料为钢、青铜，$b_m=d$；材料为铸铁，$b_m=1.25\ d$ 或 $1.5\ d$；材料为铝合金，$b_m=2\ d$。螺钉的公称长度 l 按下列公式计算：

$$l=b_m+\delta_1$$

式中，δ_1——为有通孔的被连接件厚度。

通过上式计算得到 l 值，并查阅螺钉标准图表，选取相近的标准数值。

图 6-17 所示的是几种常用的螺钉连接装配图画法。图中螺钉、被连接件上的通孔、螺孔都是按比例画法绘制的。画图时应注意：螺钉的螺纹终止线应高出螺孔端面。不通螺孔可不绘制出钻孔深度，如图 6-17（a）所示。螺钉头部的一字槽，一般按图 6-17 所示绘制，在垂直于螺钉轴线的投影面上的视图中，一字槽应倾斜 45°，左右倾斜均可。当图中槽宽小于或等于 2 mm 时，允许涂黑表示，如图 6-17（a）和图 6-17（b）所示。螺钉头部的十字槽可按图 6-17（c）所示绘制。

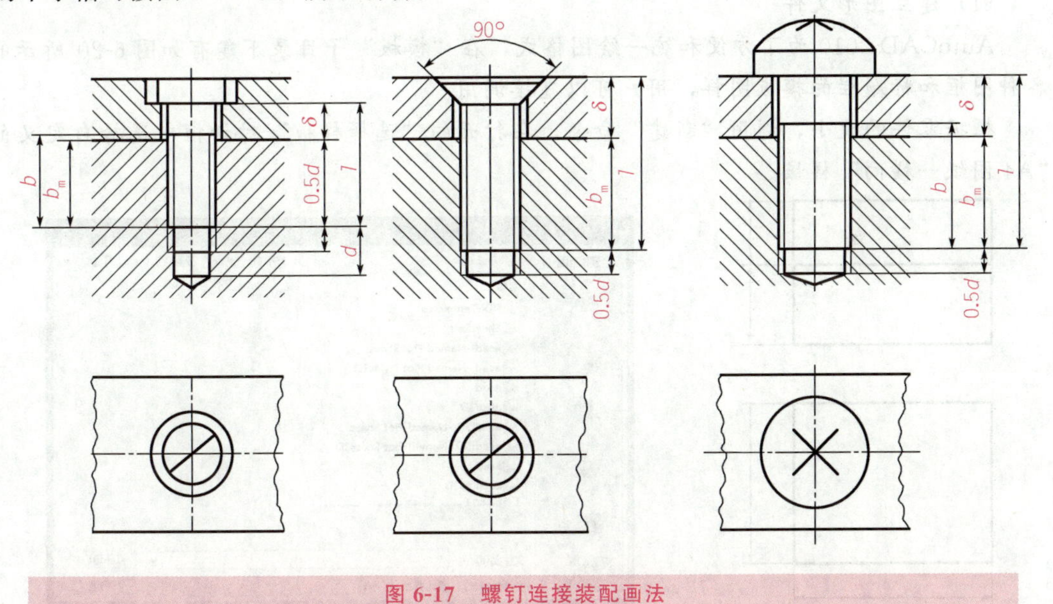

图 6-17 螺钉连接装配画法

（a）开槽圆柱头螺钉；（b）开槽沉头螺钉；（c）十字槽盘头螺钉

（2）紧定螺钉

紧定螺钉用来固定两个零件的相对位置，使它们不发生相对运动。紧定螺钉的连接画法如图 6-18 所示。

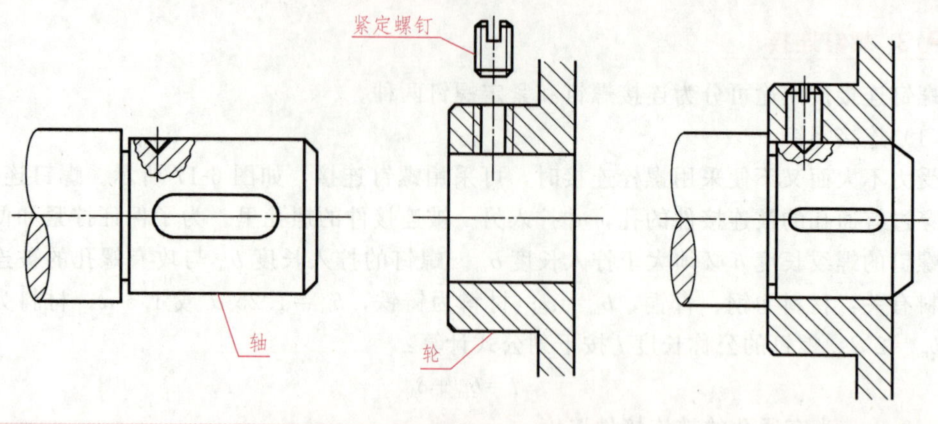

图 6-18 紧定螺钉的连接画法

应用与实践

例 6-1 两板类零件尺寸如图 6-19 所示，用螺栓 GB 5782 M12×80、螺母 GB 6170 M12、垫圈 GB 971 M12 作为紧固件，完成螺栓连接图的主视图和俯视图。

解：绘制步骤如下：

1. 调用样板文件建立一张新图

(1) 建立图形文件

AutoCAD 2010 为了方便和统一绘图格式，在“模板”子目录下建有如图 6-20 所示的各种图框和标题栏的模板图样，用户可以直接调用。

根据零件的大小，利用“新建”命令，在打开的“选择样板”对话框中选择自定义的“A4 图纸一横向”样板。

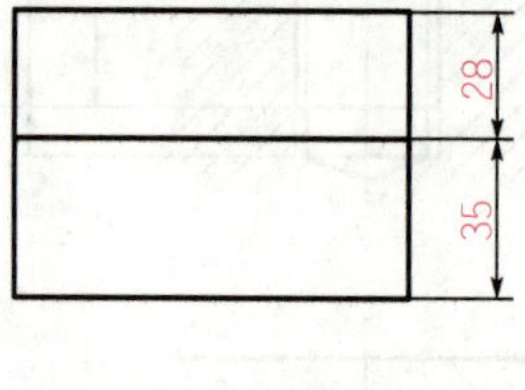

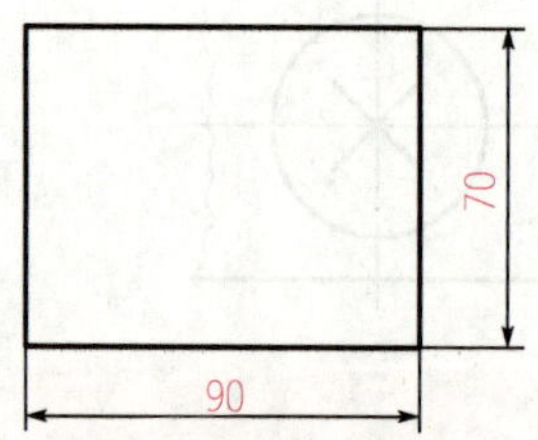

图 6-19 板类零件

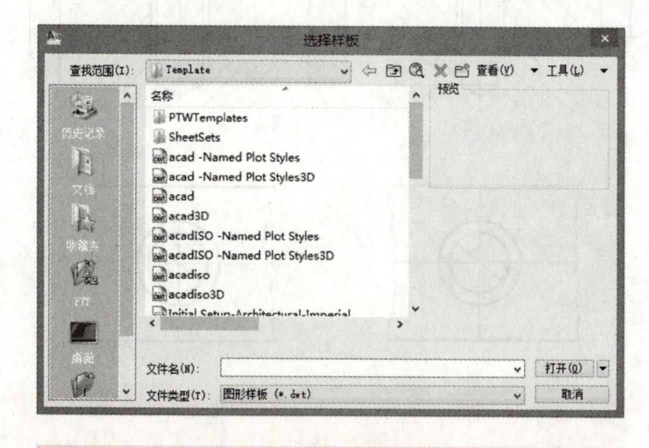

图 6-20 各种图样的模板

(2) 绘图单位设定

绘制零件图时，线性单位采用“十进制”，角度单位采用“度/分/秒”，单位精度为“0”。

(3) 图幅及绘图比例设定

图幅及绘图比例设定如下：图幅为 A4 (297×210)，比例为 1∶1。

(4) 图层的设定

绘制机械零件时通常设置如图 6-21 所示的八个图层。设置的图层包括中心线（CENTER）、粗实线（THICK）、细实线（THIN）、文字（TEXT）、标注尺寸（DIMENSION）、虚线（DASHED）、双点划线（DIVIDE）。

2. 按 1∶1 的原值比例绘制螺栓图形

(1) 绘制螺栓的中心线

单击工具栏 0 图标右侧的下拉按钮，弹出下拉列表框，如图 6-22 所示，选择图层 CENTER，原图标即变成 CENTER 。

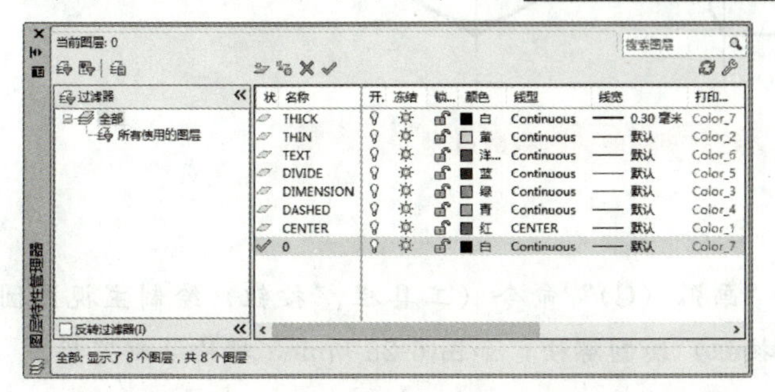

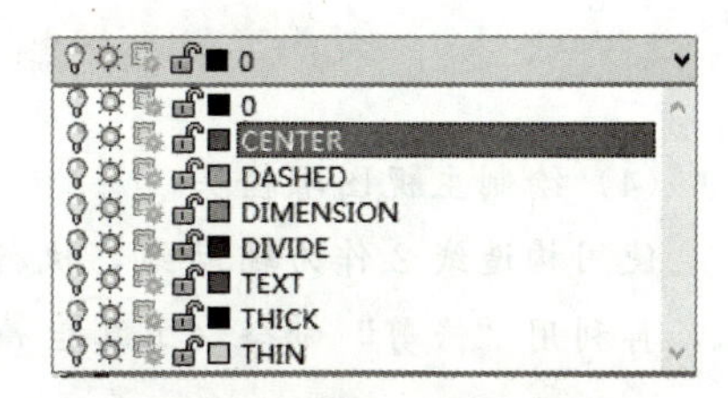

图 6-21　绘制零件的图层设置

图 6-22　将 CENTER 设置为当前层

在命令行中输入“直线”命令（工具栏按钮），用鼠标在绘图区的中部完成中心线的绘图操作，如图 6-23 所示。

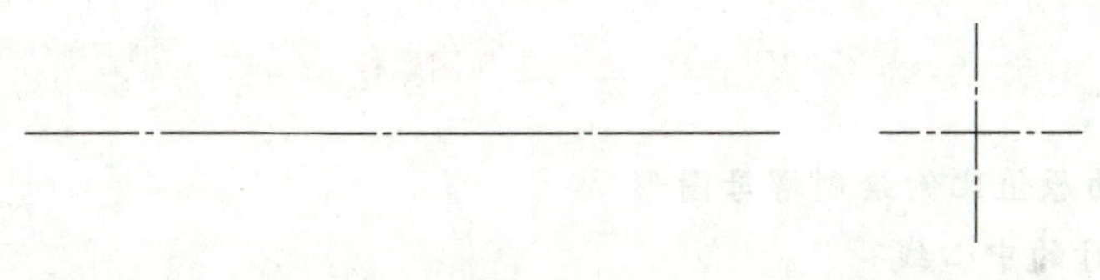

图 6-23　绘制轴的中心线

(2) 绘制螺栓的外形

由已知条件与公式可知螺栓直径为 12 mm，长度 80 mm，小径 0.85 mm×12 mm，螺纹长度 2 mm×12 mm，螺栓头部直径 2 mm×12 mm，高度 0.7 mm×12 mm，倒角 30°，倒圆直径 1.5 mm×12 mm。

单击工具栏中的图层特性管理器，弹出下拉列表框，选择“THICK”图层。

执行“直线”命令（工具栏按钮）、“偏移”命令（工具栏按钮）、“修剪”命令（工具栏按钮）、“圆”命令（工具栏按钮）、“正多边形”命令（工具栏按钮），根据命令行的提示输入坐标并修改参数，即可完成螺栓外形的绘制工作，如图 6-24 所示。

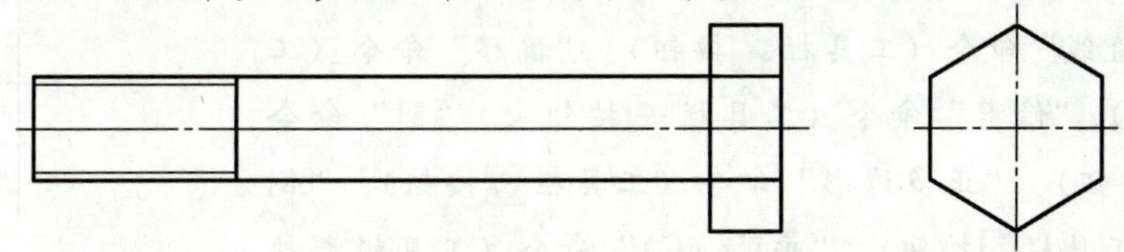

图 6-24　绘制螺栓的外形

(3) 绘制螺栓的倒角和倒圆

执行“画圆(C)”命令(工具栏按钮)绘制左视图倒圆图，绘制构造线1，作为绘主视图倒角的辅助线，执行“倒角”命令(工具栏按钮)绘制螺栓，如图6-25所示。

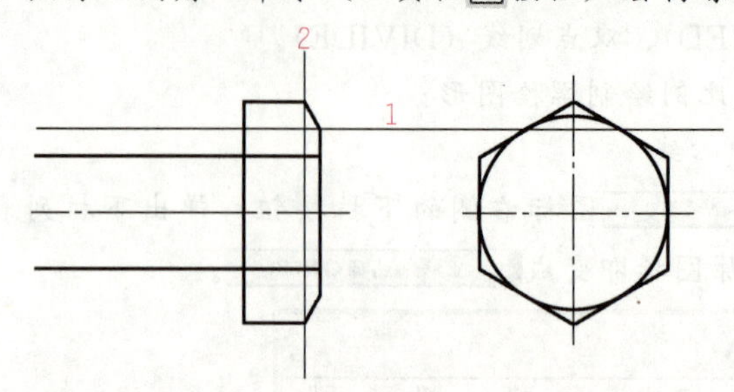

图 6-25 绘制螺栓的倒圆和倒角

(4) 绘制主视图螺栓头

使用构造线2作为辅助线，执行“画弧(C)”命令(工具栏按钮)绘制主视图圆弧，再利用“修剪”命令(工具栏按钮)绘制螺栓，如图6-26所示，螺栓绘制完毕。

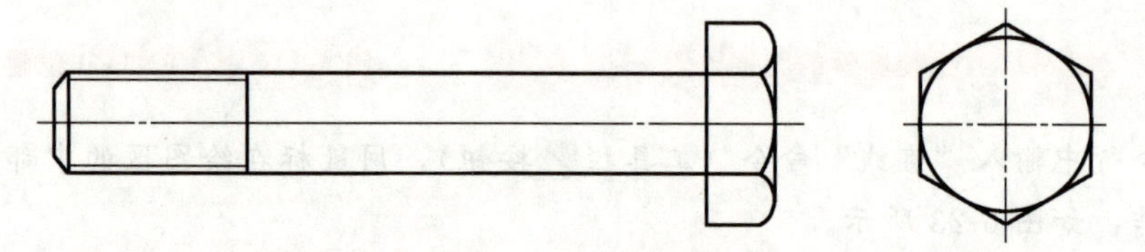

图 6-26 绘制主视图螺栓头

3. 按1∶1的原值比例绘制螺母图形

(1) 绘制螺母的中心线

单击工具栏 图标右侧的下拉按钮，弹出下拉列表框，选择图层CENTER，原图标变成 CENTER 。

在命令行中输入“直线”命令(工具栏按钮)，用鼠标在绘图区的中部完成中心线的绘图操作，如图6-27所示。

图 6-27 绘制螺母的中心线

(2) 绘制螺母

由已知条件与公式可知螺母内直径为12 mm，长度0.8 mm×12 mm，小径0.85 mm×12 mm，六角螺母直径2 mm×12 mm，倒角30°。

单击工具栏中的图层特性管理器，弹出下拉列表框，选择“THICK”图层。

执行“直线”命令(工具栏按钮)、“偏移”命令(工具栏按钮)、“修剪”命令(工具栏按钮)、“圆”命令(工具栏按钮)、“正多边形”命令(工具栏按钮)、“倒角”命令(工具栏按钮)、“画弧(C)”命令(工具栏按钮)，根据命令行的提示输入坐标并修改参数，绘制方法与螺栓相似，绘制出螺母，如图 6-28 所示。

4. 按 1∶1 的原值比例绘制垫圈图形

(1) 绘制垫圈的中心线

单击工具栏图标右侧的下拉按钮，弹出下拉列表框，选择图层 CENTER，原图标变成 CENTER 。

在命令行中输入“直线”命令（工具栏按钮），用鼠标在绘图区的中部完成中心线的绘图操作，如图 6-29 所示。

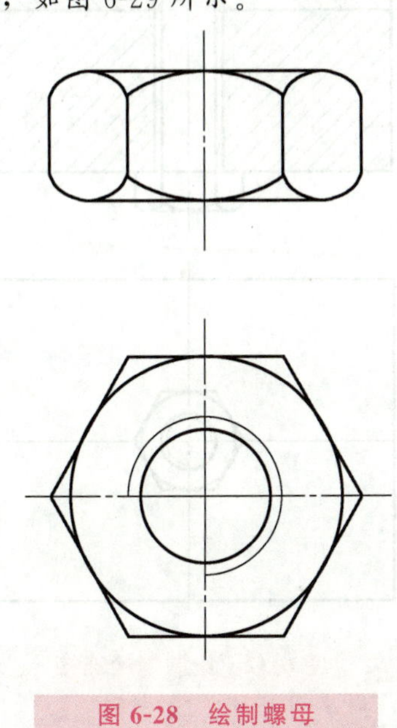

图 6-28 绘制螺母

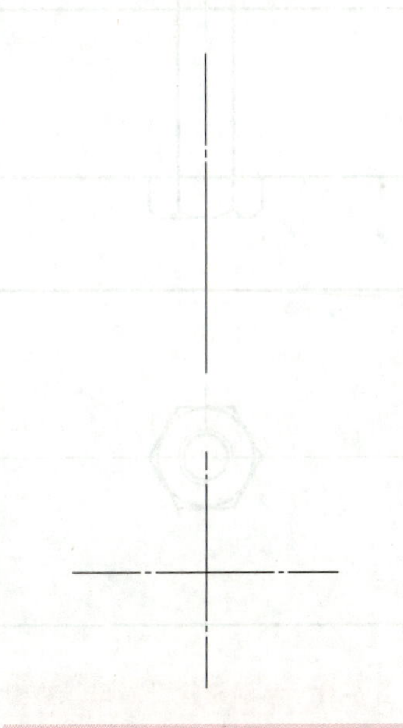

图 6-29 绘制螺母的中心线

(2) 绘制垫圈

由已知条件与公式可知垫圈内径为 1.1 mm×12 mm，长度 0.15 mm×12 mm，外径 2.2 mm×12 mm。

单击工具栏中的图层特性管理器，弹出下拉列表框，选择“THICK”图层。

执行“直线”命令按钮、“偏移”命令、“修剪”命令、“圆”命令、“绘图/图案填充（H）…”命令，根据命令行的提示输入坐标并修改参数，绘制出垫圈如图 6-30 所示。

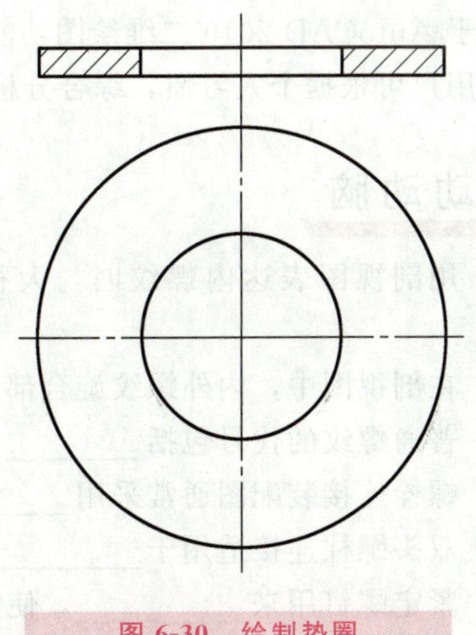

图 6-30 绘制垫圈

5. 按 1∶1 的原值比例绘制螺栓连接

执行“直线”命令（工具栏按钮）绘制中心线，执行“移动”命令（工具栏按钮）将螺栓、垫圈、螺母移动到被连接的两零件上，如图 6-31 所示。

执行“删除”命令（工具栏按钮）和“修剪”命令（工具栏），删除或修剪多余直线，添加两板类零件的孔，俯视图按外螺纹的画法绘制，最后执行“绘图/图案填充(H)…”命令（工具栏按钮），绘制出螺栓连接，如图 6-32 所示。

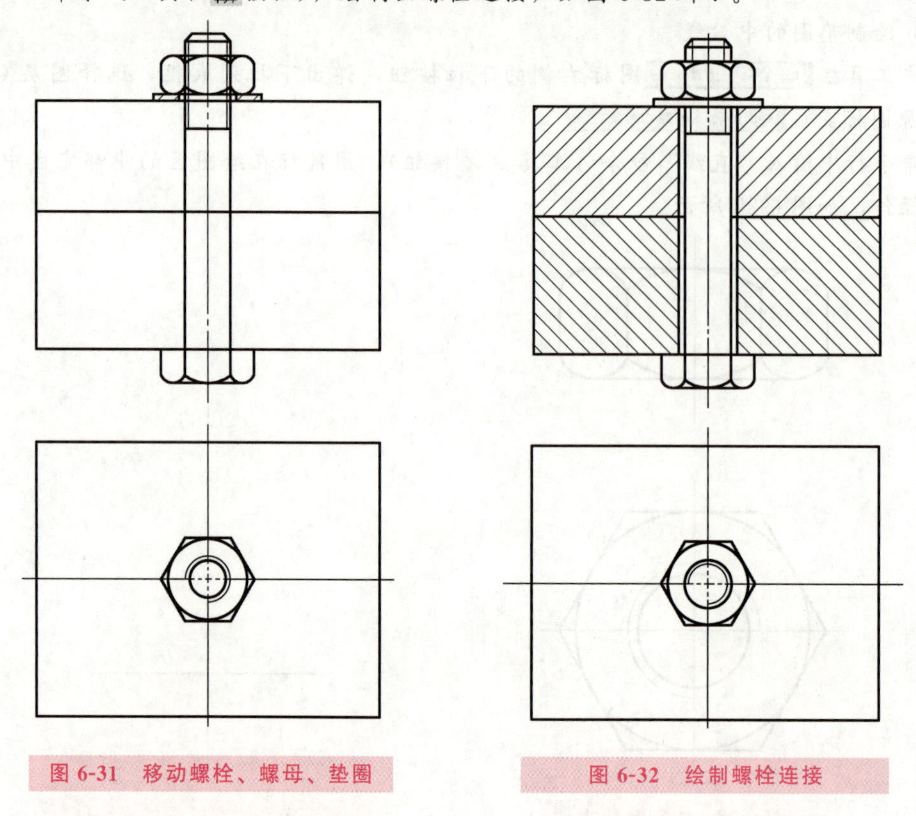

图 6-31 移动螺栓、螺母、垫圈

图 6-32 绘制螺栓连接

提示：

由于 AutoCAD 2010 二维绘图功能强大，因此实现同一效果的操作过程往往并不是唯一的。用户可根据个人习惯，综合分析、灵活运用，熟能生巧。

动动脑

1）用剖视图表达内螺纹时，大径用________表示，小径和终止线用________表示。

2）在剖视图中，内外螺纹旋合部分应________，其余部分________的画法表示。

3）普通螺纹的代号包括________、________、________、________和________。

4）螺栓连接装配图通常采用________画法，也可以采用________画法。

5）双头螺柱连接适用于________，或________的情况。

6）紧定螺钉用来________，使它们________。

6.2 齿轮的画法

知识导入

齿轮是广泛用于机器或部件中的传动零件，除用来传递动力外，还可改变机件的回转方向和速度。

图 6-33 所示为三种常见的齿轮传动形式：直齿圆柱齿轮［图 6-33（a)］通常用于平行两轴之间的传动，锥齿轮［图 6-33（b)］用于相交两轴之间的传动，蜗轮与蜗杆［图 6-33（c)］则用于交错两轴之间的传动。

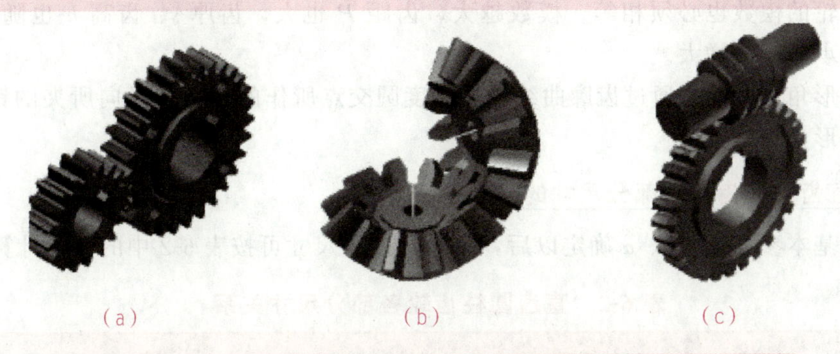

(a) (b) (c)

图 6-33 齿轮传动的常见类型

(a) 直齿圆柱齿轮；(b) 锥齿轮；(c) 蜗轮与蜗杆

6.2.1 圆柱齿轮

1. 直齿圆柱齿轮各部分名称及代号

直齿圆柱齿轮各部分名称及代号如图 6-34 所示。

1）齿顶圆直径（d_a)：通过轮齿顶部的圆的直径。

2）齿根圆直径（d_f)：通过轮齿根部的圆的直径。

3）分度圆直径（d)：分度圆是一个约定的假想圆，齿轮的轮齿尺寸均以此圆直径为基准确定，该圆上的齿厚 s 与槽宽 e 相等。

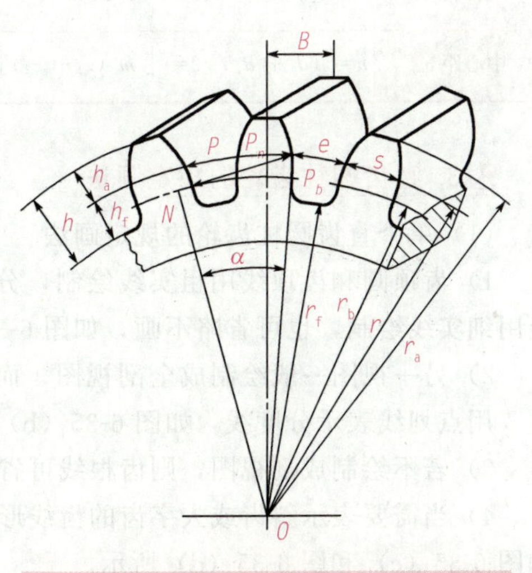

图 6-34 直齿圆柱齿轮各部分名称及代号

4）齿顶高（h_a）：齿顶圆与分度圆之间的径向距离。

5）齿根高（h_f）：齿根圆与分度圆之间的径向距离。

6）齿高（h）：齿顶圆与齿根圆之间的径向距离。

7）齿厚（s）：一个齿的两侧齿廓之间的分度圆弧长。

8）槽宽（e）：一个齿槽的两侧齿廓之间的分度圆弧长。

9）齿距（P）：相邻两齿的同侧齿廓之间的分度圆弧长。

10）齿宽（b）：轮齿的轴向宽度。

11）齿数（z）：一个齿轮的轮齿总数。

12）模数（m）：齿轮的齿数 z、齿距 P 和分度圆直径 d 之间有以下关系：

$$\pi d=zP$$

即

$$d=zP/\pi$$

令 $P/\pi=m$，则 $d=mz$。m 称为齿轮的模数。因为两啮合齿轮的齿距 P 必须相等，所以两啮合齿轮的模数也必须相等。模数越大，齿距 P 也大，齿厚 s、齿高 h 也随之增大，因而齿轮的承载能力增大。

13）齿形角（α）：指通过齿廓曲线上与分度圆交点所作的切线与径向所夹的锐角，标准齿轮的齿形角为 20°。

2. 直齿圆柱齿轮各部分尺寸的计算公式

齿轮的基本参数 z、m、α 确定以后，齿轮各部分尺寸可按表 6-2 中的公式计算。

表 6-2 直齿圆柱齿轮各部分尺寸关系

名称及代号	计算公式	名称及代号	计算公式
齿顶高 h_a	$d\ h_a=m$	分度圆直径 d	$d=mz$
齿根高 h_f	$h_f=1.25\ m$	齿顶圆直径 d_a	$d_a=d+2h_a=m\ (z+1)$
齿高 h	$h=h_a+h_f=2.25\ m$	齿根圆直径 d_f	$d_f=d-2h_f=m\ (z-2.5)$
中心距 a	$a=(d_1+d_2)/2=[m\ (z_1+z_2)]/2$		

3. 直齿圆柱齿轮的规定画法

（1）单个直齿圆柱齿轮的规定画法

1）齿顶圆和齿顶线用粗实线绘制，分度圆和分度线用细点划线绘制，齿根圆和齿根线用细实线绘制，也可省略不画，如图 6-35（a）所示

2）另一视图一般绘制成全剖视图，而轮齿按不剖处理。用粗实线表示齿顶线和齿根线，用点划线表示分度线，如图 6-35（b）所示。

3）若不绘制成剖视图，则齿根线可省略不画，如图 6-35（c）所示。

4）当需要表示斜齿或人字齿的齿线形状时，可用三条与齿线方向一致的细实线表示。如图 6-35（c）和图 6-35（d）所示。

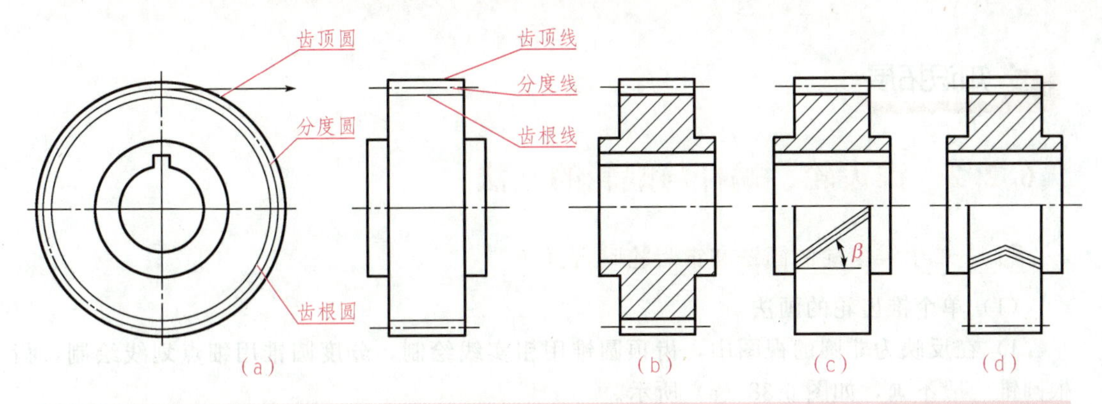

图 6-35 单个齿轮的规定画法

(2) 直齿圆柱齿轮啮合的规定画法

1) 在反映为圆的视图中，两齿轮分度圆相切，啮合区内的齿顶圆用粗实线表示，如图 6-36 (a) 所示，也可省略不画，如图 6-36 (b) 所示。

2) 在平行于齿轮轴线的投影面的外形视图中，啮合区的齿顶线不画，两齿轮重合的节线绘制成粗实线，其他处的节线仍 用细点划线绘制，如图 6-36 (a) 所示。

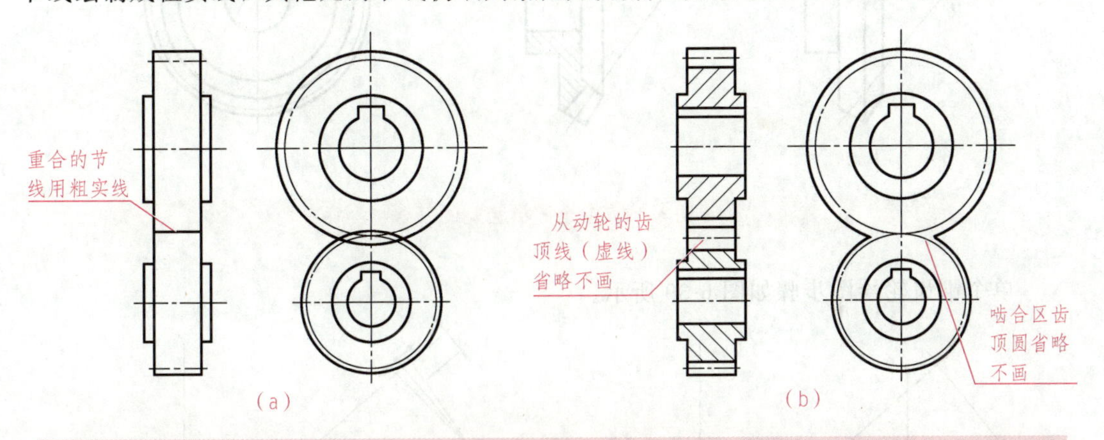

图 6-36 齿轮啮合规定画法

3) 在剖视图中，啮合区的投影如图 6-37 所示，齿顶与齿根之间应有 0.25 mm 的间隙，被遮挡的齿顶线（虚线）也可省略不画。

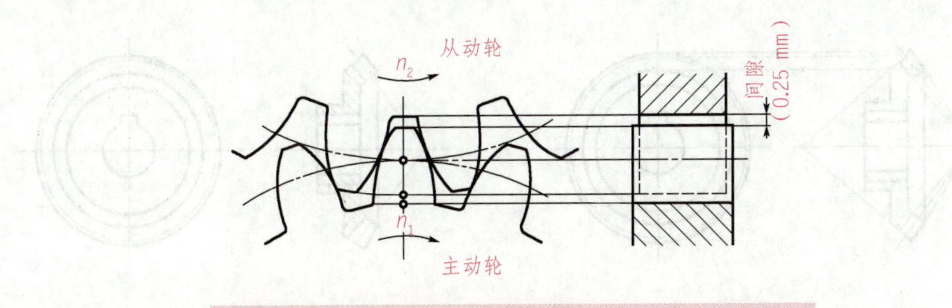

图 6-37 齿轮啮合区画法

6.2.2 锥齿轮、蜗杆与蜗轮的画法

1. 单个锥齿轮的画法和锥齿轮啮合画法

（1）单个锥齿轮的画法

1）在反映为非圆的视图中，齿顶圆锥用粗实线绘制，分度圆锥用细点划线绘制，齿根圆锥一般不画，如图 6-38（a）所示。

2）剖视图中齿根圆锥用粗实线绘制，齿部仍做不剖处理，如图 6-38（b）所示。

3）在反映齿根圆为圆的视图中，大端齿顶圆和小端齿顶圆用粗实线绘制，大端分度圆用细点划线绘制，大、小端齿根圆均不画，如图 6-38（c）所示。

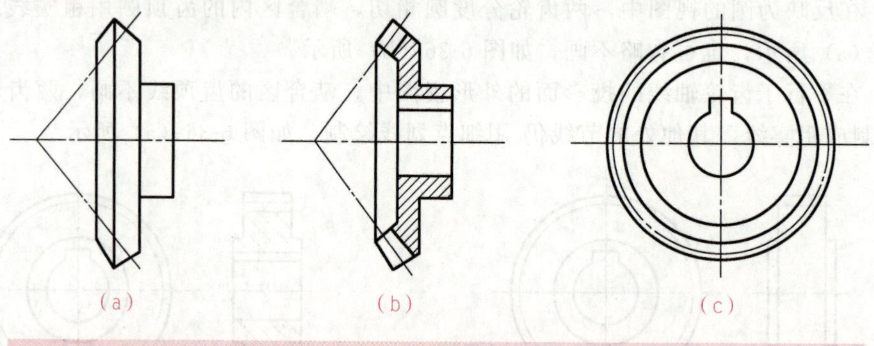

图 6-38 单个圆锥齿轮的画法

单个锥齿轮绘图步骤如图 6-39 所示。

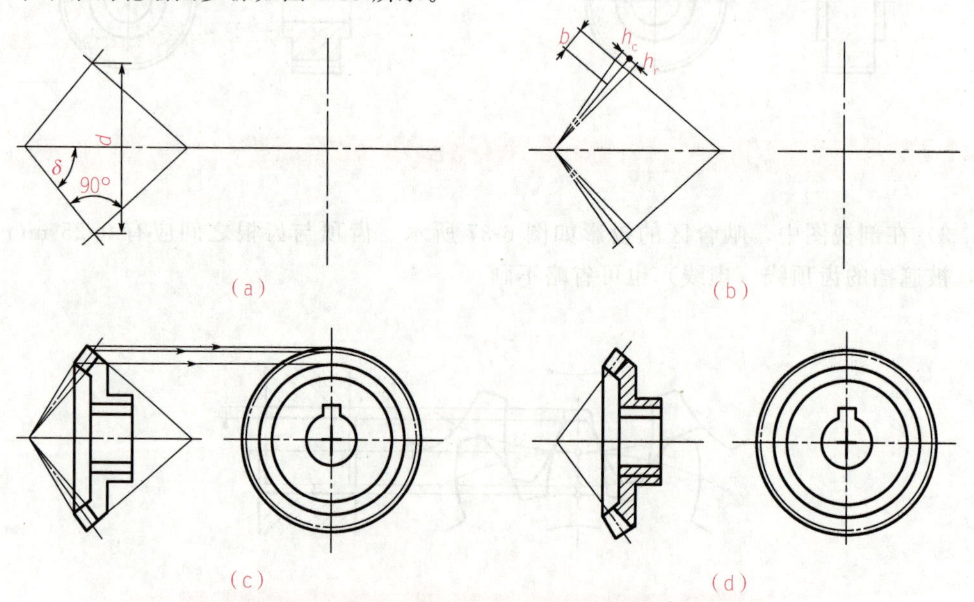

图 6-39 单个锥齿轮的绘图步骤

（2）锥齿轮啮合画法

1）在反映为非圆的投影，一般绘成剖视图，两锥齿轮的节圆锥面相切处用细点划线绘制；在啮合区内，被遮挡的齿轮部分用虚线绘出或省略不画，如图 6-40（a）所示。

2）表达外形时，啮合区节锥线用粗实线绘制，如图 6-40（b）所示。

3）在反映为圆的视图，其画法如图 6-40 所示。

4）斜齿轮和螺旋齿轮，在视图上用三条与齿形方向一致的细实线表示，如图 6-40（b）所示。

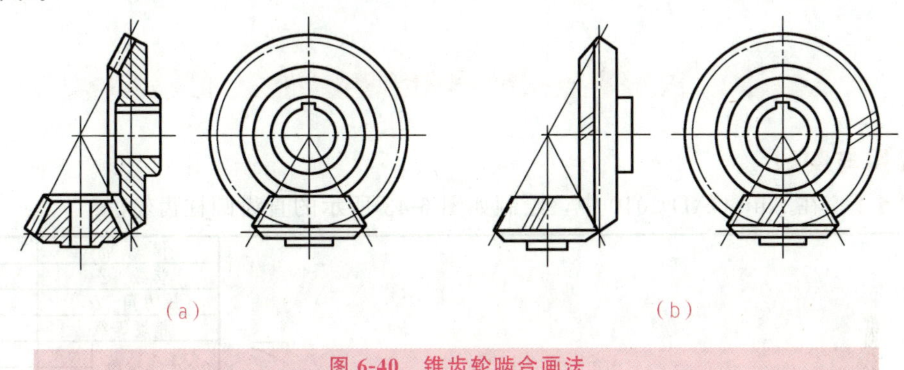

图 6-40　锥齿轮啮合画法

2. 蜗轮与蜗杆

（1）蜗轮与蜗杆的画法

蜗轮的画法如图 6-41（a）所示。绘制蜗杆零件工作图时，其齿部表达常用局部视图或局部放大图。蜗杆的画法如图 6-41（b）所示。

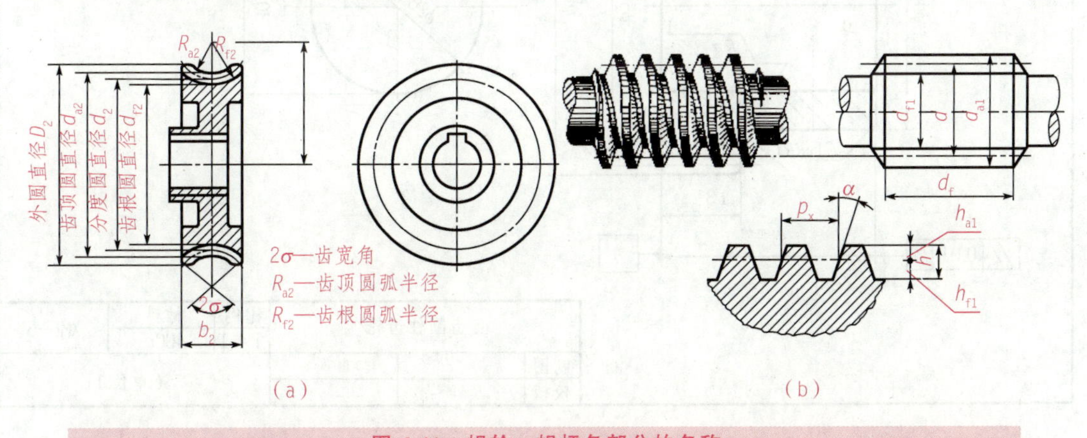

图 6-41　蜗轮、蜗杆各部分的名称

（2）蜗轮与蜗杆的啮合画法

蜗轮与蜗杆可用视图表示，如图 6-42（a）所示；也可用剖视图表示，如图 6-42（b）所示。

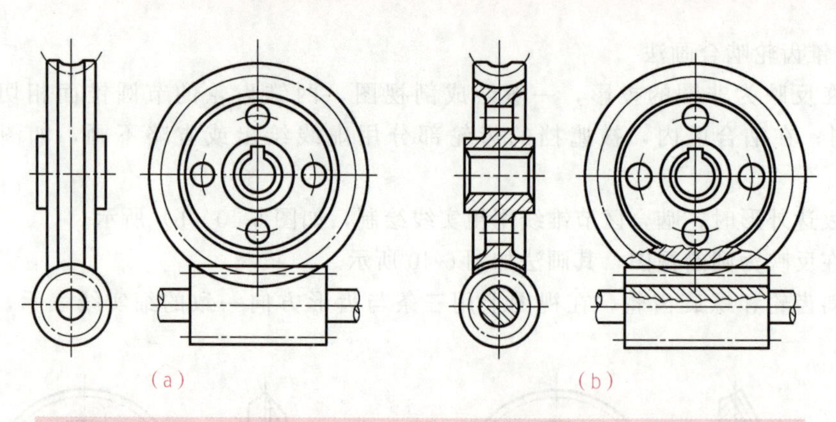

图 6-42 蜗轮与蜗杆的啮合画法

应用与实践

例 6-2 在 AutoCAD 2010 中，绘制如图 6-43 所示的直齿圆柱齿轮。

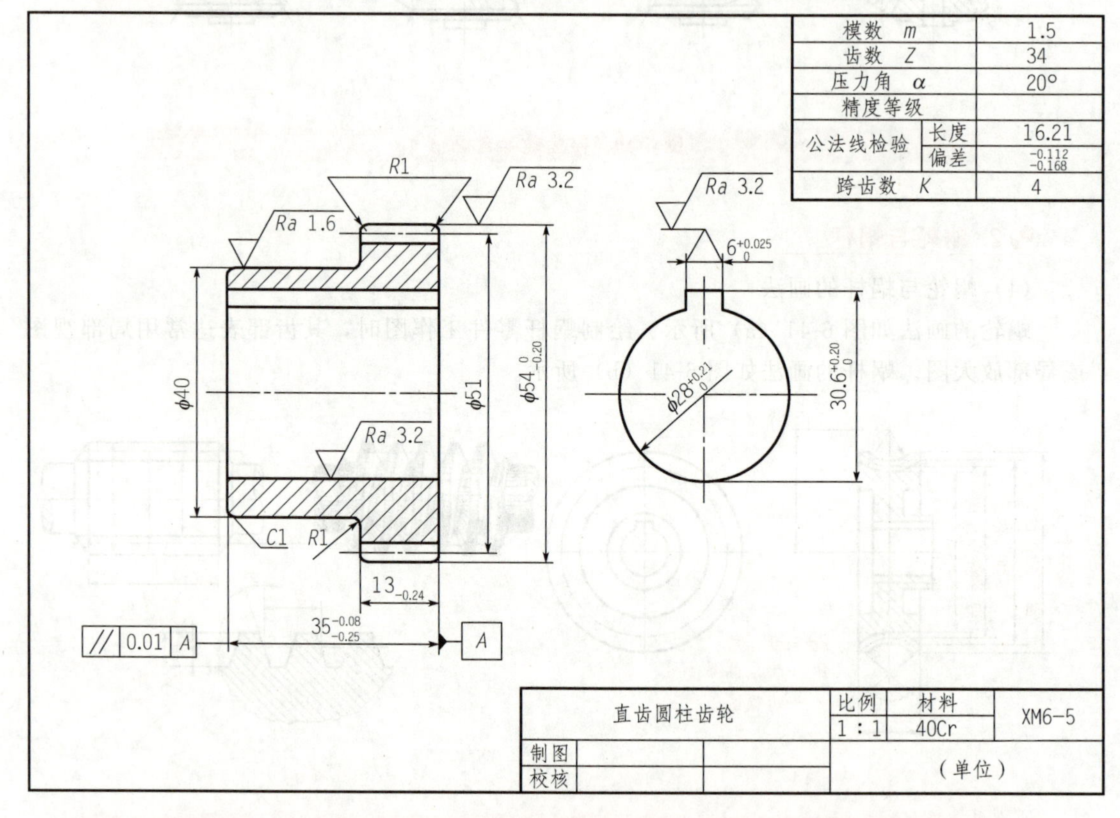

图 6-43 圆柱齿轮

解：此齿轮采用两个视图表达，主视图按加工位置原则，轴线水平放置，采用全剖视图表达内部结构，另一个局部视图表达键槽的形状和尺寸。

如上所述，在确定了齿轮的视图表达方案后，即可开始正式绘图，具体步骤如下：

1. 调用样板文件建立一张新图

(1) 建立图形文件

AutoCAD 2010 为了方便和统一绘图格式，在“模板”子目录下建有如图 6-20 所示的各种图框和标题栏的模板图样，用户可以直接调用。

根据齿轮的大小，利用“新建”命令，在打开的“选择样板”对话框中选择自定义的“A4 图纸—横向”样板。

(2) 绘图单位设定

绘制零件图时，线性单位采用“十进制”，角度单位采用“度/分/秒”，单位精度为“0”。

(3) 图幅及绘图比例设定

图幅及绘图比例设定如下：图幅为 A4（297×210），比例为 1∶1。

(4) 图层的设定

绘制机械零件时通常设置如图 6-21 所示的八个图层。设置的图层包括中心线（CENTER）、粗实线（THICK）、细实线（THIN）、文字（TEXT）、标注尺寸（DIMENSION）、虚线（DASHED）、双点划线（DIVIDE）。

(5) 尺寸样式的设定

单击“标注”工具条按钮或执行“格式/标注样式”命令，弹出“标注样式管理器”对话框，如图6-44所示。

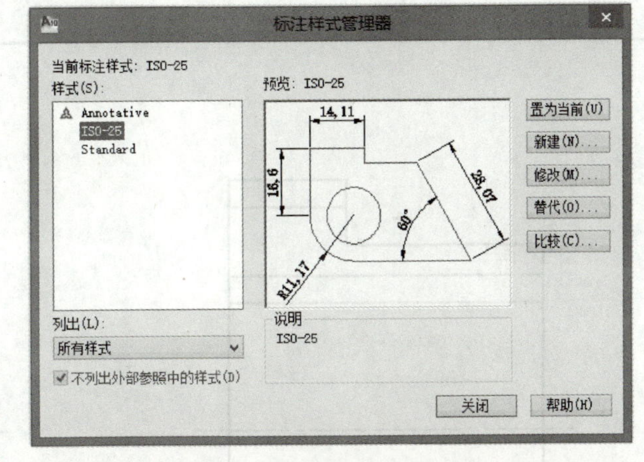

图 6-44　“标注样式管理器”对话框

单击“修改”按钮，弹出“修改标注样式”对话框，修改直线和箭头、文字，调整选项卡、尺寸标注样式，直线和箭头”选项卡，定义尺寸标注的样式。

2. 按 1∶1 的原值比例绘制齿轮

(1) 绘制齿轮的中心线

单击工具栏图标右侧的下拉按钮，弹出下拉列表框，如图 6-22 所示，选择图层 CENTER，原图标变成。

在命令行中输入“直线”命令（工具栏按钮），用鼠标在绘图区的中部完成中心线的绘图操作，如图 6-45 所示。

(2) 绘制齿轮的外形

单击工具栏中的图层特性管理器，弹出下拉列表框，选择“THICK”图层。

执行“直线”命令（工具栏按钮），设定各段直线的起点和端点，绘制出齿轮的外形。执行“偏移”命令（工具栏按钮）和“修剪”命令（工具栏按钮），执行“圆”命令（工具栏按钮），根据命令行的提示输入坐标并修改参数，即可完成齿轮主视图和局部视图的绘制工作，如图 6-46 所示。

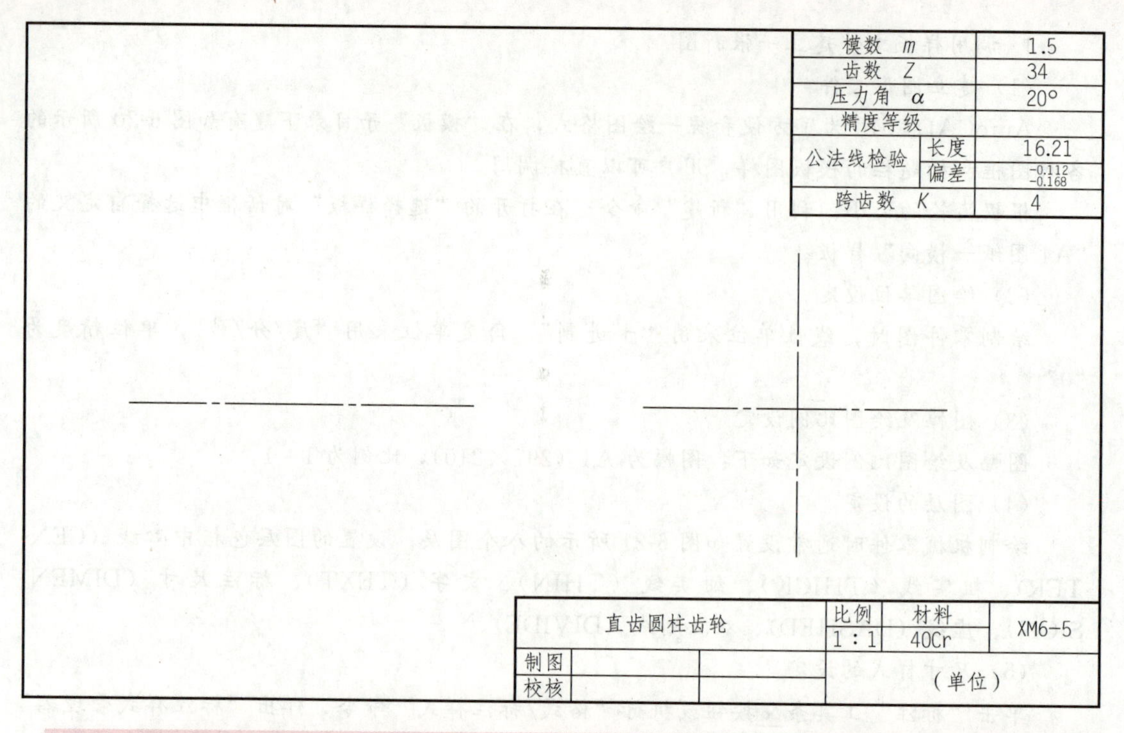

图 6-45 绘制齿轮的中心线

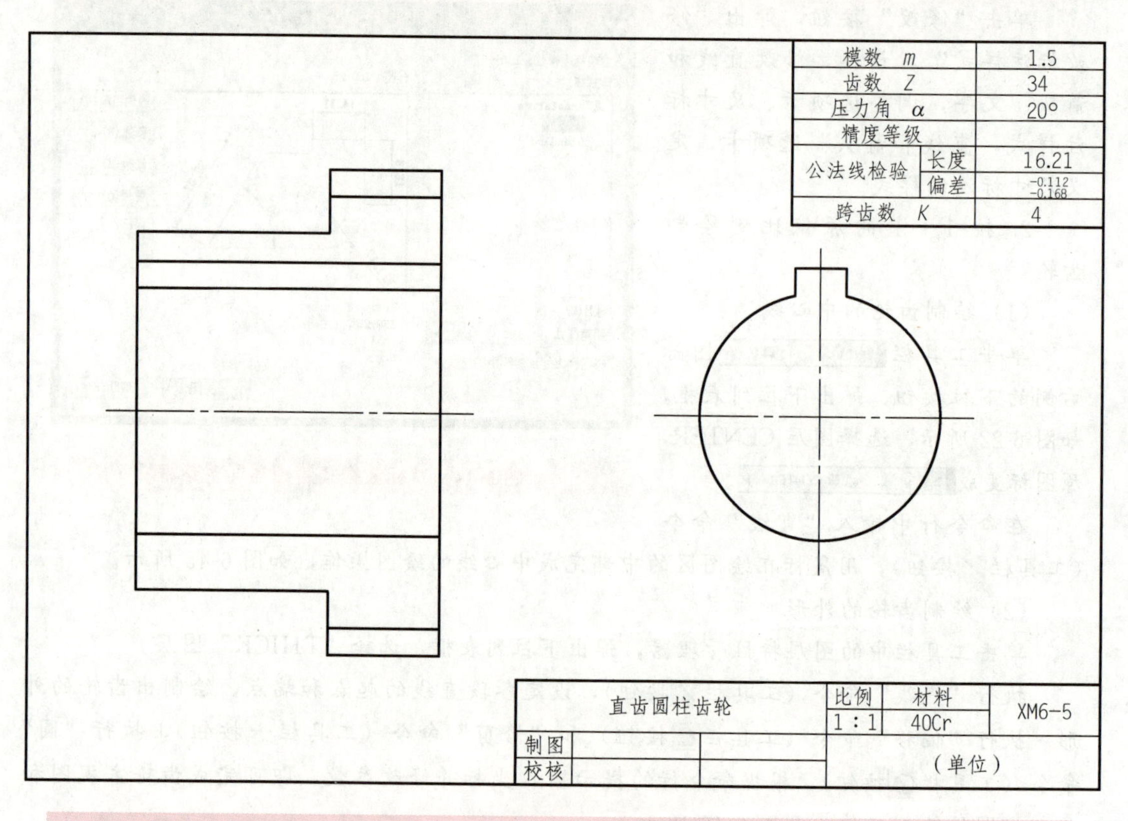

图 6-46 绘制齿轮的外形

执行“倒角”命令（工具栏按钮）、“倒圆”命令（工具栏按钮）、“绘图/图案填充（H）……”命令（工具栏按钮），在“图案（P）”下拉列表框中，选择“ANSI31”选项，确定剖面线的样式。区域选择完成后按Enter键或右击，回到“边界图案填充”对话框。单击“确定”按钮结束绘制剖面线，结果如图6-47所示。

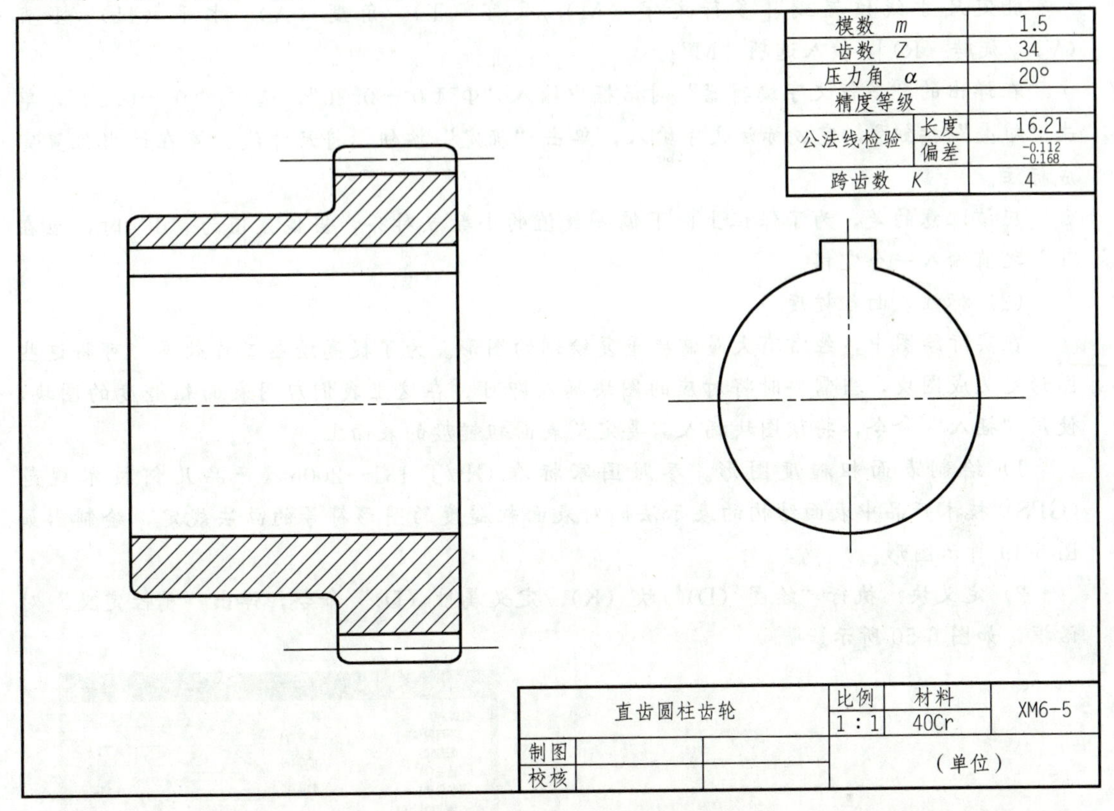

图6-47 绘制齿轮的倒角、剖面线

3. 尺寸标注及要求

（1）尺寸标注

将当前图层设置为“THIN”层，标注时应按一定顺序进行，先标注主视图上各轴段的径向尺寸，再标注轴向尺寸，最后标注其他视图上的尺寸。

1）执行“标注/线性（L）”命令（工具栏按钮），标注线性尺寸40、51、6等。

2）执行“标注/半径（R）”命令（工具栏按钮），标注半径尺寸$R1$等。

3）对于在非圆视图上标注直径、标注具有公差的尺寸，可在命令执行过程中，选择“多行文字（M）”选项，弹出“多行文字编辑器”对话框（如图6-48所示），对改变尺寸标注的文字进行标注。下面以$\phi54_{-0.26}^{\ 0}$尺寸为例说明标注方法。

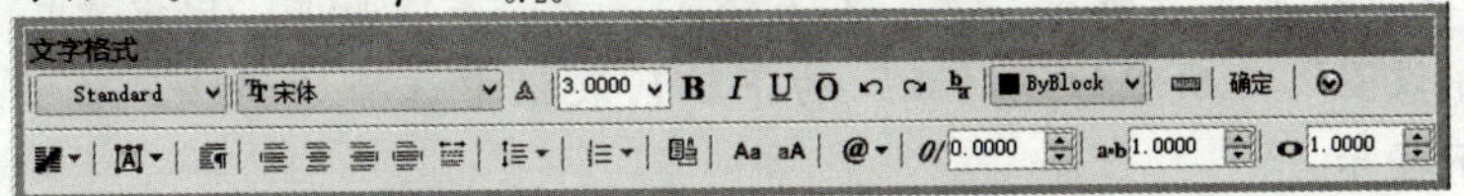

图6-48 “多行文字编辑器”对话框

激活“标注/线性（L）”命令（工具栏按钮）后，系统提示：

命令：_ dimliner

指定第一条尺寸界线原点或<选择对象>：捕捉 ϕ54 轮廓线端点

指定第二条尺寸界线原点：捕捉 ϕ54 另一轮廓线端点

指定尺寸线位置或［多行文字（M）/文字（T）/角度（A）/水平（H）/垂直（V）/旋转（R）］：输入选项“M”。

在弹出的“多行文字编辑器”对话框中输入“Φ54 0^—0.20”，选中“ 0^—0.20”，单击“堆叠”按钮，完成标注文字输入，单击“确定”按钮，将尺寸线放置在适当位置完成标注。

应该注意的是，为了保证上、下偏差数值的小数点对齐，当偏差值为“0”时，应在“0”之前输入一个空格。

(2) 标注表面粗糙度

在实际绘图中，经常有大量需要重复绘制的图形。为了提高绘图工作效率，可将这些图形定义成图块，当需要时将对应的图块插入即可。在这里我们应用表面粗糙度的图块，使用“插入”命令，将该图块插入需要定义表面粗糙度的表面上。

1) 绘制表面粗糙度图形。参照国家标准 GB/T 131—2006《产品几何技术规范（GPS）技术产品中表面结构的表示法》对表面粗糙度的图形符号的画法规定，绘制出如图 6-49 所示图形。

2) 定义块。执行“绘图（D）/块（K）/定义属性（D）”命令，弹出“属性定义”对话框，如图 6-50 所示。

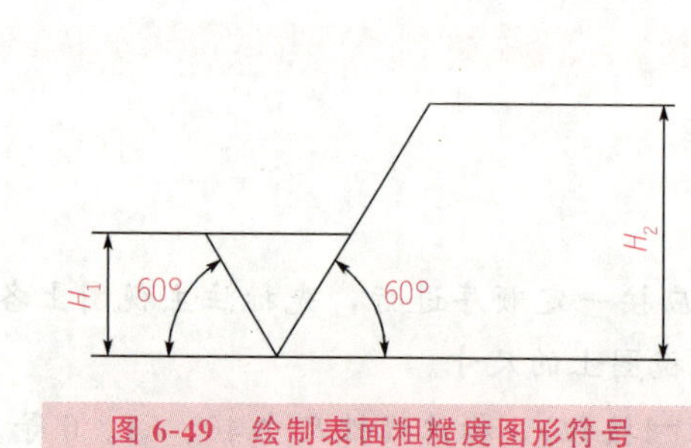

图 6-49 绘制表面粗糙度图形符号

（$H_1=3.5$ mm，$H_2=7$ mm）

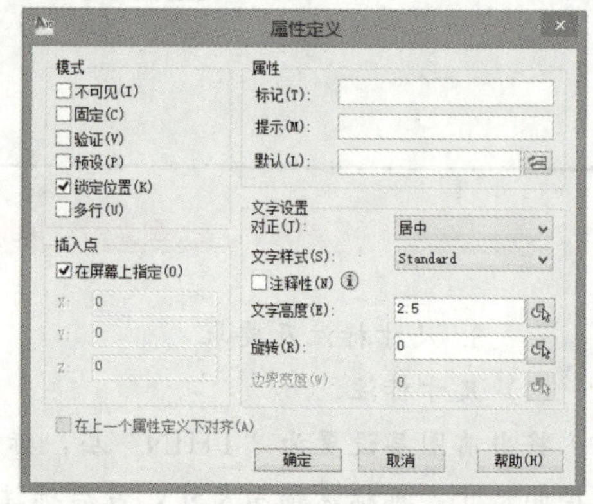

图 6-50 “属性定义”对话框

在“属性”选项组“标记”“提示”“值”文本框中分别输入“表面粗糙度值”“表面粗糙度”“Ra12.5”等内容；在“文字设置”选项组的“文字高度”文本框中输入“0.5”（该选项也可在下拉菜单“格式”→“文字样式”→“字体高度”中设置）。

在“文字设置”选项组的“对正”的下拉列表框中选择“调整”选项。单击“确定”按钮，有以下提示：

命令：_ attdef

指定文字基线的第一个端点：

指定文字基线的第二个端点：

图 6-51 中 1、2 两点为所填文字区间，该区间根据具体情况确定。

3）创建块。执行“绘图（D）/块（K）/创建块（M）”命令（工具栏按钮），弹出“块定义”对话框，输入块名“Rough”，如图 6-52 所示。

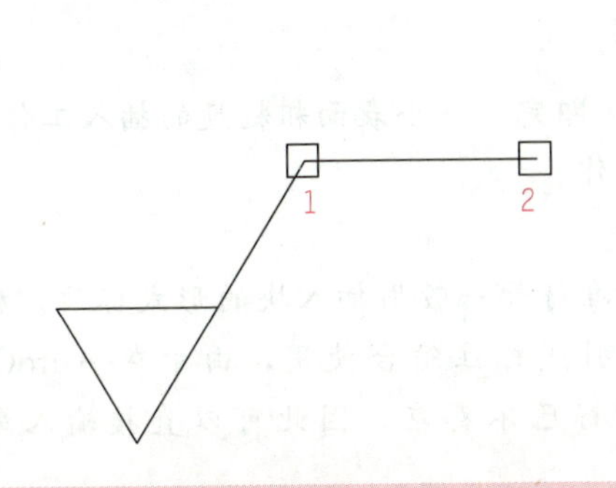

图 6-51 绘制表面粗糙度符号定义属性

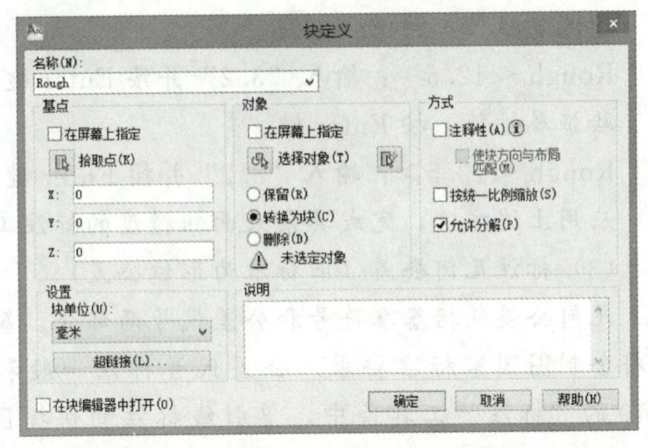

图 6-52 “块定义”对话框

单击“选择对象”按钮，有以下提示：

命令：_ block

选择对象：找到 1 个

选择对象：找到 1 个，总计 2 个

选择对象：找到 1 个，总计 3 个

选择对象：找到 1 个，总计 4 个

选择要生成的图块。

单击“拾取点”按钮，选择表面粗糙度符号的插入点（选择 1 点为插入点），如图 6-53 所示。

单击“确定”按钮，完成表面粗糙度符号块的制作。

4）插入块。执行“绘图/插入块”命令（工具栏按钮），或选择“绘图/图块…”选项，弹出如图 6-54 所示的对话框。

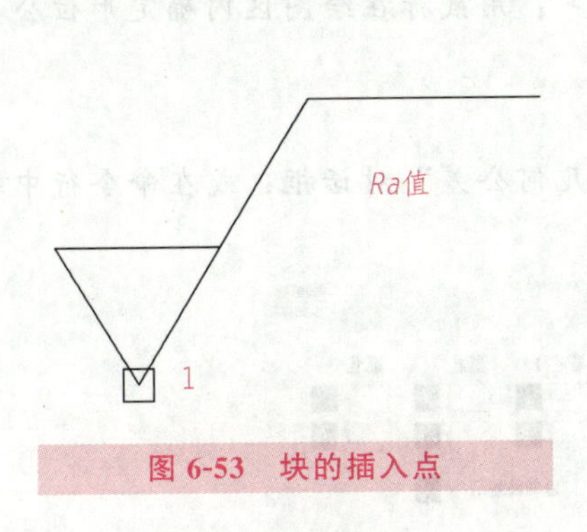

图 6-53 块的插入点

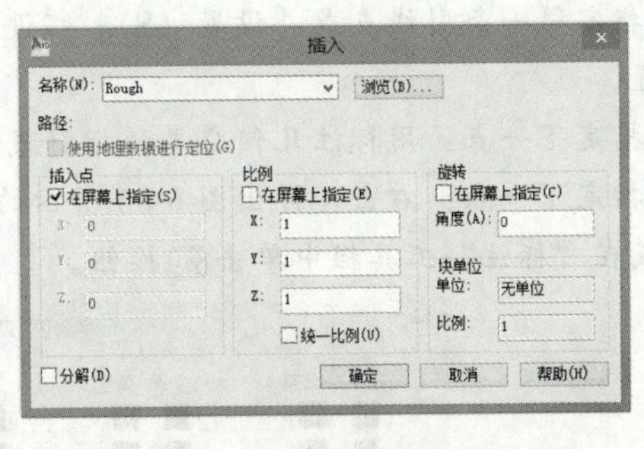

图 6-54 “插入”对话框

在“名称”文本框中输入图块名称“Rough”，弹出“确定”按钮。

指定插入点或［比例（S）/X/Y/Z/旋转（R）/预览比例（PS）/PX/PY/PZ/预览旋转（PR）］：用鼠标在某表面选取一点。

输入 Y 比例因子，指定对角点，或者［角点/XYZ］＜1＞：输入比例因子“1”，按 Enter 键；或直接按 Enter 键。

输入 Y 比例因子或＜使用 X 比例因子＞：按 Enter 键。

指定旋转角度＜0＞：按 Enter 键。

输入属性值：按 Enter 键。

Rough ＜12.5＞：输入“3.2”并按 Enter 键。

验证属性值：按 Enter 键。

Rough ＜12.5＞：输入“3.2”并按 Enter 键，即完成一个表面粗糙度的插入工作。

应用上述方法，完成其余表面粗糙度的标注工作。

(3) 标注几何公差（旧标准为形位公差）

几何公差包括基准符号和公差代号两部分。基准符号一般用插入块的形式标注，标注应符合制图国家标准要求。公差代号标注一般和引线标注结合使用，由于在 AutoCAD 2010 的“标注”工具条中，单引线标注的快捷图标已不存在，因此可以直接输入命令“LE”来绘制单引线，具体操作如下：

1）指定第一条引线点或［设置（S）］＜设置＞：输入“S”或直接按 Enter 键，弹出图6-55所示的“引线设置”对话框，点选“注释”选项卡中的“公差（T）”单选按钮，单击“确定”按钮。

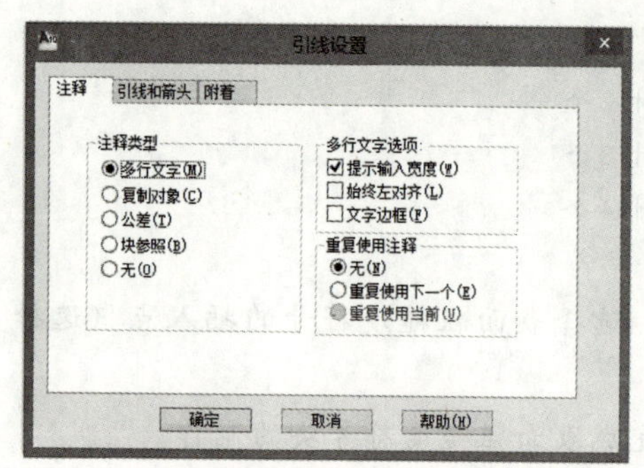

图 6-55 “引线设置”对话框

2）指定第一条引线点或［设置（S）］＜设置＞：用鼠标在绘图区内确定形位公差的标注位置。

3）指定下一点：用标注几何公差的指引线。

4）指定下一点：右击，弹出图 6-56 所示的“几何公差”对话框；或在命令行中输入“Tol”或在“标注”工具栏中单击按钮。

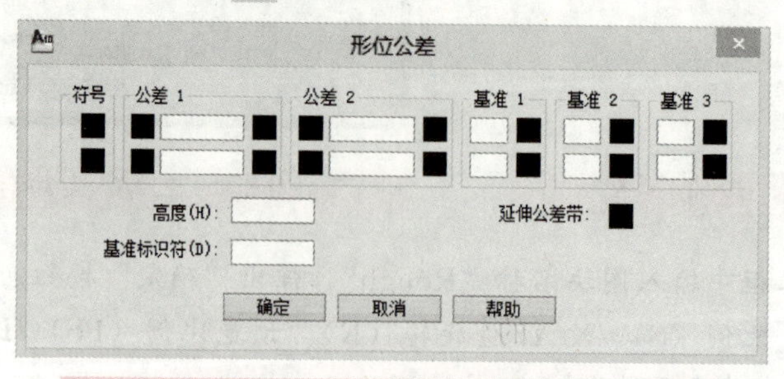

图 6-56 “几何公差”对话框

5）单击“几何公差”对话框中“符号”下方的黑框，弹出“特征符号”选项组，如图 6-57 所示，选择对称度公差符号。

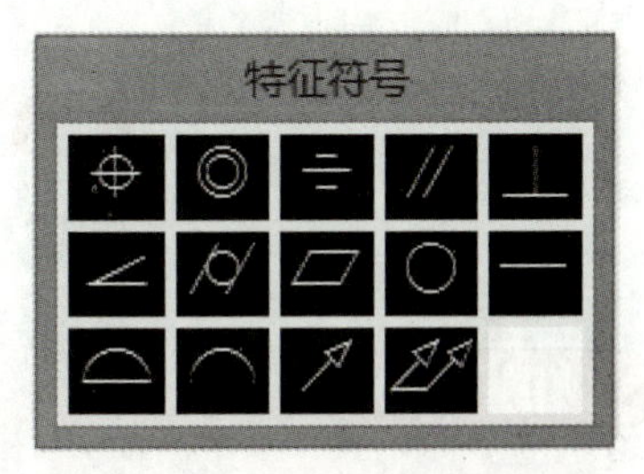

图 6-57 几何公差符号选择图

6）在“公差 1”文本框中输入公差值“0.01”，在“基准 1”文本框中输入公差基准“A”。

7）单击“确定”按钮，即完成几何公差的标注。

（4）标注文字

标注图中的文字可采用以下两种方法，一种是在 Word 中输入文字，特别是需要输入的文字较多时，使用该方法较简捷，如输入技术要求等。使用方法与在打开的两个 Word 文件之间复制文件相同。另一种是直接在 AutoCAD 中使用“Text”命令输入文字。

在这里我们用第二种方法输入图中的其他文字：

1）在命令行中输入“Text”并按 Enter 键。

2）在“当前文字样式：单仿宋体文字高度：3.5000 ”提示下，选择字体。

3）指定文字的起点或执行“对正（J）/ 样式（S）”：用鼠标指针指定文字的位置。

4）指定高度＜3.5000＞：输入字高，如 3，并按 Enter 键。

5）指定文字的旋转角度＜0＞：输入文字方向。

6）输入文字：输入所要输入的文字。

7）输入文字：按 Enter 键结束文字输入命令。

4. 检查视图

检查视图，调整图形到合适位置。绘制完成后的齿轮如图 6-43 所示。

5. 存盘

保存绘制完成的图形。

提示：

1）在绘图过程中应注意随时保存，以免发生意外，将图形丢失。

2）在实际工作中可通过输入命令或单击工具栏上相应的按钮完成图形的绘制，但从便捷的角度考虑，建议用户尽量使用工具栏按钮。

3）由于 AutoCAD 2010 二维绘图功能强大，因此实现同一效果的操作过程往往并不是唯一的，用户可根据个人习惯，综合分析、灵活运用，熟能生巧。

动动脑

1）常用的直齿圆柱齿轮有__________、__________、__________等。

2）在反映为圆的视图中，两齿轮分度圆__________，啮合区的齿顶圆用__________表示。

3）在绘制单个直齿圆柱齿轮视图中，齿顶圆用__________，齿根圆用__________，分度圆用__________绘制。

4）在锥齿轮啮合区内，被遮挡的轮齿部分用__________，当需要表达外形时，啮合区节锥线用__________绘制。

6.3 键连接与销连接

知识导入

键、销连接广泛应用于轴和轮毂零件之间的轴向固定并传递转矩，有的还能实现轴向固定以传递轴向力。销还可以作为安全装置。

6.3.1 键连接

键连接是一种可拆连接。键用于连接轴与轴上的带轮、齿轮和链轮等，并通过键传递扭矩和旋转运动，保证轴和传动件不产生相对转动，二者同步旋转。

键是标准件，常用的有普通平键、半圆键、钩头型楔键和花键等，如图 6-58 所示。

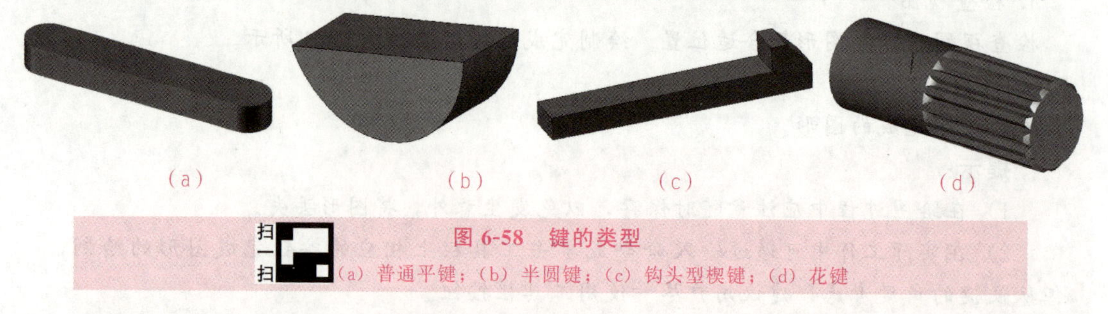

扫一扫 图 6-58 键的类型

(a) 普通平键；(b) 半圆键；(c) 钩头型楔键；(d) 花键

普通平键应用最广，其按轴槽结构可分为圆头普通平键（A 型）、方头普通平键（B 型）和圆头普通平键（C 型）三种形式，如图 6-59 所示。

扫一扫 图 6-59 普通平键

(a) A 型；(b) B 型；(c) C 型

普通平键连接的情况：在轴和轮毂上分别加工出键槽，装配时先将键嵌入轴的键槽内，再将轮毂上的键槽对准轴上的键，把轮子装在轴上。传动时，轴和轮子便一起转动。

1. 键的种类和标记

常用键的种类和标记见表 6-3。由键的标记，可从标准中查出键的尺寸。

表 6-3 常用键的种类和标记

名称及标准编号	图例	标记示例
普通平键 GB/T 1096-1979 	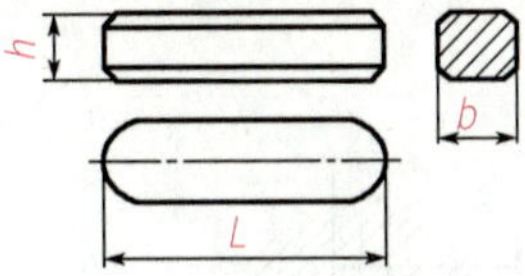	键 10×36 GB/T 1096—1979 表示圆头普通平键（A 字可不写），键宽 $b=10$ mm，键长 $L=36$ mm
半圆键 GB/T 1099.1-2003 	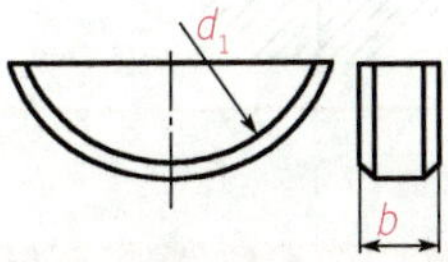	键 6×25 GB/T 1099.1—2003 表示半圆键，键宽 $b=6$ mm，直径 $d_1=25$ mm
钩头型楔键 GB/T 1565-2003 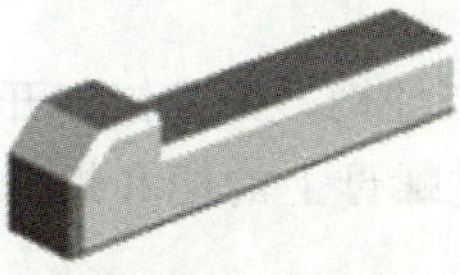	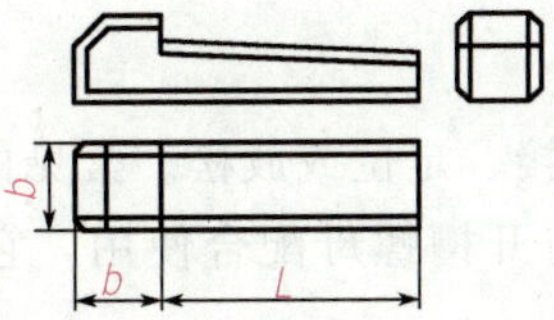	键 8×40 GB/T 1565—2003 表示钩头型楔键，键宽 $b=8$ mm，键长 $L=40$ mm

2. 键的连接画法

普通平键连接的装配图画法中，主视图键被剖切面纵向剖切，键按不剖处理。为了表示键在轴上的装配情况，采用局部剖视。左视图中键被横向剖切，键要绘制剖面线（与轮毂或轴的剖面线方向相反，或一致但间隔不等）。由于平键的两个侧面是其工作表面，分别与轴的键槽和轮毂的键槽的两个侧面配合，键的底面与键槽底面接触，因此均绘制一条线，而键的顶面不与轮毂的键槽底面接触，因此绘制两条线。键的连接画法见表 6-4。

表 6-4 键的连接画法

名称	连接画法	说明
普通平键	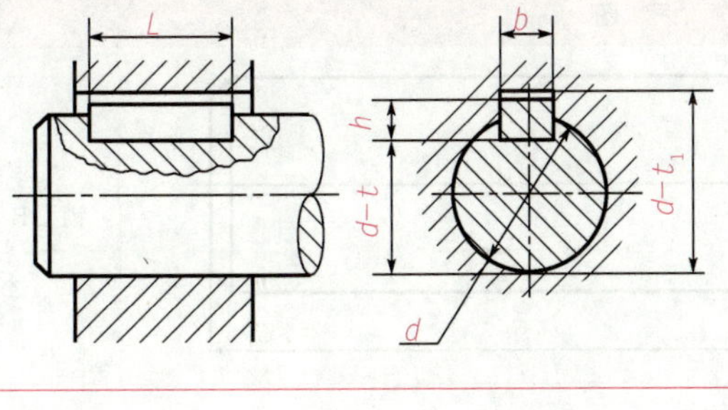	键侧面接触。顶面有一定间隙，键的倒角或圆角可省略不画

续表

名称	连接画法	说明
半圆键	L b d_1 h $d-t$ $d+t_1$ d	键侧面有接触。顶面有接触
钩头型楔键	1∶100 b h b h	键与槽在顶面、底面、侧面同时接触

6.3.2 销连接

1. 销的种类和标记

销在机器中主要用于零件之间的连接、定位或放松。常见的有圆柱销、圆锥销和开口销等，如图 6-60 所示。开口销经常要与开槽螺母配合使用，它穿过螺母上的槽和螺杆上的孔以防螺母松动。

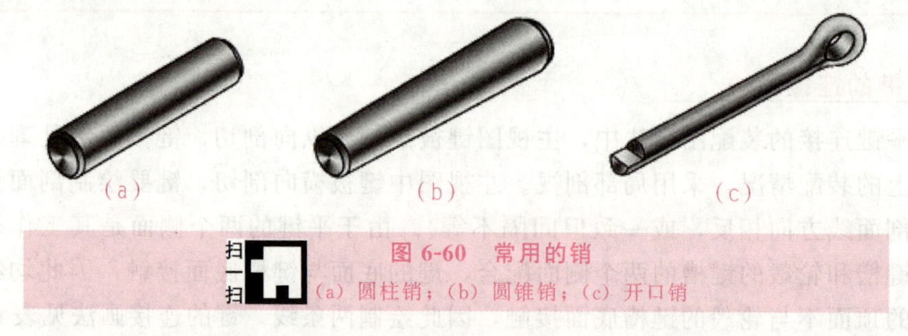

扫一扫

图 6-60 常用的销

(a) 圆柱销；(b) 圆锥销；(c) 开口销

销是标准件，可根据有关标准选用和绘制。销的种类和标记示例见表 6-5。

表 6-5 销的种类和标记

名称及标准编号	图例	标记示例
圆柱销 (GB/T 119.1—2000)	d l	销 GB/T 119.1：$d\times l$

续表

名称及标准编号	图　例	标记示例
圆锥销 （GB/T 117—2000）	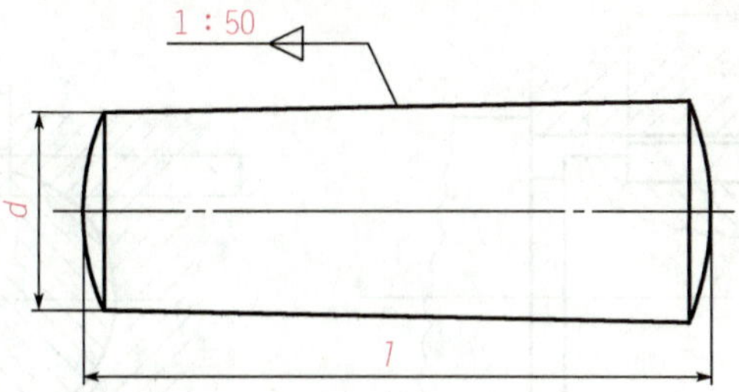 1∶50　d　l	销 GB/T 117：$d\times l$
开口销 （GB/T 91—2000）	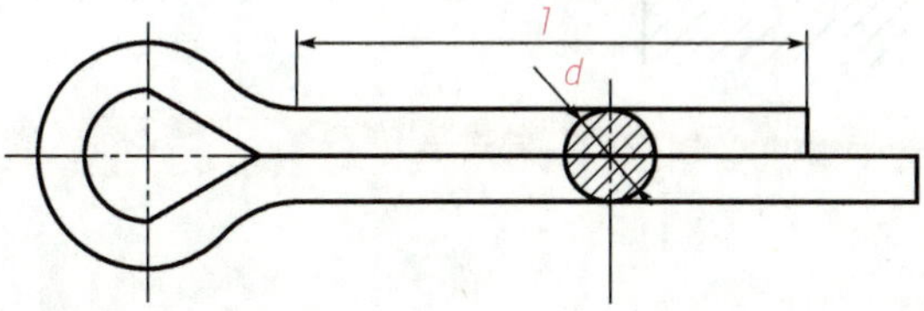 l　d	销 GB/T 91：$d\times l$

2. 销的连接画法

销的连接画法如图 6-61 所示。

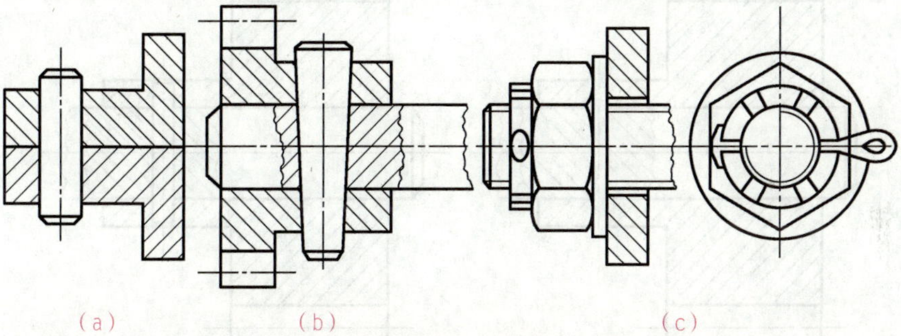

(a)　(b)　(c)

图 6-61　销的连接画法

（a）圆柱销连接；（b）圆锥销连接；（c）开口销连接

应用与实践

例 6-3　已知轴径 16 mm，键长 16 mm，用 A 型普通平键连接。查表确定轴、轮毂和键槽的尺寸，完成图 6-62，并标注有关尺寸。

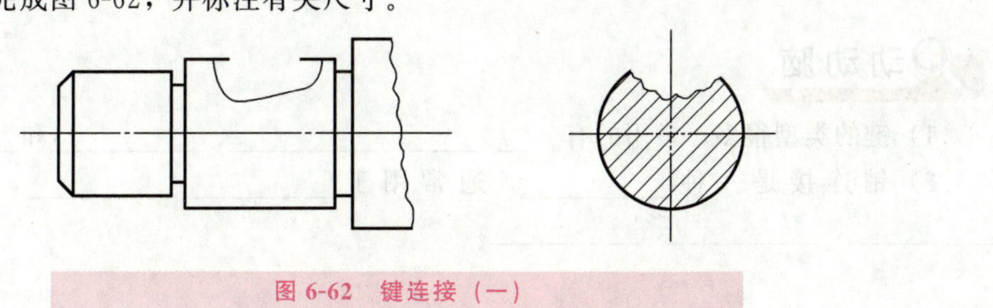

图 6-62　键连接（一）

解：由已知条件查表，得键的尺寸分别为 $b=5$ mm，$h=5$ mm。键槽宽度 $b=5$ mm，轴键槽深度 $t=3.0$ mm，毂键槽深度 $t_1=2.3$ mm。作图如图 6-63 所示。

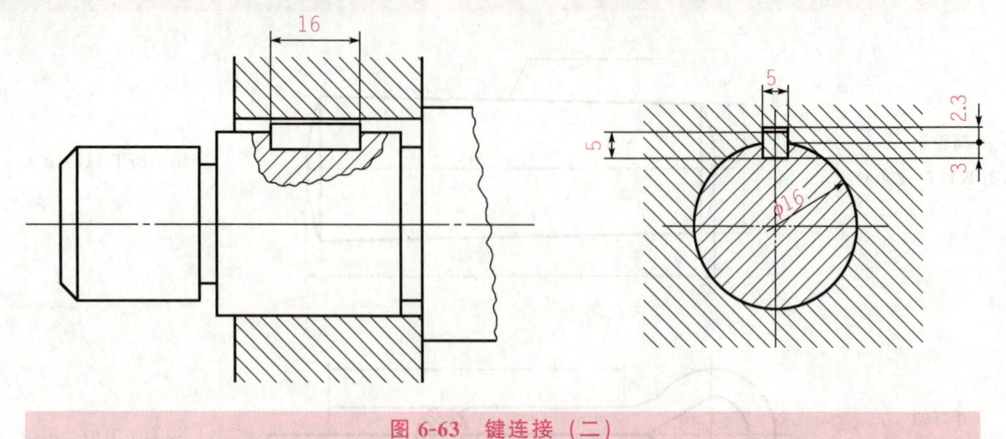

图 6-63 键连接（二）

例 6-4 作出图 6-64（a）的 A 型圆柱销的连接图（$d=5$ mm），并写出其标记。

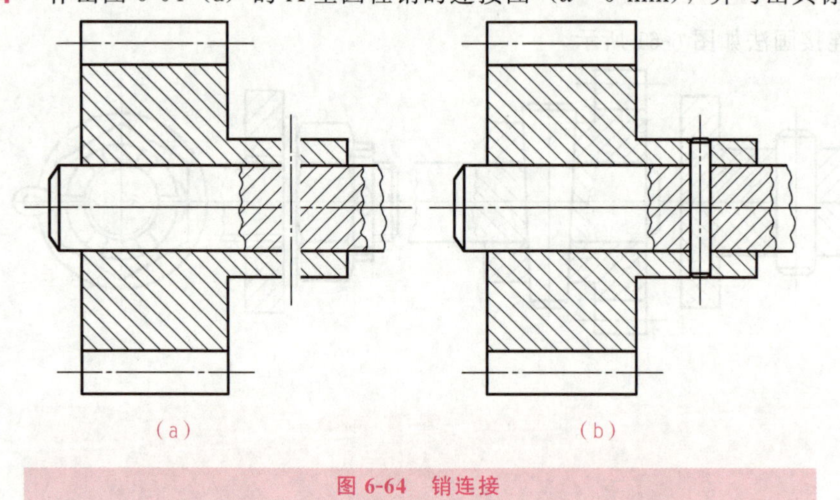

图 6-64 销连接

解：由已知 $d=5$ mm，A 型圆柱销连接，查表得出 $c=0.8$ mm，l 选择 30 mm。标记为“销 GB/T 119.1 5×30”。A 型圆柱销连接图如图 6-64（b）所示。

动动脑

1）键的类型很多，常用的有________、________、________和________。

2）销连接是一种________，通常用于________________，常见的销有________、________、________。

6.4 识读滚动轴承

在机器中，滚动轴承是用来支承轴的标准部件。由于它可以大大减小轴与孔相对旋转时的摩擦力，具有机械效率高、结构紧凑等优点，因此应用极为广泛。

相关知识

6.4.1 滚动轴承的结构和分类

1. 滚动轴承的结构

滚动轴承一般由四部分组成，分别为内圈、外圈、滚动体和保持架，如图 6-65 所示。

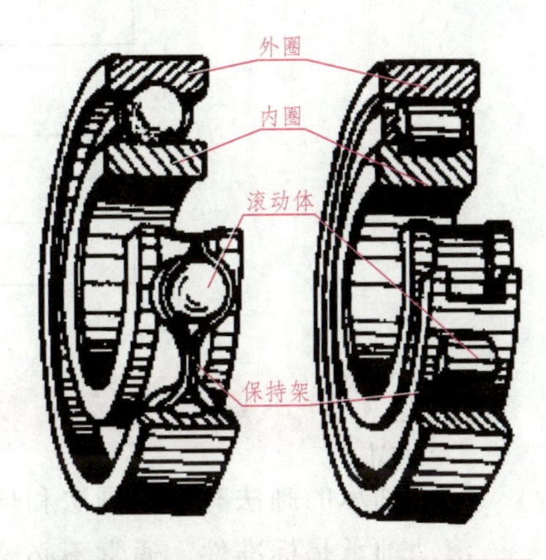

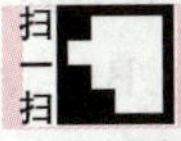
扫一扫 图 6-65 滚动轴承的基本结构

2. 滚动轴承的分类

滚动轴承的分类方法很多，按其承载特性可分为如下三类：

1）向心轴承。主要承受径向载荷，如深沟球轴承，如图 6-66（a）所示。

2）推力轴承。主要承受轴向载荷，如推力球轴承，如图 6-66（b）所示。

3）向心推力轴承。同时承受径向和轴向载荷，如圆锥滚子轴承，如图 6-66（c）所示。

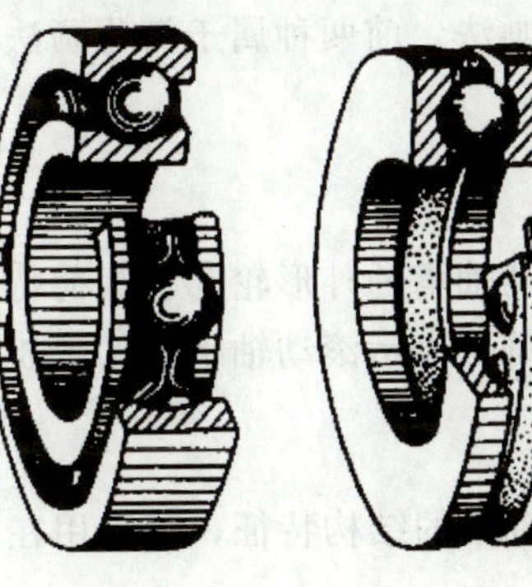
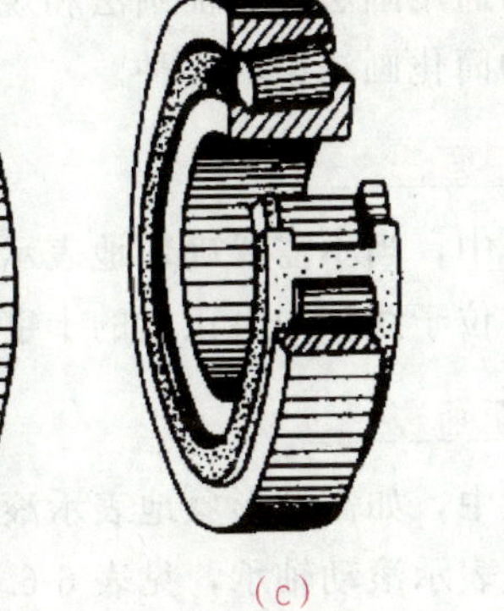

(a) (b) (c)

扫一扫 图 6-66 滚动轴承

(a) 深沟球轴承；(b) 推力球轴承；(c) 圆锥滚子轴承

6.4.2 滚动轴承基本代号

基本代号表示轴承的基本类型、结构和尺寸，是滚动轴承代号的基础，由类型代号、尺寸系列代号和内径代号构成。其排列顺序为如下：

类型代号　尺寸系列代号　内径代号

轴承基本代号示例如下：

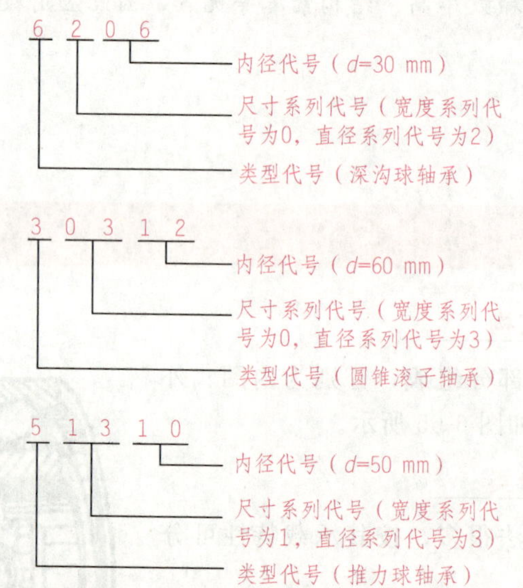

6.4.3 滚动轴承的画法

滚动轴承的画法有简化画法和规定画法两种。

滚动轴承是标准件，通常不必绘制它的零件图，仅在装配图中绘制，国家标准《滚动轴承　向心轴承　公差》（GB/T 307.1—2005）中规定了滚动轴承可以用三种画法来绘制，即轴承的通用画法、特征画法和规定画法。前两种属于简化画法，在同一图样中一般只采用这两种简化画法中的一种。

1. 通用画法

在剖视图中，当不需要确切地表示滚动轴承的外形轮廓、载荷特征和结构特征时，可用矩形线框及位于线框中央正立的十字形符号表示滚动轴承，见表 6-6。

2. 特征画法

在剖视图中，如需较形象地表示滚动轴承的结构特征，可采用在矩形线框内绘制出其结构要素符号表示滚动轴承，见表 6-6。

3. 规定画法

在滚动轴承的产品图样、产品样本及说明书等图样中，可采用规定画法绘制，见表 6-6。

采用规定画法绘制滚动轴承的剖视图时，其滚动体不绘制剖面线，其内外套圈等可绘制成方向和间隔相同的剖面线。在不致引起误解时，也允许省略不画。

表 6-6 常用滚动轴承的画法

轴承类型	查表主要数据	画法：简化画法：通用画法	画法：简化画法：特征画法	画法：规定画法
深沟球轴承	*D*、*d*、*B*			
圆锥滚子轴承	*D*、*d*、*B*、*T*、*C*			
推力球轴承	*D*、*d*、*T*		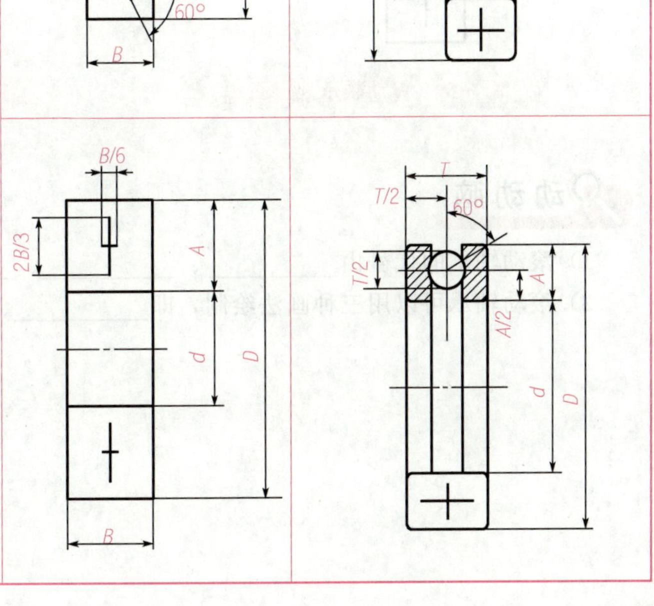	

应用与实践

例 6-5 在图 6-67 和图 6-68 所示轴端分别绘制出滚动轴承 6208（采用规定画法）和滚动轴承 30304（采用特征画法）。

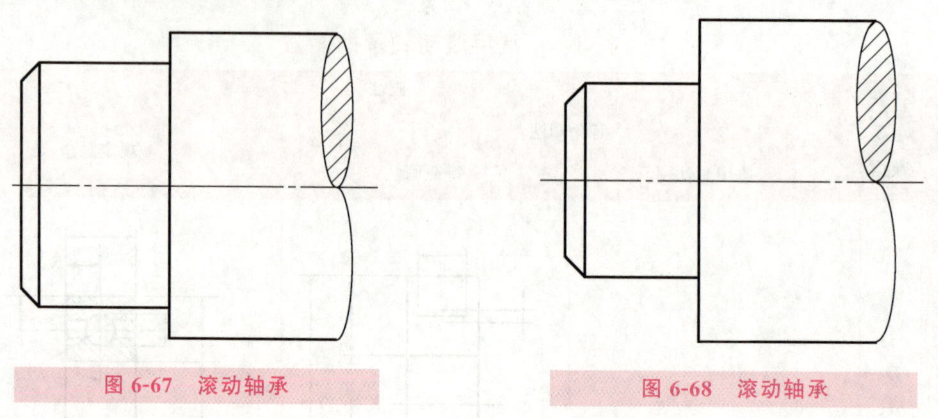

图 6-67 滚动轴承　　图 6-68 滚动轴承

解： 1）已知滚动轴承 6208，查表得 $d=40$ mm，$D=80$ mm，$B=18$ mm，用规定画法作图效果如图 6-69 所示。

2）已知滚动轴承 30304，查表得 $d=20$ mm，$D=52$ mm，$B=15$ mm，$C=13$ mm，$T=16.25$ mm，用特征画法作图，效果如图 6-70 所示。

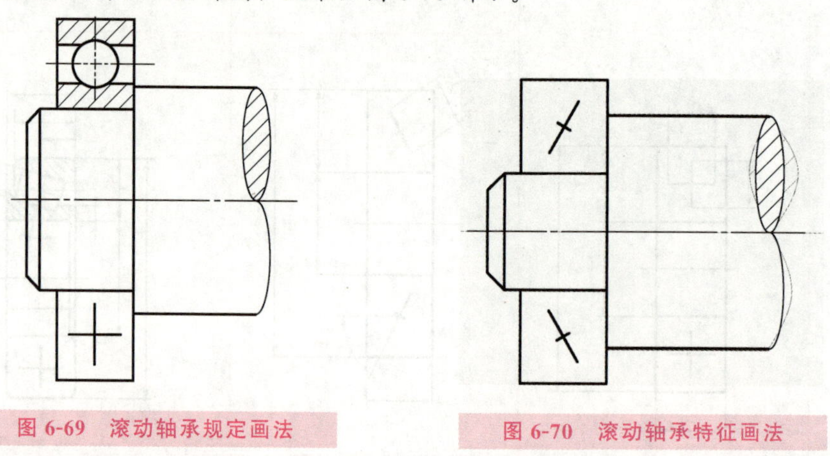

图 6-69 滚动轴承规定画法　　图 6-70 滚动轴承特征画法

动动脑

1）滚动轴承的代号由__________、__________、__________构成。

2）滚动轴承可以用三种画法绘制，即__________、__________、__________。

6.5 识读弹簧

知识导入

弹簧在生活中随处可见，它在不同的领域发挥着重要作用，与人们的日常生活紧密相连，因此学习它具有广泛的现实意义。弹簧一般用于减振、夹紧、自动复位、测力和储能等方面。特点就是在拉伸或压缩时都要产生反抗外力作用的弹力，而且形变越大，产生的弹力越大；一旦外力消失，形变也消失。

相关知识

弹簧具有能在弹性变形范围内，去掉外力后立即恢复原状的特点。常用的弹簧如图6-71所示。

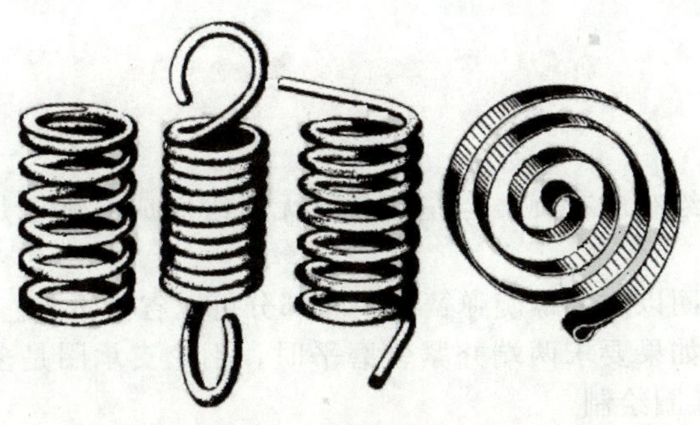

图 6-71 常用的弹簧

6.5.1 圆柱螺旋压缩弹簧各部分名称和尺寸关系

圆柱螺旋压缩弹簧各部分名称和尺寸关系（图6-72）如下：

1）弹簧钢丝直径（线径）：d。

2）弹簧最大直径（外径）：D。

3）弹簧最小直径（内径）：D_1，$D_1=D-2d$。

4）弹簧的平均直径（中径）：D_2，$D_2=(D+D_1)/2=D_1+d=D-d$。

5）除磨平压紧的支承圈外，相邻两圈间的轴向距离称为节距 t。

6）为了使螺旋压缩弹簧工作时受力均匀，增加弹簧的平稳性，需将弹簧两端并紧、磨平。并紧、磨平的圈数主要起支承作用，称为支承圈 n_z。

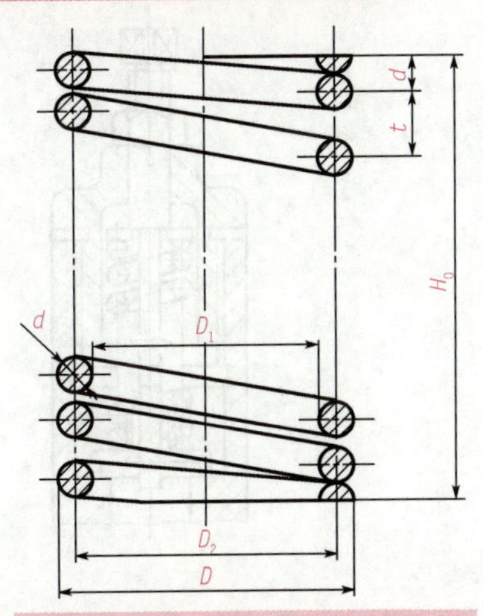

图 6-72 圆柱螺旋压缩弹簧的尺寸

7）两端各有 1.25 圈为支承圈，即 $n_z=2.5$。保持相等节距的圈数，称为有效圈数 n。有效圈数与支承圈数之和称为总圈数，即 $n_1=n+n_z$。

8）弹簧在不受外力时的高度（长度）$H_0=nt+(n_z-0.5)d$。

9）制造时弹簧簧丝的长度 $L\approx n_1\sqrt{(\pi D_2)^2+t^2}$

6.5.2 圆柱螺旋压缩弹簧的规定画法

圆柱螺旋压缩弹簧可以绘制成视图、剖视图和示意图三种形式，如图 6-73 所示。设计绘图时可按表达需要选用，并遵守如下规定：

1）在平行于螺旋弹簧轴线的投影面的视图和剖视图中，其各圈轮廓应绘制成直线，如图 6-73（a）和图 6-73（b）所示。

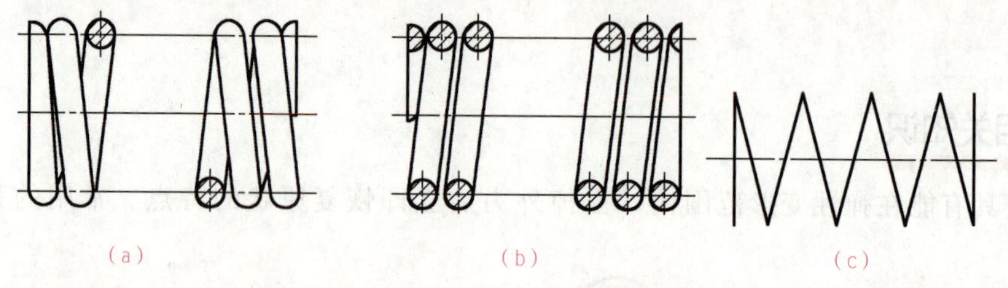

图 6-73 圆柱螺旋压缩弹簧的规定画法

（a）视图；（b）剖视图；（c）示意图

2）螺旋弹簧均可绘制成右旋，但左旋弹簧无论绘制成左旋还是右旋，均需标注出旋向“左”字。

3）有效圈数在四圈以上的螺旋弹簧，中间部分可以省略不画。

4）螺旋压缩弹簧如果要求两端并紧、磨平时，不论支承圈是多少或末端并紧情况如何，均按支承圈为 2.5 圈绘制。

6.5.3 弹簧在装配图中的规定画法

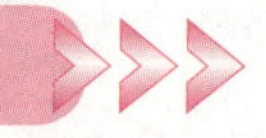

弹簧在装配图中的规定画法如图 6-74 所示。

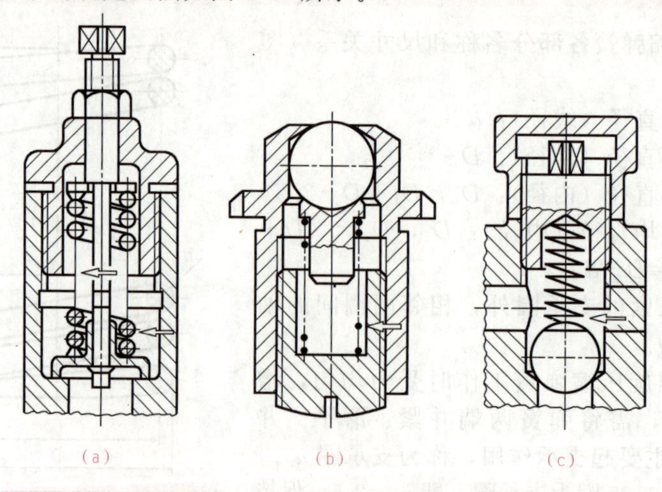

图 6-74 弹簧在装配图中的规定画法

1）位于弹簧后面，被弹簧挡住的零件，按不可见处理，零件可见的轮廓线只绘至弹簧钢丝断面的轮廓线或断面中心线处，如图 6-74（a）箭头所指处。

2）簧丝直径在图中小于 2 mm 时，断面可涂黑表示，如图 6-74（b）箭头所指处。

3）簧丝直径在图中小于 1 mm 时，采用示意画法表示，如图 6-74（c）箭头所指处。

应用与实践

例 6-6 已知圆柱螺旋压缩弹簧的簧丝直径 $d=5$ mm，弹簧外径 $D=43$ mm，节距 $t=10$ mm，有效圈数 $n=8$，支承圈 $n_2=2.5$，自由高度 $H_0=90$ mm，试绘制出弹簧的剖视图。

解：由已知条件与圆柱螺旋压缩弹簧的规定画法可知：

1）在平行于螺旋弹簧轴线的投影面的视图和剖视图中，其各圈轮廓应绘制成直线。

2）螺旋弹簧均可绘制成右旋。

3）有效圈数在四圈以上的螺旋弹簧，中间部分可以省略不画。

4）螺旋压缩弹簧如果要求两端并紧、磨平时，不论支承圈是多少或末端并紧情况如何，均按支承圈为 2.5 圈绘制。

根据上述分析剖视图，如图 6-75 所示。

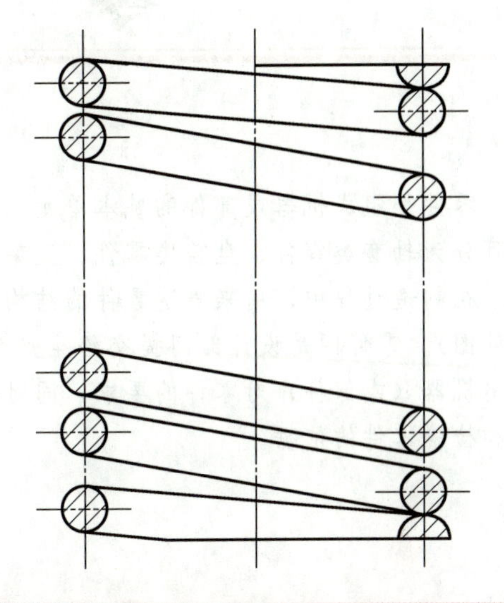

图 6-75 圆柱螺旋压缩弹簧的剖视图

动动脑

1）圆柱螺旋压缩弹簧根据用途不同可分为__________、__________、__________。

2）圆柱螺旋压缩弹簧有效圈数在四圈以上的，中间部分可__________，无论弹簧左旋还是右旋均可绘制成__________。

3）圆柱螺旋压缩弹簧的画法应遵循什么规定？

4）用 AutoCAD 2010 完成螺柱 GB 899 M12×50 的主视图，用简化画法按 1∶1 比例绘制。

第七章

零 件 图

零件是组成机器或部件的基本单元。零件按照用途、形状结构及制造工艺等特点，一般可分为轴套类零件、盘盖类零件、叉架类零件和箱体类零件。

在制造过程中，用来表达零件的结构、大小及技术要求的图样称为零件工作图（简称零件图）。零件图是设计部门提交给生产部门的重要文件，它要反映出设计者的意图，表达出机器（或部件）对零件的要求，同时也要考虑到结构和制造的可能性与合理性，是制造和检验零件的依据。

7.1 零件图概述

知识导入

在我们的生活中会遇到许多机械装置，它们都是由很多的零件装配而成的。图 7-1 所示的油泵分解图，它由泵盖、泵体、从动齿轮轴、主动齿轮轴等多种零件组成。

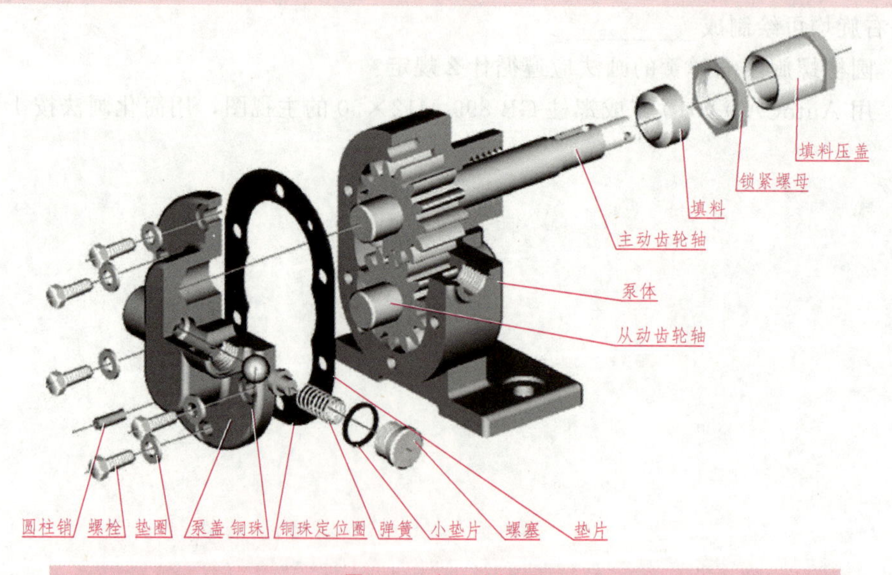

图 7-1 油泵分解图

想一想：

工人能够按照零件的实物加工出合格零件吗？

在实际生产中，首先设计师设计出新颖的产品，并通过图样——装配图和零件图将产品表达出来，然后技术工人根据零件图加工出合格的零件，并根据装配图将各种零件装配成产品。设计师和技术工人之间传递信息的语言就是工程图样——装配图和零件图。其中，零件图是表达零件结构、大小及技术要求的图样，是进行生产准备、加工制造和检验的主要依据，是指导生产的重要技术文件。

要生产出合格的机器或部件，必须先制造出合格的零件。而零件又是根据零件图来进行制造和检验的，所以要加工零件必须首先读懂零件图，泵体零件图如图 7-2 所示，根据零件图想象零件的机构形状，了解零件加工、检验的尺寸和技术要求。

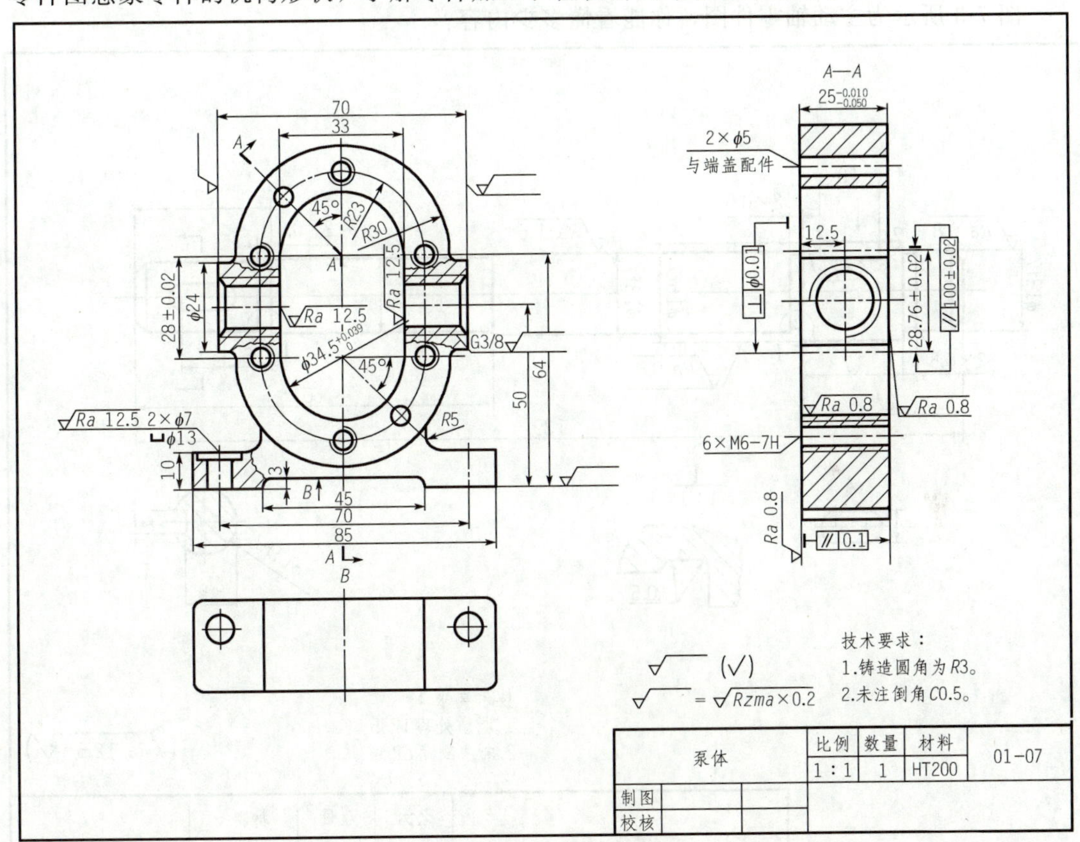

图 7-2　泵体零件图

相关知识

零件是机器或部件的基本组成单元。

任何一台机器或部件都是由若干个零件按一定的装配关系和使用要求装配而成的，制造机器必须首先制造零件。零件图就是直接指导制造和检验零件的图样，是零件生产中的重要技术文件。

一张完整的零件图，应具备以下内容：

1）一组图形。用必要的视图、剖视图、断面图及其他规定画法，正确、完整、清晰地表达零件各部分的结构和内外形状。

2）完整的尺寸。正确、完整、清晰、合理地标注零件制造、检验时所需要的全部尺寸。

3）技术要求。用规定的代号、符号或文字说明零件在制造、检验和装配过程中应达到的各项技术要求，如表面粗糙度、尺寸公差、几何公差、热处理等各项要求。

4）标题栏。说明零件的名称、材料、图号、比例及图样的制图员签字等。

应用与实践

图 7-3 所示为主动轴零件图，你能看懂多少内容？

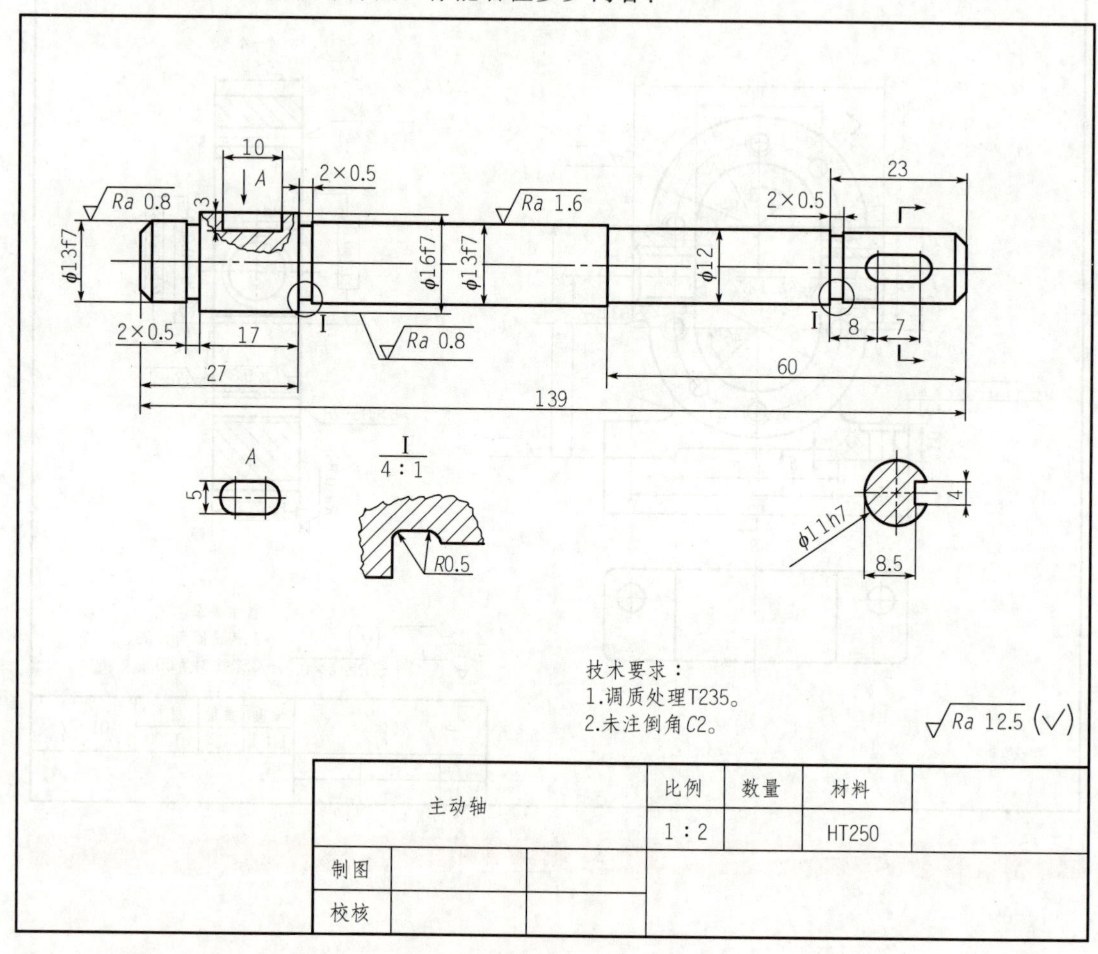

图 7-3 主动轴零件图

知识拓展

机器是由零件装配而成的，零件的结构千变万化，但是我们可根据其几何特征将零件分成四大类：轴套类零件、盘盖轮类零件、叉架类零件和箱壳类零件（见表 7-1）。

表 7-1　零件种类

	名称	图示
按几何特征分类	轴套类零件	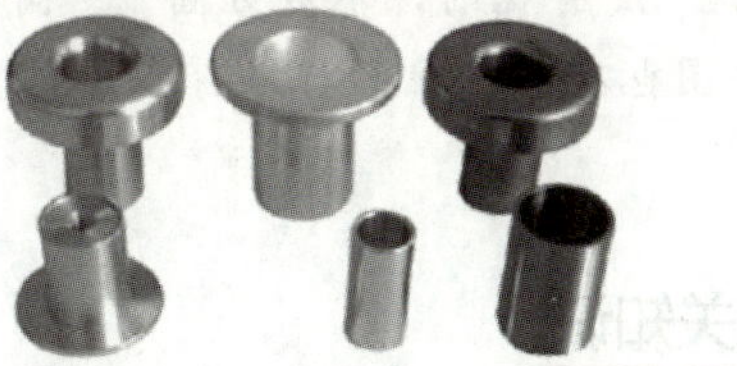
	盘盖类零件	
	叉架类零件	
	箱体类零件	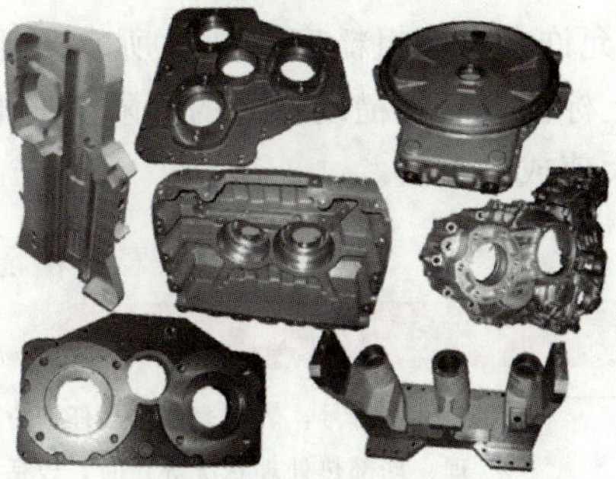

动动脑

1）什么是零件图？它在生产中有何作用？

2）一张零件图应包括哪些内容？

7.2 零件图的常见技术要求

知识导入

俗话说“没有规则，不成方圆”。同样的道理，在机械行业中也有各种各样的标准存在，零件图也有其相应的标准，我们需要去熟悉、了解和掌握。

相关知识

7.2.1 表面粗糙度

1. 表面粗糙度的概念

表面粗糙度是指加工后零件表面上具有的较小间距和峰谷所组成的微观不平度。这种不平度对零件耐磨损性能、抗疲劳性能、抗腐蚀性能及零件间的配合性质都有很大的影响。不平程度越大，零件表面性能越差；反之，表面性能越高，加工也越困难。在保证使用要求的前提下，应选用较为经济的表面粗糙度评定参数值。

2. 表面粗糙度符号、代号及其注法

1）图样上所标注的表面粗糙度符号、代号是该表面完工后的要求。

2）若仅需要加工（采用去除材料的方法或不去除材料的方法），而对表面粗糙度的其他规定没有要求时，则允许只标注表面粗糙度符号。

3）图样上表示零件表面粗糙度的符号及含义见表 7-2。

4）当允许在表面粗糙度参数的所有实测值中超过规定值的个数少于总数的 16%时，应在图样上标注表面粗糙度参数的上限值或下限值；当要求实测值不得超过规定值时，则应标注最大值或最小值。

表 7-2 表面粗糙度的符号及含义

符号	含义
	基本符号，表示表面可用任何方法获得。当不标注表面粗糙度数值或有关说明（如表面处理、局部热处理状况等）时，仅适用于简化代号标注
	基本符号加一短线，表示表面是用去除材料的方法获得，如车、铣、钻、磨、剪切、抛光、腐蚀、电火花加工、气割等
	基本符号加一圆圈，表示表面是用不去除材料的方法获得，如铸、锻、冲压变形、热轧、冷轧、粉末冶金等；或者是用于保持原供应状况的表面（包括保持上道工序的状况）

5）表面粗糙度要求在图形符号中的注写位置。表面粗糙度要求除了标注表面结构参数和数值外，必要时还应标注补充要求，包括取样长度、加工方法、表面纹理及方向、加工余量等。这些要求的注写位置如图 7-4 所示，具体如下：

a：注写表面粗糙度的单一要求；

b：注写两个或多个表面结构要求；

c：注写加工方法，如车、磨等；

d：注写表面纹理和方向；

e：注写加工余量。

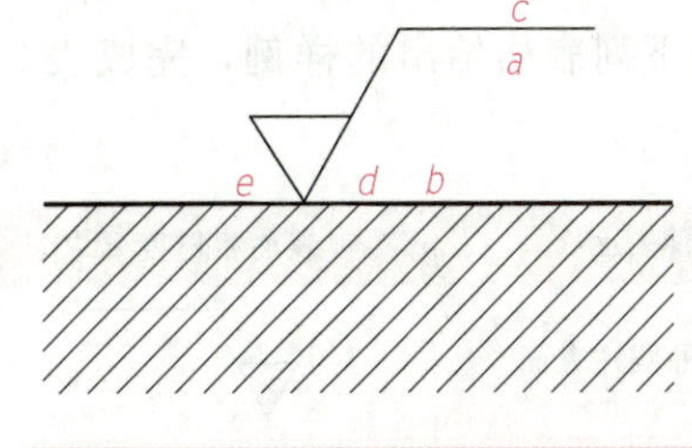

图 7-4　表面粗糙度要求的注写位置

表面粗糙度代号示例及含义见表 7-3。

表 7-3　表面粗糙度代号示例及含义

代号示例	含义
Ra 1.6	用去除材料的方法获得的表面，单向上限值，默认传输带，R 轮廓，*Ra* 上限值为 1.6 μm，评定长度为五个取样长度（默认），16%规则（默认）
Ra 3.2	用任何方法获得的表面，单向上限值，默认传输带，R 轮廓，*Ra* 上限值为 3.2 μm，评定长度为五个取样长度（默认），16%规则（默认）
U Ra 3.2 L Ra 1.6	用去除材料的方法获得的表面，双向极限值，两极限值均使用默认传输带，R 轮廓，*Ra* 上限值为 3.2 μm，*Ra* 下限值为 1.6 μm，评定长度为五个取样长度（默认）。16%规则（默认）
铣 Ra 6.3 ⊥	用去除材料的方法获得的表面，单向上限值，默认传输带，R 轮廓，*Ra* 上限值为 6.3 μm，评定长度为五个取样长度（默认）。16%规则（默认）。加工方法：铣削，纹理垂直于视图所在的投影面
Rz max0.2	用去除材料的方法获得的表面，单向上限值，默认传输带，R 轮廓，*Rz* 上限值为 0.2 μm，评定长度为五个取样长度（默认），最大规则

6）图样上的标注方法。

①表面粗糙度符号、代号一般标注在可见轮廓线、尺寸界线、引出线或它们的延长线上。符号的尖端必须从材料外指向材料表面。

②在同一图样上，每一表面一般只标注一次符号、代号，并尽可能靠近有关的尺寸线。

③当零件所有表面具有相同的表面粗糙度要求时，其符号、代号可在图样的右上角统一标注。

④当零件的大部分表面具有相同的表面粗糙度要求时，对其中使用最多的一种符号、代号可以统一标注在标题栏的上方，并加注“（√）”。

⑤为了简化标注方法，或者标注位置受到限制时，可以标注简化代号。

⑥零件上连续表面及重复要素（孔、槽、齿等）的表面和用细实线连接不连续的同一表面，其表面粗糙度符号、代号只标注一次。

⑦中心孔的工作表面、键槽工作表面、倒角、圆角的表面粗糙度代号，可以简化标注。

动动手

根据下列表格给出的样例，完成表 7-4。

表 7-4　表面粗糙度

零件表面	表面粗糙度要求	含义
ϕ60h7 外圆柱表面	$\sqrt{Ra\ 1.6}$	用去除材料的方法获得的表面粗糙度，Ra 的上限值为 ______ μm
ϕ54H7 内圆柱表面	$\sqrt{Ra\ 3.2}$	

7.2.2 尺寸公差

1. 基本概念

有关尺寸公差的一些常用术语以图 7-5 为例说明如下。

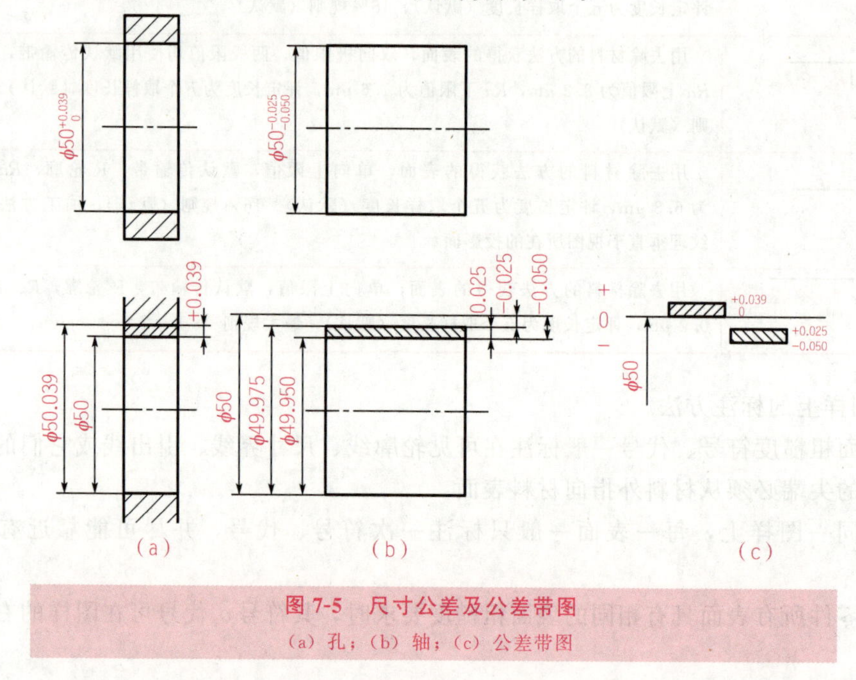

图 7-5　尺寸公差及公差带图

(a) 孔；(b) 轴；(c) 公差带图

1) 公称尺寸。由图样规范确定的理想形状要素的尺寸，即设计给定的尺寸。

2) 实际尺寸。通过测量所得到的尺寸。

3) 极限尺寸。允许尺寸变化的两个极限。两个极限值中较大的一个称为上极限尺寸，较小的一个称为下极限尺寸。

4) 尺寸偏差（简称偏差）。某一尺寸减其相应的公称尺寸所得的代数差。尺寸偏差包括上极限偏差和下极限偏差，其计算方法如下：

上极限偏差=上极限尺寸-公称尺寸

下极限偏差=下极限尺寸-公称尺寸

上、下极限偏差统称极限偏差。上、下极限偏差可以是正值、负值或零。

国家标准规定：孔的上极限偏差代号为 ES，孔的下极限偏差代号为 EI；轴的上极限偏差代号为 es，轴的下极限偏差代号为 ei。

5）尺寸公差（简称公差）。允许实际尺寸的变动量。尺寸公差是一个没有正负号的绝对值，其计算方法如下：

尺寸公差=|上极限尺寸-下极限尺寸|=|上极限偏差-下极限偏差|

2. 公差带

由代表上、下极限偏差的两条直线所限定的一个区域称为公差带。将尺寸公差与公称尺寸的关系按放大比例绘制成简图，称为公差带图。在公差带图中，确定偏差的一条基准直线称为零偏差线，简称零线，零线表示公称尺寸。

公差带包括大小和位置。国家标准规定，公差带的大小和位置分别由标准公差和基本偏差来确定。

3. 标准公差

国家标准规定，用以确定公差带大小的任一公差称为标准公差。国家标准将公差等级分为 20 级：IT01、IT0、IT1～IT18，精度等级依次降低。

4. 基本偏差

用以确定公差带相对于零线位置的上极限偏差或下极限偏差，一般是指靠近零线的那个偏差。

根据实际需要，国家标准分别对孔和轴各规定了 28 个不同的基本偏差，基本偏差系列如图 7-6 所示。基本偏差用拉丁字母表示，大写字母表示孔，小写字母表示轴。

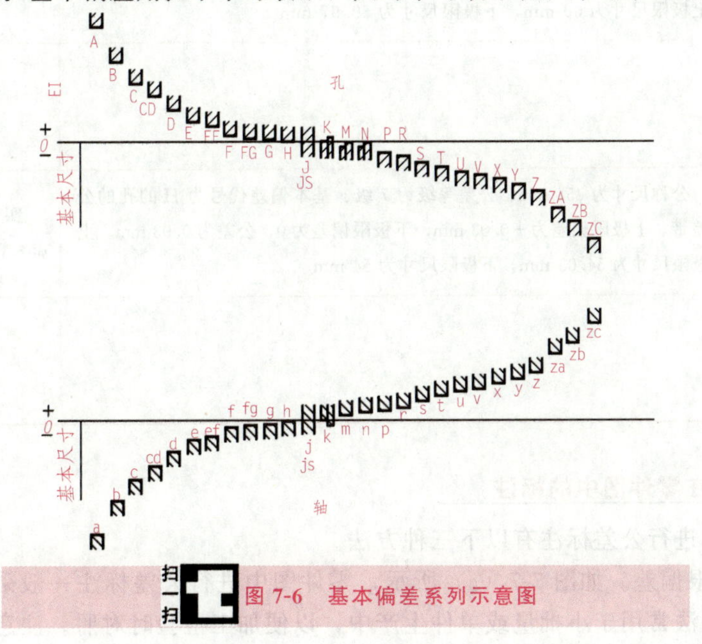

图 7-6 基本偏差系列示意图

5. 孔、轴的公差带代号

孔、轴的公差带代号由基本偏差代号和公差等级代号组成。例如，ϕ54H7 的含义：公称尺寸为 ϕ54 mm，公差等级为 7 级，基本偏差代号为 H 的孔的公差带。

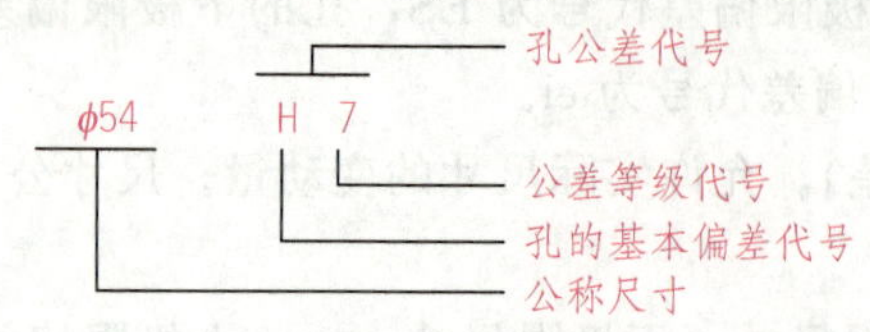

ϕ54f7 的含义：公称尺寸为 ϕ54 mm，公差等级为 7 级，基本偏差代号为 f 的轴的公差带。

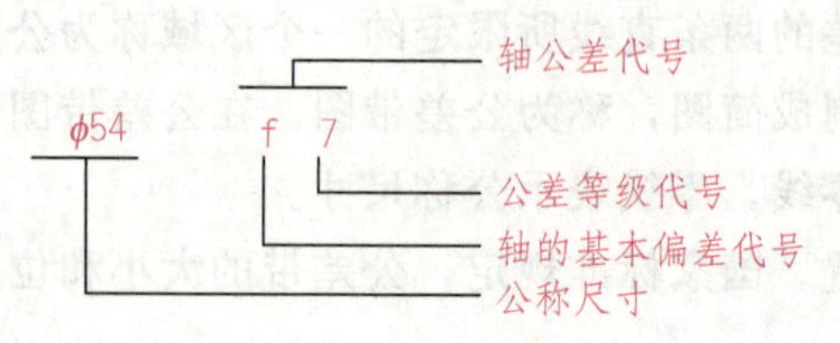

动动手

根据示范，解释表格中各个尺寸标注的含义、精度要求及各个尺寸的合格条件，完成表 7-5。

表 7-5 尺寸公差

尺寸	含义及精度要求	尺寸合格条件
$\phi60h7(^{0}_{-0.03})$	公称尺寸为 ϕ60 mm、公差等级为 7 级、基本偏差代号为 h 的轴的公差带。上极限偏差为 0，下极限偏差为 −0.03 mm，公差为 0.03 mm。上极限尺寸为 60 mm，下极限尺寸为 59.97 mm	实际尺寸在 ϕ59.97～ϕ60 mm 之间为合格
$\phi78h9(^{0}_{-0.074})$		
$\phi54H7(^{+0.03}_{0})$	公称尺寸为 ϕ54 mm、公差等级为 7 级、基本偏差代号为 H 的孔的公差带。上极限偏差为 +0.03 mm，下极限偏差为 0，公差为 0.03 mm。上极限尺寸为 54.03 mm，下极限尺寸为 54 mm	实际尺寸在 ϕ54～ϕ54.03 mm 之间合格
$\phi42H10(^{+0.1}_{0})$		

6. 公差在零件图中的标注

在零件图中进行公差标注有以下三种方法。

1）标注极限偏差。如图 7-7（a）所示，零件图中进行公差标注一般采用极限偏差的形式，这种标注法常用于小批量或单件生产中，以便加工检验时对照。注意事项如下：

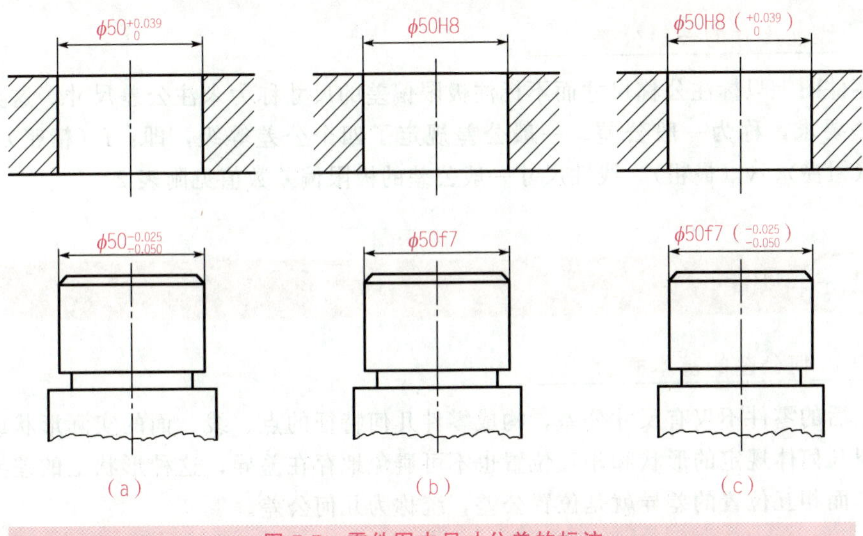

图 7-7 零件图中尺寸公差的标注

①上、下极限偏差数值不相同时，上极限偏差标注在公称尺寸的右上方，下极限偏差标注在右下方。偏差数字比公称尺寸数字小一号，小数点前的整数位对齐，后边的小数位数应相同，如图中 7-7（a）中 $\phi50^{-0.025}_{-0.050}$。

②如果上极限偏差或下极限偏差为零时，应简写为“0”，前面不标注“+”“−”号，后边不标注小数点，另一偏差按原来的位置注写，其个位与“0”对齐，如图 7-7（a）中 $\phi50^{+0.039}_{0}$。

③如果上、下极限偏差数值的绝对值相同时，则在公称尺寸后加标，注“±”号，只填写一个偏差数值，其数字大小与公称尺寸数字大小相同，如 $\phi80\pm0.025$。

2）标注公差带代号。如图 7-7（b）所示，这种注法常用于大批量生产中，常用专用量具来检验零件，因此不需要注出偏差值。

3）公差带代号与极限偏差值同时标出。如图 7-7（c）所示，这种标注形式集中了前两种标注形式的优点，常用于产品试制或转产较频繁的生产中。

注意： 国家标准规定，同一张零件图中的公差只能选用一种标注形式。

7. 查表确定尺寸公差带代号的极限偏差值

公称尺寸、基本偏差代号、公差等级确定以后，极限偏差的数值可以通过查表所得，见书后的附表 21 和附表 22。

例 7-1 已知孔的直径为 ϕ80H8，试确定其上、下极限偏差值。

从该公差带代号中可以得到：孔的公称尺寸为 ϕ80 mm，基本偏差代号为 H，公差等级 8 级。查附表 22，孔的公称尺寸“大于 65 到 80”，基本偏差代号为 H，公差等级 8 级，得 EI=0，ES=+46 μm=+0.046 mm。

动动手

已知轴的直径为 ϕ80f7，试查表确定其上、下极限偏差值。

8. 线性尺寸的一般公差

在零件图上只标注公称尺寸而不标注极限偏差的尺寸称为未注公差尺寸，这类尺寸同样有公差要求，称为一般公差。一般公差规定了四个公差等级，即：f（精密）、m（中等）、c（粗糙）、v（最粗）。线性尺寸一般公差的极限偏差数值见附表 23。

7.2.3 几何公差

1. 几何公差的基本概念

加工后的零件不仅有尺寸公差，构成零件几何特征的点、线、面的实际形状或相互位置与理想几何体规定的形状和相互位置也不可避免地存在差异，这种形状上的差异就是形状公差，而相互位置的差异就是位置公差，统称为几何公差。

2. 几何公差特征项目符号

国家标准《产品几何技术规范（GPS）几何公差、形状、方向、位置和跳动公差标注》（GB/T 1182—2008）中规定的几何公差特征符号见表 7-6。

表 7-6 几何公差的几何特征符号

公差类型	几何特征	符号	有无基准
形状公差	扫一扫 直线度	—	无
	扫一扫 平面度	▱	无
	扫一扫 圆度	○	无
	扫一扫 圆柱度	⌭	无
	扫一扫 线轮廓度	⌒	无
	扫一扫 面轮廓度	⌓	无
方向公差	扫一扫 平行度	//	有
	垂直度	⊥	有
	倾斜度	∠	有
	线轮廓度	⌒	有
	面轮廓度	⌓	有

续表

公差类型	几何特征	符号	有无基准
位置公差	位置度	⌖	有或无
	同心度（用于中心点）	◎	有
	扫一扫 同轴度（用于轴线）	◎	有
	对称度	⌯	有
	线轮廓度	⌒	有
	面轮廓度	⌓	有
跳动公差	扫一扫 圆跳动	↗	有
	扫一扫 全跳动	⌰	有

3. 公差框格

公差要求在矩形方框中给出，该方框由两格或多格组成，如图 7-8 所示。框格中的内容从左到右按以下次序填写：

1）几何特征符号。

2）公差值，以线性尺寸单位表示的量值。如果公差带为圆形或圆柱形，公差值前应加注“ϕ”符号；如果公差带为圆球形，公差值前应加注“Sϕ”符号。

3）用一个字母表示单个基准或用几个字母表示基准体系或公共基准，如图 7-8 中的(b)、(e) 所示。

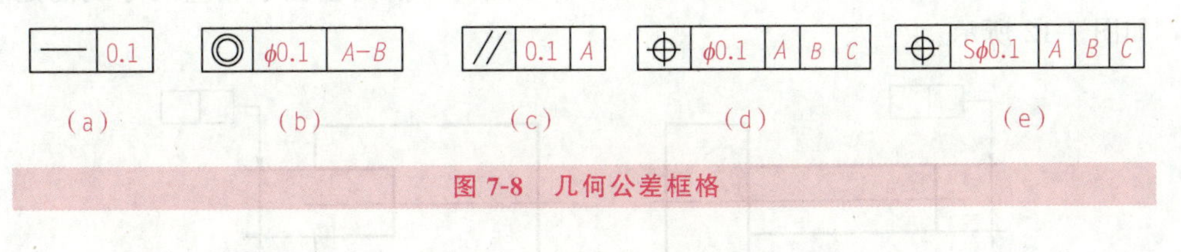

图 7-8 几何公差框格

4. 基准代号

与被测要素相关的基准用一个大写字母表示。字母标注在基准方格内，基准方格必须水平放置，用细实线与一个涂黑的或空白的三角形相连，涂黑的和空白的基准三角形含义相同。基准代号的组成及画法如图 7-9 所示。

5. 几何公差代号

几何公差代号由公差框格和带箭头的指引线组成，指引线箭头指向被测要素，画法如图 7-10 所示。几何公差的内容（几何特征符号、公差值、基准代号及其他要求）在公差框格中给出。公差框格用细实线绘出，可绘制成水平的或垂直的，框格高度是图样中尺寸数字高度 h 的两倍，它的长度视需要而定。框格中的数字、字母和符号与图样中的尺寸数字等高。

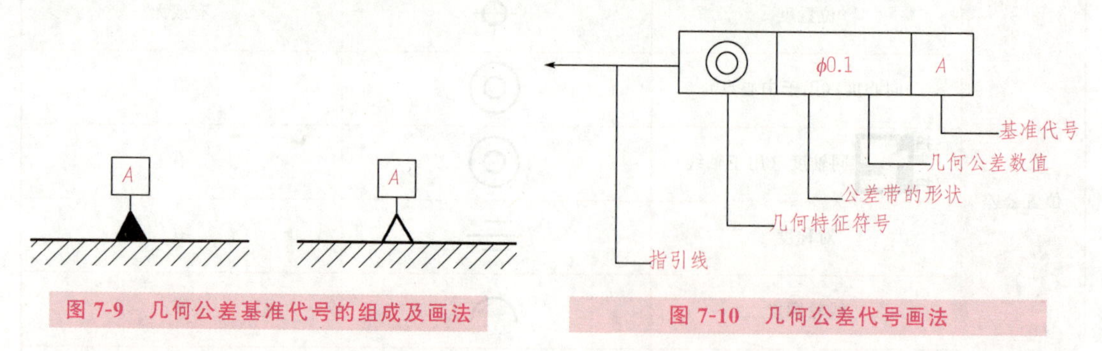

图 7-9 几何公差基准代号的组成及画法

图 7-10 几何公差代号画法

6. 被测要素

用指引线连接被测要素和公差框格。指引线引自框格的任意一侧，终端带一箭头。

1）当公差涉及轮廓线或轮廓面时，箭头指向该要素的轮廓线或其延长线（应与尺寸线明显错开），如图 7-11（a）所示，箭头也可指向引出线的水平线，引出线引自被测面，如图 7-11（b）所示。

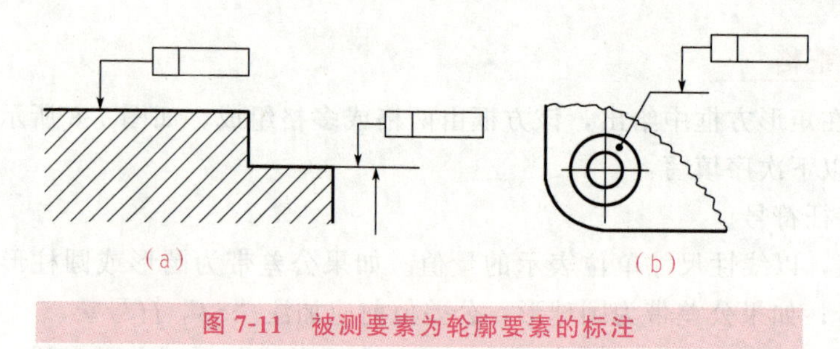

图 7-11 被测要素为轮廓要素的标注

2）当公差涉及要素的中心线、中心面或中心点时，箭头应位于相应尺寸线的延长线上，如图 7-12 所示。

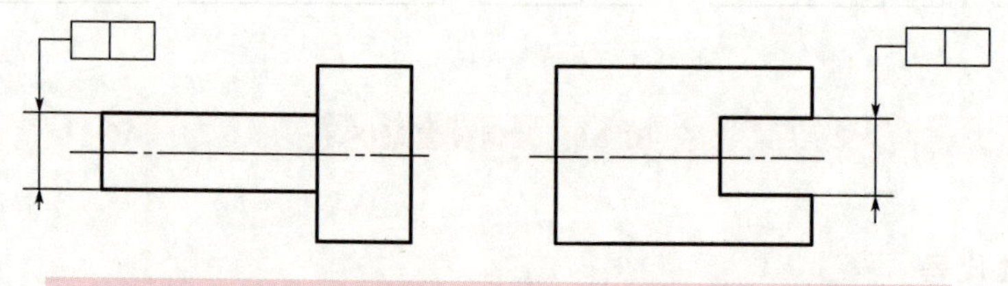

图 7-12 被测要素为中心要素的标注

7. 基准要素

1）当基准要素是轮廓线或轮廓面时，基准三角形放置在要素的轮廓线或其延长线（应与尺寸线明显错开）上，如图 7-13（a）所示；基准三角形也可放置在该轮廓面引出线的水平线上，如图 7-13（b）所示。

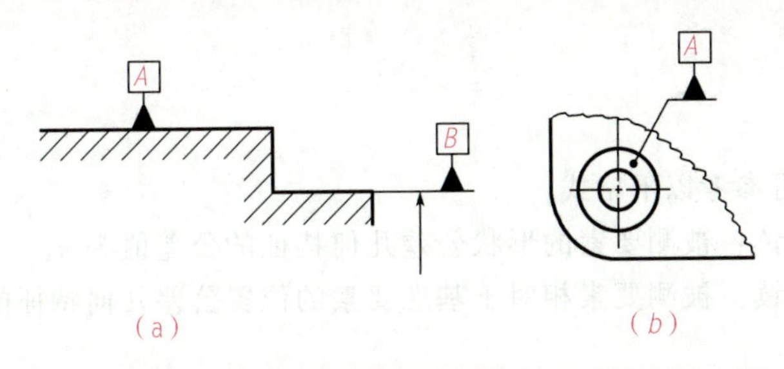

图 7-13 基准要素为轮廓要素的标注

2）当基准要素是确定的轴线、中心平面或中心点时，基准三角形应放置在该尺寸线的延长线上，如图 7-14（a）所示；若没有足够的位置标注基准要素尺寸的两个箭头，则其中一个箭头可用基准三角形代替，如图 7-14（b）所示。

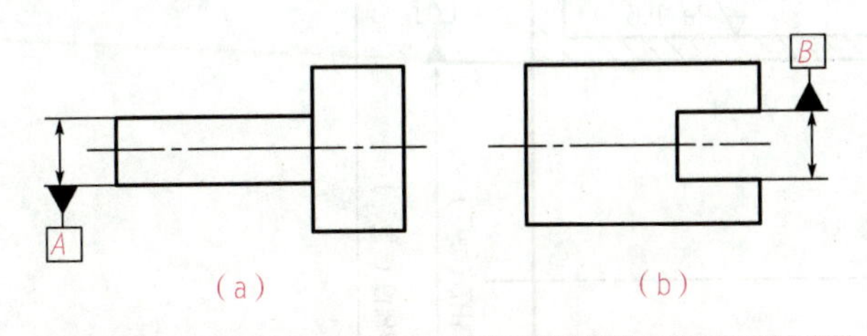

图 7-14 基准要素为中心要素的标注

应用与实践

例 7-2 如图 7-15 所示的几何公差，识读图中的几何公差代号。

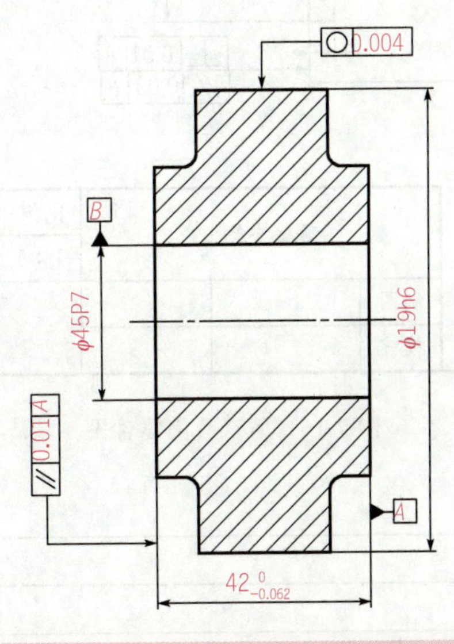

图 7-15 几何公差

解：1）○ 0.004：表示 ϕ90h6 圆柱面的圆度公差值为 0.004 mm。

2）// 0.01 A：表示该零件左端面相对于右端面的平行度公差值为 0.01 mm。

小技巧

识读几何公差可参考以下格式：

1）形状公差识读：被测要素的形状公差几何特征的公差值为 n。

2）位置公差识读：被测要素相对于基准要素的位置公差几何特征的公差值为 n。

动动手

识读图 7-16 所示的薄壁套筒零件图，回答下列问题：

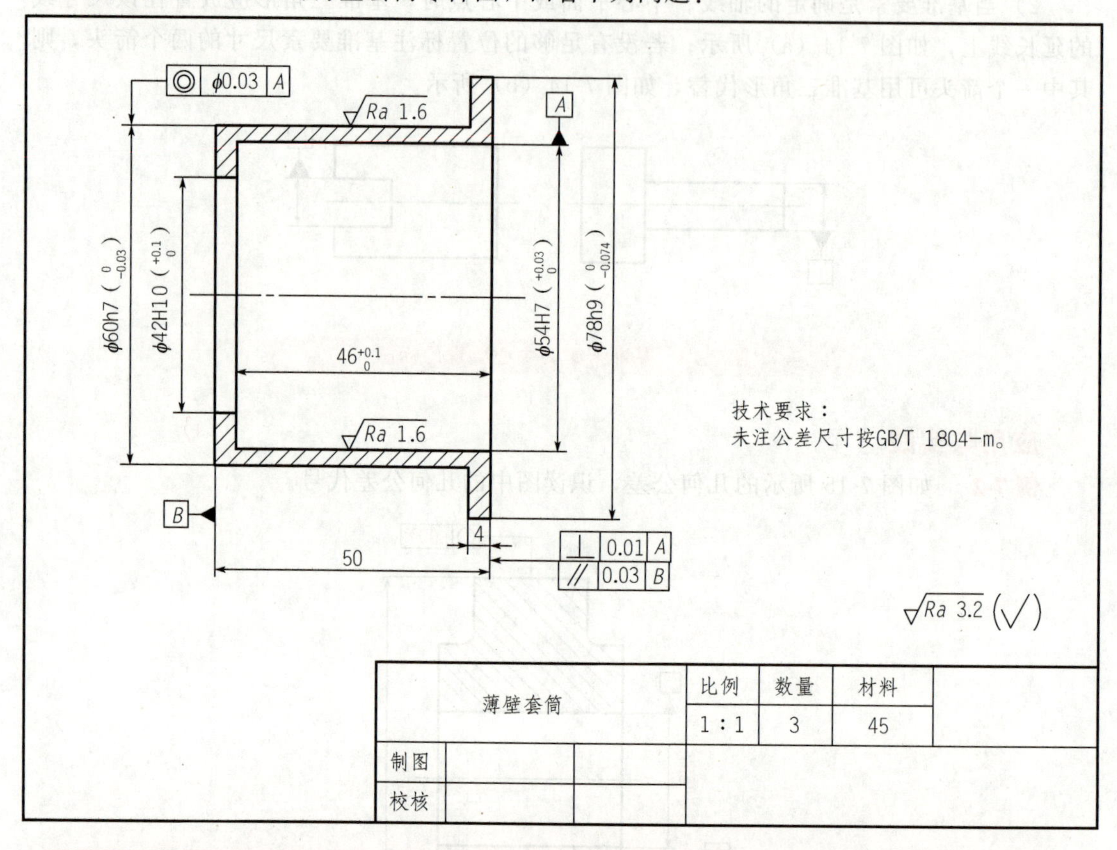

图 7-16 薄壁套筒零件图

1）◎ ϕ0.03 A 的含义：________________。

2）⊥ 0.01 A 的含义：________________。

3）// 0.03 B 的含义：________________。

7.3 用 AutoCAD 绘制轴类零件图

知识导入

轴类零件的主要形状特点是由共轴线的回转体组成，大部分表面为圆柱面，其上常有键槽、销孔、退刀槽、螺纹、倒角、倒圆等结构，如图 7-17 所示。轴一般用来支承传动零件和传递运动。

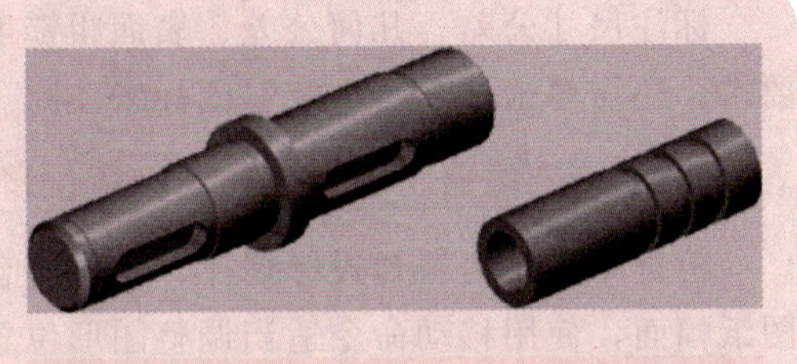

图 7-17 轴类零件

轴类零件的结构比较简单，其零件图一般由一个主视图加上断面图、局部放大图、局部剖视图等表达，作图时可以先绘制出主视图再绘制其余视图。其中，主视图按加工位置轴线水平放置，视结构需要可采用适当的局部剖视图，键槽和孔等结构还应作出移出断面图，而对砂轮越程槽、退刀槽、中心孔等结构可用局部放大图表达。

相关知识

在使用 AutoCAD 2010 绘制工程图时，仅仅掌握绘图命令是不够的，要做到高效精确地绘图，还必须掌握计算机绘图的基本步骤。其中，绘制零件图的方法和步骤如下。

1. 绘图前的准备

1）了解所绘零件的用途、结构特点、材料及相应的加工方法和工作情况。

2）分析零件的结构形状，确定零件的视图表达方案。

2. 调用样板文件建立一张新图

单击“新建”图标，根据零件尺寸大小、绘图比例及视图数目选择合适的图纸幅面，调用相应的样板图建立一张新图，填写标题栏后起名保存。

3. 按 1：1 的原值比例绘制图形

1）布置视图：根据各视图的轮廓尺寸，在点划线层绘制出确定各视图位置的基准线。注意应留出标注尺寸的空间。

2）将粗实线层设置为当前层，按投影关系绘制图形。

通常从反映物体特征最明显的视图绘起，绘图时应注意分析图形特点，确定合适的作图路线，重复的结构尽量多用编辑命令完成；还应注意合理使用正交、对象捕捉、极轴及对象追踪等精确作图方法。

4. 标注尺寸及要求

尺寸标注的基本要求是正确、完整、清晰、合理。正确是指尺寸标注必须符合国家标准的有关规定；完整是指尺寸必须注写齐全，既不遗漏，也不重复；清晰是指尺寸布置要适当，尽量注写在最明显的地方，以便看图；合理是指尺寸标注要符合设计与制造要求，为加工、测量及检验提供方便。

将尺寸标注层设置为当前层，按国家标准的规定正确、完整、清晰、合理地标注尺寸。若绘图比例不是原值比例，则应先将图形进行缩放，然后设定尺寸样式中的“测量比例因子”，令该值与图形比例值的乘积保持为 1，最后再进行相应的尺寸标注。

标注尺寸公差、几何公差、表面粗糙度等技术要求。如果零件由统一的文字描述技术要求，还需单击“多行文字”图标来注写。注意汉字字高应比尺寸字高至少大一号。

5. 检查视图，调整图形到合适位置

检查图形是否符合投影规律、是否符合作图规范，图线使用的图层是否正确等。根据图纸幅面，使用移动命令适当调整图形位置，但应保证“正交”模式是打开的。

6. 存盘

存盘，完成零件图的绘制。

下面以轴类零件为例，阐述 AutoCAD 2010 绘制零件图的一般操作流程。

应用与实践

例 7-3 在 AutoCAD 2010 中，绘制图 7-18 所示的泵轴零件图。

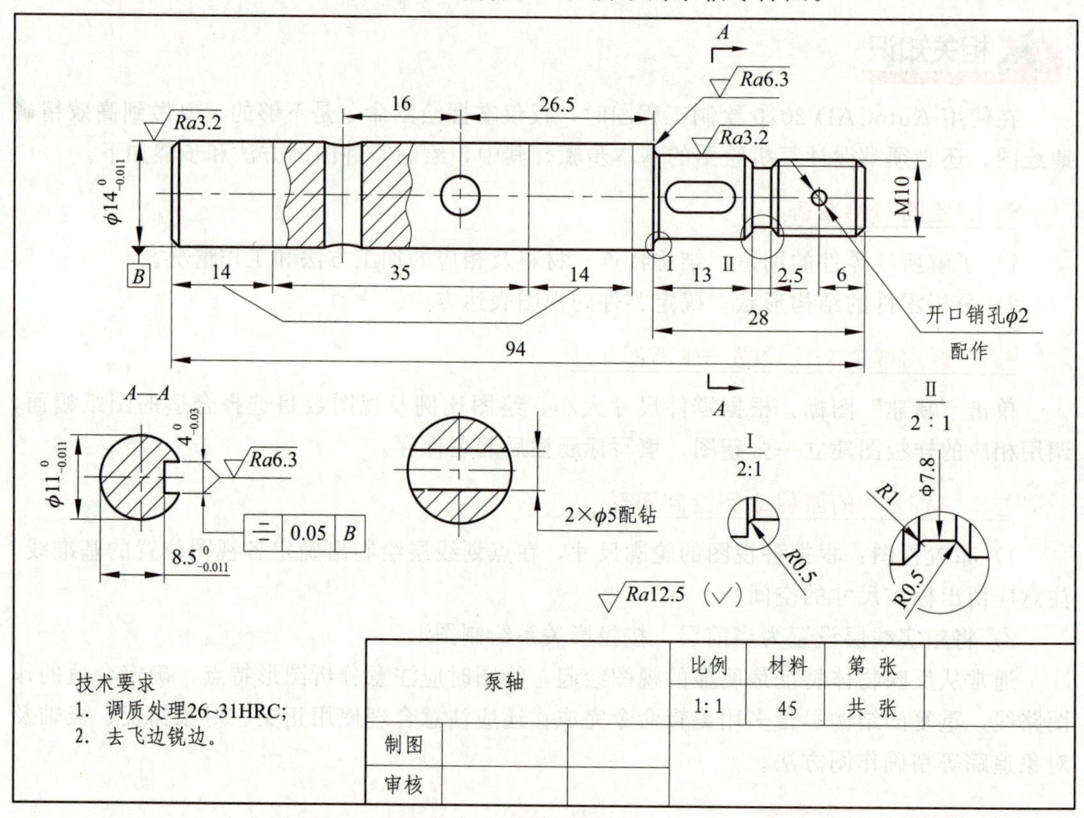

图 7-18 泵轴零件图

解：轴类零件的基本形状是同轴回转体，并且主要在车床上加工。因此，采用一个基本视图加上一系列直径尺寸，就能表达它的主要形状。为了便于在加工时看图，图 7-18 所示的泵轴轴线宜水平放置。对于轴上的销孔、键槽等，可以采用移出断面表达。这样，既表达了它们的形状，也便于标注尺寸。对于轴上的局部结构，如砂轮越程槽、螺纹退刀槽等，则可以采用局部放大图表达。

如上所述，在确定了零件的视图表达方案后，即可正式开始绘图，具体步骤如下。

1. 调用样板文件建立一张新图

(1) 建立图形文件

AutoCAD 2010 为了方便和统一绘图格式，在“模板”子目录下建有各种图框和标题栏的模板图样，用户可以直接调用。

根据泵轴的大小，利用“新建”命令，在打开的“选择样板”对话框中选择自定义的“A4 图纸—横向”样板。

(2) 绘图单位设定

绘制零件图时，线性单位采用“十进制”，角度单位采用“度/分/秒”，单位精度为“0”。

(3) 图幅及绘图比例设定

图幅及绘图比例设定如下：图幅为 A4（297 mm×210 mm），比例为 1∶1。

(4) 图层的设定

绘制机械零件时通常设置八个图层。设置的图层包括中心线（CENTER）、粗实线（THICK）、细实线（THIN）、文字（TEXT）、标注尺寸（DIMENSION）、虚线（DASHED）、双点划线（DIVIDE）。

(5) 尺寸样式的设定

使用“标注”按钮或“格式/标注样式”打开“标注样式管理器”对话框，如图 7-19 所示。

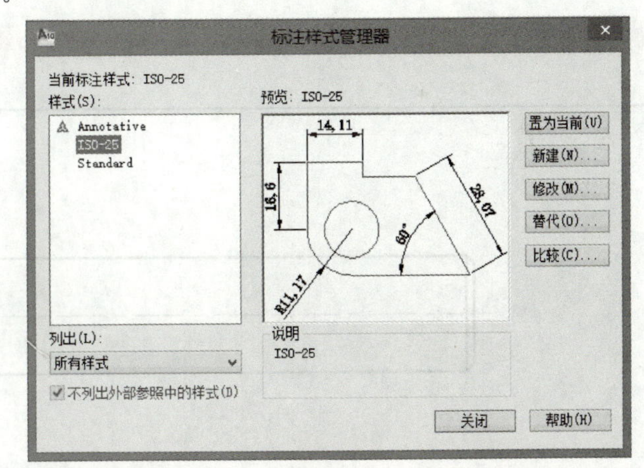

图 7-19 “标注样式管理器”对话框

单击“修改”按钮，弹出“修改标注样式”对话框，修改“直线和箭头”“文字”“调整”选项卡，定义“尺寸标注”的样式。

2. 按 1∶1 的原值比例绘制图形

(1) 绘制泵轴的中心线

单击图标右侧的下拉按钮，弹出下拉列表框，选择图层 CENTER，原图标变成。

在命令行中输入“直线”命令（工具栏按钮），用鼠标在绘图区的中部完成中心线的绘图操作，如图 7-20 所示。

(2) 绘制泵轴的外形

单击工具栏中的图层特性管理器，弹出下拉列表框，选择“THICK”图层。

执行“直线”命令（工具栏按钮），设定各段直线的起点和端点，绘制泵轴的外形。执行“偏移”命令（工具栏按钮）、“倒角”命令（工具栏按钮）和“修剪”命令（工具栏按钮），根据命令行的提示输入坐标并修改参数，即可完成泵轴外形的绘制工作，如图 7-21 所示。

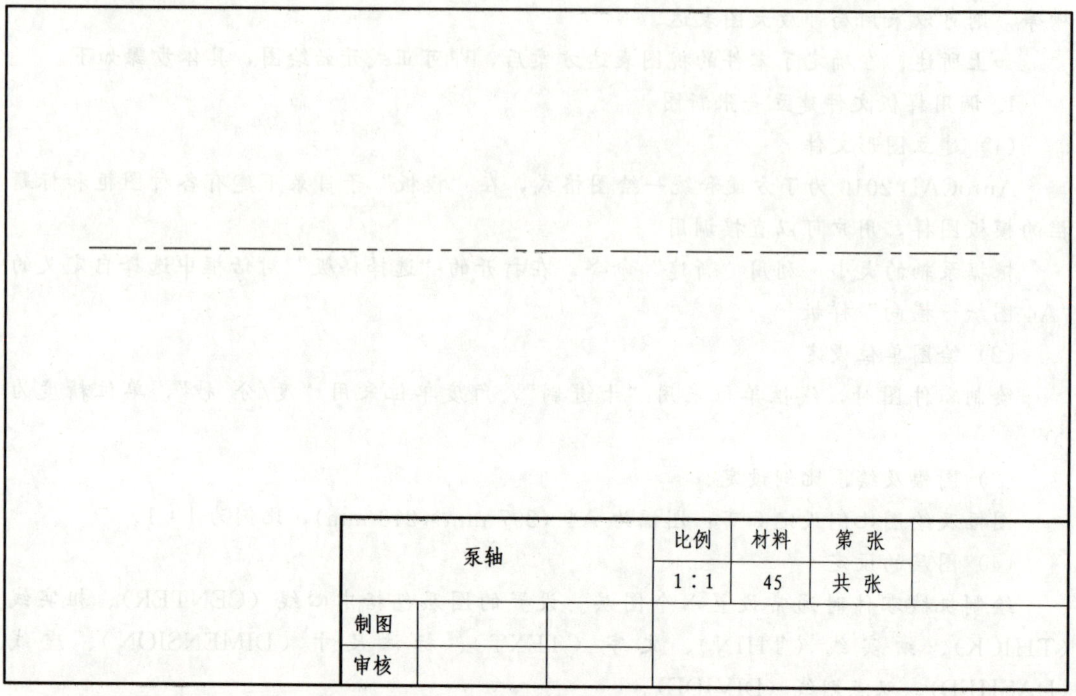

泵轴		比例	材料	第 张
		1∶1	45	共 张
制图				
审核				

图 7-20　绘制轴的中心线

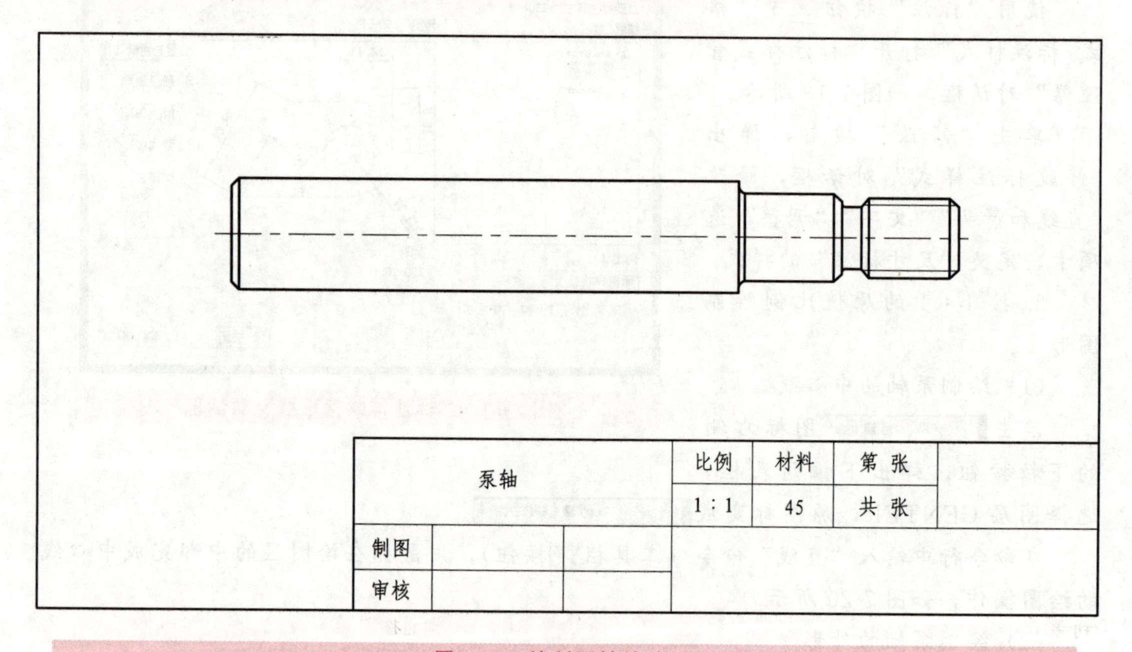

图 7-21　绘制泵轴的外形

(3) 绘制泵轴上的孔和键槽

执行"修改/偏移(S)"命令(工具栏按钮)、"修改/特性(O)"命令(工具栏按钮)、"画圆(C)"命令(工具栏按钮)和"修改/修剪(T)"命令(工具栏按钮),绘制泵轴上的孔和键槽。

(4) 绘制断面图

在绘图区的适当位置绘制键槽断面图,在泵轴中间孔的正上方绘制中间孔的断面。绘制的两个移出断面图如图7-22所示。

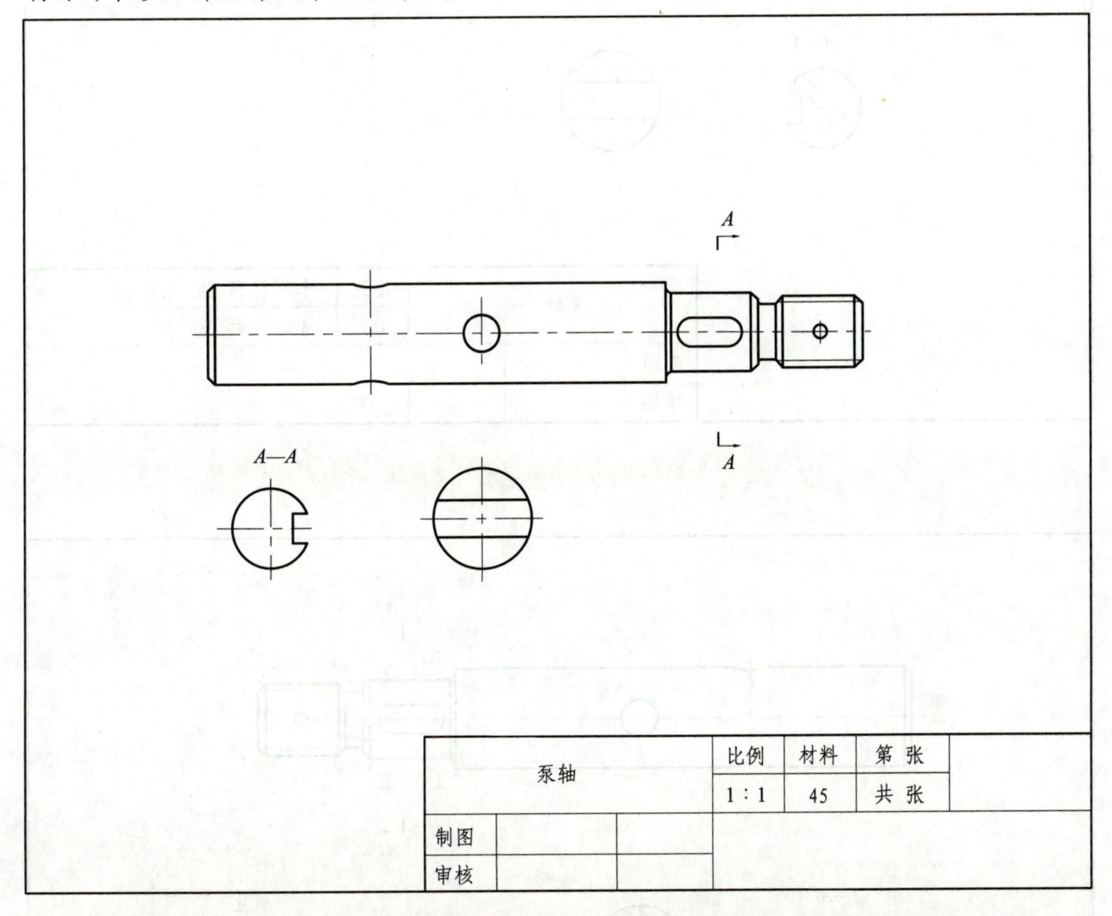

泵轴			比例	材料	第 张	
			1:1	45	共 张	
制图						
审核						

图7-22 绘制圆孔、键槽和移出断面图

执行"绘图/图案填充(H)…"命令(工具栏按钮),在"图案(P)"下拉列表框中,选择"ANSI31",确定剖面线的样式。区域选择完成后按Enter键或右击,回到"边界图案填充"对话框。单击"确定"按钮结束绘制剖面线,结果如图7-23所示。

(5) 绘制局部放大视图

执行"绘图/圆(C)"命令(工具栏按钮),将需放大的局部围起来,注意使用THIN图层。执行"修改/复制(Y)"命令(工具栏按钮),复制需放大的局部,并移到泵轴图的下方。执行"修改/比例(L)"命令(工具栏按钮),将需放大的局部放大两倍。绘制完成的局部放大视图如图7-24所示。

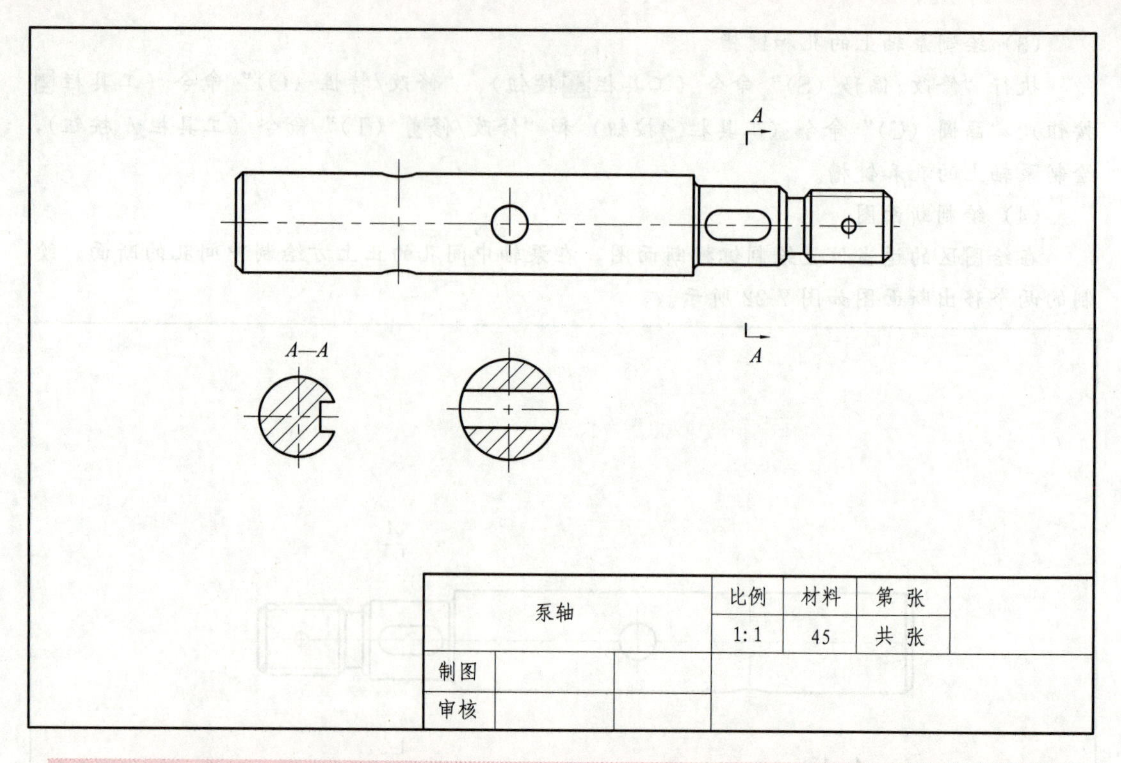

图 7-23 绘制移出断面图的剖面线

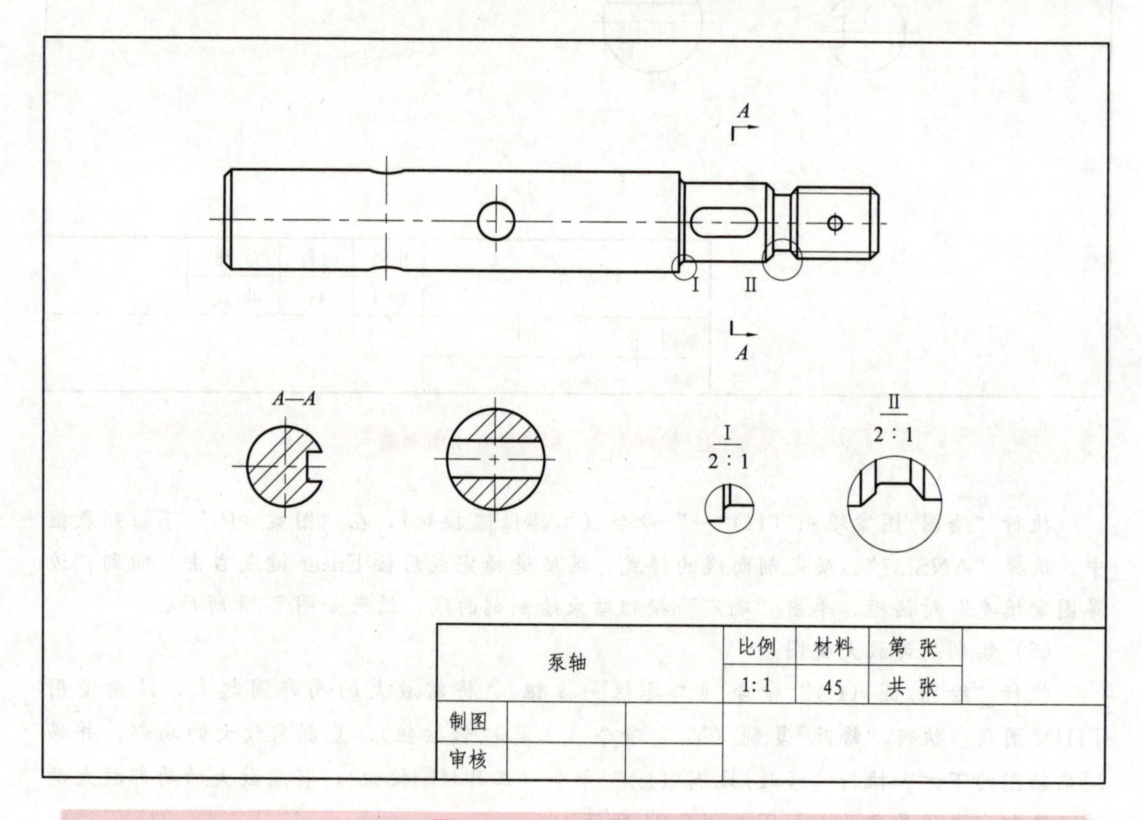

图 7-24 绘制局部放大视图

(6) 绘制局部剖视图

执行“绘图/样条曲线”命令（工具栏～按钮）绘制样条曲线，代替局部剖视的波浪线。执行“绘图/图案填充（H）…”命令（工具栏按钮），绘制局部剖视图的剖面线，注意此时使用的剖面线的样式，须与前面绘制移出断面图的剖面线的样式一致，绘图结果如图 7-25 所示。

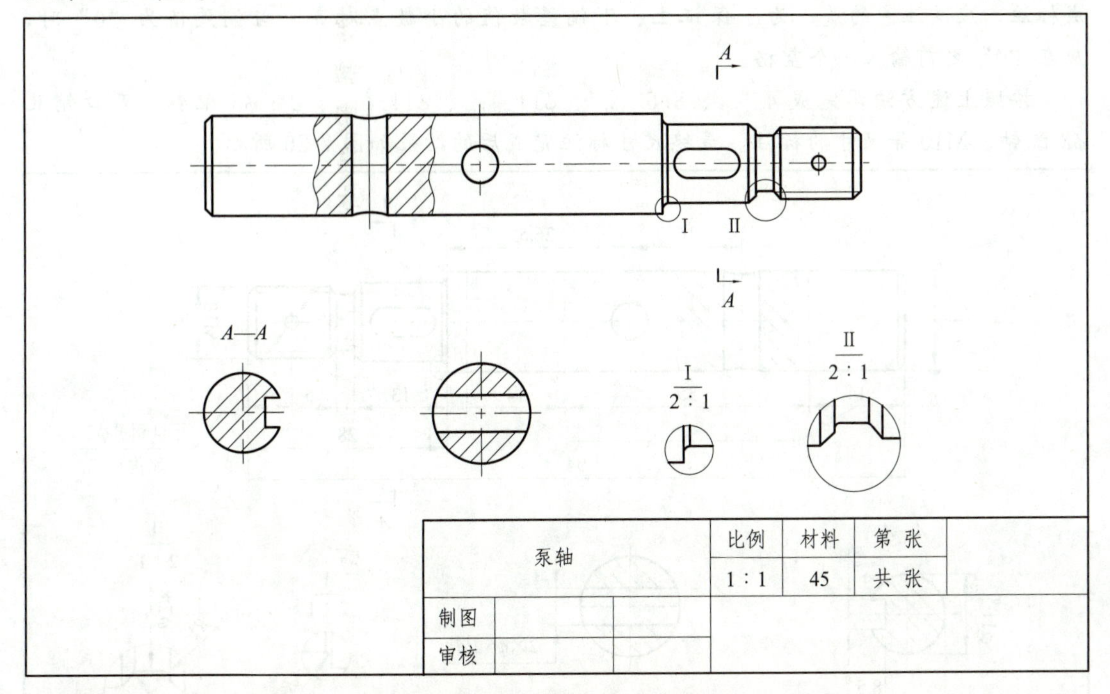

图 7-25 绘制局部剖视图

3. 标注尺寸及要求

(1) 尺寸标注

将当前图层设置为“THIN”层，标注时应按一定顺序进行，先标注主视图上各轴段的径向尺寸，再标注轴向尺寸，最后标注其他视图上的尺寸。

1) 执行“标注/线性（L）”命令（工具栏按钮），标注线性尺寸 94、14、35、14、2.5、28、6、16、26.5 等。

2) 执行“标注/直径（D）”命令（工具栏按钮），标注直径尺寸 $\phi7.8$。

3) 执行“标注/半径（R）”命令（工具栏按钮），标注半径尺寸 $R1$，$R0.5$，$R0.5$ 等。

4) 对于在非圆视图上标注直径、标注具有公差的尺寸，可在命令执行过程中，选择“多行文字（M）”选项，弹出“多行文字编辑器”对话框，改变尺寸标注文字进行标注。下面以 $\phi14_{-0.011}^{\ 0}$ 尺寸为例说明标注方法。

激活“标注/线性（L）”命令（工具栏按钮）后，系统提示：

命令：_ dimliner

指定第一条尺寸界线原点或<选择对象>：捕捉 $\phi14$ 轮廓线端点

指定第二条尺寸界线原点：捕捉 ϕ14 另一轮廓线端点

指定尺寸线位置或［多行文字（M）/文字（T）/角度（A）/水平（H）/垂直（V）/旋转（R）］：输入选项“M”

在弹出的“多行文字编辑器”对话框中输入“ϕ14 0^－0.011”，选中“ 0^－0.011”，单击堆叠按钮，完成标注文字输入，单击“确定”按钮，将尺寸线放置在适当位置，完成标注。应该注意的是，为了保证上、下偏差数值的小数点对齐，当偏差值为“0”时，应在“0”之前输入一个空格。

按照上述方法，完成 $4_{-0.03}^{\ 0}$、$8.5_{-0.011}^{\ 0}$、$\phi 14_{-0.011}^{\ 0}$、$\phi 11_{-0.011}^{\ 0}$、2×ϕ5 配钻、开口销孔 ϕ2 配钻、M10 等尺寸的标注。最终尺寸标注完成后的结果如图 7-26 所示。

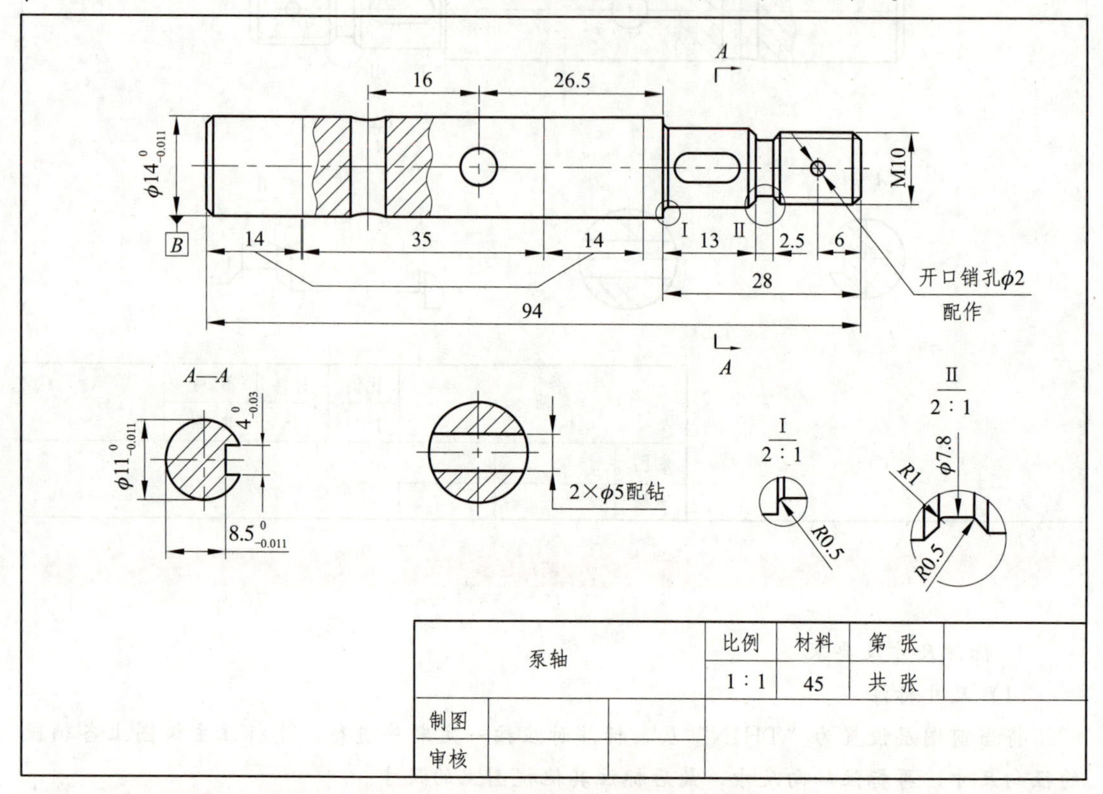

图 7-26 泵轴尺寸标注结果

(2) 标注表面粗糙度

在实际绘图中，经常有大量需要重复绘制的图形。为了提高绘图工作效率，可将这些图形定义成图块，当需要时将对应的图块插入即可。在这里我们应用表面粗糙度的图块，使用“插入”命令，将该图块插入需要定义表面粗糙度的表面上。

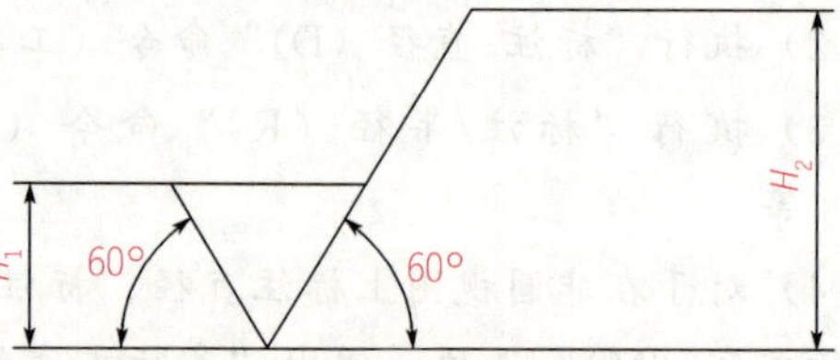

图 7-27 表面粗糙度的图形符号

H_1=3.5 mm，H_2=7 mm

1) 绘制表面粗糙度图形。参照国家标准 GB/T 131—2006 对表面粗糙度的图形符号的画法规定，绘制出如图7-27所示图形。

2) 定义块。执行“绘图 (D) /块 (K) /定义属性 (D)”命令，弹出“属性定义”对话框。

在“属性”选项组的“标记”“提示”“值”各栏中，分别在对应的栏目中填入“表面粗糙度值”“表面粗糙度”“*Ra*12.5”等内容；在“文字设置”选项组的“文字高度”文本框中输入“0.5”(该选项也可在下拉菜单“格式”→“文字样式”→“字体高度”中设置)。

在“文字设置”选项组的“对正”的下拉列表框，选择“调整”选项。

单击“确定”按钮，有以下提示：

命令：_ attdef

指定文字基线的第一个端点：

指定文字基线的第二个端点：

图 7-28 中 1、2 两点为所填文字区间，该区间根据具体情况确定。

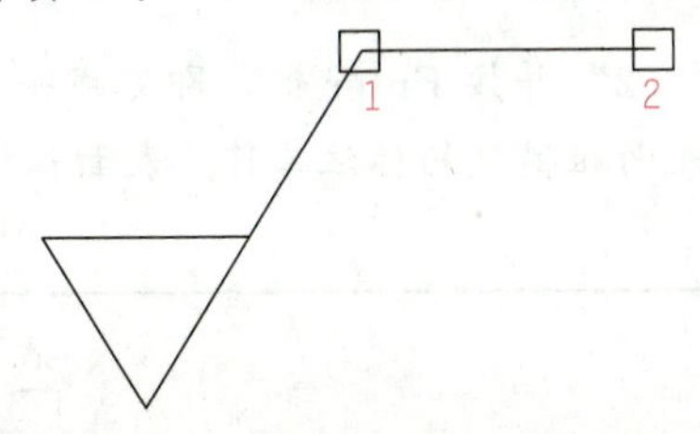

图 7-28　绘制表面粗糙度符号定义属性

3) 创建块。执行“绘图 (D) /块 (K) /创建块 (M)”命令 (工具栏按钮)，弹出“块定义”对话框，输入块名“Rough”。

单击“选择对象”按钮，有以下提示：

命令：_ block

选择对象：找到 1 个

选择对象：找到 1 个，总计 2 个

选择对象：找到 1 个，总计 3 个

选择对象：找到 1 个，总计 4 个

选择要生成的图块。

单击“拾取点”按钮，选择表面粗糙度符号的插入点 (选择 1 点为插入点)，如图 7-29 所示。

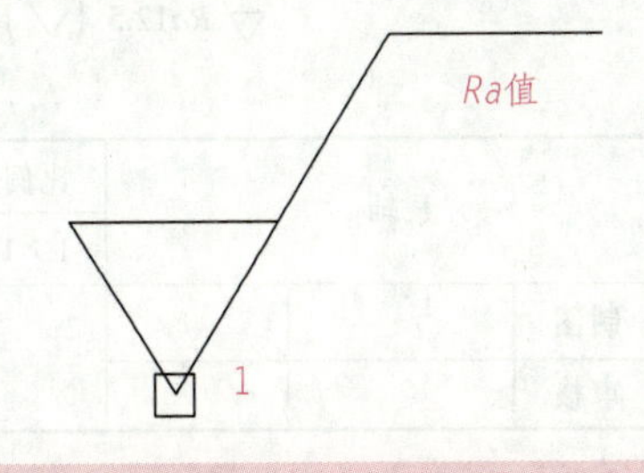

图 7-29　块的插入点

单击“确定”按钮，完成表面粗糙度符号块的制作。

4) 插入块。执行“绘图/插入块”命令 (工具栏按钮)，或选择“绘图/图块…”选项，弹出“插入”对话框。

在“名称”文本框中输入图块名称“Rough”，单击“确定”按钮。

指定插入点或［比例（S）/X/Y/Z/旋转（R）/预览比例（PS）/PX/PY/PZ/预览旋转（PR）］：用鼠标在某表面选取一点。

输入Y比例因子，指定对角点，或者［角点/XYZ］＜1＞：输入比例因子“1”，按Enter键；或直接按Enter键。

输入Y比例因子或＜使用X比例因子＞：按Enter键。

指定旋转角度＜0＞：按Enter键。

输入属性值：按Enter键。

Rough＜12.5＞：输入“3.2”并按Enter键。

验证属性值：按Enter键。

Rough＜12.5＞：输入“3.2”并按Enter键，即完成一个表面粗糙度的插入工作。

应用上述方法，完成其余表面粗糙度的标注工作。表面粗糙度标注完成后结果如图7-30所示。

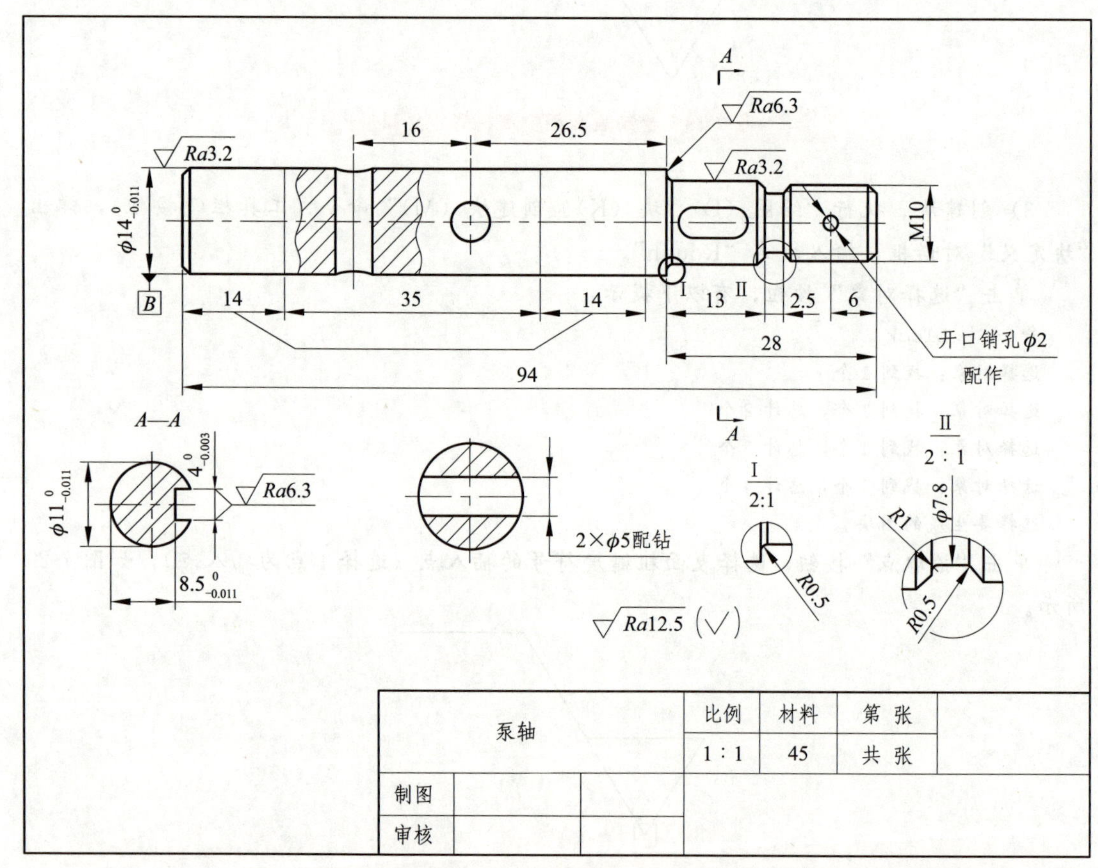

图7-30 标注表面粗糙度符号

（3）标注几何公差

几何公差包括基准符号和公差代号两部分。基准符号一般用插入块的形式标注，标注应符合制图国家标准要求。公差代号标注一般和引线标注结合使用，由于在AutoCAD2010的

“标注”工具条中，单引线标注的快捷图标已不存在，因此可以直接输入命令“LE”来绘制单引线，具体操作如下：

1）指定第一条引线点或［设置（S）］＜设置＞：输入“S”或直接按 Enter 键，弹出“引线设置”对话框，点选“注释”选项卡中的“公差（T）”单选按钮，单击“确定”按钮。

2）指定第一条引线点或［设置（S）］＜设置＞：用鼠标在绘图区内确定几何公差的标注位置。

3）指定下一点：用标注几何公差的指引线。

4）指定下一点：右击，弹出“形位公差”（旧标准）对话框；或在命令行中输入“Tol”或在“标注”工具栏中单击按钮。

5）单击“形位公差”对话框中“符号”下方的黑框，弹出“特征符号”选项组，选择对称度公差符号。

6）在“公差 1”文本框中输入公差值“0.05”，在“基准 1”文本框中输入公差基准“B”。

7）单击“确定”按钮，即完成几何公差的标注，结果如图 7-31 所示。

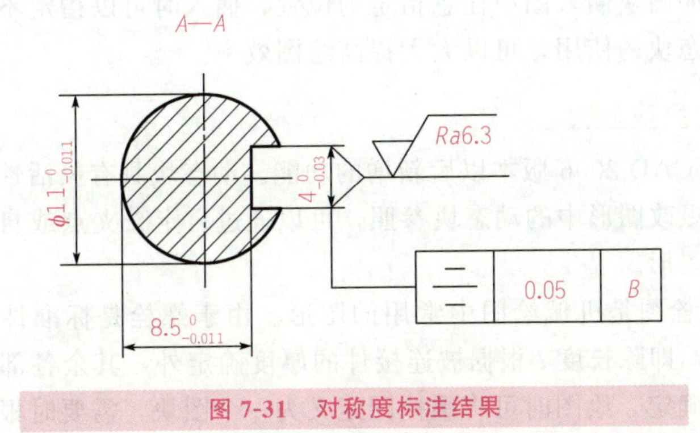

图 7-31 对称度标注结果

（4）标注文字

标注图中的文字可采用以下两种方法，一种是在 Word 中输入文字，特别是需要输入的文字较多时，使用该方法较简捷，如输入技术要求等。使用方法与在打开的两个 Word 文件之间复制文件相同。另一种是直接在 AutoCAD 中使用“Text”命令输入文字。

在这里我们用第二种方法输入图中的其他文字：

1）在命令行中输入“Text”并按 Enter 键。

2）在“当前文字样式：单仿宋体文字高度：3.5000”提示下，选择字体。

3）指定文字的起点或执行“对正（J）/ 样式（S）”命令：用鼠标指针指定文字的位置。

4）指定高度＜3.5000＞：输入字高，如 3，并按 Enter 键。

5）指定文字的旋转角度＜0＞：输入文字方向。

6）输入文字：按输入所要输入的文字。

7）输入文字：按 Enter 键结束文字输入命令。

4. 检查视图

检查视图，调整图形到合适位置。绘制完成后的泵轴零件图，如图 7-18 所示。

5. 存盘

保存绘制完成的图形。

提示：

1）在绘图过程中应注意随时保存，以免发生意外，将图形丢失。

2）在实际工作中可通过输入命令或单击工具栏相应的按钮完成图形的绘制，但从便捷的角度考虑，建议用户尽量使用工具栏按钮。

3）由于 AutoCAD 2010 二维绘图功能强大，实现同一效果的操作过程往往并不是唯一的，用户可根据个人习惯，综合分析、灵活运用，熟能生巧。

知识拓展

AutoCAD 把图块当做一个单一的实体来处理，利用 AutoCAD 图块功能，在绘图时可根据需要将制作的图块插入图中任意指定的位置，插入时可以指定不同的比例因子和旋转角度，特别是动态块的使用，可以大大提高绘图效率。

1. 创建和使用动态块

动态块是 AutoCAD 2006 版本以后新增的功能。动态块具有灵活性和智能性，用户在操作时可以轻松地更改图形中的动态块参照，可以通过自定义夹点或自定义特性来操作动态块参照中的几何图形。

图 7-32 所示螺栓图是机械绘图中常用的图形。由于螺栓是标准件，因此在机械制图中常采用比例画法，即除长度 l 根据被连接件的厚度确定外，其余各部分尺寸根据公称直径 d 按一定的比例确定。绘图时可将螺栓图定义为一个图块，需要时根据所需的直径，在插入图块时选用合适的比例来调整螺栓图形的大小，但螺栓长度 l 却不一定能符合要求。利用动态块功能，可以很方便地解决此类问题。

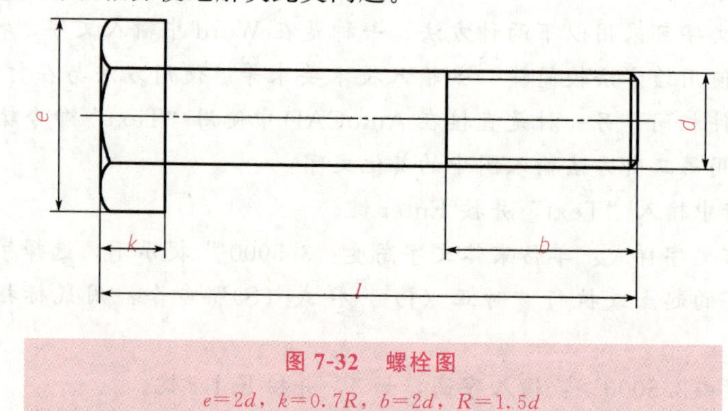

图 7-32 螺栓图

$e=2d$，$k=0.7R$，$b=2d$，$R=1.5d$

（1）创建动态块

下面以创建螺栓的动态块为例，说明动态块的创建方法。

在创建动态块时，应先按块定义的方法定义相应的块。如先按图 7-32 所示的图形，以 $d=10$，$l=50$ 为基数，绘制一螺栓图，并以“螺栓”为名定义块。

使用“块编辑器”创建动态块。块编辑器是一个专门的编写区域，用于添加能够使块成为动态块的元素。用户可以从头创建块，也可以向现有的块中添加动态行为。可以使用下列方法之一启用“块编辑器”命令。

1）执行“bedito”命令。

2）执行“工具（T）/块编辑器（B）”命令。

3）单击“标准”工具栏中的按钮。

4）在绘图区选择一个块参照，右击，在弹出的快捷菜单中选择“块编辑器”选项。

执行命令后，系统弹出“编辑块定义”对话框，如图 7-33 所示，在列表框中选择已定义的块“螺栓”，单击“确定”按钮，系统打开“块编写”选项板和“块编辑器”工具栏，如图7-34所示。

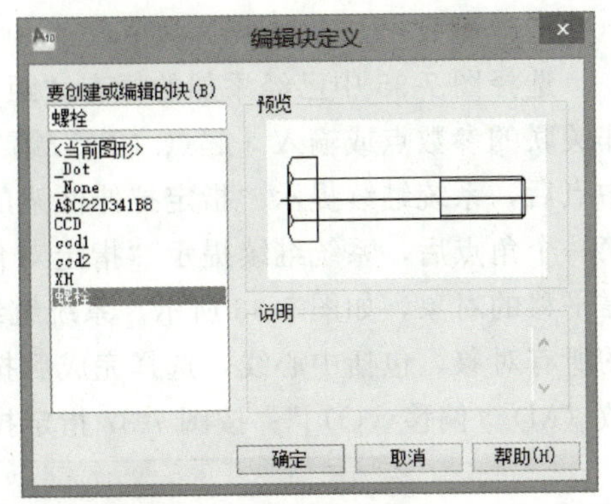

图 7-33　“编辑块定义”对话框

添加参数：在“块编写”选项板中选择“参数”选项卡，在此选项卡中选择“线性参数”选项，此时系统提示：

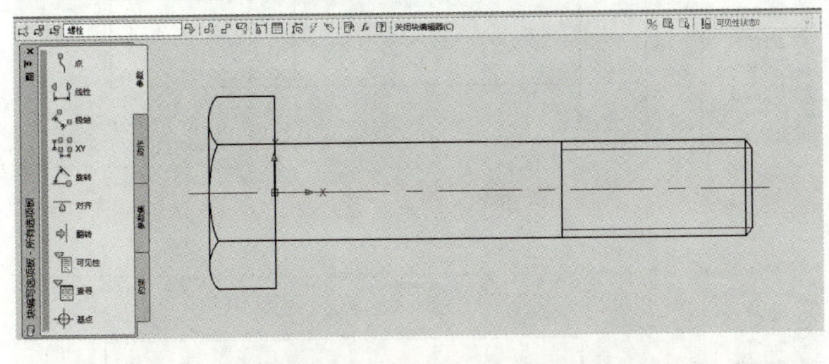

图 7-34　“块编写”选项板与“块编辑器”工具栏

命令：_ BParamelcr 线性

指定起点或［名称（N）/标签（L）/链（C）/说明（D）/基点（B）/选项板（P）/值集（V）］：

用鼠标指定螺栓长度的第一个定位点后，系统提示“指定端点”；用鼠标指定螺栓长度的第二个定位点后，系统提示“指定标签位置”；移动鼠标，确定“距离”标签的位置，结果如图 7-35 所示。

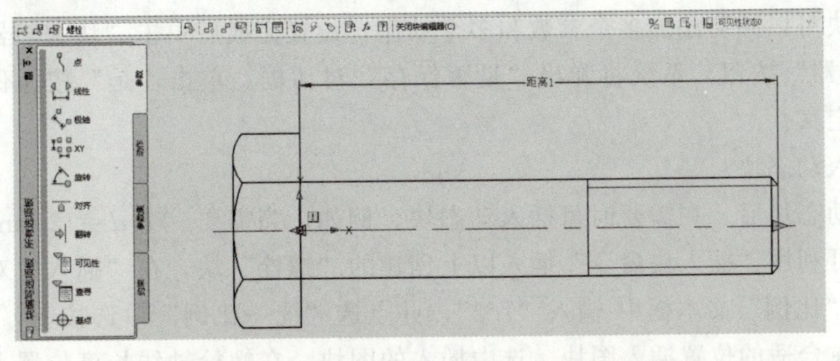

图 7-35　“线性参数”设置完成后的结果

添加动作：在“块编写”选项板中选择“动作”选项卡，在此选项卡中选择“拉伸动作”，此时系统提示：

命令：_ BActionTool 拉伸

选择参数：

选择图 7-35 中已经添加的标有“距离”的“线性参数”，系统继续提示“指定要与动作关联的参数点或输入［起点（T）/第二点（S）］＜起点＞”；指定螺栓螺杆右侧端部的中点后，系统继续提示“指定拉伸框架的第一个角点或［圈交（CP）］”；指定拉伸框架的第一个角点后，系统继续提示“指定对角点”；指定拉伸框架的对角点，矩形框框住所有需平移的对象，如图 7-36 所示。系统继续提示“指定要拉伸的对象”；此时选中螺杆部分的所有对象，包括中心线，选择完成后按 Enter 键确认，系统提示“指定动作位置或［乘数（M）/偏移（O）］”；按图 7-37 指定拉伸动作的位置，完成拉伸动作的添加。

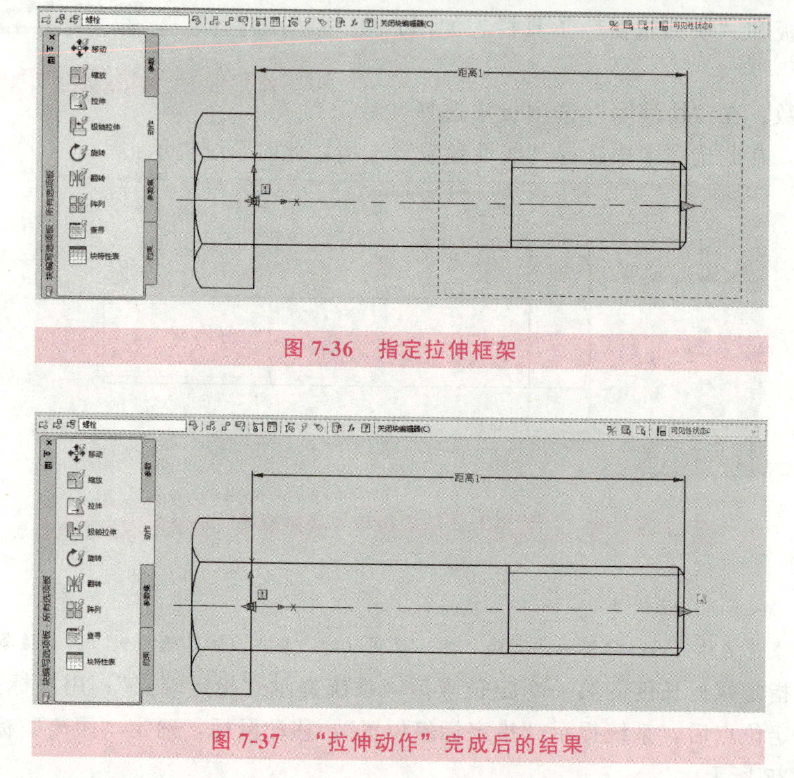

图 7-36　指定拉伸框架

图 7-37　“拉伸动作”完成后的结果

同一个块可以同时添加多个参数和多个动作，设置完成后单击“块编辑器”工具栏的“关闭块编辑器”按钮，系统将弹出“是否保存”对话框。单击“是”按钮保存设置，完成动态块的定义。

（2）插入动态块

创建了动态块后，在需要时可插入动态块。例如，当需要一个 $d=12$ mm、$l=80$ mm 的螺栓时，可利用“插入块命令”插入以上创建的“螺栓”块，在“插入”对话框中（见图 7-38）的“比例”文本框中 输入“1.2”，并点选“统一比例”单选按钮，单击“确定”按钮，即可在合适的位置插入图块。选中插入的图块，在螺栓轴线长度位置上多了两个拉伸标志，如图 7-39（a）所示；选中右侧的拉伸标志，在动态输入打开的状态下，将出现动态输入框，如图7-39（b）所示；在输入框中输入数值“80”，按 Enter 键，则螺栓长度拉长为 80 mm，如图 7-39（c）所示。

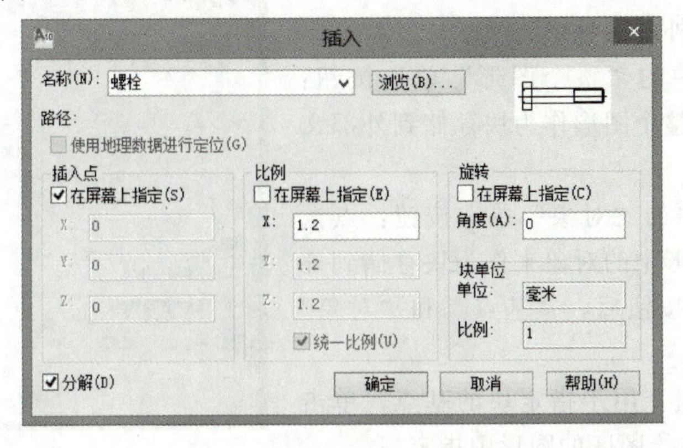

图 7-38 “插入”对话框

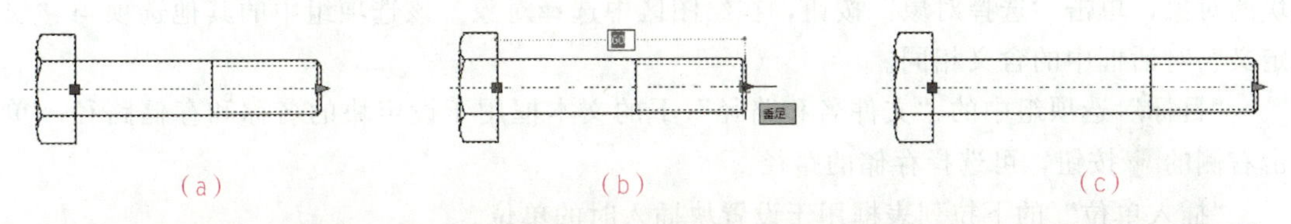

图 7-39 插入螺栓动态块

也可以利用块“特性”对话框查看和修改插入块的参数。选中插入的块，右击，在弹出的快捷菜单中选择“特性”选项，弹出“特性”对话框，如图 7-40 所示，在对话框中的“距离”文本框中，将原来的“60”改为“80”。

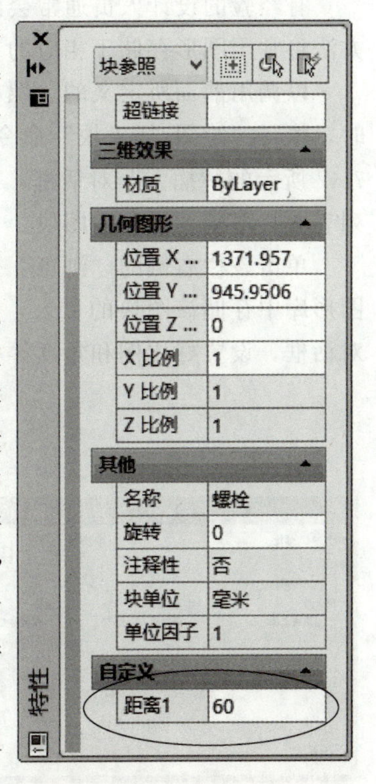

图 7-40 块“特性”对话框

2. 块的存储和调用

(1) 块的存储

在实际绘图工作中，经常要频繁使用同类图形，如螺栓、螺母、轴承等标准件。为提高绘图工作效率，人们常根据不同的用途，按不同类别建立一些图形库，将常用图形存储在相应的图形库中，需要时直接调用。可采用多种方法建立图形库，其中最简单常用的方法是通过块来实现。使用“block”命令定义的块，通常称为“内部块”，只能由块所在的图形使用，不能直接被其他图形调用。使用“wblock”命令，可以创建独立的图形文件，通常称为“外部块”，可作为块插入其他图形中。独立的图形文件更易于创建和管理，将其存储于相应的文件夹中，更便于需要时调用。

执行“wblock”命令，弹出“写块”对话框，如图 7-41 所示。对话框中各选项的含义如下。

在对话框的“源”选项组中，有以下三个单选按钮。

“源”选项组中的“块”单选按钮：点选此按钮，在右侧下拉列表框中选择已定义的块，可将选择的块存储到外部文件中。

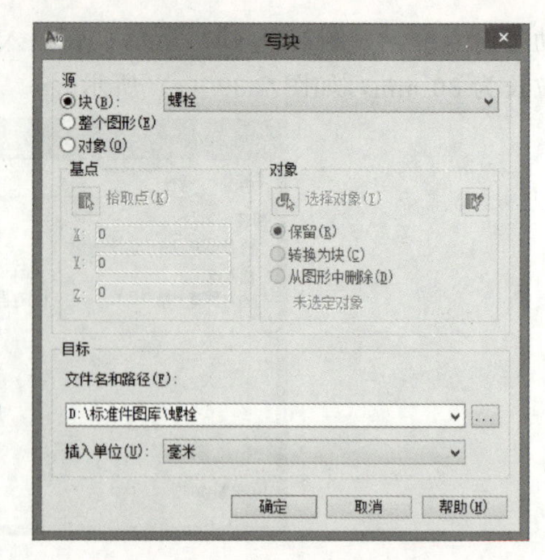

图 7-41 “写块”对话框

“源”选项组中的“整个图形”单选按钮：点选此按钮，可将整个图形作为块存储到外部文件中。

“源”选项组中的“对象”单选按钮：点选此按钮，可选择图形中的对象来作为块存储到外部文件中。点选此按钮后，“基点”和“对象”选项组才可用。

“基点”选项组：用于指定块的基点，单击“拾取点”按钮，在绘图区的图形中指定。

“对象”选项组：用于指定要用于创建外部块的对象，单击“选择对象”按钮，在绘图区中选择对象。该选项组中的其他选项与“块定义”对话框中的含义相同。

“目标”选项组中的“文件名和路径”下的文本框用于设定块的名称和存储路径。单击右侧的[...]按钮，可选择存储的路径。

“插入单位”的下拉列表框用于设置块插入时的单位。

(2) 块的调用

有经验的设计人员通常会建立自己的图形库，并按照不同的用途分类。采用存储块的方法将常用图形存储于相应的目录，需要时采用插入块的方法即可方便地调用。

以调用前面所定义的“螺栓”块为例，操作方法如下：并在绘图中需要用到螺栓图时，执行“绘图/插入块”命令（工具栏按钮），或选择“绘图/图块…”选项，弹出图 7-42 所示的“插入”对话框，首次在此图形文件中使用“螺栓”图块时，在“名称”下拉列表中找不到“螺栓”图块。

单击该栏右侧的“浏览”按钮，打开图 7-43 所示的“选择图形文件”对话框，找到图形库中存储该图块的目录，从中选择“螺栓”图块，单击“打开”按钮，返回“插入”对话框，设置好比例和角度等相关选项后单击“确定”按钮，即可将图块插入图形中。

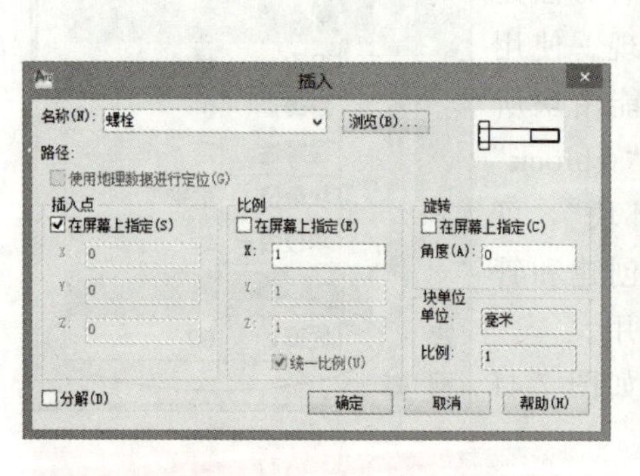

图 7-42 “插入”对话框

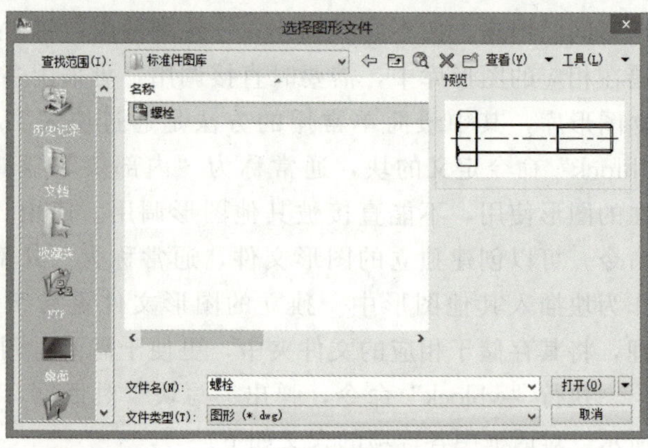

图 7-43 “选择图形文件”对话框

动动手

1）创建图 7-44 所示的“螺栓连接”动态块。

2）在 AutoCAD 2010 中，绘制图 7-45 所示的减速器从动轴零件图。

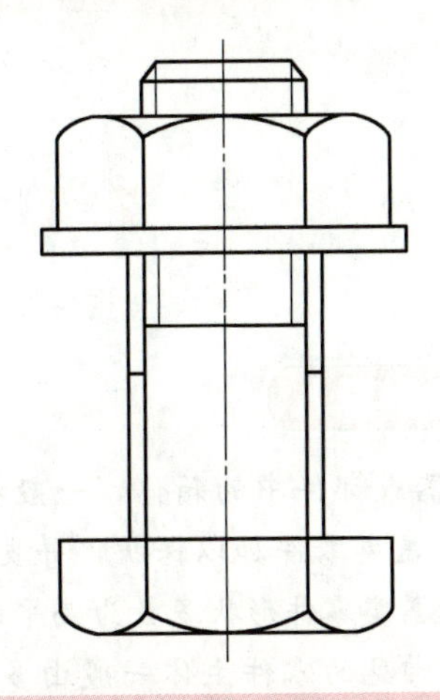

图 7-44 “螺栓连接”动态块

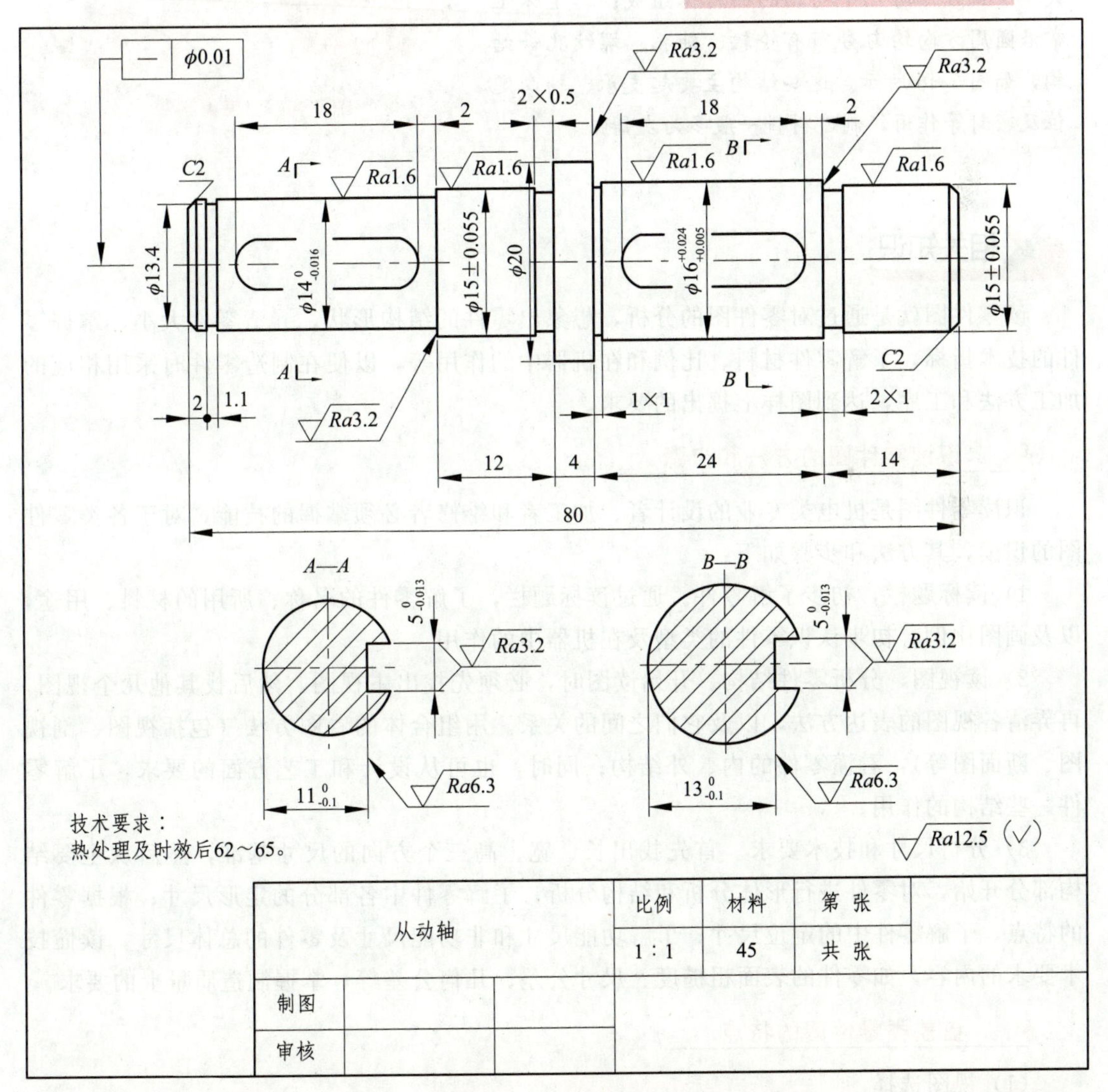

图 7-45 从动轴零件图

7.4 识读盘盖类零件图

知识导入

机器或部件中的箱体，一般都有为装配和调整而设置的孔，这些孔需用端盖、支承盖等盘盖类零件加以保护，并支承和调整各零部件。

盘盖类零件形状多数为扁平的圆形或方形盘状结构，常见的零件主体一般由多个同轴的回转体，或一个正方体与几个同轴的回转体组成；其主体上常沿圆周方向均匀分布有轮辐、轴孔、螺纹孔等结构，如图 7-46 所示。这些结构主要起支承、轴向定位及密封等作用，制造材料一般多为灰铸铁。

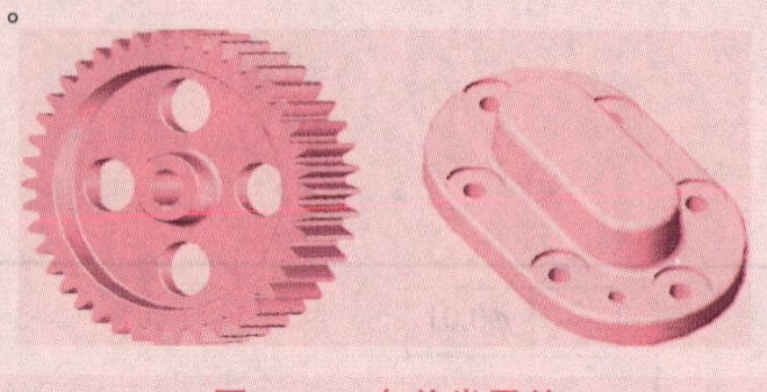

图 7-46 盘盖类零件

相关知识

读零件图就是通过对零件图的分析，想象出零件的结构形状，弄清零件大小，掌握零件的技术指标，了解零件材料、比例和在机器中的作用等，以便在制造零件时采用相应的加工方法和工序，达到图样上提出的要求。

1. 识读零件图的方法和步骤

识读零件图是机电类专业的设计者、加工者和维修者必须掌握的技能，对于各类零件图的识读，其方法和步骤如下：

1）读标题栏，初步了解零件。通过读标题栏，了解零件的名称、所用的材料、用途，以及画图比例，初步认识零件的类型及在机器中的作用。

2）读视图，分析零件结构。开始读图时，必须先找出主视图，然后找其他几个视图，再弄清各视图的表达方法，以及它们之间的关系。用组合体的看图方法（包括视图、剖视图、断面图等），看懂零件的内、外结构；同时，也可从设计和工艺方面的要求，了解零件一些结构的作用。

3）分析尺寸和技术要求。首先找出长、宽、高三个方向的尺寸基准，然后从主要结构部分开始，对零件进行形体分析和结构分析，了解零件中各部分的定形尺寸；根据零件的特点，了解零件中的定位尺寸；了解功能尺寸和非功能尺寸及零件的总体尺寸。读懂技术要求的内容，如零件的表面粗糙度、尺寸公差、几何公差等，掌握制造质量上的要求。

2. 盘盖类零件图的特点

（1）视图选择

盘盖类零件一般需要两个主要视图来表达，主视图按其形状特征和加工位置或工作位置确定。零件中的其他结构形状，如轮辐，可用移出断面图或重合断面图表示。若各个视图具有对称平面时，可作半剖视图；无对称平面时，可作全剖视图。

（2）尺寸标注

盘盖类零件宽度和高度方向的主要基准是回转轴线，长度方向的主要基准是经过加工的大端面。定形尺寸和定位尺寸都比较明显，在圆周上分布的小孔的定位圆直径是这类零件的典型定位尺寸，多个小孔一般采用“××均布”形式标注，均布就表示等分圆周，因此角度的定位尺寸不必标注。另外，其内外结构应分开标注。

（3）技术要求

盘盖类零件有配合的内、外表面粗糙度参数值较小；其轴向定位的端面表面粗糙度参数值也较小。有配合的孔和轴的尺寸公差较小；与其他运动零件相接触的表面有平行度、垂直度的要求。

应用与实践

例 7-4　识读图 7-47 所示的密封盖零件图。

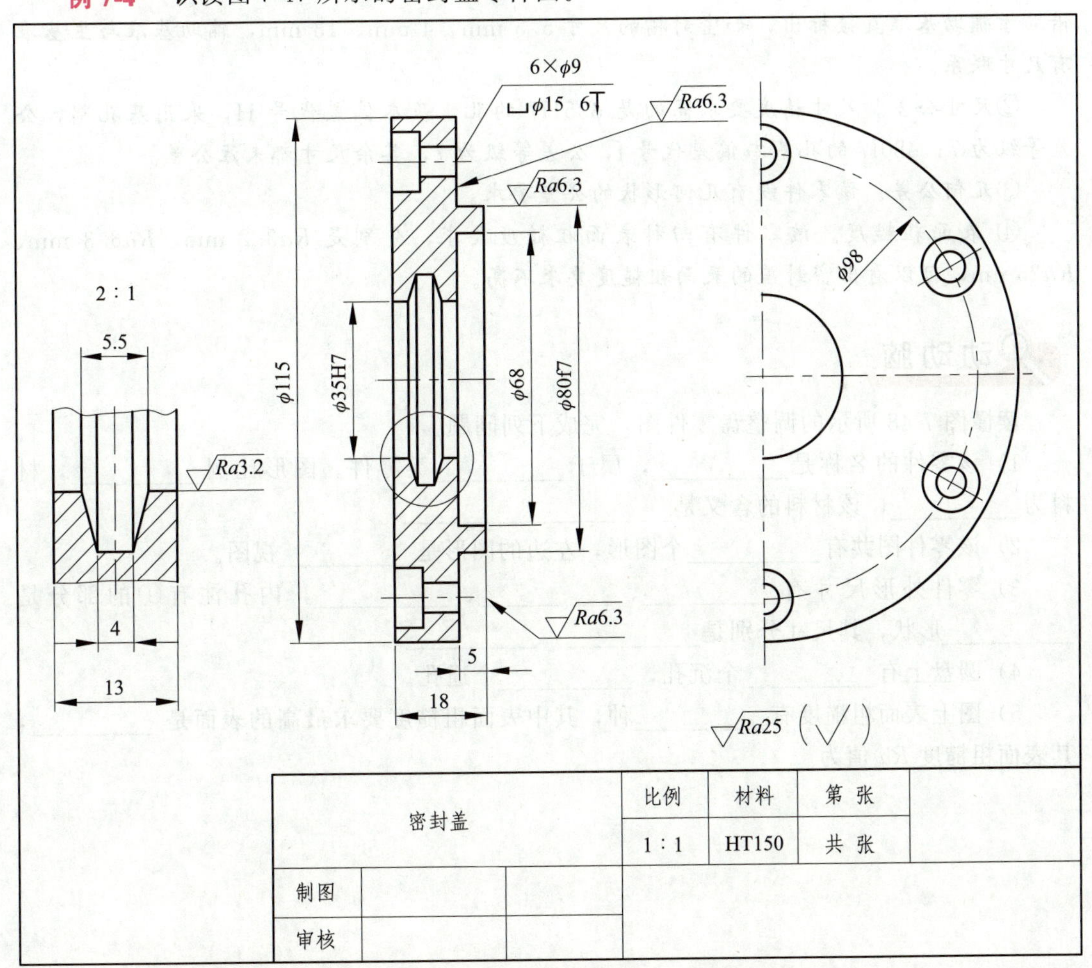

图 7-47　密封盖零件图

解：1）读标题栏，初步了解零件。从标题栏可知，该零件的名称是密封盖，属于盘盖类零件，材料为HT150，属于灰铸铁类，由此联想该零件的结构工艺可能有铸造圆角、拔模斜度等，从绘图比例1∶1和尺寸可以想象出零件的大小。

2）读视图，分析零件结构。密封盖采用两个基本视图和一个局部放大图来表达其结构形状。主视图为全剖视图，按其轴线水平放置，主要表达密封盖侧面形状。由图7-47可以看出密封盖的外缘直径为ϕ115 mm，厚度为18 mm；与箱体配合的凸缘直径为ϕ80f7，宽度为5 mm；带有密封槽的通孔直径为ϕ35H7；其中沉头孔的小孔直径为ϕ9 mm，大孔直径为ϕ15 mm，深6 mm。左视图则采用了简化画法，主要表达零件端面的外形轮廓和沉孔沿ϕ98 mm均匀分布的情况。密封槽采用了局部放大图表示，放大比例为2∶1。

3）尺寸和技术要求分析。

①基准。该零件属于以回转体为基本特征的盘盖类零件，径向基准设在中心线上，它是尺寸ϕ35H7、ϕ115 mm、ϕ98 mm、ϕ68 mm、ϕ80f7的标注起点。从主视图上看，零件在长度方向的基准设在右端面上，它是尺寸5、18标注的起点。为了便于测量，有些尺寸借助于辅助基准直接标出，如密封槽的尺寸5.5 mm、4 mm、13 mm，辅助基准与主基准有尺寸联系。

②尺寸公差。尺寸精度要求高的是ϕ35H7的孔，基本偏差代号H，采用基孔制，公差等级为7；ϕ80f7的孔基本偏差代号f，公差等级为7，其余尺寸都未注公差。

③几何公差。该零件没有几何形状的公差要求。

④ 表面粗糙度。该零件有四种表面粗糙度要求，分别是Ra3.2 mm、Ra6.3 mm、Ra25 μm，可以看出密封盖的表面粗糙度要求不高。

动动脑

读懂图7-48所示的调整盘零件图，完成下列问题。

1）该零件的名称是__________，属于__________类零件。图形比例__________，材料为__________，该材料的含义是____________________。

2）该零件图共有__________个图形，左边的图形是__________视图。

3）零件外形尺寸有__________、__________、__________，内孔注有①的部分是__________形状，其尺寸分别是__________、__________。

4）圆盘上有__________个沉孔，__________个通孔。

5）图上表面粗糙度有__________种，其中表面粗糙度要求最高的表面是__________，其表面粗糙度Ra值为__________。

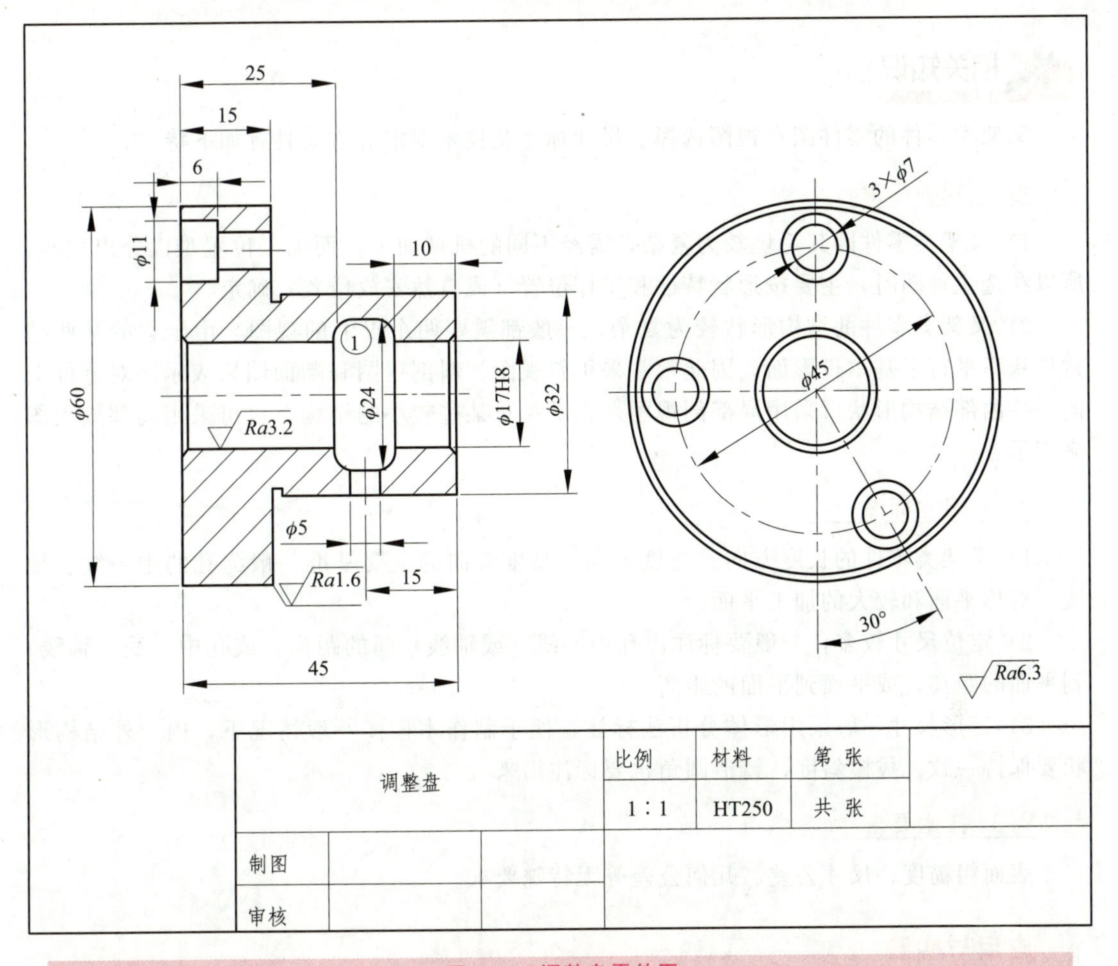

图 7-48 调整盘零件图

7.5 识读叉架类零件图

知识导入

叉架类零件形状复杂多样，其结构一般都由支承部分、工作部分和连接部分组成，结构形状复杂多样，多为铸、锻毛坯加工而成，工作部分常为孔、叉结构，连接部分是断面为各种形状的肋。

叉架类零件包括各种拨叉和支架。拨叉主要用在机床、内燃机等各种机器的操作机构上，操纵机器、调节速度。支架主要起支撑和连接作用。图 7-49 是叉架类零件的立体图。

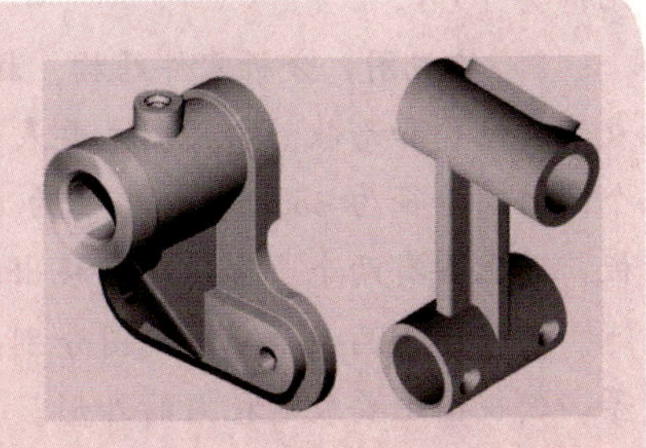

图 7-49 叉架类零件

相关知识

叉架类零件的零件图在视图选择、尺寸标注及技术要求等方面具有如下特点。

1. 视图选择

1）叉架类零件因其毛坯较为复杂，需经不同的机械加工，而加工位置难以分出主次，所以在选主视图时，主要按形状特征和工作位置（或自然安放位置）确定。

2）叉架类零件的结构形状较为复杂，一般都需要两个以上的视图。由于它的某些结构形状不平行于基本投影面，因此常常采用斜视图、斜剖视图和断面图来表示。对零件上的一些内部结构形状可采用局部剖视图来表示；对某些较小的结构，也可采用局部放大图来表示。

2. 尺寸标注

1）叉架类零件的长度方向、宽度方向、高度方向的主要基准一般为孔的中心线、轴线、对称平面和较大的加工平面。

2）定位尺寸较多，一般要标注出孔中心线（或轴线）间的距离，或孔中心线（轴线）到平面的距离，或平面到平面的距离。

3）定形尺寸一般采用形体分析法标注，便于制作木模。一般情况下，内、外结构形状要保持一致。拔模斜度、铸造圆角也要标注出来。

3. 技术要求

表面粗糙度、尺寸公差、几何公差等无特殊要求。

应用与实践

叉架类零件内、外结构一般较复杂，采用的表达方法较多，读这类零件图时除了要具备读简单剖视图的思维基础外，还要特别掌握看半剖视图和局部剖视图的方法。

下面以读托架零件图为例，介绍识读该类零件图的方法与步骤。

例 7-5 识读图 7-50 所示的托架零件图。

解：1）读标题栏，初步了解零件。从标题栏可知该零件的名称为“托架”，它具有叉架类零件的结构特点，属于叉架类零件；其制作材料为铸钢 ZG270－500；绘制该图形的比例为 1∶1。

2）读视图，分析零件结构。托架用两个基本视图、一个移出断面图和 B 向局部视图来表达其结构和形状。主视图主要表达了托架的基本组成和相对位置关系。零件的右下部是一个圆筒，外径为 ϕ55 mm、内径为 ϕ35H9、高 60 mm；左上方是长 114 mm、宽 50 mm 的平板，其上方有两个凸台。结合移出断面图，可以看出圆筒和平板之间用⊔形的槽钢结构相连。主视图上两个局部剖视图分别表达了板的形状、结构和圆筒上凸台及两个螺孔的位置等。俯视图主要表达托架的外形。

3）尺寸和技术要求分析。

①基准。长度方向的基准是 ϕ35H9 的中心线，它是尺寸 ϕ55 mm、ϕ35H9、175 mm、30 mm 和 90 mm 的标注起点；高度方向的基准是圆筒的上平面，它是尺寸 10 mm、

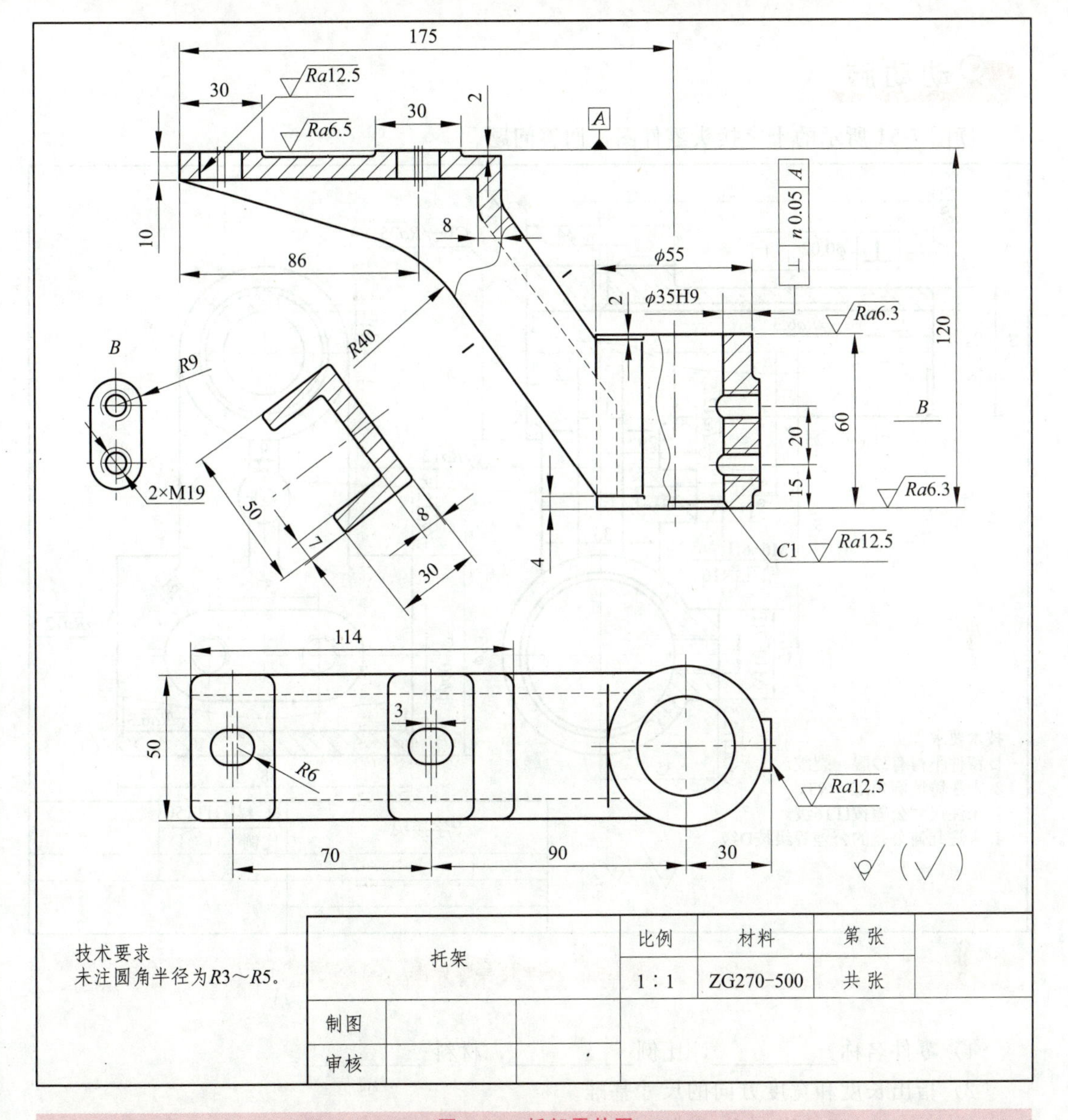

图 7-50 托架零件图

8 mm、120 mm 的标注起点，圆筒的底面是高度方向的辅助基准；宽度方向的基准是托架前后方向的对称平面，它是尺寸 50 mm、$R6$ mm 的标注起点。

②尺寸公差。尺寸精度要求高的是 $\phi35\text{H}9$ 的孔，基本偏差代号 H，采用基孔制，公差等级为 9。其余尺寸都未注公差。

③几何公差。垂直度公差被测要素是 $\phi35\text{H}9$ 的轴线，基准要素是平板的上平面，公差值是 $\phi0.05$ mm。

④表面粗糙度。该零件有四种表面粗糙度要求，分别是 $Ra3.2$ μm、$Ra6.3$ μm、$Ra12.5$ μm 和 ♂，可以看出托架的表面粗糙度要求不高。其余 ♂ 表示不加工表面，保持铸造原状。

动动脑

读图 7-51 所示的十字接头零件图，回答问题。

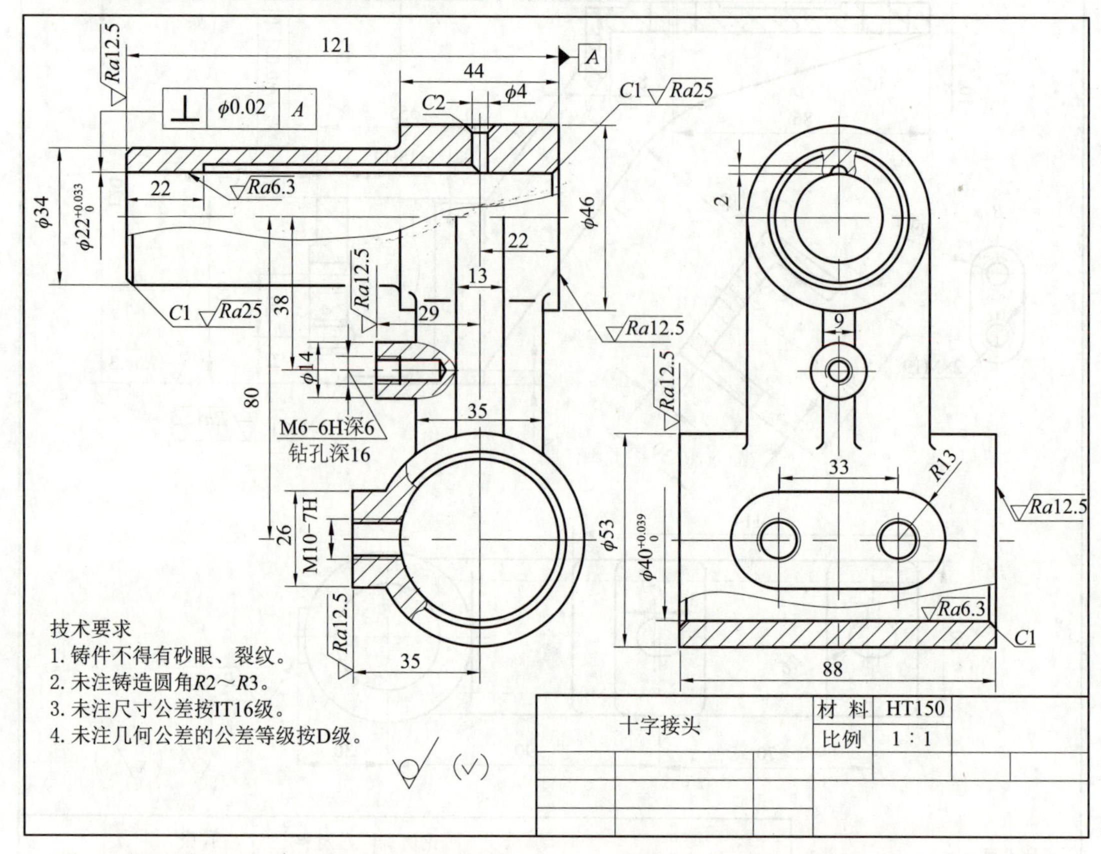

图 7-51 十字接头零件图

1）零件名称________，比例________，材料________。

2）指出长度和宽度方向的尺寸基准。

3）φ14 mm 凸台的定位尺寸________，M10-7H 的定位尺寸________。

4）该零件表面粗糙度要求最高的是________，十字肋表面的表面粗糙度代号是________。

5）零件上有________处螺孔，它们是________。

7.6 识读箱体类零件图

知识导入

箱体类零件是连接、支承、包容件，一般为部件的外壳，由空腔较大的铸件毛坯加工而成，其上常有轴孔、螺纹孔、凸台、凹坑、肋板等结构，如各种变速器箱体或齿轮泵泵体，如图 7-52 所示。它一般可起支承、容纳、定位和密封等作用。

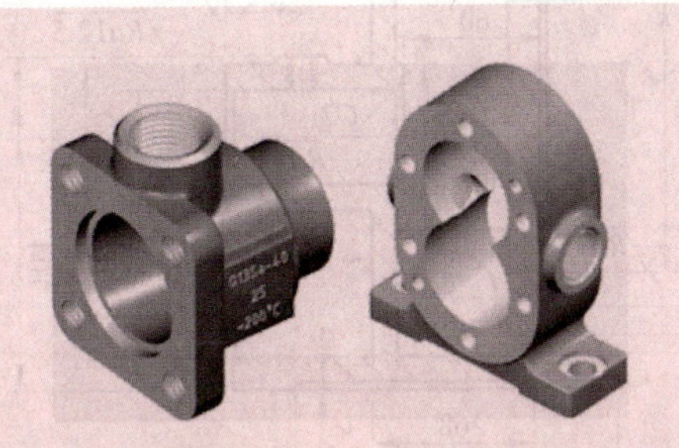

图 7-52 箱体类零件

相关知识

箱体类零件的零件图在视图选择、尺寸标注及技术要求等方面具有如下特点。

1. 视图选择

1）箱体类零件多数经过较多工序制造而成，各工序的加工位置不尽相同，因而主视图主要按形状特征和工作位置确定。

2）箱体类零件一般常需用三个以上的基本视图和局部视图等。对内部结构形状都采用剖视图表示。如果外部结构形状简单，内部结构形状复杂，且具有对称平面时，可采用半剖视图表示；如果外部结构形状复杂，内部结构形状简单，且具有对称平面时，可采用局部剖视图或虚线表示；如果内、外结构形状都较复杂，可采用局部剖视图表示。

3）箱体类零件投影关系复杂，常会出现截交线和相贯线，由于它们是铸件毛坯，所以经常会遇到过渡线，要仔细分析。

2. 尺寸标注

1）箱体类零件的长度方向、宽度方向、高度方向的主要基准采用孔的中心线、轴线、对称平面和较大的加工平面。

2）定位尺寸很多，各孔中心线（或轴线）间的距离一定要直接标注出来。

3）定形尺寸仍用形体分析法标注。

3. 技术要求

1）重要的箱体孔和重要的表面，其表面粗糙度参数值较小。

2）重要的箱体孔和重要的表面应该有尺寸公差和几何公差的要求。

应用与实践

例 7-6 识读图 7-53 所示的蜗轮箱零件图。

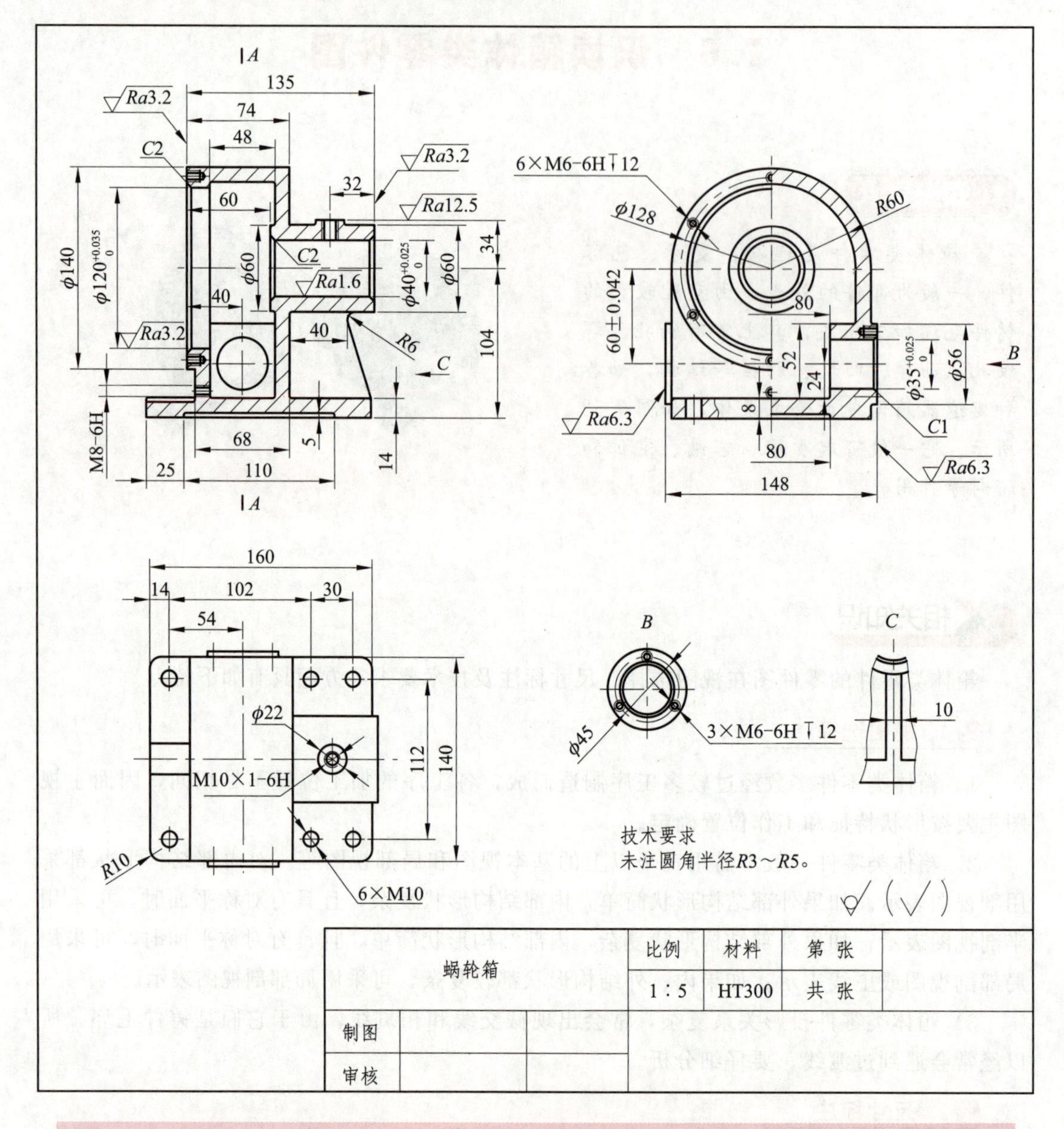

蜗轮箱		比例	材料	第 张
		1∶5	HT300	共 张
制图				
审核				

图 7-53 蜗轮箱零件图

解： 1）读标题栏，初步了解零件。从图 7-53 所示的标题栏可知该零件名称为蜗轮箱，它具备箱壳类零件结构特点，属于箱壳类零件；其制作材料为灰口铸铁，牌号为 HT300；比例为 1∶5，实物是图形的五倍大。蜗轮箱是减速器的重要零件，主要用来容纳和支撑蜗杆轴、蜗轮轴和蜗轮。

2）读视图，分析零件结构。从图 7-53 可知该零件采用了主视图、左视图和俯视图三个基本视图和三个局部视图。主视图以工作位置安放，采用了单一全剖图，剖切位置是零件的前后对称面处，在主视图中又采用了重合断面来补充表达肋板的形状；左视图采用了单一半剖图，剖切位置通过蜗杆轴孔轴线，在左视图表达外形的一边对安放螺栓的孔又作了局部剖视图；俯视图主要表达外形，三个局部视图用来补充表达三个方向的局部结构形状。

根据投影关系，运用形体分析法和线面分析法，从反映零件形状特征的主视图入手，先看主要部分后看次要部分，分部分逐一想象形状，最后综合想象出零件整体结构形状。从图 7-53 可知该零件由壳体、圆筒、底板和肋板四部分组成。壳体是一个 U 形体，其左端有带六个螺孔的圆柱形凸缘，下部蜗杆轴孔前后两端有带三个螺孔的圆柱形凸缘，内腔蜗杆轴孔处是两个方形凸台。圆筒上部有一圆柱形凸台，其上螺孔用于安装油杯，圆筒内腔用于支承蜗轮轴。底板为带圆角的长方体，底部为安装面，为减少加工面，降低成本，中间有长方形凹槽，底板上还有六个安装螺栓的孔。肋板为梯形柱体，用来增加箱体的强度和刚度。

3）尺寸和技术要求分析。从图 7-53 可知该零件长、宽、高三个方向的设计（主要）尺寸基准，分别为蜗杆轴孔 ϕ35 mm 的轴线、前后对称面、底板的底面。重要尺寸均直接从设计基准注出，如长度方向的尺寸 40 mm、54 mm，宽度方向的尺寸 80 mm、112 mm，高度方向的尺寸 104 mm 等。壳体的左端面、圆筒的右端面、蜗轮轴孔的轴线分别为各方向的工艺（辅助）尺寸基准。

从图 7-53 中可知，该零件表面粗糙度要求最高的是蜗轮轴孔、蜗杆轴孔及底面，其表面粗糙度 Ra 的上限值为 1.6 μm。此外，从图中还可了解尺寸公差要求及几何公差要求。

动动脑

1）试读懂图 7-54 所示的泵体零件图，回答问题。

①该零件的名称是__________，材料__________，比例__________，属于__________类零件。

②在图中标出该零件的尺寸基准。

③指出主视图中不绘制剖面线的七个线框在俯视图、左视图中对应的投影。

④在该零件中表面粗糙度要求最低的表面是____________________。

⑤2×M10 孔表面粗糙度要求是__________，定位尺寸是____________________。

⑥该零件表面要求最高的是哪个面？____________________，ϕ48 mm 圆柱表面的表面粗糙度代号是____________________。

2）利用 AutoCAD 2010 中绘制图 7-55 所示的底座零件图。

3）读零件图的要求是什么？试说明读零件图的一般方法和步骤，以及分析视图和分析尺寸的具体内容。

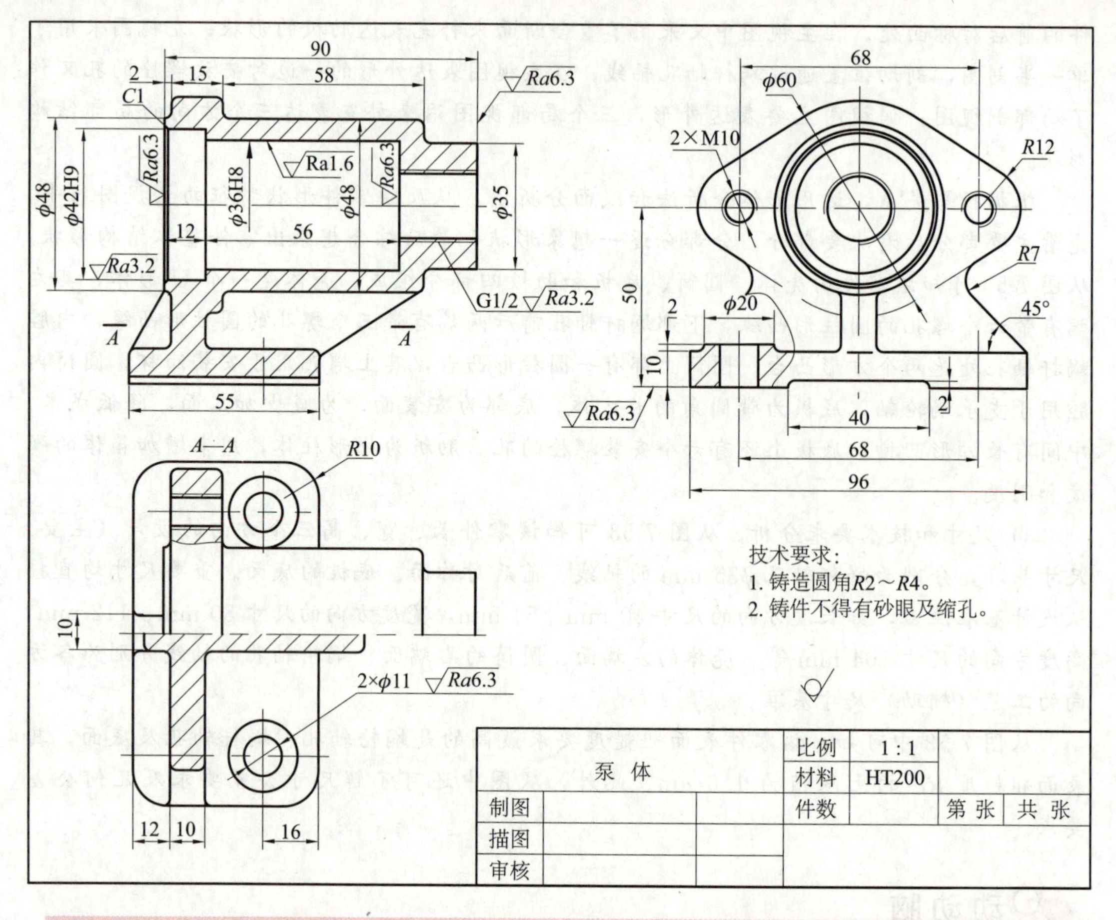

图 7-54 泵体零件图

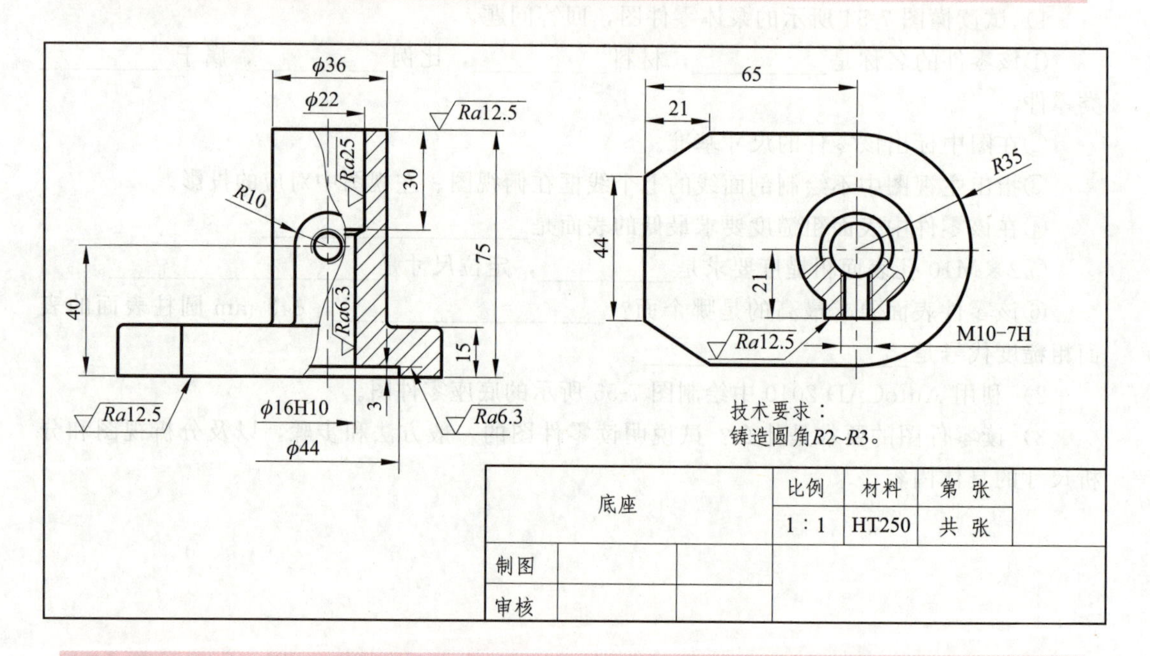

图 7-55 底座零件图

4）读图 7-56 所示的支座零件图，回答问题。

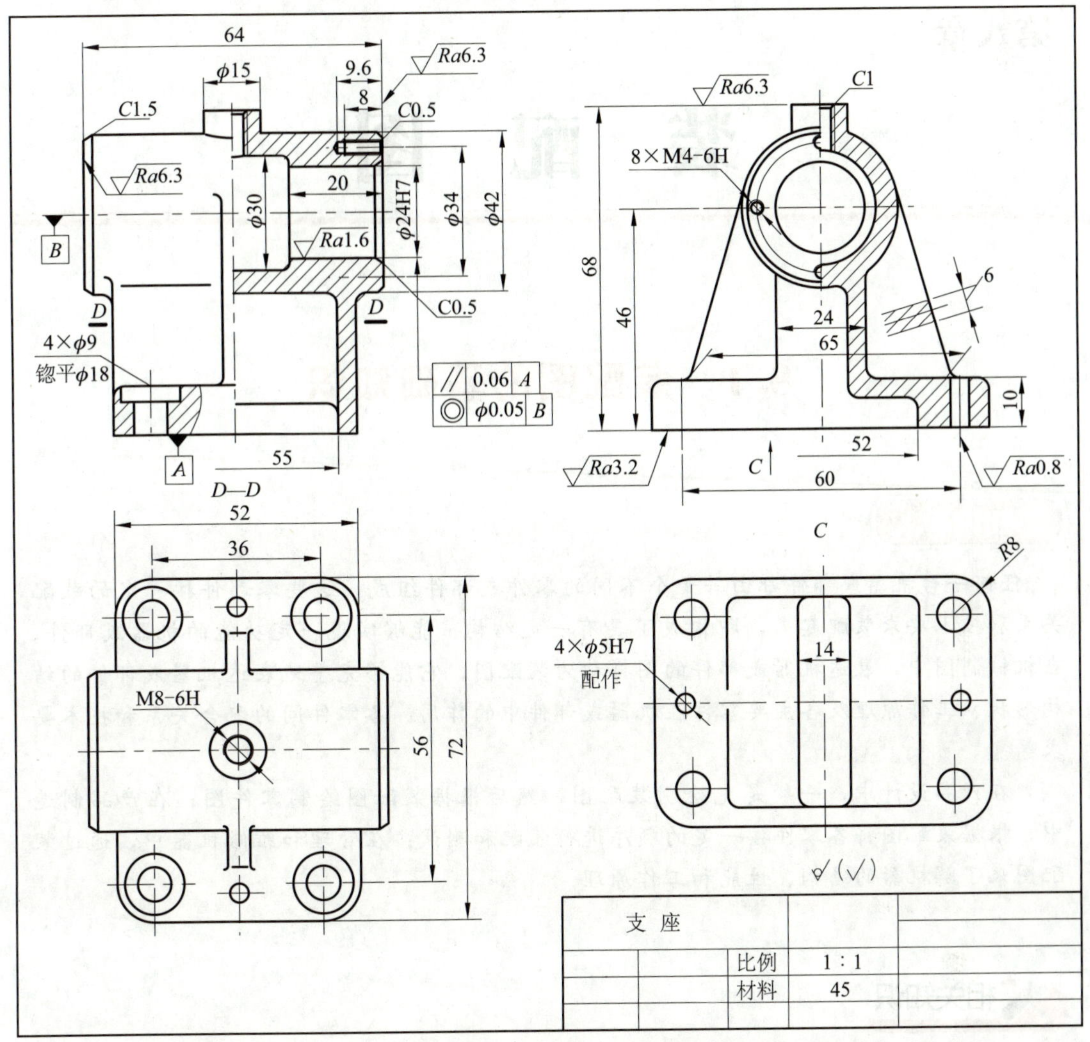

图 7-56 支座零件图

①该零件的名称是__________，材料__________，比例__________。

②在图中标出该零件的尺寸基准。

③该零件上有__________处沉孔，尺寸是__________。

④解释 8×M4－6H 的含义。

⑤该零件表面要求最高的是哪个面？__________，φ42 mm 圆柱表面的表面粗糙度代号是__________。

5）完整解释下列几何公差的含义。

//	0.06	A

____。

◎	φ0.05	B

____。

第八章

装 配 图

8.1 装配图的基础知识

知识导入

任何一台机器或部件都由若干个不同的零件或部件组成，这些零部件按一定的装配关系和技术要求装配起来，即构成了具有一定结构、能够实现一定功能的机器或部件。在机械制图中，表达机器或部件的图样称为装配图，它能够完整地表达机器或部件的结构形状、工作原理及各主要零件在机器或部件中的作用、各零件间的配合关系和技术要求等。

在产品设计中，一般是先绘制装配图，然后根据装配图绘制零件图；在产品制造中，根据装配图将各零件按一定的顺序进行装配和测试；在管理和维修机器中，通过装配图来了解机器的结构、性能和工作原理。

相关知识

8.1.1 装配图的内容

装配图是设计和绘制零件图的主要依据，是装配生产过程、调试、安装、维修的主要技术文件。一张完整的装配图，一般应包括以下四个方面的内容：

1）一组视图。装配图由一组视图组成，用来表达各组成零件的相互位置和装配关系、机器或部件的工作原理及零件的主要结构形状。在表达形式上，可采用一般表达方法和特殊表达方法。

2）必要的尺寸。在装配图中必须注明机器或部件的规格（性能）尺寸、零件间的配合尺寸、外形尺寸、安装尺寸及一些其他的重要尺寸。

3）技术要求。用文字或符号注写出机器或部件的装配、安装、检验使用和运转等的技术要求。

4）标题栏、编号和明细栏。标题栏的内容包括机器或部件的名称、比例、图号、设计、制图及审核人员的签名。对装配图中的各零件应编写序号，并填写在相应的明细栏中。

8.1.2 装配图的表达方法

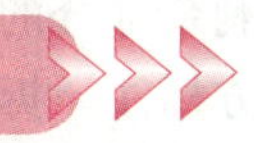

（1）规定画法

1）两个零件的接触表面（或基本尺寸相同且相互配合的工作面）只用一条轮廓线表示，而对非接触或非配合面用两条轮廓线表示，如图 8-1 中的①、④所示。

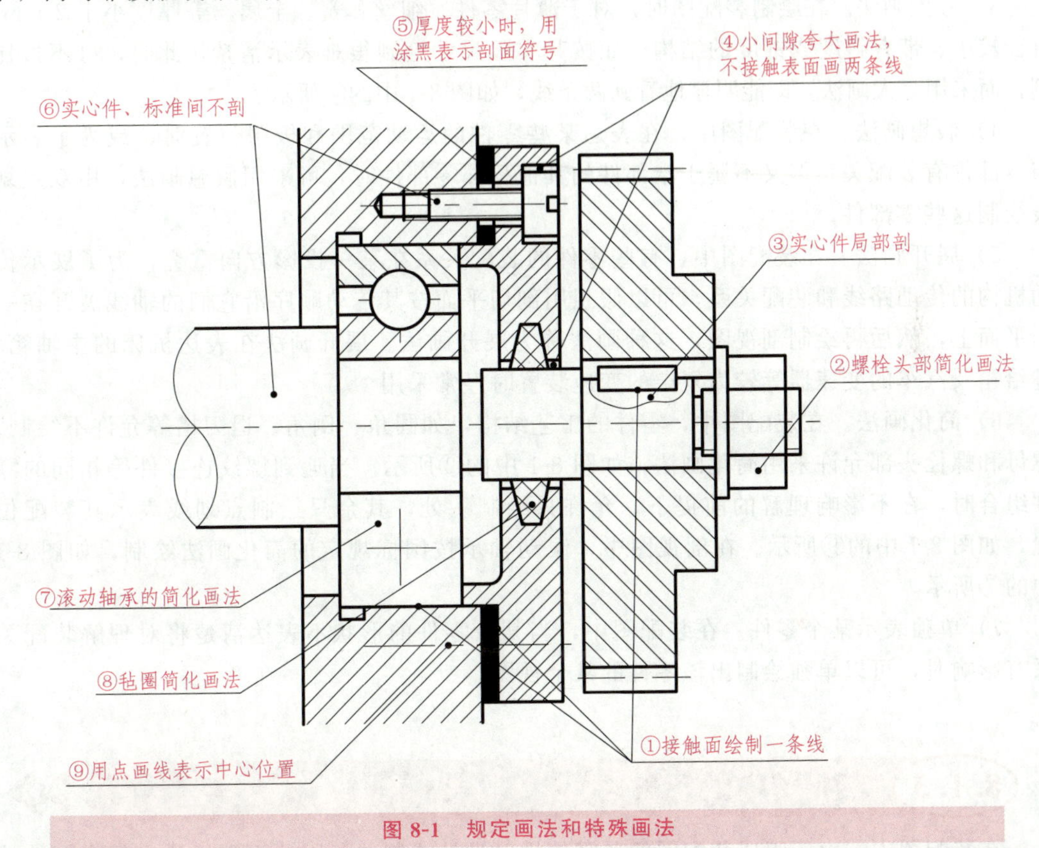

图 8-1 规定画法和特殊画法

2）在剖视图中，相接触的两个零件的剖面线方向应相反。三个或三个以上零件相接触时，除其中两个零件的剖面线倾斜方向不同外，第三个零件应采用不同的剖面线间隔，或者与同方向的剖面线错开。在各视图中，同一零件的剖面线方向与间隔必须一致。剖面区域小于 2 mm 的图形可以采用涂黑的方式来代替剖面符号，如图 8-1 中的⑤所示。

3）在剖视图中，对于一些实心杆件（如轴、拉杆等）和一些标准件，若剖切平面通过其轴线（或对称线）剖切这些零件时，则这些零件只绘制外形，不绘制剖面线。如果实心杆件上有些结构（如凹槽、键槽、销孔等）和装配关系确实需要表达时，可采用局部剖视图，如图 8-1 中的③、⑥所示。

（2）特殊画法

1）拆卸画法。在装配图中，当某些较大零件在某一视图中挡住了大部分零件或装配关系，而这些零件本身已在其他视图中表达清楚时，可假想拆去一个或几个零件，只绘制剩余部分的视图，这种表达方法称为拆卸画法。采用这种方法时，一般应在相应的视图上方标注“拆去××件”。

2）沿结合面剖切画法。在装配图中，为了表达内部结构，可假想沿某些结合面进行剖切，即将剖切平面与观察者之间的零件拆掉后进行投射。这种情况在剖视图中零件结合面上不绘制剖面线，而被剖切部分，如螺栓、螺钉等，则必须绘制出剖面线。

3）夸大画法。在绘制装配图时，对于薄片零件、细丝弹簧、金属丝等厚度小于 2 mm、直径较小、带有斜度或锥度的结构，如按其实际尺寸绘制很难表示清楚，此时，可不按比例，而采用夸大画法，即能明显地看到两条线，如图 8-1 中的④所示。

4）假想画法。在装配图中，在表达某些零件的运动范围和极限位置时，或为了表示与本部件有装配关系但又不属于本部件的其他相邻零部件时，可采用假想画法，用双点划线绘制这些零部件。

5）展开画法。在装配图中，有些零件的装配关系在某一投影方向重叠，为了展示传动机构的传动路线和装配关系，可以假想用剖切平面按其传动顺序沿它们的轴线展开在一个平面上，然后再绘制剖视图，这种画法称为展开画法。展开画法在表达机床的主轴箱、进给箱及汽车的变速器等较为复杂的变速装置时经常采用。

6）简化画法。在装配图中，零件的工艺结构，如圆角、倒角、退刀槽等允许不绘制。螺母和螺栓头部允许采用简化画法，如图 8-1 中的②所示。当遇到螺纹连接件等相同的零件组合时，在不影响理解的前提下，允许只绘制一处，其余只绘制点划线表示其装配位置，如图 8-1 中的⑨所示。在剖视图中，滚动轴承按国标规定的简化画法绘制，如图 8-1 中的⑦所示。

7）单独表示某个零件。在装配图中，当某个零件的形状不表达清楚将对理解装配关系有影响时，可以单独绘制出该零件的某个视图。

8.1.3 装配图中的尺寸标注

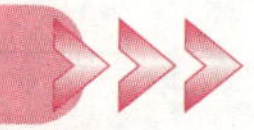

在装配图中，由于组成装配图的各零件均已设计或制造，因此不需标注出每个零件的全部尺寸，一般只需标注与部件的规格、性能、装配、检验、安装、运输及使用等有关的尺寸。这些尺寸主要根据装配图的作用确定，可以分为以下几种：

1）性能尺寸（规格尺寸）。表示机器或部件的性能和规格的尺寸，这些尺寸在设计和制造时就已经确定，也是设计、了解和选用零部件时的主要依据。

2）装配尺寸。表示两零件之间配合性质和相对位置的尺寸。

3）外形尺寸。表示机器或部件外形轮廓的尺寸，即总长、总高和总宽。它是机器或部件包装、运输、安装及相应设施设计的依据。

4）安装尺寸。机器或部件安装在地基或其他机器或部件上所需的尺寸。

5）其他重要尺寸。在机器或部件设计过程中，经过计算确定或选定的尺寸，但又不包括在上述四种尺寸中，这种尺寸在拆画零件时不能改变，如齿轮宽度、运动件运动范围的极限尺寸等。

8.1.4 装配图中的零部件序号及明细栏

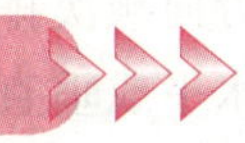

为了便于读图和进行图样的管理，在装配图中对机器或部件的所有零件（包括标准件）均需按一定顺序进行编号，并在标题栏的上方绘制出明细栏，填写零件的序号、名称、数量、材料等内容。

1. 序号的编排方法

装配图中编写零件序号的一般规定如下：

1）装配图中序号的通用表示方法有以下三种：①在指引线的水平线（细实线）上或圆（细实线）内注写序号，序号字比该装配图中所注尺寸数字高度大一号，如图 8-2（a）所示。②在指引线的水平线（细实线）上或圆（细实线）内注写序号，序号字比该装配图中所注尺寸数字高度大两号，如图 8-2（b）所示。③在指引线附近注写序号，序号字高比该装配图中所注尺寸数字高度大两号，如图 8-2（c）所示。

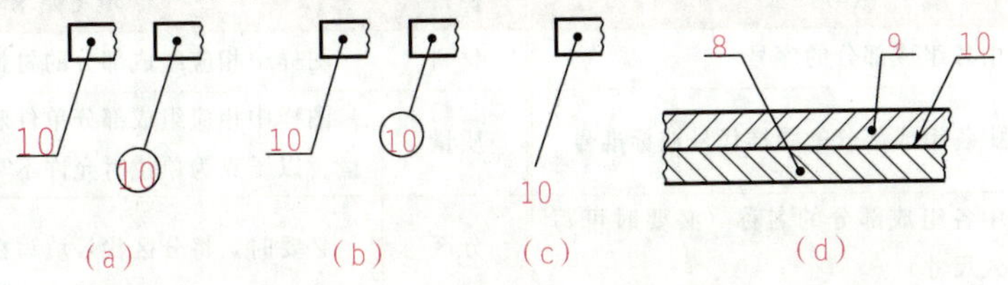

图 8-2 装配图中零部件序号的编排方法

2）同一装配图中编注序号的形式应一致。

3）相同的零部件用一个序号，一般只标注一次。多处出现的相同的零部件，必要时也可重复标注。

4）指引线应自所指部分的可见轮廓内引出，并在末端绘制一圆点，如图 8-2 所示。若所指部分（很薄的零件或涂黑的剖面）内不便绘制圆点时，可在指引线的末端绘制箭头，并指向该部分的轮廓，如图 8-2（d）所示。

指引线相互不能相交，当通过有剖面线的区域时，指引线不应与剖面线平行。指引线可以绘制成折线，但只可曲折一次，如图 8-3 所示。

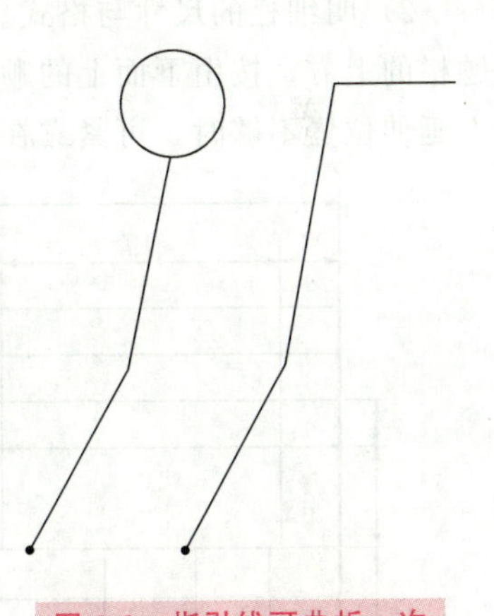

图 8-3 指引线可曲折一次

5）一组紧固件及装配关系清楚的零件组，可以采用公共指引线，如图 8-4 所示。

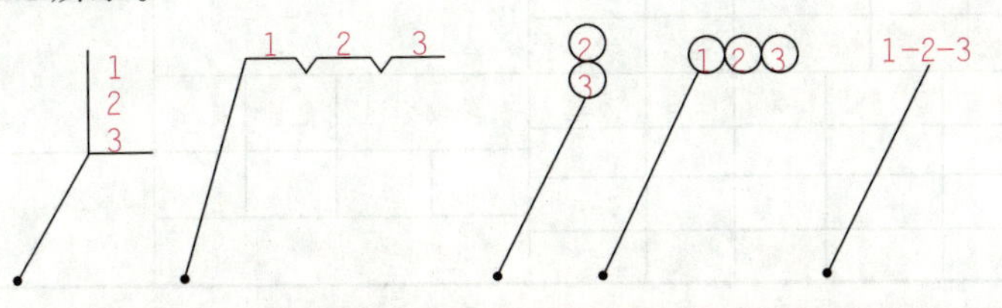

图 8-4 公共指引线

6）装配图中序号应按水平或垂直方向排列整齐。

7）装配图中的序号编排顺序应按顺时针或逆时针方向顺次排列，在整个图上无法连续时，可只在每个水平或垂直方向顺次排列，如图 8-5 所示。也可按装配图明细栏（表）中的序号排列，采用此种方法时，应尽量在每个水平或垂直方向顺次排列。

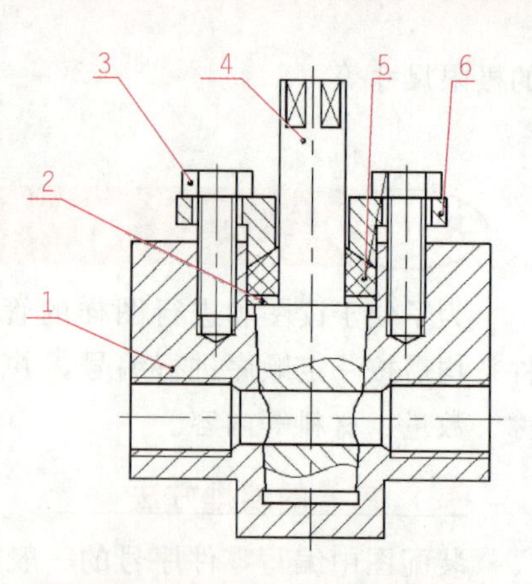

图 8-5 装配图中序号标注

2. 明细栏

明细栏是机器或部件中全部零部件的详细目录，可按国家标准中推荐使用的格式绘制。

1）明细栏的组成与填写。明细栏一般由序号、代号、名称、数量、材料、质量（单件、总计）、分区、备注等组成，也可按实际需要增加或减少，各栏的填写要求见表 8-1。

表 8-1 明细栏中各栏的填写要求

栏目	填写要求	栏目	填写要求
序号	图样中各组成部分的序号	材料	图样中相应组成部分的材料标记
代号	图样中各组成部分的图样代号或标准号	质量	图样中相应组成部分单件和总件数的计算质量。以千克为单位时允许不写出其计量单位
名称	图样中各组成部分的名称（必要时可写出其型式尺寸）	分区	必要时，将分区代号填写在备注栏中
数量	图样中同一组成部分所需要的数量	备注	附加说明或其他有关内容

2）明细栏的尺寸与格式。装配图中一般应有明细栏，明细栏一般配置在装配图中标题栏的上方，按由下而上的顺序填写，如图 8-6 所示。其格数应根据需要而定。当由下而上延伸位置不够时，可紧靠在标题栏的左边自下而上延续。

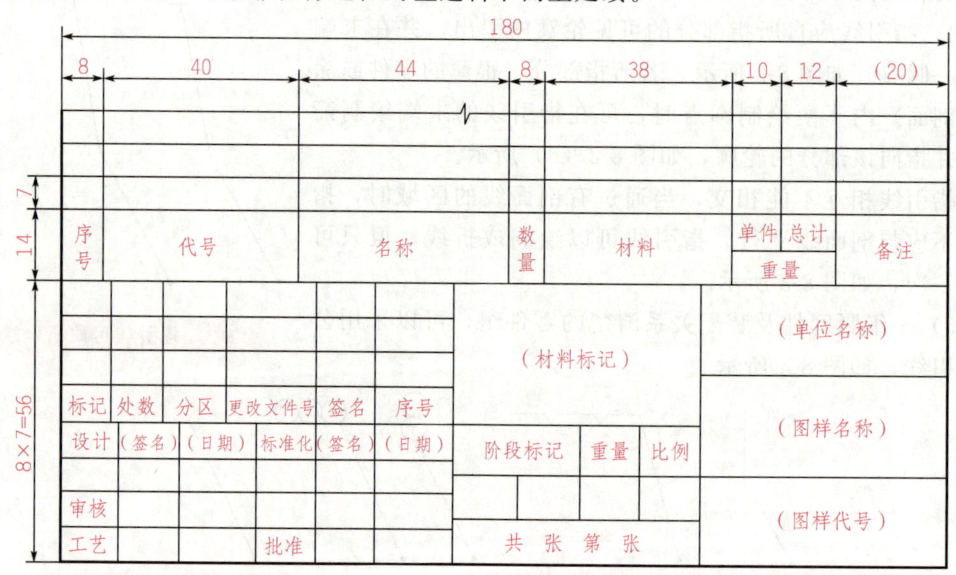

图 8-6 明细栏格式

当装配图中不能在标题栏的上方配置明细栏时，明细栏可作为装配图的续页按 A4 幅面单独给出。其顺序应是由上而下延伸。还可连续加页，但应在明细栏的下方配置标题栏，并在标题栏中填写与装配图相一致的名称和代号。

应用与实践

例 8-1 试简要分析图 8-7 所示的机用虎钳装配图的内容。

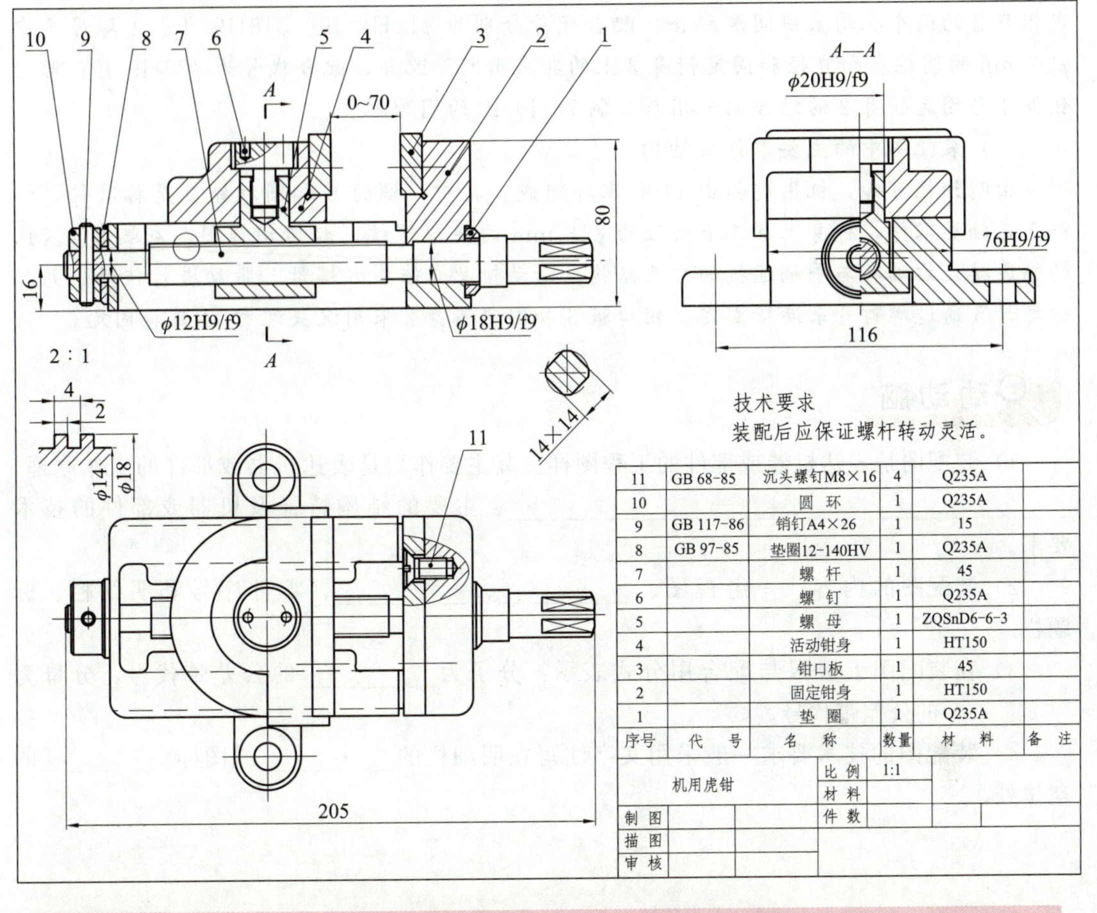

11	GB 68-85	沉头螺钉M8×16	4	Q235A	
10		圆 环	1	Q235A	
9	GB 117-86	销钉A4×26	1	15	
8	GB 97-85	垫圈12-140HV	1	Q235A	
7		螺 杆	1	45	
6		螺 钉	1	Q235A	
5		螺 母	1	ZQSnD6-6-3	
4		活动钳身	1	HT150	
3		钳口板	1	45	
2		固定钳身	1	HT150	
1		垫 圈	1	Q235A	
序号	代 号	名 称	数量	材 料	备 注

机用虎钳		比 例	1:1
		材 料	
制 图		件 数	
描 图			
审 核			

图 8-7 机用虎钳装配图

解：机用虎钳是安装在机床工作台上用来夹紧零件，以便进行切削加工的一种通用夹具。其工作原理是：当转动螺杆 7 时，通过方螺母 5（用螺钉 6 和活动钳身 4 固定在一起），带动活动钳身 4，沿着固定钳身 2 移动，从而使钳口板 3 开启或闭合，达到夹紧或松开被夹紧件的作用。

（1）装配图的内容

如图 8-7 所示，从标题栏可知，该部件的名称为“机用虎钳”，绘图比例为 1∶1。由明细栏可知，机用虎钳由 11 个零件组成。装配图由主、俯、左三个基本视图，一个局部放大图，一个移出断面图组成。

（2）装配图的表达方法

由图中可知，机用虎钳的主视图采用了全剖视图，反映机用虎钳的工作原理和零件间的装配关系；俯视图反映固定钳身的结构形状，并用局部剖视图表达钳口板与钳座的局部结构；左视图采用半剖视图，剖切位置标注在主视图上。同时，为了反映螺杆 7 与方螺母 5 的连接关系，采用了 2∶1 的局部放大图表达矩形螺纹的具体结构。

(3) 装配图中的尺寸标注

由图中可知，机用虎钳的总长、宽、高尺寸分别为 205 mm、116 mm、80 mm，机用虎钳的夹持范围为 0～70 mm；螺杆 7 中心距离虎钳下表面的尺寸为 16 mm；螺杆 7 与固定钳身 2 的两个孔均采用间隙配合，配合代号分别为 ϕ12H9/f9、ϕ18H9/f9；方螺母 5 中 ϕ20 mm 的圆柱表面直径和固定钳身 2 上的孔采用间隙配合，配合代号为 ϕ20H9/f9；活动钳身 4 与固定钳身 2 的结合面采用基孔制 76H9/f9 的间隙配合。

(4) 装配图中的主要零件及结构

由明细栏可知，机用虎钳由 11 种零件组成。其中，螺钉 6 和圆柱销 9 是标准件，螺杆 7 是轴类零件，杆身上加工有大径为 ϕ18 mm 的矩形螺纹，起传动作用。左端有 4×10 的销连接，右端有与手柄连接的方头结构。活动钳身 4 依靠方螺母 5 带动进行传动，并与方螺母 5 通过螺钉 6 来连接固定。钳口板 3 和固定钳身 2 采用沉头螺钉 11 连接固定。

动动脑

1）装配图是表达机器或部件的工程图样。其主要作用是表达机器或部件的工作原理、____________________、____________________、主要的结构特征及机器或部件的技术要求。

2）装配图的内容：一组视图、__________、__________、零件序号和明细栏、标题栏。

3）在装配图上极限与配合用分式表示：分子为__________的公差带代号，分母为__________的公差带代号。

4）装配图的技术要求一般采用文字注写在明细栏的__________或图样__________的空位处。

8.2 识读千斤顶的装配图

知识导入

在机械产品的设计、制造、安装、维修和技术交流中，需要通过装配图来表达其性能、传动路线和操作方法。装配图是反映设计构思、指导生产、交流技术的重要工具，能看懂装配图是技术人员必须具备的能力。因此，需熟练地掌握识读装配图的方法与步骤。

相关知识

不同的工作岗位对识读装配图的目的与内容有不同的侧重点，但识读装配图的基本要求是一致的：

1）了解部件的工作原理和使用性能。

2）了解组成该部件的零件的名称、数量、相对位置及零件间的装配关系等，确定装配和拆卸该部件的方法与步骤。

3）了解装配图中标注的尺寸与技术要求，弄清主要零件的结构形状与功能。

识读装配图的方法步骤如下。

1. 概括了解

1）了解标题栏。从标题栏了解装配图的名称、比例与用途。

2）了解明细栏。从标题栏了解标准件与常用件的名称、数量、材料等。

3）初看视图。理解各视图的表达重点、表达方法、相互关系。

2. 了解装配关系、传动关系和工作原理

对照视图仔细分析机械产品的装配关系、传动关系和工作原理，是识读装配图的一个重要环节。在概括了解的基础上，先分析各条装配干线，弄清各零件间相互配合的要求，以及零件间的定位、连接方式、密封等问题；再进一步分析运动零件与非运动零件的相互运动关系，从而对整个产品的装配关系、传动关系和工作原理都有所了解。

3. 分析视图，看懂零件的结构形状与功能

分析视图，了解各基本视图、剖视图、局部放大图等表达意图与投影关系。分析零件时，要先了解各零件的主要作用，再从主要视图的主要零件着手，一般按照“先简单，后复杂”的顺序进行。对于装配图上没有表达清楚的零件，可结合零件图来辅助读图。

常用的分析方法如下：

1）根据零件序号，结合明细栏，在装配图上按照投影关系逐一找出各零件的投影轮廓。

2）利用同一零件的剖面线在各个视图上方向一致、间距相等的原理找出同一零件。

3）利用规定画法区分不同零件，如标准件、常用件的规定画法，实心件在装配图中沿轴线方向剖切时可不绘剖面线等。

4. 分析尺寸与技术要求

1）尺寸。找出装配图中的总体尺寸、安装尺寸、装配尺寸、规格（性能）尺寸与其他重要尺寸。

2）技术要求。读懂装配体的装配要求、检验要求、使用要求等。

最后，在以上分析的基础上，把部件的性能、结构、装配、操作、维修等几方面联系起来研究，进行全面的归纳总结，如结构有何特点、能否实现工作要求、装拆顺序如何、操作和维修是否方便等，形成一个完整的认识，全面读懂装配图。

应用与实践

例 8-2 识读千斤顶装配图（见图 8-8）。

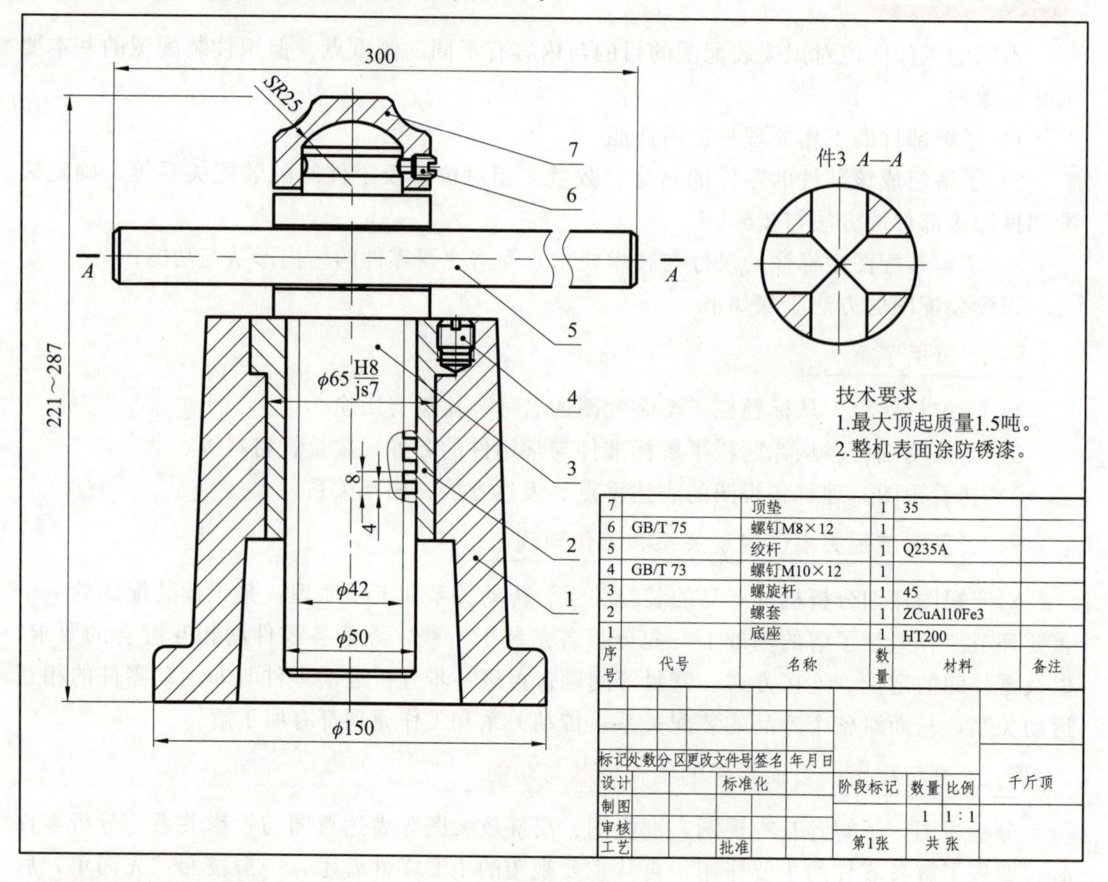

图 8-8 千斤顶装配图

解： 1. 概括了解

千斤顶是利用螺旋传动来顶举重物的一种起重或顶压工具，常用于汽车修理及机械安装中。从标题栏上可知，该部件名称是“千斤顶”，绘图比例 1∶1。由明细栏可知，该装配体由底座、螺套、螺旋杆、绞杆、顶垫和紧定螺钉等七种零件组成，其中螺钉为标准件。

2. 了解装配关系、传动关系和工作原理

(1) 装配关系

螺套 2 从上方装入底座 1 中，其配合尺寸为 ϕ65H8/js7，属于基孔制间隙配合。

(2) 传动关系

螺套 2 与底座 1 配合后的上表面有螺纹孔，由紧定螺钉 4 限制螺套转动，磨损后便于更换。螺套 2 与螺旋杆 3 形成螺旋传动副，螺旋杆 3 顶部装有顶垫 7，其球面形成传递承重的配合面，且能微量摆动以适应不同情况的接触面，并由紧定螺钉 6 锁定，使顶垫相对螺旋杆 3 旋转而不脱落。

(3) 工作原理

千斤顶工作时，重物压于顶垫之上，将绞杆 5 穿入螺旋杆 3 上部的孔中，旋动绞杆 5，螺旋杆 3 在螺套 2 中靠螺纹做上、下移动，从而顶垫 7 顶起或放下重物。最大顶起距离为 66 mm，高度尺寸 221～287 mm 表示顶垫 7 顶起的极限距离。

3. 分析视图，看懂零件的结构形状与功能

千斤顶只需一个基本视图和一个剖视图就可清楚表达主要零件的结构形状、装配关系和工作原理。其中，基本视图采用全剖的方式表达底座 1、螺套 2、螺旋杆 3、绞杆 5 等零件的内外结构、螺套 2 与底座 1 的配合关系、紧定螺钉 4 与螺套 2 的防转关系。采用局部剖视来表达螺旋杆 3 的螺纹牙型、顶垫 7 与螺杆由螺钉 6 连接的关系。为了表达螺旋杆 3 的一对十字交叉孔与绞杆 5 的配合关系，单独绘出了该零件孔轴心线处的剖视图。

底座 1：千斤顶安放的基础，与螺套 2 连接的部位有公差要求，表面粗糙度要求较高，螺钉孔 M10－7H 须与螺套 2 配作。

螺套 2：连接底座 1 和螺旋杆 3 的关键零件。因此，不论是连接螺旋杆 3 的内螺纹表面，还是连接底座 1 的外圆表面，其表面粗糙度要求均比较高，螺钉孔 M10－7H 须与底座 1 配作。

螺旋杆 3：千斤顶装配体的重要零件之一，它的中部通过螺旋传动副与螺套 2 配合，牙型为矩形螺纹。上部两个垂直交叉的 ϕ22 mm 孔可装入绞杆，带动螺旋杆 3 转动，顶部 SR25 mm 球面与顶垫 7 内部形成承重配合面，紧定螺钉 6 接触螺旋杆 3 的圆弧槽用来固定。

顶垫 7：上表面用于支撑重物，为使顶垫能适应不同的接触面，其内部采用 SR25 mm 的球面与螺旋杆 3 配合，并能做微量移动，上表面加工出特定的花纹以增加摩擦力。

4. 分析尺寸与技术要求

(1) 尺寸

如图 8-8 所示的千斤顶装配图中的规格尺寸为 221～287 mm，说明千斤顶的顶举高度为 66 mm；配合尺寸为 ϕ65H8/js7，外形尺寸为 ϕ150 mm、221 mm。

(2) 技术要求

该千斤顶的最大顶起质量为 1.5 吨，为了防止在使用过程中发生锈蚀，需在其外表面涂刷防锈漆。

动动脑

识读图 8-9 所示的浮动支承的装配图，完成下列问题。

浮动支承的工作原理：该结构是用来支承工件的，与其他固定支承配合作用。该支承可根据工件表面不平自行调整高度，直到顶牢工件。

①该装配图的主视图是________剖视图，零件 1 的 $A-A$ 是________图。

②主视图上 60～70 mm 属于________尺寸，它表示________________。

③1 号件主要是由________等基本几何体组成。

④1 号件到位后是________号件锁紧。

⑤弹簧的作用是________。

⑥1 号件上的斜槽的作用是________。

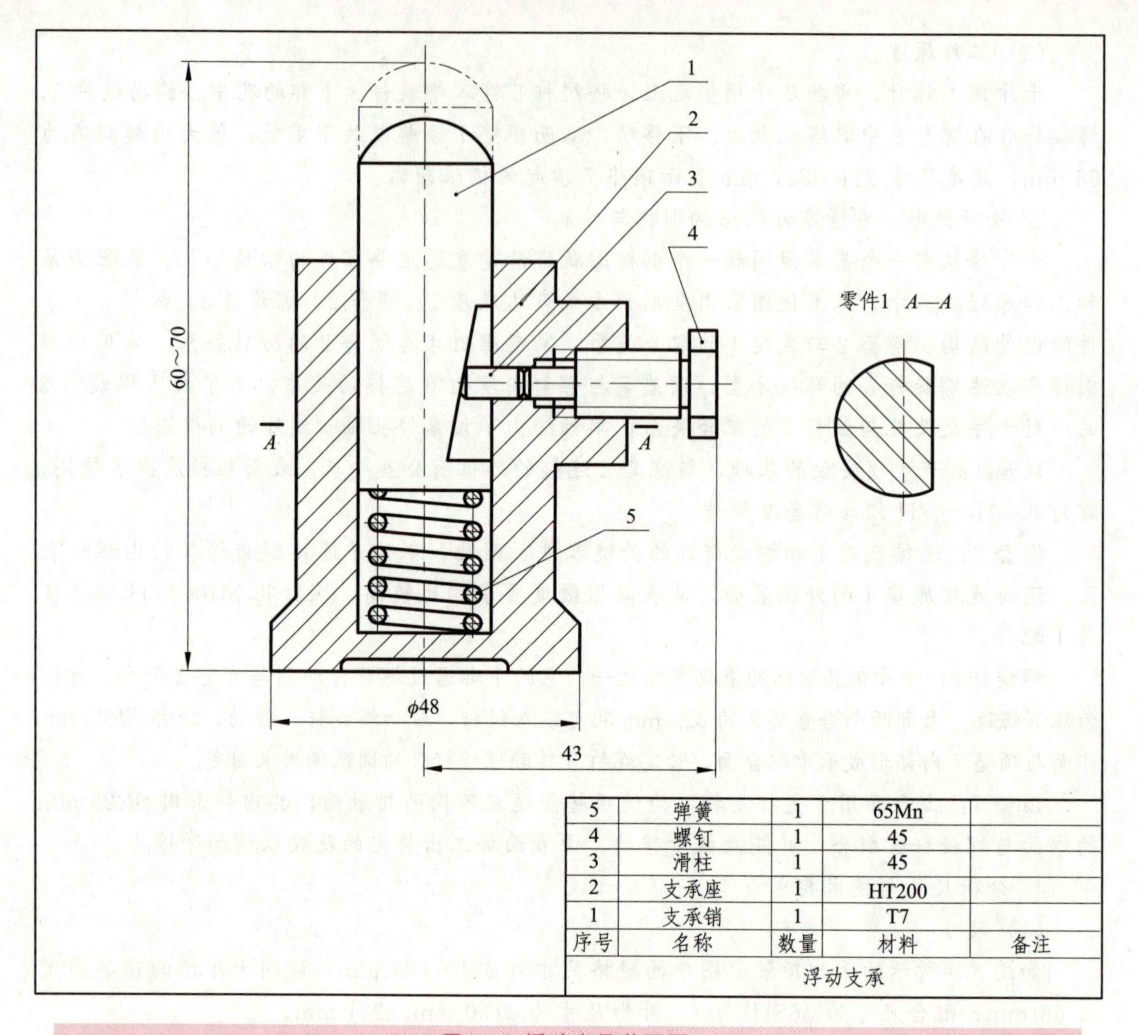

5	弹簧	1	65Mn	
4	螺钉	1	45	
3	滑柱	1	45	
2	支承座	1	HT200	
1	支承销	1	T7	
序号	名称	数量	材料	备注
浮动支承				

图 8-9 浮动支承装配图

8.3 用 AutoCAD 绘制千斤顶装配图

知识导入

用 AutoCAD 绘制装配图时，应首先根据所绘机器或部件的工作原理、装配关系确定表达方案，选择相应的绘图样板，然后开始绘图。绘图的方法有两种，一种是设计装配图，一种是拼画装配图。所谓拼画装配图，是指在已有零件图的基础上，利用 AutoCAD 的某些功能拼画成装配图。

相关知识

1. 使用样图

在 AutoCAD 中绘制装配图也应使用样图，这样可大大提高绘图效率。装配图样图的内容与零件图样图的内容基本相同，不同之处如下：

1）绘制的标题栏与零件图不同，并应在标题栏之上绘制明细栏表头。

2）常用的图块与零件图不同，应创建装配图中常用的图块和属性图块（如明细表可按行创建为属性图块）。

创建和使用装配图样图的方法与零件图样图完全相同。

2. 使用剪贴板

在 AutoCAD 中绘制装配图，常常采用“拼画法”，即以零件图为基础，逐一复制拼画出装配图。利用 AutoCAD 的剪贴板功能可以实现 AutoCAD 图形文件之间及与其他应用程序（如 word）文件之间的数据交流。

AutoCAD 2010 与 Windows 操作系统中的其他应用程序一样，具有利用剪贴板将图形文件内容“复制”（或“剪切”）和“粘贴”的功能，并可同时打开多个图形文件。

在“标准”工具栏上单击“复制”（COPYCLIP）按钮和“剪切”（CUTCLIP）按钮，将选中的图形部分以原有的形式放入剪贴板。

单击“标准”工具栏中的“粘贴”（PASTECLIP）按钮，可将剪贴板上的内容粘贴到当前图中；在“编辑”下拉菜单中执行“粘贴为块”命令，可将剪贴板上的内容按图块粘贴到当前图中；在“编辑”下拉菜单中执行“指定粘贴”命令，可将剪贴板上的内容按指定的格式粘贴到当前图中。AutoCAD 将要粘贴图形的插入基点设定在复制时选择窗口的左下角点或选择实体的左下角点。

在 AutoCAD 中应用“拼画法”绘制装配图时，可使用剪贴板，具体操作步骤如下：

1）新建一张要进行粘贴的装配图，打开一张（或几张）要被复制的零件图。

2）在“窗口”下拉菜单中执行“水平平铺”“垂直平铺”或“层叠”命令，使各图同时显示。单击要被复制的零件图，将其设为当前图。

3）单击“标准”工具栏中的“复制”按钮，命令区出现提示行：

选择对象：〈选择要复制的实体〉

选择对象：结束选择，所选实体复制到剪贴板。

4）单击装配图〈或按 Ctrl+Tab 组合键〉，把要进行粘贴的图设置为当前图。

5）单击“粘贴”按钮，命令区出现提示行：

指定插入点：〈指定插入点〉——剪贴板中的内容粘贴到当前装配图中指定的位置

6）重复上述操作，将各零件图中所需的图形部分逐一复制到装配图中。

提示：

1）AutoCAD 2010 中允许在图形文件之间直接拖拽复制实体，也可以用格式刷在图形文件之间复制颜色、线型、线宽、剖面线、线型比例。

2）AutoCAD 2010 中可在不同的图形文件之间执行多任务、无间断的操作，使绘图更加方便快捷。

应用与实践

例 8-3 利用 AutoCAD 软件拼画图 8-8 所示的千斤顶装配图。

解： 拼画装配图主要利用 AutoCAD 中的“复制到剪贴板”和“从剪贴板粘贴”两项功能，配合编辑修改中的“移动”“旋转”等编辑命令完成。

具体步骤如下：

1）选择图幅，打开“A3 样板图”，将其另存为“千斤顶”。

2）打开文件，将绘制好的千斤顶零件图（底座、螺旋杆、螺套、顶垫、绞杠及两个螺钉）在指定位置逐一打开，如图 8-10 所示（打开的零件图见图 8-12～图 8-18）。此时打开的零件图都暂存在当前界面中的“窗口”下拉菜单里，如图 8-11 所示，通过此窗口，可快速切换各个图形文件，如选择“底座”即可将其快速调入当前界面。

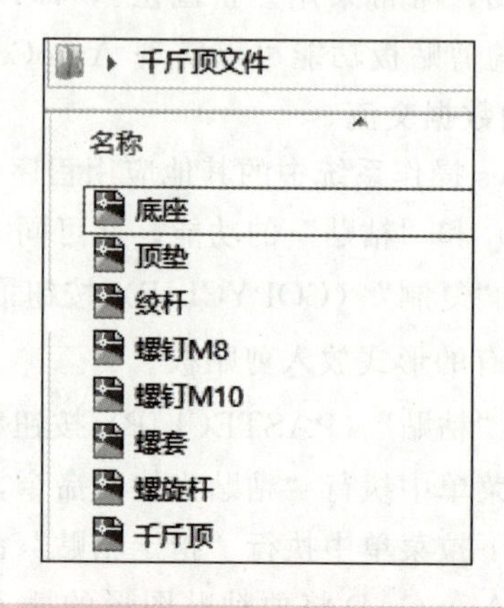

图 8-10 打开文件

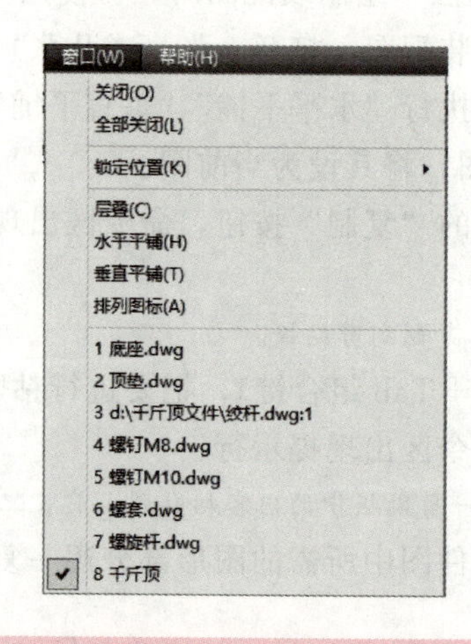

图 8-11 调入文件

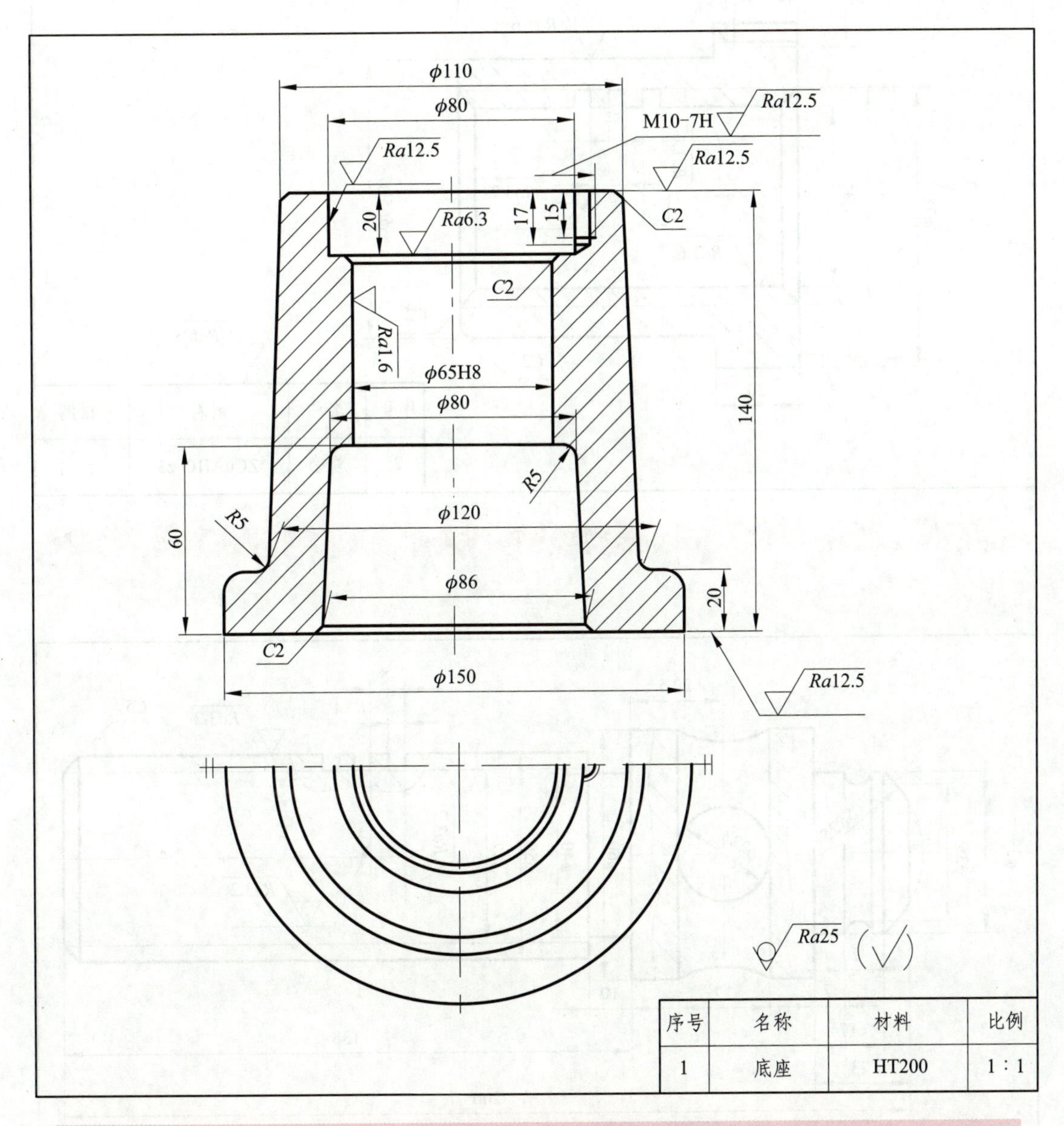

序号	名称	材料	比例
1	底座	HT200	1∶1

图 8-12　底座零件图

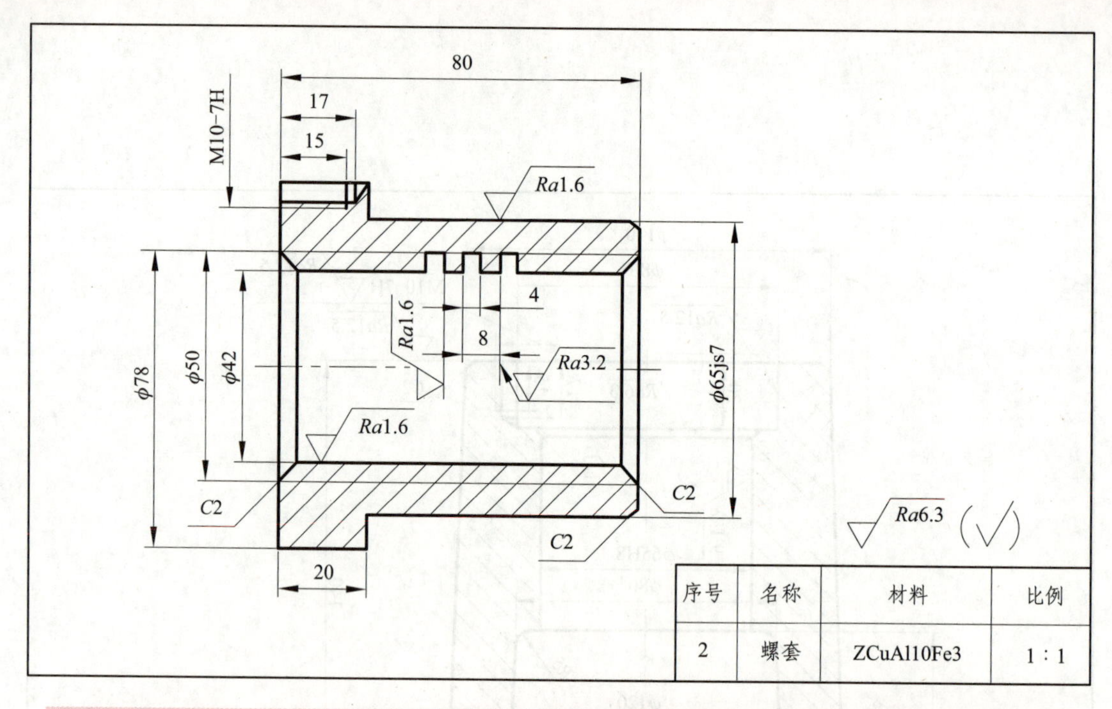

序号	名称	材料	比例
2	螺套	ZCuAl10Fe3	1∶1

图 8-13 螺套零件图

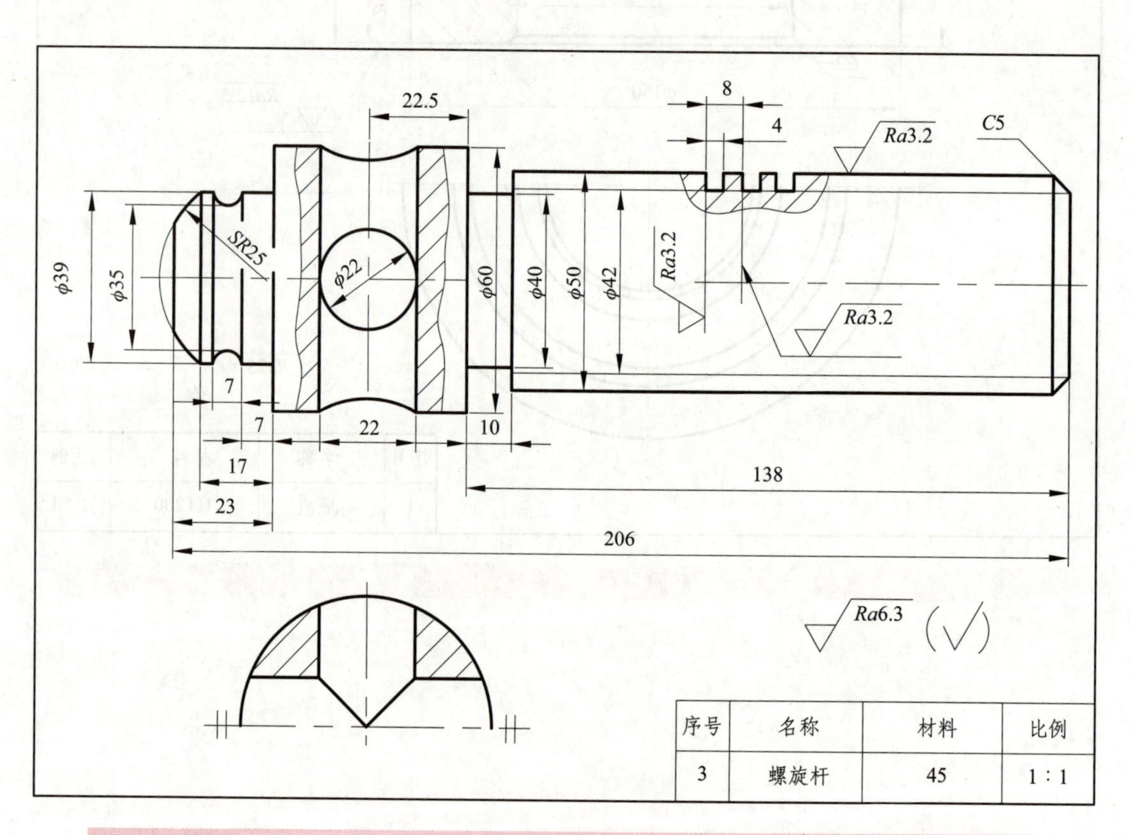

序号	名称	材料	比例
3	螺旋杆	45	1∶1

图 8-14 螺旋杆零件图

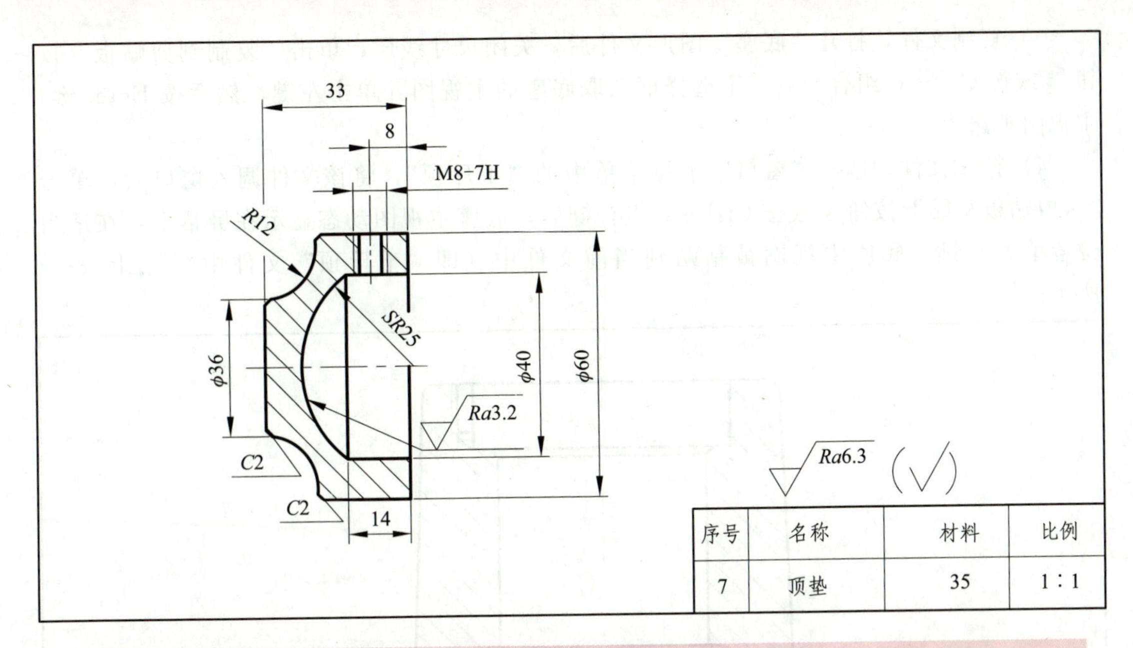

图 8-15 顶垫零件图

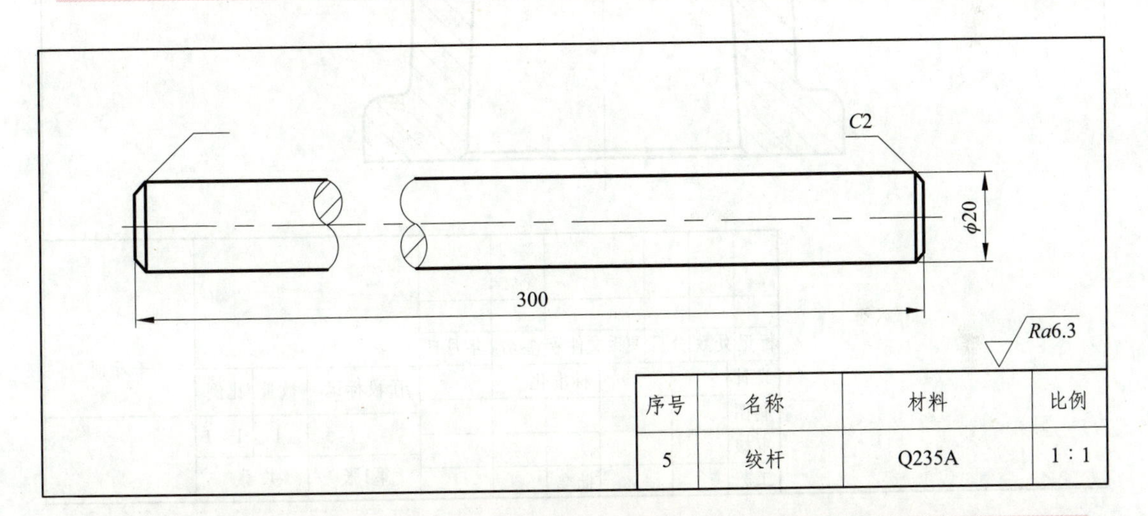

图 8-16 绞杆零件图

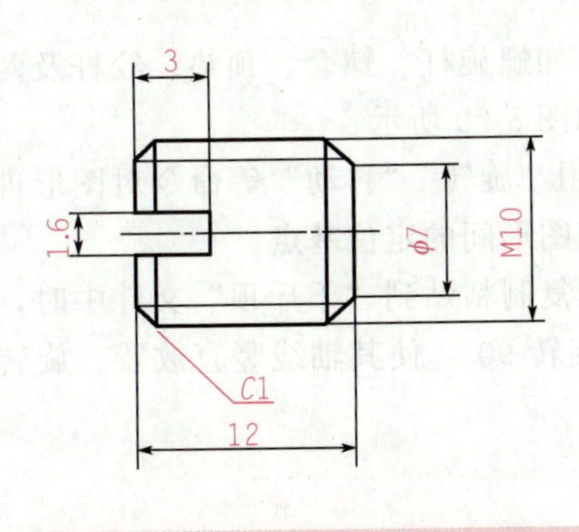

图 8-17 螺钉 M10×12 mm

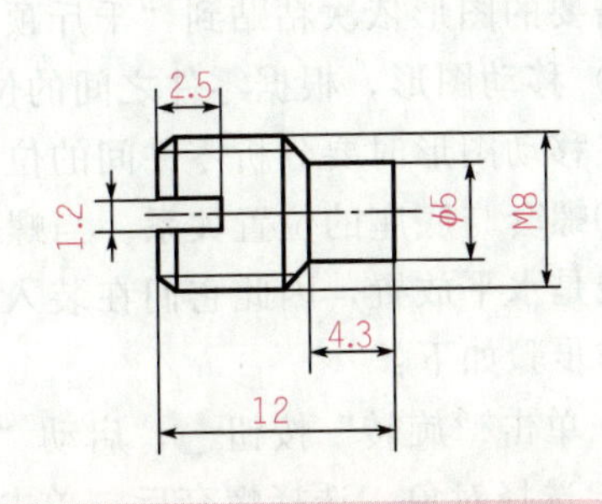

图 8-18 螺钉 M8×12 mm

3）复制文件，打开“底座”图形文件后，关闭尺寸线层，单击“复制到剪贴板”按钮或按 Ctrl+C 组合键后，用选择框选取底座的主视图并单击左键，然后按 Enter 键，主视图被选中。

4）粘贴文件，选择“窗口”下拉菜单中的“千斤顶”，将该文件调入窗口后，单击“从剪贴板粘贴”按钮或按 Ctrl+V 组合键后，底座主视图动态显示在屏幕上，在适当位置单击左键，底座主视图被粘贴到当前文件中（即“千斤顶”文件中），如图 8-19 所示。

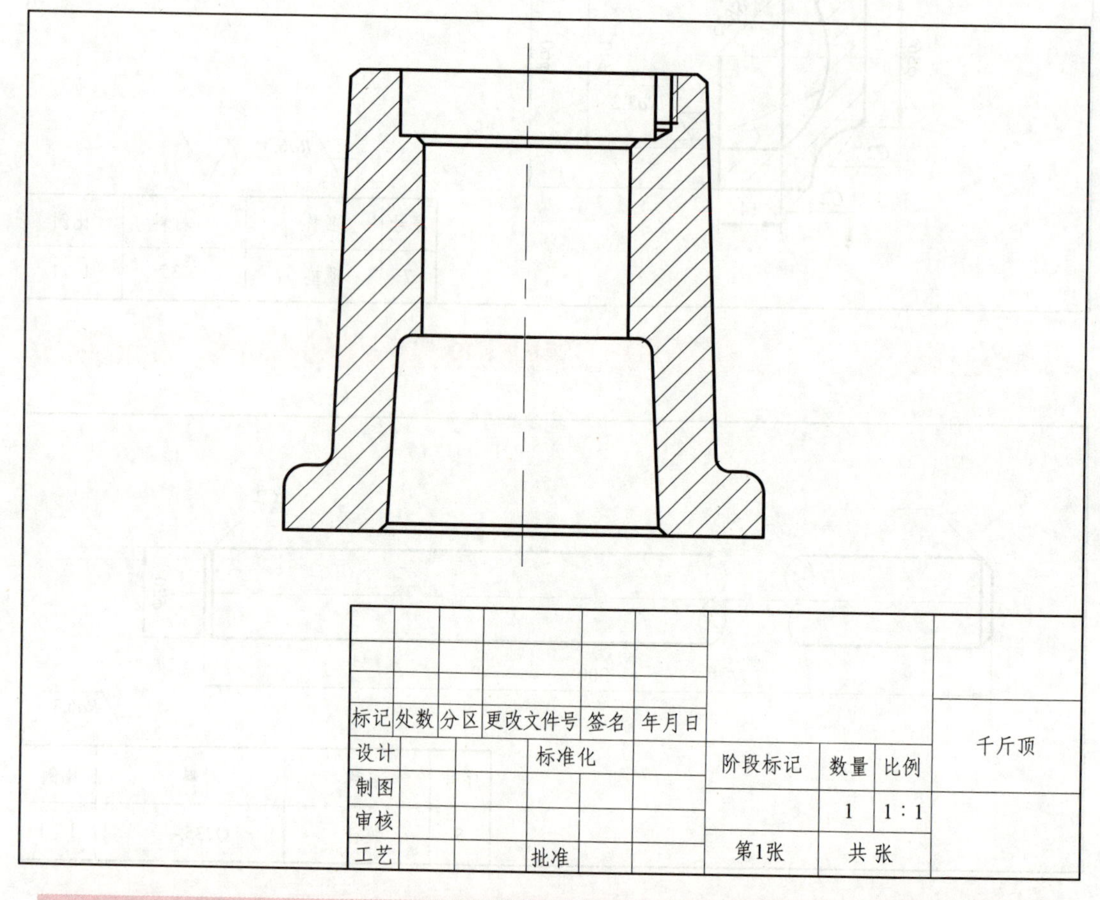

图 8-19　粘贴底座主视图

重复此过程，可以将“千斤顶”的其他零件，如螺旋杆、螺套、顶垫、绞杆及两个螺钉等需要的图形依次粘贴到“千斤顶”文件中，如图 8-20 所示。

5）移动图形，根据零件之间的位置关系，利用“旋转”“移动”等命令对图形进行移动。在移动图形时要分析零件间的位置关系，确定图形间的定位基点。

①螺套与底座的位置关系。当螺套和螺旋杆被复制粘贴到“千斤顶”文件中时，它们的轴线是水平放置，因此它们在装入底座之前应旋转 90°，使其轴线竖直放置。旋转螺套的操作步骤如下：

a. 单击“旋转”按钮，启动“旋转”命令。

b. 选择对象：选择螺套后，单击。

c. 选择对象：按 Enter 键。

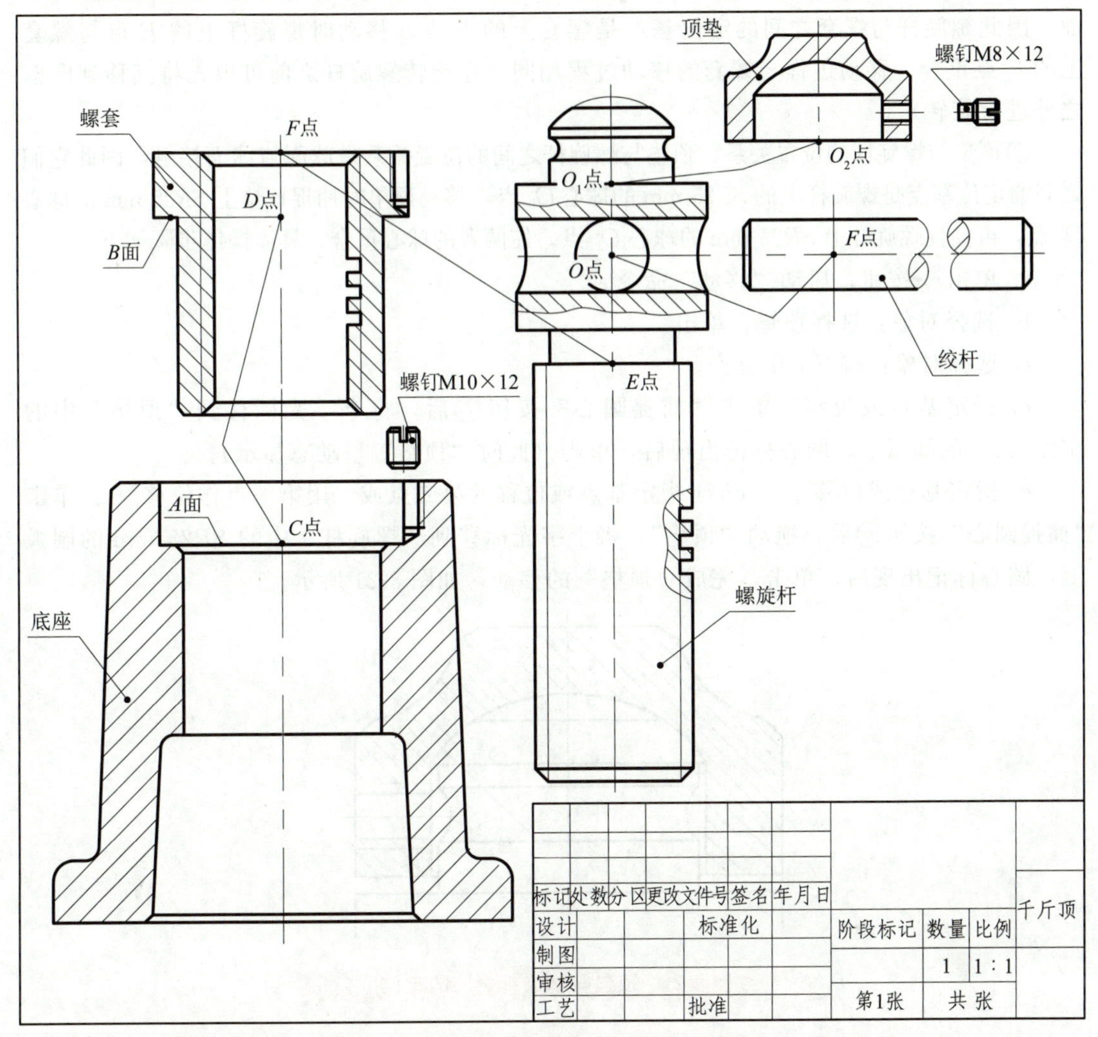

图 8-20 复制、粘贴其他零件

d. 指定基点：选择左端面与轴线的交点。

e. 指定旋转角度或［参照（R）］：－90，按 Enter 键，完成螺套的旋转。

螺套被装入底座之中时，它们的位置关系是轴线对轴线、*A* 面对 *B* 面，因此图形定位基点应是 *C* 点。移动螺套时，应使螺套上的 *D* 点与底座上的 *C* 点重合。移动螺套的操作步骤如下：

a. 单击“移动”按钮，启动“移动”命令。

b. 选择对象：选择螺套，单击。

c. 选择对象：按 Enter 键。

d. 指定基点或位移：捕捉螺套上的 *D* 点后，螺套呈动态显示。

e. 指定基点或位移，＜对象捕捉 开＞指定位移的第二点或＜用第一点作位移＞：移动鼠标，捕捉底座上的 *C* 点后单击，完成螺套的移动。

②螺旋杆与螺套的位置关系。螺旋杆相对螺套的位置关系是轴线对轴线、平面对平面，因此螺旋杆与螺套之间的定位基点是螺套上的 F 点，移动时螺旋杆上的 E 点与螺套上的 F 点重合；移动过程与螺套的移动过程相同（在旋转螺旋杆之前可以先将其移到图框之外进行旋转）。

③顶垫与螺旋杆的位置关系。顶垫与螺旋杆之间的位置关系是球面与球面接触，因此它们之间的定位基点是螺旋杆上的 $SR25$ mm 的球心 O_1 点，移动顶垫时捕捉顶垫上 $SR25$ mm 的球心 O_2 点，再捕捉螺旋杆上 $SR25$ mm 的球心 O_1 点，使两者的球心重合，具体操作步骤如下：

a. 单击按钮，启动“移动”命令。

b. 选择对象：选择顶垫，单击。

c. 选择对象：按 Enter 键产。

d. 指定基点或位移：单击“捕捉圆心”按钮后，将十字光标移到“顶垫”中的 $SR25$ mm 的圆弧上，圆心标记出现后，单击（此时“顶垫”呈动态显示）。

e. 指定基点或位移，_cen 于指定基点或位移的第二点或<用第一点作位移>：单击“捕捉圆心”按钮后，拖动“顶垫”，将十字光标移到“螺旋杆”中的 $SR25$ mm 的圆弧上，圆心标记出现后，单击，完成“顶垫”的移动，如图 8-21 所示。

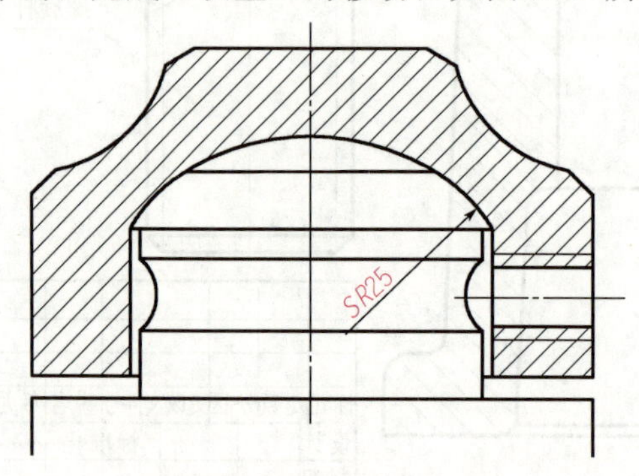

图 8-21 顶垫与螺旋杆之间的定位

④绞杆与螺旋杆的位置关系。绞杆穿进螺旋杆的 $\phi22$ mm 孔中，绘图时使绞杆的轴线与螺旋杆 $\phi22$ mm 孔的轴线同轴，将圆心 O 作为定位基点，在绞杆的适当位置绘制一条辅助线，该线与轴线的交点 A 作为移动点，利用“移动”命令，捕捉绞杆上的交点 A，将其移动到螺旋杆上的圆心点 O 即可，如图 8-22 所示。

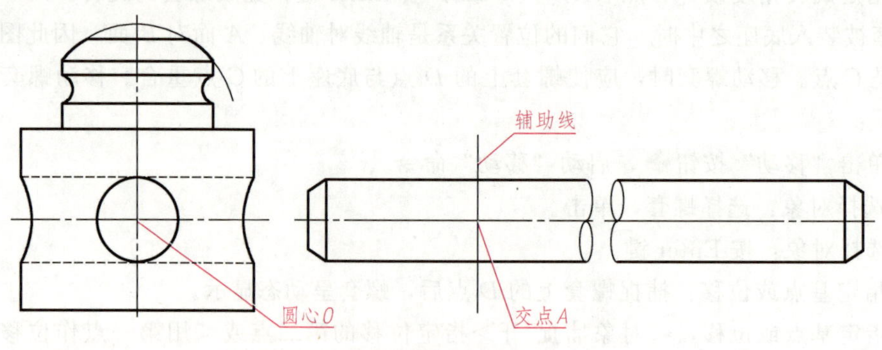

图 8-22 绞杆与螺旋杆之间的定位

⑤M8 螺钉与螺旋杆的位置关系。M8 螺钉沿着顶垫 M8 螺孔的轴线方向旋进，该螺钉的作用是防止顶垫脱落，但 M8 螺钉的圆柱端面又不能与螺旋杆 $\phi35$ mm 的圆柱面顶死，否则螺旋杆转动时，顶垫会随之转动，千斤顶工作时，就会增加摩擦阻力，甚至无法工作。因此 M8 螺钉的圆柱端面与螺旋杆 $\phi35$ mm 的圆柱面应留有一定的间隙，（绘图时留 1 mm的间隙）。它们的定位基点应为交点 *B*。确定交点 B 的操作步骤如下：

a. 绘制辅助线，确定定位点。捕捉 7 mm 线段的中点，绘制一条辅助线，利用“偏移”命令将 $\phi35$ mm 的圆柱面右端 *A* 线偏移 1 mm，两线相交于基准点 *B*，如图 8-23（a）所示。

b. 利用“移动”命令，将螺钉上的 *C* 点移到螺旋杆上的基准点 *B*，使 *B*、*C* 两点重合。完成移动后的位置如图 8-23（b）所示。

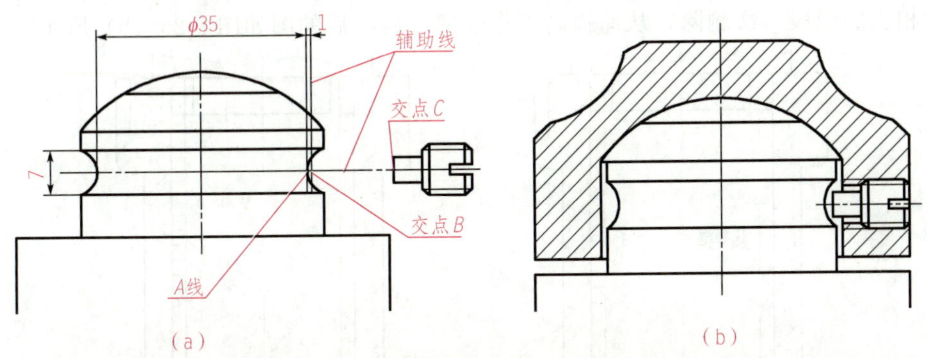

图 8-23　M8 螺钉与螺旋杆之间的定位

（a）作辅助线，确定基准点 B；（b）完成螺钉移动

⑥M10 螺钉与底座和螺套的位置关系。M10 螺钉的作用是将底座和螺套连接在一起。M10 螺钉旋入后，其顶面应低于底座上表面。绘图时螺钉顶面与底座上表面在同一平面上即可，因此它们的定位基点为 M10 螺孔轴线与底座上表面的交点 *A*，如图 8-24（a）所示。利用“移动”命令使 *C* 点与 *A* 点重合，如图 8-24（b）所示。

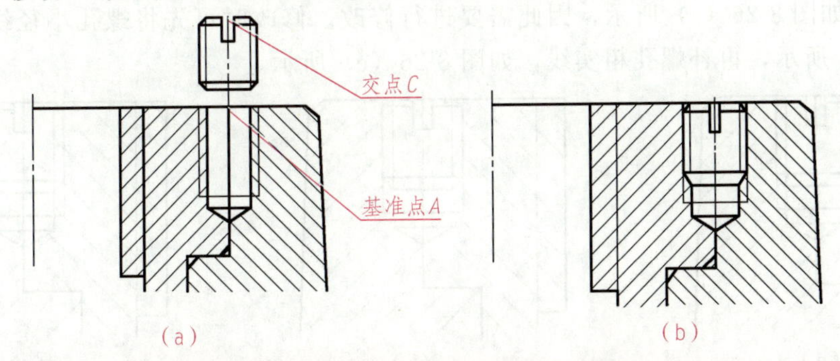

图 8-24　M10 螺钉与底座和螺套之间的定位

（a）确定基准点 A；（b）完成螺钉移动

6）编辑修改图形

图形拼画在一张图上时，图线会重叠在一起，不符合机械制图国家标准的要求，如图

8-25 所示。此时应根据零件间的前后位置关系，综合利用“修剪”“延伸”“打断”“特性修改”等命令对图形进行编辑修改，多余的图线删掉，缺少的图线补齐，另外还要注意图层和线型的变化。

①剖面线的处理。图形重叠后，断面轮廓内可能会有其他图线存在，如图 8-25（a）所示。断面区域发生变化，此时应用合适的命令对其进行修改。修改过程如下：

a. 单击“分解”按钮。

b. 命令：_ explode。

c. 选择对象：单击断面区域，剖面线被分解成若干条线段，而且被穿过断面区域的线段分成两段，如图 8-25（a）中剖面线被螺旋杆的轮廓线分成两部分，此时可以用从左向右拉出的虚线选择框将被删除的线段尽可能多的一次选中，执行“删除”命令，便可将与虚线框相交的线段一次删除，从而提高工作效率。修改后的图如图 8-25（b）所示。

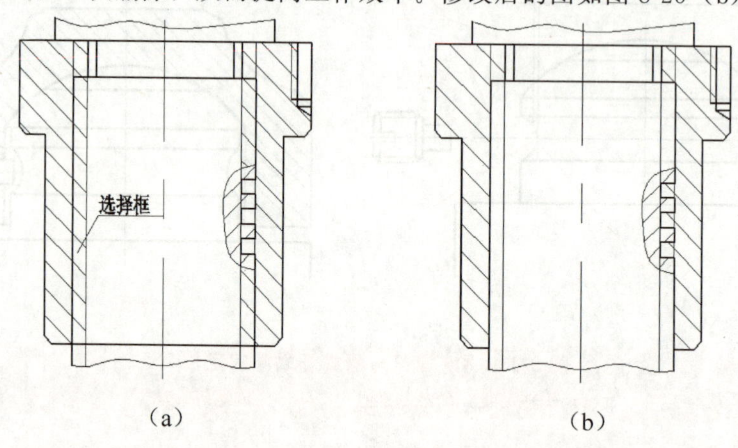

图 8-25　用虚线选择框删除剖面线

（a）修改前；（b）修改后

②内外螺纹轮廓线的处理。螺栓、螺柱、螺钉等紧固件插入螺孔之后，图线重叠，粗细线不分，如图 8-26（a）所示，因此需要进行修改。修改时可先将螺孔小径线删除，如图 8-26（b）所示，再补螺孔粗实线，如图 8-26（c）所示。

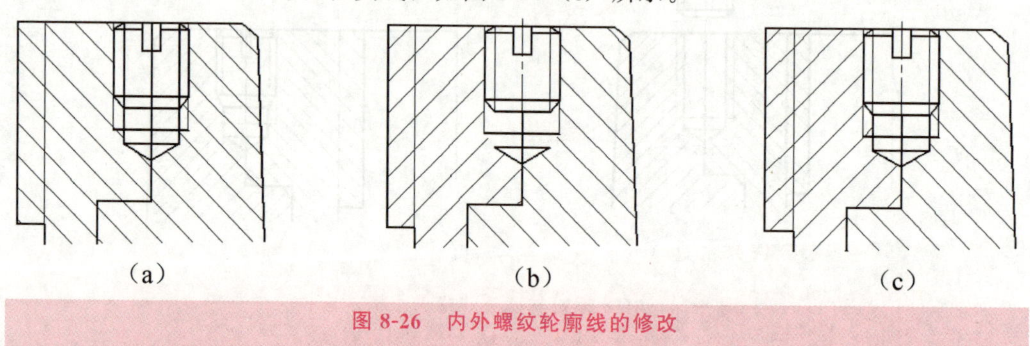

图 8-26　内外螺纹轮廓线的修改

（a）修改前；（b）修改；（c）修改后

修改图形是一项耐心细致的工作，在实践中应灵活运用各种编辑修改命令并不断总结经验，探索更多的作图技巧。修改完成后的千斤顶装配图如图 8-27 所示。

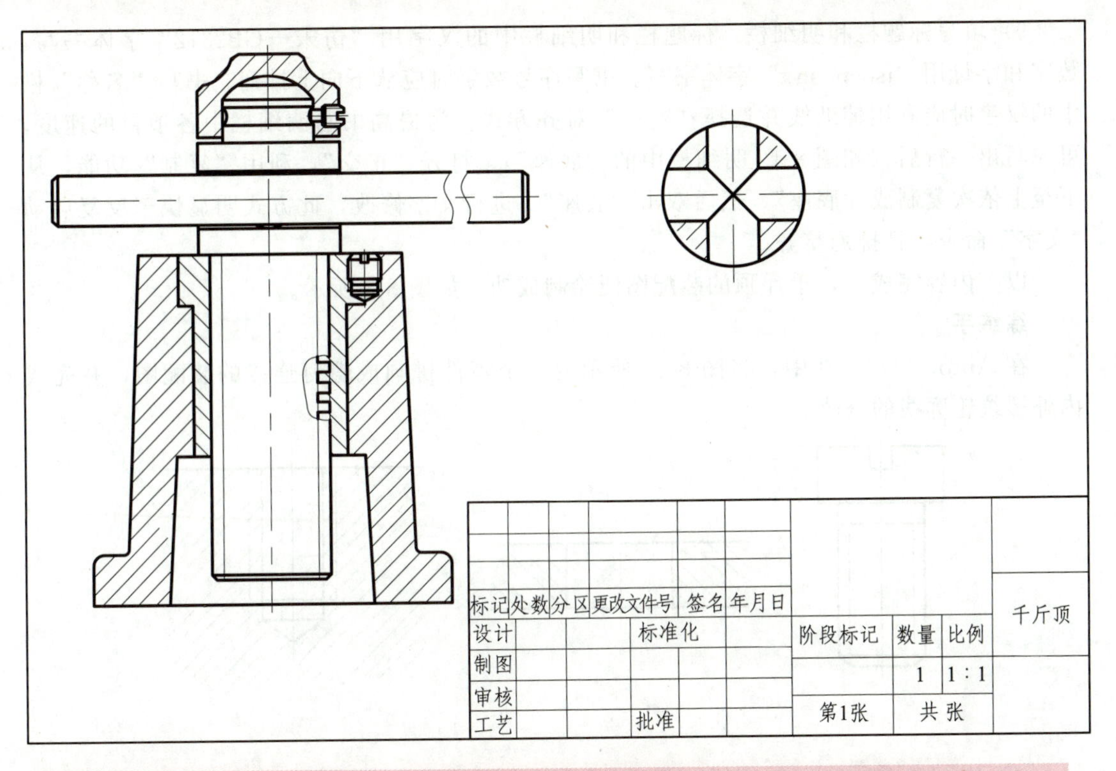

图 8-27　修改后的装配图

7）标注尺寸，图形绘制完成后，按照装配图中尺寸标注的要求，选择合适的尺寸标注样式，注全尺寸，如图 8-8 所示。

8）编写序号，利用“引线（Qleader）”和“多重引线（Mleader）命令”均可编写序号。引线设置如图 8-28 所示，在“附着”选项卡勾选“最后一行加下划线（U）”复选框。

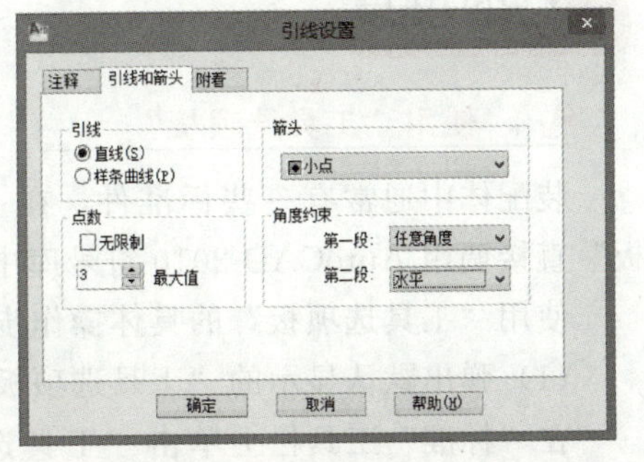

图 8-28　引线设置

绘制引线时，应利用辅助线使序号引线排列整齐，水平方向的序号线绘制一条水平线作为辅助线，竖直方向的序号线绘制一条铅垂线作为辅助线，然后将序号线引至辅助线上，如图 8-29 所示。引线绘制完之后将辅助线删除，如图 8-30 所示。

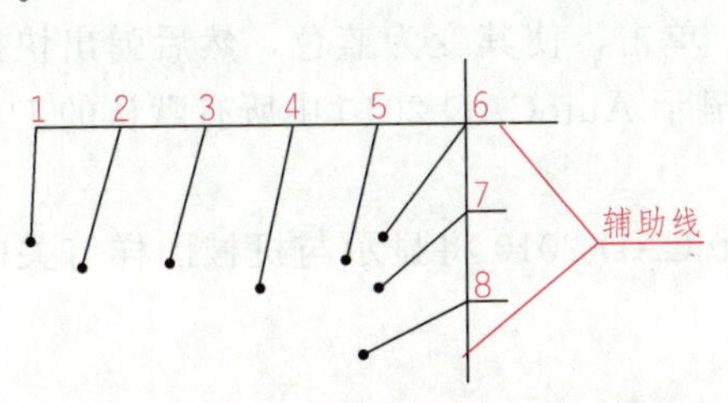

图 8-29　画辅助线

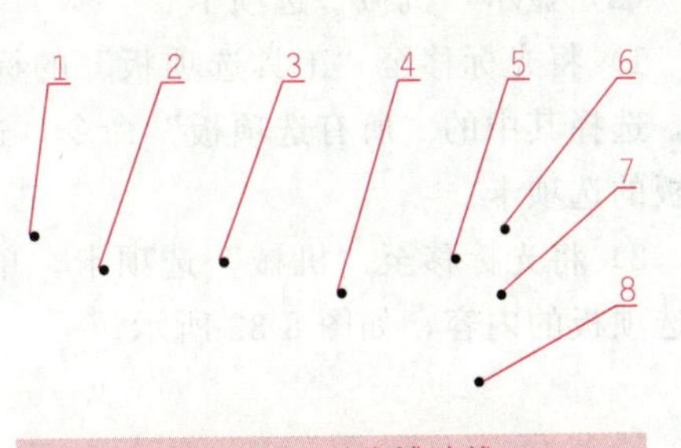

图 8-30　删除辅助线

9）填写标题栏和明细栏。标题栏和明细栏中的汉字用“仿宋－GB2312”字体书写，数字和字母用“isocp. shx”字体书写。书写序号数字时应从下向上排列。书写“名称”栏中的汉字时应利用辅助线并选择“左中”对齐方式。为提高书写明细栏中各项目的速度，可先写出一行后（如图8-12明细栏中的“底座”），打开“正交”，利用“复制”功能，从下至上依次复制成“底座”，然后双击“底座”，进行文字修改，此方式明显快于反复启动“文字”命令，且排列整齐。

以上内容完成后，千斤顶的装配图便绘制成功，如图8-8所示。

练练手

在AutoCAD 2010中，将图8-31所示的三个零件拼画成螺钉连接的装配图，并完成内外螺纹轮廓线的修改。

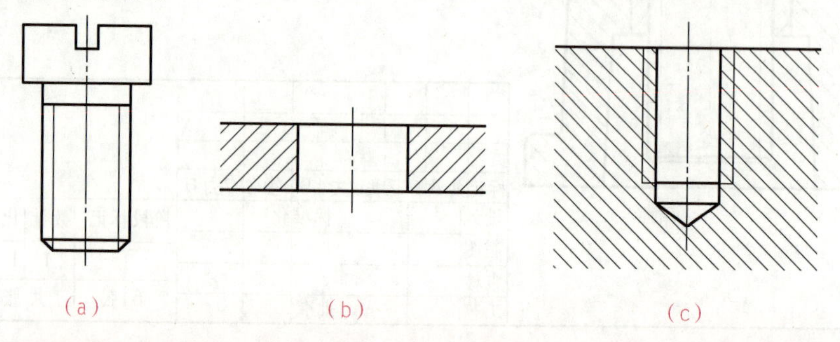

图8-31 螺钉连接零件

(a) 螺钉；(b) 连接件1；(c) 连接件2

知识拓展

1. 使用“工具选项板”

装配体中通常有一些标准件，在AutoCAD 2010中绘制装配图，可使用“工具选项板”直接调用AutoCAD 2010符号库中的标准件图形，使装配图的绘制更加方便快捷。

使用“工具选项板”的具体操作步骤如下。

（1）弹出默认显示的“工具选项板”

在“标准”工具栏上单击“工具选项板”按钮，弹出AutoCAD 2010默认显示的“工具选项板”，如图8-32所示。

（2）显示“机械”选项卡

1）将光标移至“工具选项板”的标题栏上，单击，使其变为蓝色，然后弹出快捷菜单，选择其中的“所有选项板”命令，选项板将显示AutoCAD 2010中所有默认的工具选项板的选项卡。

2）将光标移至“机械”选项卡，单击，AutoCAD 2010将显示与机械图样有关的工具选项板的内容，如图8-33所示。

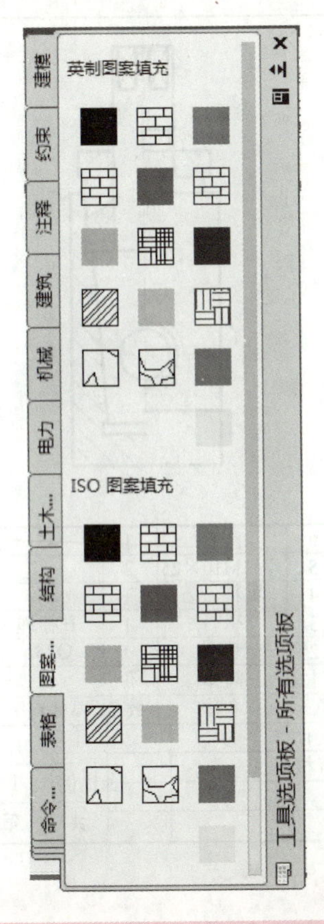

图 8-32　默认显示的“工具选项板”

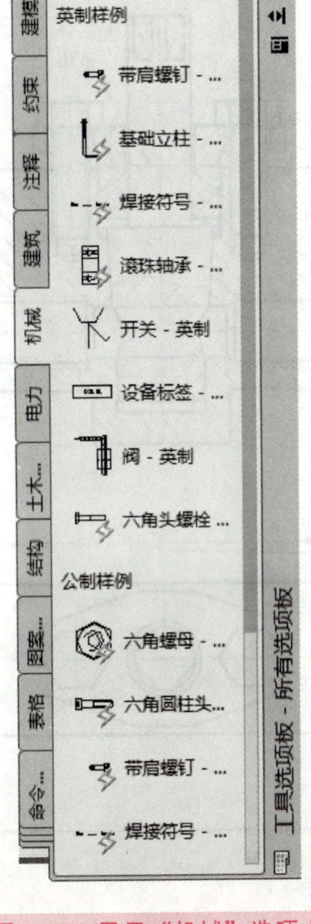

图 8-33　显示“机械”选项卡

(3) 选用工具选项板中的图形

将光标移至工具选项板中要选择的图形上单击，即选中该图形（如螺栓、螺母等），此时命令提示区出现提示行：“指定插入点:”，将光标移至绘图区指定插入点后，即将所选图形作为图块插入当前图形中（若要改变被插入图形的大小和方位，插入时应按提示选择，并按提示输入相应的比例数值或旋转角度即可）。

动动脑

1）试读懂图 8-34 所示的旋塞装配图，并回答问题。

①该装配图是由__________个视图组成，主视图采用__________剖视图和__________剖视图，左视图采用__________剖视图。

②旋塞由__________种零件组成，其中标准件有__________种。

③旋塞的规格尺寸有______________，外形尺寸有______________、______________和______________，ϕ36H8/f7 是______________尺寸。

④3 号件是__________，其作用是____________________。

2）用 A3 图幅，以零件图为基础（图 8-35～图 8-37 所示），按 1∶1 比例绘制图 8-34 所示的旋塞装配图。

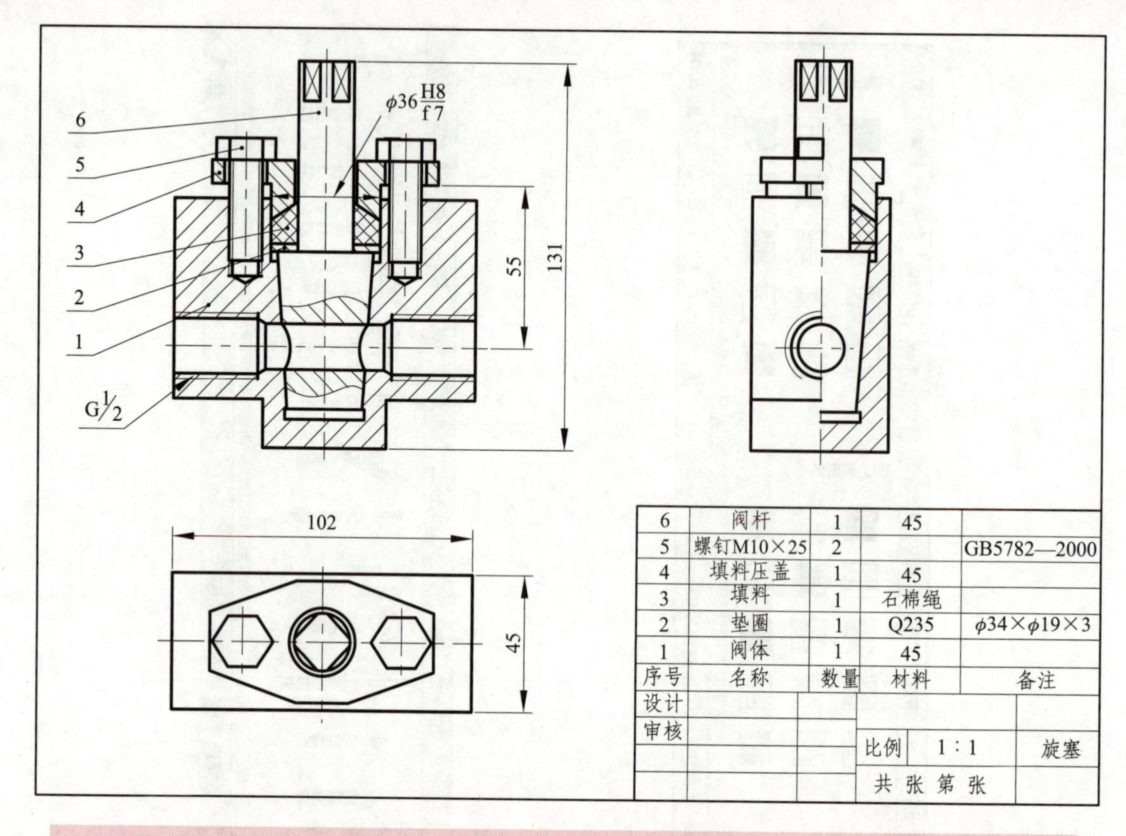

图 8-34 旋塞装配图

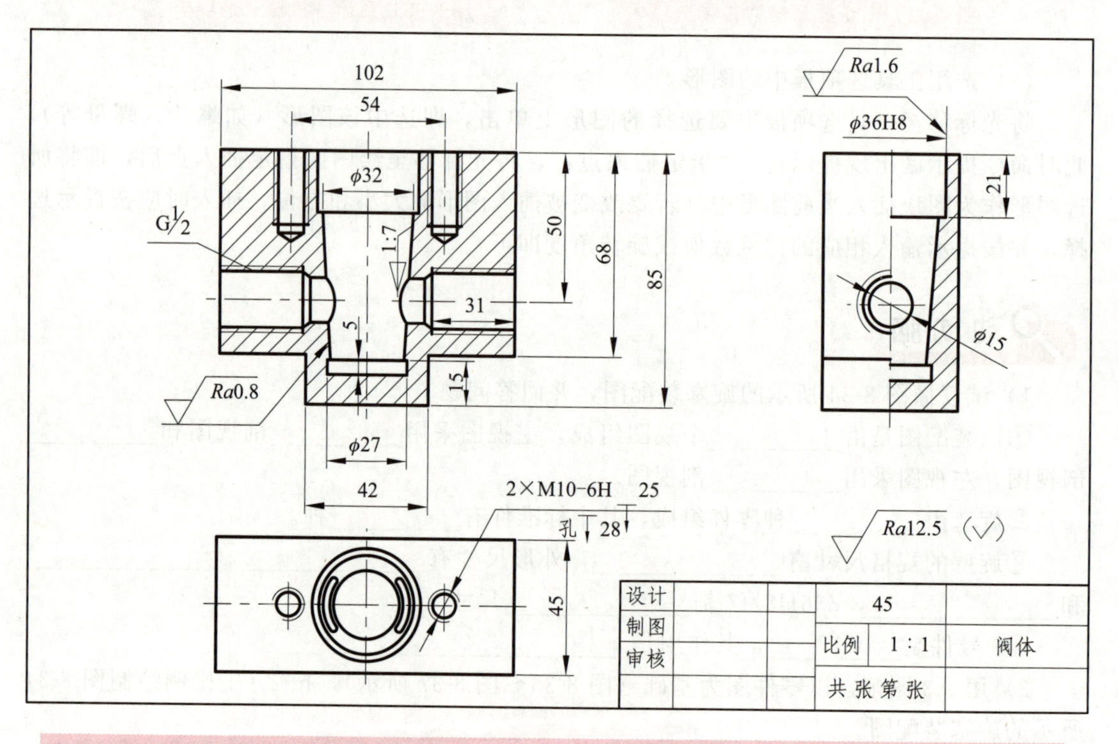

图 8-35 阀体零件图

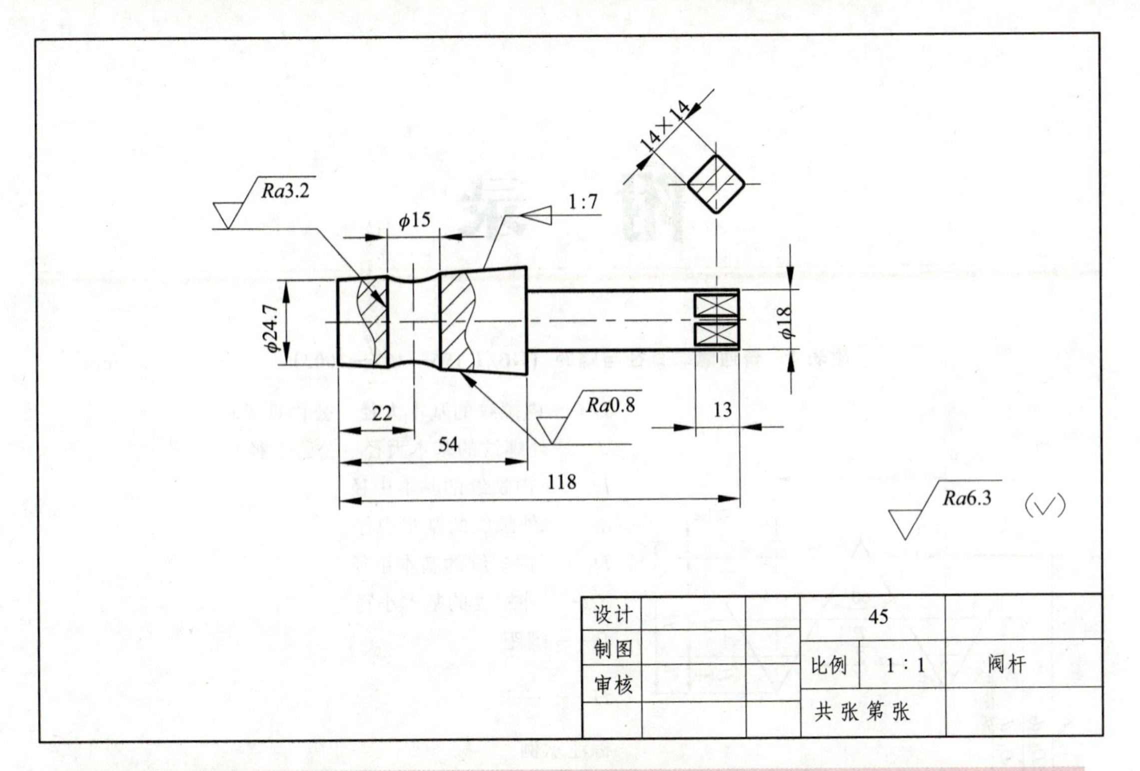

图 8-36 阀杆零件图

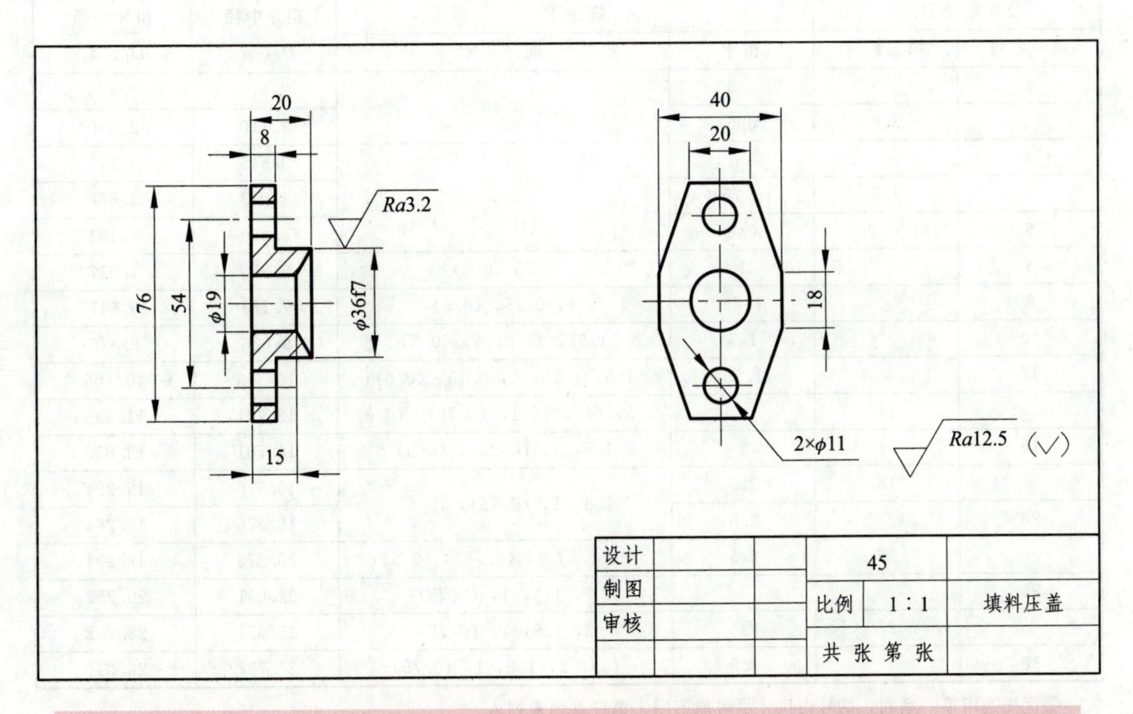

图 8-37 填料压盖零件图

附　录

附表 1　普通螺纹直径与螺距（GB/T 196—197—2003） mm

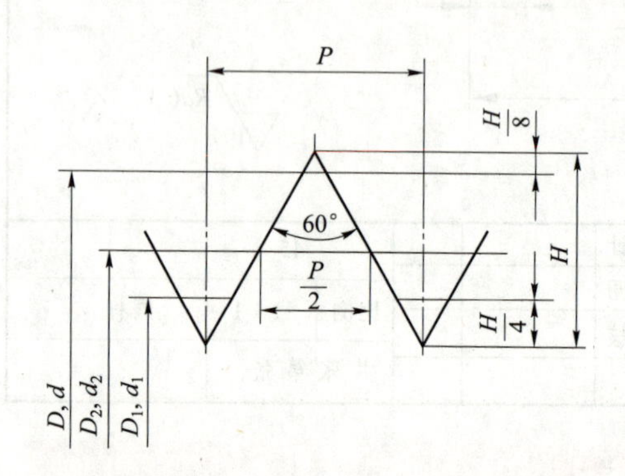

D——内螺纹的基本大径（公称直径）

d——外螺纹的基本大径（公称直径）

D_2——内螺纹的基本中径

d_2——外螺纹的基本中径

D_1——内螺纹的基本小径

d_1——外螺纹的基本小径

P——螺距

H——$\frac{\sqrt{3}}{2}P$

标注示例

M24（公称直径为 24 mm、螺距为 3 mm 的粗牙右旋普通螺纹）

M24×1.5－LH（公称直径为 24 mm、螺距为 1.5 mm 的细牙左旋普通螺纹）

公称直径 D、d		螺距 P		粗牙中径	粗牙小径
第一系列	第二系列	粗牙	细　牙	D_2、d_2	D_1、d_1
3		0.5	0.35	2.675	2.459
	3.5	(0.6)		3.110	2.850
4		0.7	0.5	3.545	3.242
	4.5	(0.75)		4.013	3.688
5		0.8		4.480	4.134
6		1	0.75 (0.5)	5.350	4.917
8		1.25	1, 0.75, (0.5)	7.188	6.647
10		1.5	1.25, 1, 0.75, (0.5)	9.026	8.376
12		1.75	1.5, 1.25, 1, 0.75, (0.5)	10.863	10.106
	14	2	1.5, (1.25), 1, (0.75), (0.5)	12.701	11.835
16		2	1.5, 1, (0.75), (0.5)	14.701	13.835
	18	2.5	1.5, 1, (0.75), (0.5)	16.376	15.294
20		2.5		18.376	17.294
	22	2.5	2, 1.5, 1, (0.75), (0.5)	20.376	19.294
24		3	2, 1.5, 1, (0.75)	22.051	20.752
	27	3	2, 1.5, 1, (0.75)	25.051	23.752
30		3.5	(3), 2, 1.5, 1, (0.75)	27.727	26.211

①优先选用第一系列，括号内尺寸尽可能不用，第三系列未列入。

② M14×1.25 mm 仅用于火花塞。

附表 2 梯形螺纹基本尺寸（GB/T 5796.3—2005）

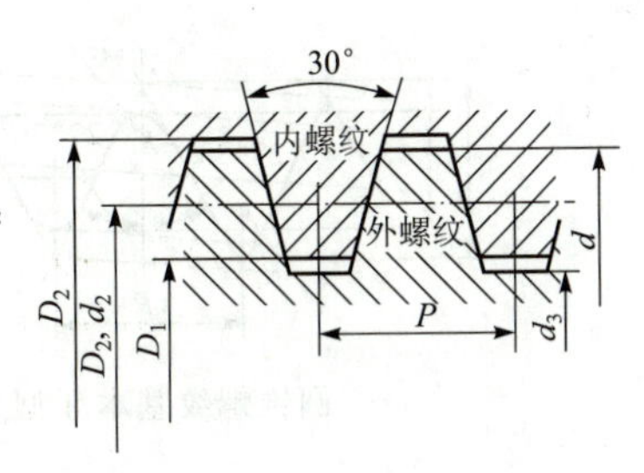

标记示例

公称直径 36 mm，导程 12 mm，螺距为 6 mm 的双线左旋梯形螺纹：

Tr36×12（P6）LH

公称直径		螺距 P	中径 $d_2=D_2$	大径 D_4	小径		公称直径		螺距 P	中径 $d_2=D_2$	大径 D_4	小径	
第一系列	第二系列				d_2	D_1	第一系列	第二系列				d_3	D_1
8		1.5	7.25	8.30	6.20	6.50		26	3	24.50	26.50	22.50	23.00
	9	1.5	8.25	9.30	7.20	7.50			5	23.50	26.50	20.50	21.00
		2	8.00	9.50	6.50	7.00			8	22.00	27.00	17.00	18.00
10		1.5	9.25	10.30	8.20	8.50	28		3	26.50	28.50	24.50	25.00
		2	9.00	10.50	7.50	8.00			5	25.50	28.50	22.50	23.00
	11	2	10	11.5	8.5	9.0			8	24.00	29.00	19.00	20.00
		3	9.50	11.50	7.50	8.00		30	3	28.50	30.50	26.50	29.00
12		2	11.00	12.50	9.50	10.00			6	27.00	31.00	23.00	24.00
		3	10.50	12.50	8.50	9.00			10	25.00	31.00	19.00	20.00
	14	2	13.00	14.50	11.50	12.00	32		3	30.50	32.50	28.50	29.00
		3	12.50	14.50	10.50	11.00			6	29.00	33.00	25.00	26.00
16		2	15.00	16.50	13.50	14.00			10	27.00	33.00	21.00	22.00
		4	14.00	16.50	11.50	12.00		34	3	32.50	34.50	30.50	31.00
	18	2	17.00	18.5	15.50	16.00			6	31.00	35.00	27.00	28.00
		4	16.00	18.50	13.50	14.00			10	29.00	35.00	23.00	24.00
20		2	19.00	20.50	17.50	18.00	36		3	34.50	36.50	32.50	33.00
		4	18.00	20.50	15.50	16.00			6	33.00	37.00	29.00	30.00
	22	3	20.50	22.50	18.50	19.00			10	31.00	37.00	25.00	26.00
		5	19.50	22.50	16.50	17.00		38	3	36.50	38.50	34.50	35.00
		8	18.00	23.00	13.00	14.00			7	34.50	39.00	30.00	31.00
24		3	22.50	24.50	20.50	21.00			10	33.00	39.00	27.00	28.00
		5	21.50	24.50	18.50	19.00	40		3	38.50	40.50	36.50	37.00
		8	20.00	25.00	15.00	16.00			7	36.50	41.00	32.00	33.00
									10	35.00	41.00	29.00	30.00

附表 3 螺纹密封管螺纹（GB/T 7306—2001）

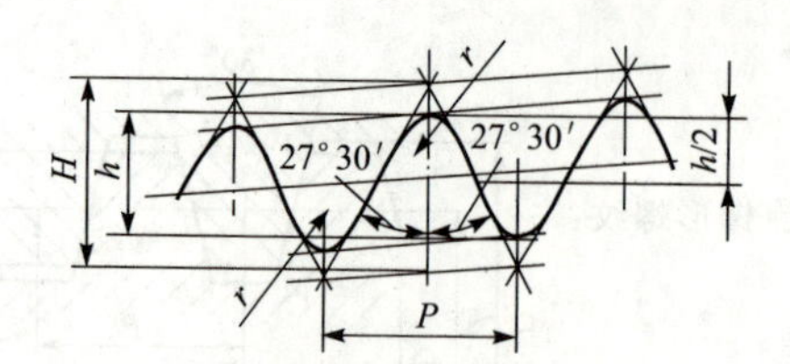

圆锥螺纹基本牙型

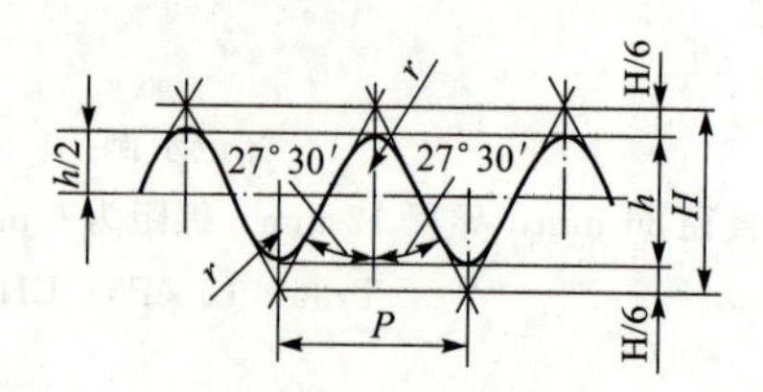

圆柱内螺纹基本牙型

标记示例

$1\frac{1}{2}$圆锥内螺纹：$R_c1\frac{1}{2}$

$1\frac{1}{2}$圆锥内螺纹：$R_p1\frac{1}{2}$

$1\frac{1}{2}$圆锥外螺纹左旋：$R1\frac{1}{2}$—LH

圆锥内螺纹与圆锥外螺纹的配合：$R_c1\frac{1}{2}/R1\frac{1}{2}$

圆锥内螺纹与圆锥外螺纹的配合：$R_p1\frac{1}{2}/R1\frac{1}{2}$

尺寸代号	每 25.4 mm 内的牙数 n	螺距 P/mm	牙高 h/mm	圆弧半径 r/mm	基面上的基本尺寸			基准距离 /mm	有效螺纹长度 /mm
					大径 $d=D$	中径 $d_2=D_2$	小径 $d_1=D_1$		
$\frac{1}{16}$	28	0.907	0.581	0.125	7.723	7.142	6.561	4.0	6.5
$\frac{1}{8}$	28	0.907	0.581	0.125	9.728	9.147	8.566	4.0	6.5
$\frac{1}{4}$	19	1.337	0.856	0.184	13.157	12.301	11.445	6.0	9.7
$\frac{3}{8}$	19	1.337	0.856	0.184	16.662	15.806	14.950	6.4	10.1
$\frac{1}{2}$	14	1.814	1.162	0.249	20.955	19.793	18.631	8.2	13.2
$\frac{3}{4}$	14	1.814	1.162	0.249	26.441	25.279	24.117	9.5	14.5
1	11	2.309	1.479	0.317	33.249	31.770	30.291	10.4	16.8
$1\frac{1}{4}$	11	2.309	1.479	0.317	41.910	40.431	38.952	12.7	19.1
$1\frac{1}{2}$	11	2.309	1.479	0.317	47.803	48.324	44.845	12.7	19.1
2	11	2.309	1.479	0.317	59.614	58.135	56.656	15.9	23.4
$2\frac{1}{2}$	11	2.309	1.479	0.317	75.184	73.705	72.226	17.5	26.7
3	11	2.309	1.479	0.317	87.884	86.405	84.926	20.6	29.8
$3\frac{1}{2}$	11	2.309	1.479	0.317	100.330	100.351	97.372	22.2	31.4
4	11	2.309	1.479	0.317	113.030	111.531	110.072	25.4	35.8
5	11	2.309	1.479	0.317	138.430	135.951	136.472	28.6	40.1
6	11	2.309	1.479	0.317	163.830	162.351	160.872	28.6	40.1

附表 4 非密封管螺纹（GB/T 7307—2001）

标记示例

尺寸代号 $1\frac{1}{2}$，内螺纹：G$1\frac{1}{2}$；

尺寸代号 $1\frac{1}{2}$，A 级外螺纹：G$1\frac{1}{2}$A；

尺寸代号 $1\frac{1}{2}$，B 级外螺纹，左旋：G$1\frac{1}{2}$B—LH

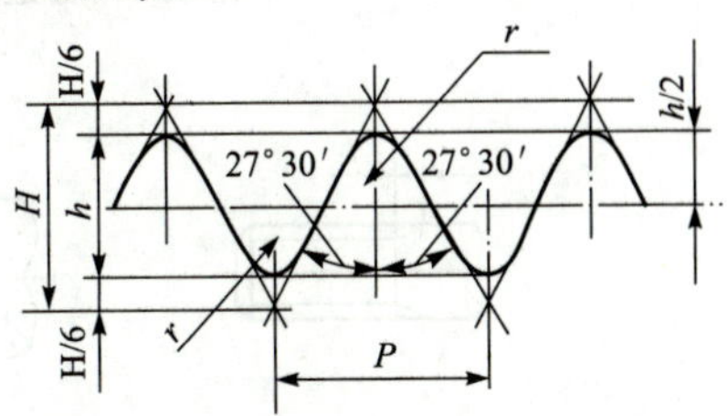

尺寸代号	每 25.4 mm 内的牙数 n	螺距 P/mm	牙高 h/mm	圆弧半径 $r\approx$/mm	基本直径/mm		
					大径 $d=D$	中径 $d_2=D_2$	小径 $d_1=D_1$
$\frac{1}{16}$	28	0.907	0.581	0.125	7.723	7.142	6.561
$\frac{1}{8}$	28	0.907	0.581	0.125	9.728	9.147	8.566
$\frac{1}{4}$	19	1.337	0.856	0.184	13.157	12.301	11.445
$\frac{3}{8}$	19	1.337	0.856	0.184	16.662	15.806	14.950
$\frac{1}{2}$	14	1.814	1.162	0.249	20.995	19.793	18.631
$\frac{5}{8}$	14	1.814	1.162	0.249	22.911	21.749	20.587
$\frac{3}{4}$	14	1.814	1.162	0.249	26.441	25.279	24.117
$\frac{7}{8}$	14	1.814	1.162	0.249	30.201	29.039	27.877
1	11	2.309	1.479	0.317	33.249	31.770	30.291
$1\frac{1}{8}$	11	2.309	1.479	0.317	37.897	36.418	34.939
$1\frac{1}{4}$	11	2.309	1.479	0.317	41.910	40.431	38.952
$1\frac{1}{2}$	11	2.309	1.479	0.317	47.803	46.324	44.845
$1\frac{3}{4}$	11	2.309	1.479	0.317	53.746	52.267	50.788
2	11	2.309	1.479	0.317	59.614	58.135	56.656
$2\frac{1}{4}$	11	2.309	1.479	0.317	65.710	64.231	62.752
$2\frac{1}{2}$	11	2.309	1.479	0.317	75.184	73.705	72.226
$2\frac{3}{4}$	11	2.309	1.479	0.317	81.534	80.055	78.576
3	11	2.309	1.479	0.317	87.884	86.405	84.926
$3\frac{1}{2}$	11	2.309	1.479	0.317	98.851	98.851	97.372
4	11	2.309	1.479	0.317	100.330	111.551	110.072
$4\frac{1}{2}$	11	2.309	1.479	0.317	125.730	124.251	122.772
5	11	2.309	1.479	0.317	138.430	136.951	135.472
$5\frac{1}{2}$	11	2.309	1.479	0.317	151.130	149.651	148.172
6	11	2.309	1.479	0.317	168.830	162.351	160.872

附表 5　普通螺纹的螺纹收尾、间距、退刀槽、倒角　　　　mm

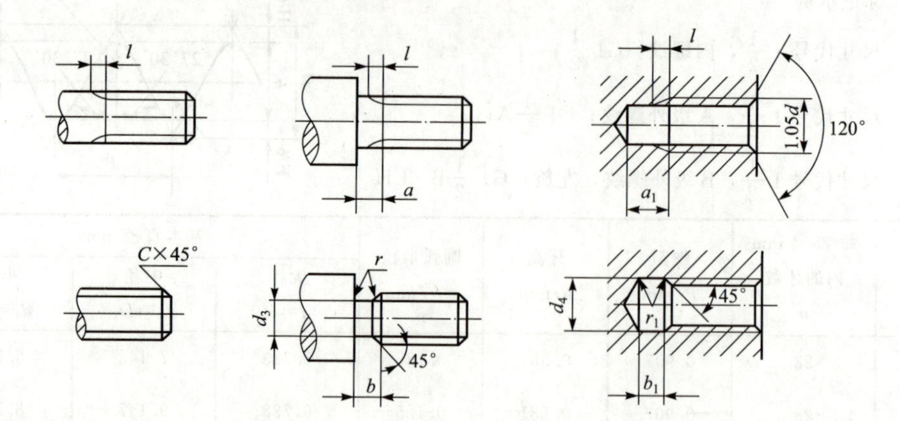

螺距 P	粗牙螺纹大径 D_d	外螺纹								倒角 C	内螺纹						
		螺纹收尾 l（不大于）		轴肩 a（不大于）			退刀槽				螺纹收尾 l（不大于）		轴肩 a_1（不大于）		退刀槽		
		一般	短的	一般	长的	短的	b 一般	$r\approx$	d_3		一般	短的	一般	长的	b_1 一般	$r_1\approx$	d_4
0.5	3	1.25	0.7	1.5	2	1	1.5	0.5 P	$d-0.8$	0.5	1	1.5	3	4	2	0.5 P	$d+0.3$
0.6	3.5	1.5	0.75	1.8	2.4	1.2	1.5		$d-1$		1.2	1.8	3.2	4.8			
0.7	4	1.75	0.9	2.1	2.8	1.4	2		$d-1.1$	0.6	1.4	2.1	3.5	5.6	3		
0.75	4.5	1.9	1	2.25	3	1.5	2		$d-1.2$		1.5	18	3.8	6			
0.8	5	2	1	2.4	3.2	1.6	2		$d-1.3$	0.8	1.6	2.4	4	6.4			
1	6，7	2.5	1.25	3	4	2	2.5		$d-1.6$	1	2	3	5	8	4		$d+0.5$
1.25	8	3.2	1.6	4	5	2.5	3		$d-2$	1.2	2.5	4	6	10	5		
1.5	10	3.8	1.9	4.5	6	3	3.5		$d-2.3$	1.5	3	4.5	7	12	6		
1.75	12	4.3	2.2	5.3	7	3.5	4		$d-2.6$	2	3.5	5.3	9	14	7		
2	14，16	5	2.5	6	8	4	5		$d-3$		4	6	10	16	8		
2.5	18，20，22	6.3	3.2	7.5	10	5	6		$d-3.6$	2.5	5	7.5	12	18	10		
3	24，27	7.5	3.8	9	12	6	7		$d-4.4$		6	9	14	22	12		
3.5	30，33	9	4.5	10.5	14	7	8		$d-5$	3	7	10.5	16	24	14		
4	36，39	10	5	12	16	8	9		$d-5.7$		8	12	18	26	16		
4.5	42，45	11	5.5	13.5	18	9	10		$d-6.4$	4	9	13.5	21	29	18		
5	48，52	12.5	6.3	15	20	10	11		$d-7$		10	15	23	32	20		
5.5	56，60	14	7	16.5	22	11	12		$d-7.7$	5	11	16.5	25	35	22		
6	64，68	15	7.5	18	24	12	13		$d-8.3$		12	2.25	28	38	24		

附表 6　六角头螺栓——A 级和 B 级（GB/T 5782—2000）　　mm

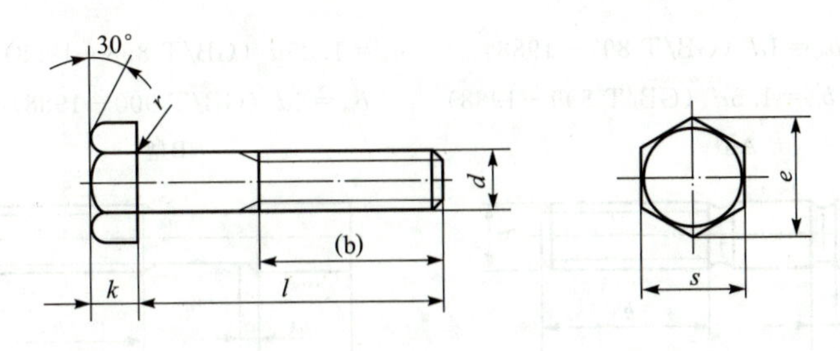

标记示例

螺纹规格 d=M12、公称长度 l=80 mm、性能等级为 8.8 级、表面氧化、A 级的六角螺栓：

螺栓 GB/T 5782—2000　M12×80 mm

螺纹规格 d		M3	M4	M5	M6	M8	M10	M12	M16	M20	M24	M30	M36
s		5.5	7	8	10	13	16	18	24	30	36	46	55
k		2	2.8	3.5	4	5.3	6.4	7.5	10	12.5	15	18.7	22.5
r		0.1	0.2	0.2	0.25	0.4	0.4	0.6	0.6	0.8	0.8	1	1
e	A	6.01	7.66	8.79	11.05	14.38	17.77	20.03	26.75	33.53	39.98	—	—
	B	5.88	7.50	8.63	10.89	14.20	17.59	19.85	26.17	32.95	39.55	50.85	51.11
(b) GB/T 5782	l≤125	12	14	16	18	22	26	30	38	46	54	66	—
	125<l≤200	18	20	22	24	28	32	36	44	52	60	72	84
	l>200	31	33	35	37	41	45	49	57	65	73	85	97
l 范围（GB/T 5782）		20～30	25～40	25～50	30～60	40～80	45～100	50～120	65～160	80～200	90～240	110～300	140～360
l 范围（GB/T 5782）		6～30	8～40	10～50	12～60	16～80	20～100	25～120	30～150	40～150	50～150	60～200	70～200
l 系列		6，810，12，16，20，25，30，35，40，45，50，55，60，65，70，80，90，100，110，120，130，140，150，160，180，200，220，240，260，280，300，320，340，360，380，400，420，440，460，480，500											

附表 7　双头螺柱

$b_m=1d$（GB/T 897—1988）　$b_m=1.25d$（GB/T 898—1988）

$b_m=1.5d$（GB/T 899—1988）　$b_m=2d$（GB/T 900—1988）

A型

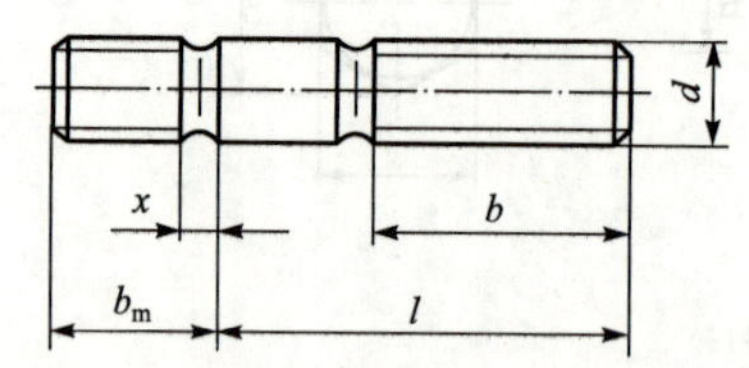

B型

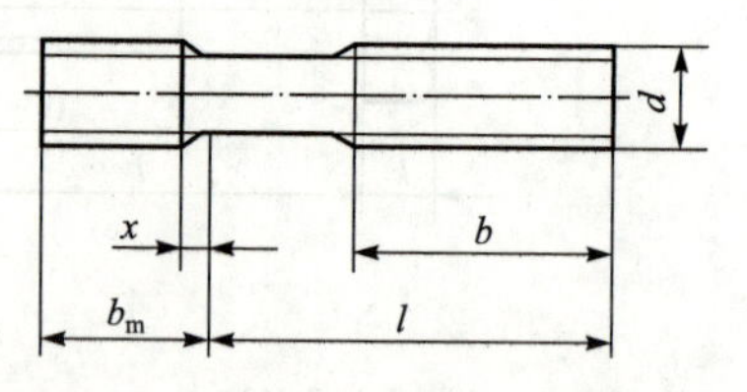

标记示例

两端均为粗牙普通螺纹、螺纹规格：d=M10、公称长度 l=50 mm、性能等级为 4.8 级、不经表面处理、$b_m=1d$、B 型的双头螺柱：

螺柱　GB/T 897—1988　M10×50 mm

螺纹规格 d	b_m/mm				l/b
	GB/T 897—1988	GB/T 898—1988	GB/T 899—1988	GB/T 900—1988	
M5	5	6	8	10	$\frac{16\sim20}{10}$、$\frac{25\sim50}{16}$
M6	6	8	10	12	$\frac{20}{10}$、$\frac{25\sim30}{14}$、$\frac{35\sim70}{18}$
M8	8	10	12	16	$\frac{20}{12}$、$\frac{25\sim30}{16}$、$\frac{35\sim90}{22}$
M10	10	12	15	20	$\frac{25}{14}$、$\frac{30\sim35}{16}$、$\frac{40\sim120}{26}$、$\frac{130}{32}$
M12	12	15	18	24	$\frac{25\sim30}{16}$、$\frac{35\sim40}{20}$、$\frac{45\sim120}{30}$、$\frac{130\sim200}{36}$
M16	16	20	24	32	$\frac{30\sim35}{20}$、$\frac{40\sim55}{30}$、$\frac{60\sim120}{38}$、$\frac{130\sim200}{44}$
M20	20	25	30	40	$\frac{35\sim40}{25}$、$\frac{45\sim60}{35}$、$\frac{70\sim120}{46}$、$\frac{130\sim200}{52}$
M24	24	30	36	48	$\frac{45\sim50}{30}$、$\frac{60\sim75}{45}$、$\frac{80\sim120}{54}$、$\frac{130\sim200}{60}$
M30	30	38	45	60	$\frac{60\sim65}{40}$、$\frac{70\sim90}{50}$、$\frac{95\sim120}{66}$、$\frac{130\sim200}{72}$、$\frac{210\sim250}{85}$
M36	36	45	54	72	$\frac{65\sim75}{45}$、$\frac{80\sim110}{60}$、$\frac{120}{78}$、$\frac{130\sim200}{84}$、$\frac{210\sim300}{97}$
l 系列	16，20，25，30，35，40，45，50，(55)，60，(65)，70，(75)，80，(85)，90，(95)，100，110，120，130，140，150，160，170，180，190，200，210，220，230，240，250，260，280，300				

附表 8 开槽螺钉 mm

开槽圆柱螺钉（GB/T 65—2000）、开槽沉头螺钉（GB/T 68—2000）、开槽盘头螺钉（GB/T 67—2000）

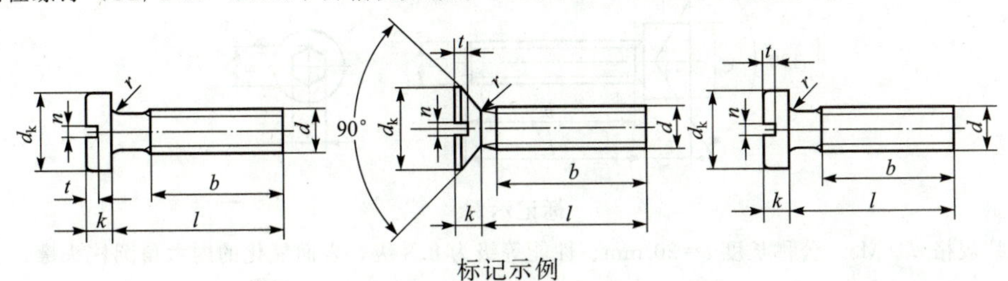

标记示例

螺纹规格 d=M5、公称长度 l=20 mm、性能等级为 4.8 级、不经表面处理的开槽圆柱头螺钉：

螺钉 GB/T65—2000 M65×20 mm

螺纹 d		M1.6	M2	M2.5	M3	M4	M5	M6	M8	M10
GB/T 65—2000	d_k					7	8.5	10	13	16
	k					2.6	3.3	3.9	5	6
	t_{min}					1.1	1.3	1.6	2	2.4
	r_{min}					0.2	0.2	0.25	0.4	0.4
	l					5～40	6～50	8～60	10～80	12～80
	全螺纹时最大长度					40	40	40	40	40
GB/T 67—2000	d_k	3.2	4	5	5.6	8	9.5	12	16	23
	k	1	1.3	1.5	1.8	2.4	3	3.6	4.8	6
	t_{min}	0.35	0.5	0.6	0.7	1	1.2	1.4	1.9	2.4
	r_{min}	0.1	0.1	0.1	0.1	0.2	0.2	0.25	0.4	0.44
	l	2～16	2.5～20	3～25	4～30	5～40	6～50	8～60	10～80	12～80
	全螺纹时最大长度	30	30	30	30	40	40	40	40	40
GB/T 68—2000	d_k	3	3.8	4.7	5.5	8.4	9.3	11.3	15.8	18.3
	k	1	1.2	1.5	1.65	2.7	2.7	3.3	4.65	5
	t_{min}	0.32	0.4	0.5	0.6	1	1.1	1.2	1.8	2
	r_{max}	0.4	0.5	0.6	0.8	1	1.3	1.5	2	2.5
	l	2.5～16	3～20	4～25	5～30	6～40	8～50	8～60	10～80	12～80
	全螺纹时最大长度	30	30	30	30	45	45	45	45	45
n		0.4	0.5	0.6	0.8	1.2	1.2	1.6	2	2.5
b		25				38				
l系列		2，2.5，3，4，5，6，8，10，12，（14），16，20，25，30，35，40，45，50，（55），60，（65），70，（75），80								

附表 9　内六角圆柱头螺钉（GB/T 70.1—2008）　mm

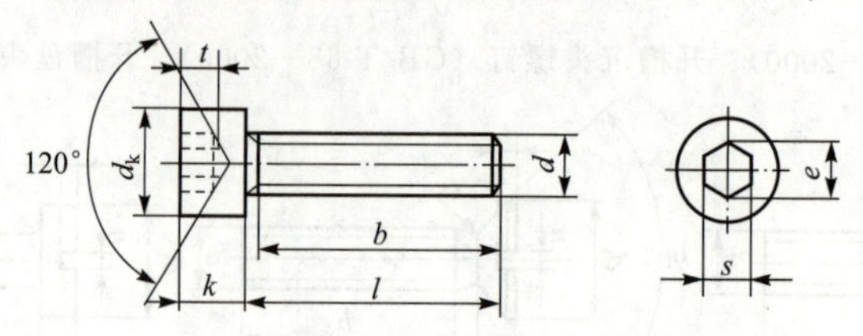

标记示例

螺纹规格 d=M5、公称长度 l=20 mm、性能等级为 8.8 级，表面氧化的内六角圆柱头螺钉：

螺钉　GB/T 70.1—2008　M5×20 mm

螺纹规格 d	M2.5	M3	M4	M5	M6	M8	M10	M12	M16	M20	M24	M30	M36
d_{kmax}	4.5	5.5	7	8.5	10	13	16	18	24	30	36	45	54
k_{max}	2.5	3	4	5	6	8	10	12	14	20	24	30	36
t_{min}	1.1	1.3	2	2.5	3	4	5	6	7	10	12	15.5	19
r	0.1		0.2		0.25	0.4		0.6		0.8		1	
s	2	2.5	3	4	5	6	8	10	12	17	19	22	27
e	2.3	2.87	3.44	4.58	5.72	6.86	9.15	11.43	13.72	19.4	21.7	25.15	30.85
b（参考）	17	18	20	22	24	28	32	36	44	52	60	72	84
l 系列	2.5，3，4，5，6，8，10，12，16，20，25，30，35，40，45，50，55，60，65，70，80，90，100，110，120，130，140，150，160，180，200												

附表 10　开槽锥端紧定螺钉

锥端（GB/T 71—1985）平端（GB/T 73—1985）　长圆柱端（GB/T 75—1985）　mm

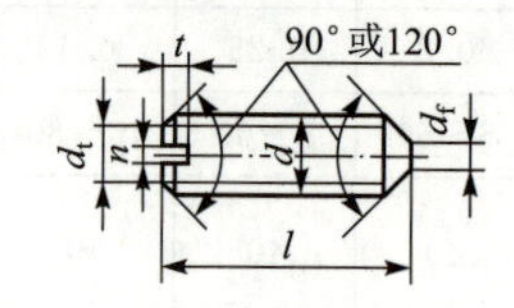

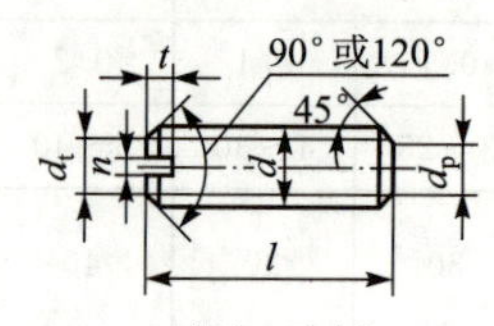

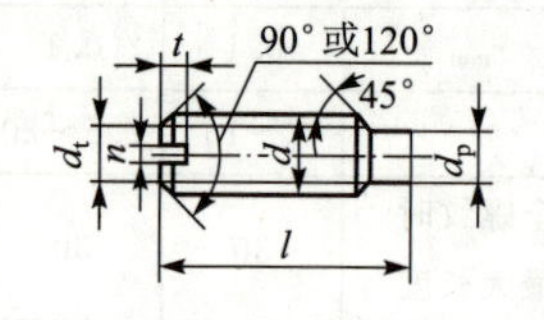

标记示例

螺纹规格 d=M5、公称长度 l=20 mm、性能等级为 14H 级，表面氧化的开槽锥端紧定螺钉：

螺钉　GB/T 71—1985　M5×20 mm

螺纹规格 d	M2	M2.5	M3	M5	M6	M8	M10	M12
d_f	螺纹小径							
d_t	0.2	0.25	0.3	0.5	1.5	2	2.5	3
d_p	1	1.5	2	3.5	4	5.5	7	8.5
n	0.25	0.4	0.4	0.8	1	1.2	1.6	2
t	0.84	0.95	1.05	1.63	2	2.5	3	3.6
z	1.25	1.5	1.75	2.75	3.25	4.3	5.3	6.3
l 系列	2，2.5，3，4，5，6，8，10，12（14），16，20，25，30，35，40，45，50，(55)，60							

附表 11　1 型六角螺母——C 级（GB/T 41—2000）、1 型六角螺母（GB/T 6170—2000）、六角薄螺母（GB/T 6172.1—2000）

mm

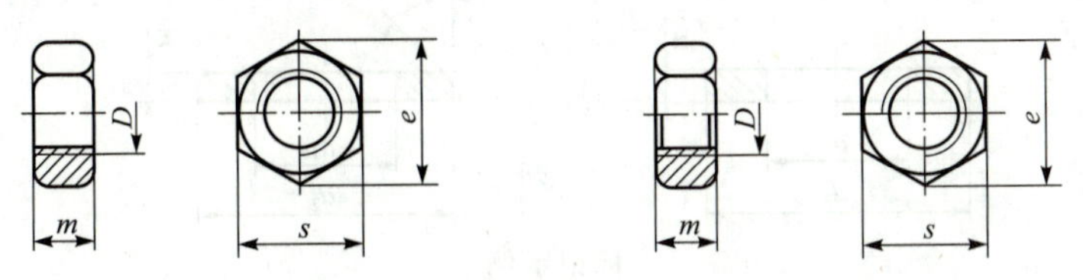

标记示例

螺纹规格 D=M12、性能等级为 5 级、不经表面处理、C 级的 1 型六角螺母：

螺母 GB/T 41—2000　M12

螺纹规格 D		M3	M4	M5	M6	M8	M10	M12	M16	M20	M24	M30	M36	M42	M48
e_{min}	GB/T 41			8.63	10.89	14.20	17.59	19.85	26.17	32.95	39.55	50.85	60.79	71.3	82.6
	GB/T 6170	6.01	7.66	8.79	11.05	14.38	17.77	20.03	26.75	32.95	39.55	50.85	60.79	71.3	82.6
	GB/T 6172	6.01	7.66	8.79	11.05	14.38	17.77	20.03	16.75	32.95	39.55	50.85	60.79	71.3	82.6
s		5.5	7	8	10	13	16	18	24	30	36	46	55	65	75
m_{max}	GB/T 6170	2.4	3.2	4.7	5.2	6.8	8.4	10.8	14.8	18	21.5	25.6	31	34	38
	GB/T 6172	1.8	2.2	2.7	3.2	4	5	6	8	10	12	15	18	21	24
	GB/T 41			5.6	6.4	7.9	9.5	12.2	15.9	19	22.3	26.4	31.5	34.9	38.9

附表 12　1 型六角开槽螺母——A 级和 B 级（GB/T 6178—1986）

mm

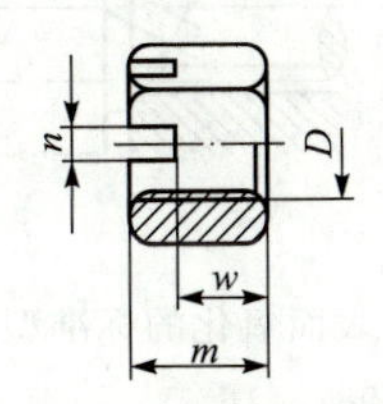

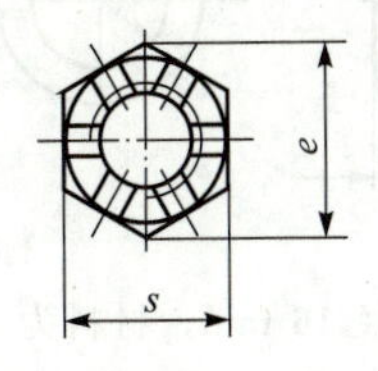

标记示例

螺纹规格 D=M5、性能等级为 8 级、不经表面处理、A 机的 1 型六角开槽螺母：

GB/T 6178—1986　M5

螺纹规格 D	M4	M5	M6	M8	M10	M12	(M14)	M16	M20	M24	M30
e	7.7	8.8	11	14	17.8	20	23	26.8	33	39.6	50.9
m	6	6.7	7.7	9.8	12.4	15.8	17.8	20.8	24	29.5	34.6
n	1.2	1.4	2	2.5	2.8	3.5	3.5	4.5	4.5	5.5	7
s	7	8	10	13	16	18	21	24	30	36	46
w	3.2	4.7	5.2	6.8	8.4	10.8	12.8	14.8	18	21.5	25.6
开口销	1×10	1.2×12	1.6×14	2×16	2.5×20	3.2×22	3.2×25	4×28	4×36	5×40	6.3×50

附表 13　平垫圈——A 级（GB/T 97.1—2002）、平垫圈倒角型——A 级（GB/T 97.2—2002）　mm

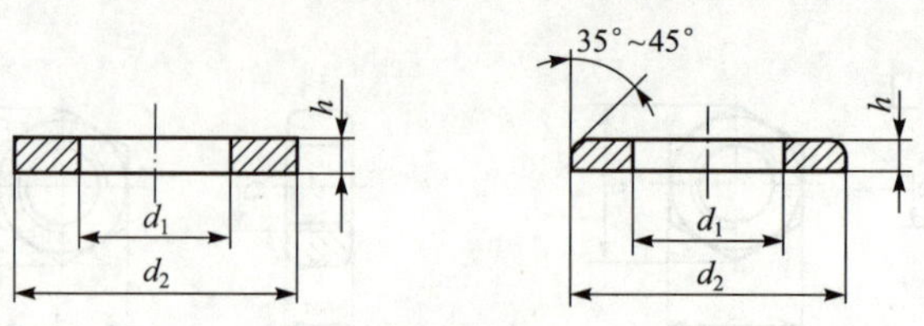

标记示例

标准系列，公称尺寸 $d=8$ mm，由钢制造的硬度等级为 200HV 级，

不经表面处理、产品等级为 A 级的平垫圈：

垫圈　GB/T 97.1—2002　8

规格（螺纹直径）	2	2.5	3	4	5	6	8	10	12	14	16	20	24	30
内径 d_1	2.2	2.7	3.2	4.3	5.3	6.4	8.4	10.5	13	15	17	21	25	31
内径 d_2	5	6	7	9	10	12	16	20	24	28	30	37	44	56
厚度 h	0.3	0.5	0.5	0.8	1	1.6	1.6	2	2.5	2.5	3	3	4	4

附表 14　标准型弹簧垫圈（GB/T 93—1987）、轻型弹簧垫圈（GB/T 859—1987）　mm

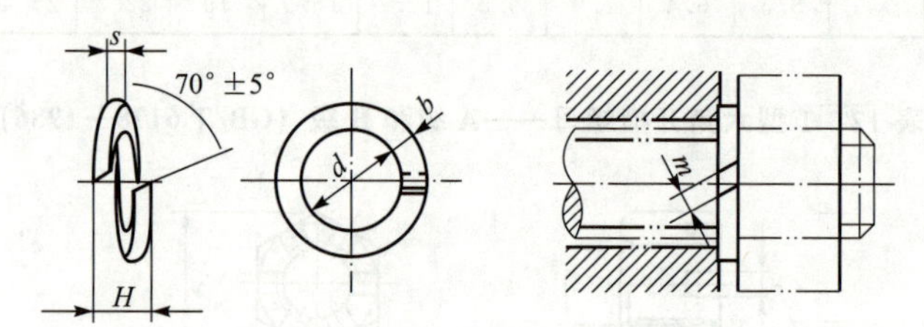

标记示例

公称直径 16 mm，材料为 16Mn，表面氧化的标准型垫圈：

垫圈 GB/T 93—1987　16

规格（螺纹直径）		2	2.5	3	4	5	6	8	10	12	16	20	24	30	36	42
d		2.1	2.6	3.1	4.1	5.1	6.2	8.2	10.2	12.3	16.3	20.5	24.5	30.5	36.6	42.6
H	GB/T 93	1.2	1.6	2	2.4	3.2	4	5	6	7	8	10	12	13	14	16
	GB/T 859	1	1.2	1.6	1.6	2	2.4	3.2	4	5	6.4	8	9.6	12		
s(b)	GB/T 93	0.6	0.8	1	1.2	1.6	2	2.5	3	3.5	4	5	6	6.5	7	8
s	GB/T 859	0.5	0.6	0.8	0.8	1	1.2	1.6	2	2.5	3.2	4	4.8	6		
$m\leqslant$	GB/T 93	0.4		0.5	0.6	0.8	1	1.2	1.5	1.7	2	2.5	3	3.2	3.5	4
	GB/T 859	0.3		0.4		0.5	0.6	0.8	1	1.2	1.6	2	2.4	3		
b	GB/T 859	0.8		1	1.2		1.6	2	2.5	3.5	4.5	5.5	6.5	8		

附表 15 平键和键槽的断面尺寸（GB/T 1095—2003）、普通平键的尺寸（GB/T 1096—2003）mm

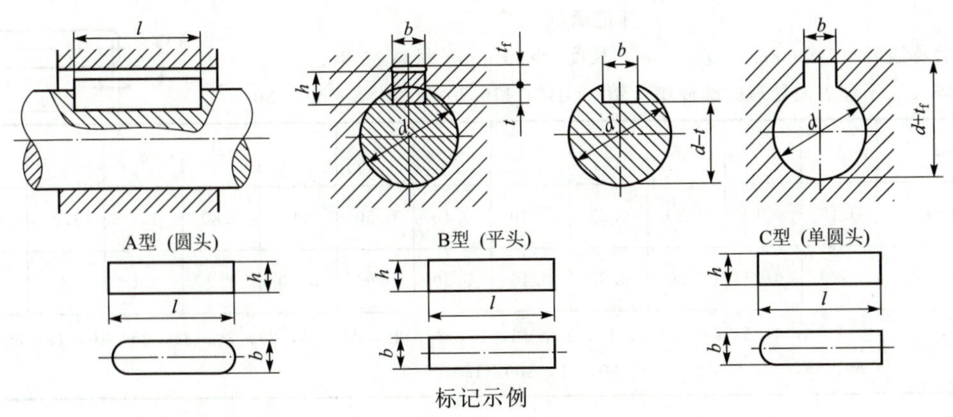

标记示例

圆头普通平键（A）型 b=16 mm、h=10 mm、L=100 mm

键 16×100 GB/T 1096—2003

<table>
<tr><th>轴 径</th><th colspan="2">键</th><th colspan="5">键 槽</th></tr>
<tr><th rowspan="3">d</th><th rowspan="3">b</th><th rowspan="3">h</th><th colspan="3">宽度</th><th colspan="2">深度</th></tr>
<tr><th rowspan="2">b</th><th colspan="2">一般键连接偏差</th><th rowspan="2">轴 t</th><th rowspan="2">毂 t_1</th></tr>
<tr><th>轴 N9</th><th>毂 JS9</th></tr>
<tr><td>自 6～8</td><td>2</td><td>2</td><td>2</td><td rowspan="2">−0.004
−0.029</td><td rowspan="2">±0.012 5</td><td>1.2</td><td>1</td></tr>
<tr><td>>8～10</td><td>3</td><td>3</td><td>3</td><td>1.8</td><td>1.4</td></tr>
<tr><td>>10～12</td><td>4</td><td>4</td><td>4</td><td rowspan="3">0
−0.030</td><td rowspan="3">±0.018</td><td>2.5</td><td>1.8</td></tr>
<tr><td>>12～17</td><td>5</td><td>5</td><td>5</td><td>3.0</td><td>2.3</td></tr>
<tr><td>>17～22</td><td>6</td><td>6</td><td>6</td><td>3.5</td><td>2.8</td></tr>
<tr><td>>22～30</td><td>8</td><td>7</td><td>8</td><td rowspan="2">0
−0.036</td><td rowspan="2">±0.018</td><td>4.0</td><td>3.3</td></tr>
<tr><td>>30～38</td><td>10</td><td>8</td><td>10</td><td>5.0</td><td>3.3</td></tr>
<tr><td>>38～44</td><td>12</td><td>8</td><td>12</td><td rowspan="4">0
−0.043</td><td rowspan="4">±0.021 5</td><td>5.0</td><td>3.3</td></tr>
<tr><td>>44～50</td><td>14</td><td>9</td><td>14</td><td>5.5</td><td>3.8</td></tr>
<tr><td>>50～58</td><td>16</td><td>10</td><td>16</td><td>6.0</td><td>4.3</td></tr>
<tr><td>>58～65</td><td>18</td><td>11</td><td>18</td><td>7.0</td><td>4.4</td></tr>
<tr><td>>65～75</td><td>20</td><td>12</td><td>20</td><td rowspan="4">0
−0.052</td><td rowspan="4">±0.026</td><td>7.5</td><td>4.9</td></tr>
<tr><td>>75～85</td><td>22</td><td>14</td><td>22</td><td>9.0</td><td>5.4</td></tr>
<tr><td>>85～95</td><td>25</td><td>14</td><td>25</td><td>9.0</td><td>5.4</td></tr>
<tr><td>>95～110</td><td>28</td><td>16</td><td>28</td><td>10.0</td><td>6.4</td></tr>
<tr><td>>110～130</td><td>32</td><td>18</td><td>32</td><td rowspan="4">0
−0.062</td><td rowspan="4">±0.031</td><td>11.0</td><td>7.4</td></tr>
<tr><td>>130～150</td><td>36</td><td>20</td><td>36</td><td>12.0</td><td>8.4</td></tr>
<tr><td>>150～170</td><td>40</td><td>22</td><td>40</td><td>13.0</td><td>9.4</td></tr>
<tr><td>>170～200</td><td>45</td><td>25</td><td>45</td><td>15.0</td><td>10.4</td></tr>
<tr><td>l 系列</td><td colspan="7">6，8，10，12，16，18，20，22，25，28，32，36，40，45，50，56，63，70，80，90，100，110，125，140，160，180，200，220，250，280，320，360，400，450</td></tr>
</table>

附表 16 圆柱销（GB/T 119.1—2000）

mm

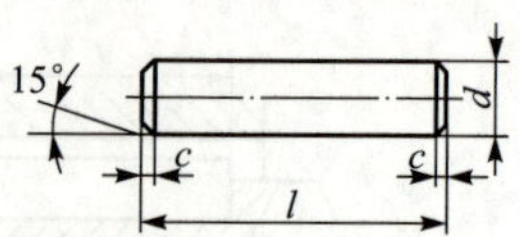

标记示例

公称直径 d=8 mm、公差为 m6、长度 l=30 mm、材料 35 钢、不经淬火、不经表面处理的圆柱销：销 GB/T 119.1—2000 8 m6×30

d	1	1.2	1.5	2	2.5	3	4	5	6	8	10	12
a≈	0.12	0.16	0.20	0.25	0.30	0.40	0.50	0.63	0.80	1.0	1.2	1.6
c≈	0.20	0.25	0.30	0.35	0.40	0.50	0.63	0.80	1.2	1.6	2	2.5
l 系列	2，3，4，5，6，8，10，12，14，16，18，20，22，24，26，28，30，32，35，40，45，50，55，60，65，70，75，80，85，90，95，100，120，140											

附表 17 深沟球轴承（摘自 GB/T 276—1994）圆锥滚子轴承（摘自 GB/T 297—1994）推力球轴承（摘自 GB/T 28697—2012）

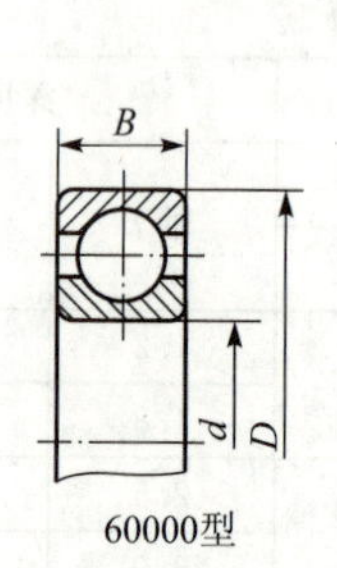

60000型

标记示例：

滚动轴承

6310 GB/T 276—1994

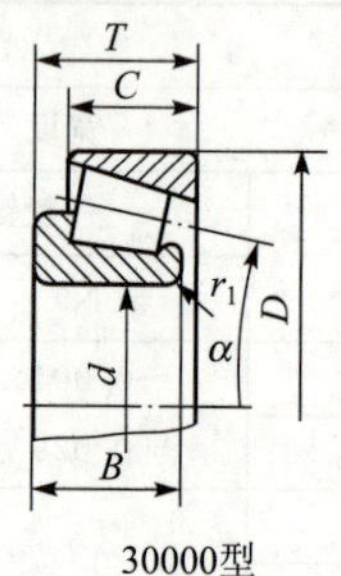

30000型

标记示例：

滚动轴承

30212 GB/T 297—1994

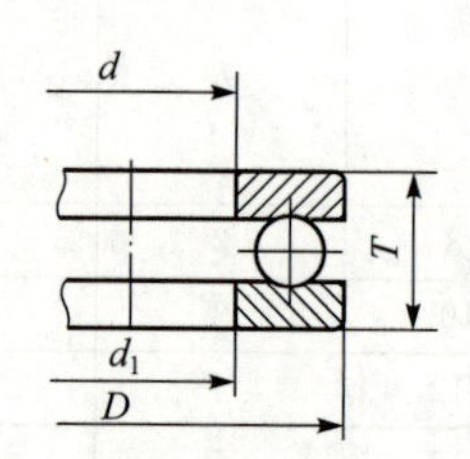

标记示例：

滚动轴承

51305 GB/T 28697—2012

轴承型号	尺寸/mm			轴承型号	尺寸/mm					轴承型号	尺寸/mm			
	d	D	B		d	D	B	C	T		d	D	T	d_1
尺寸系列［（0）2］				尺寸系列［02］						尺寸系列［12］				
6202	15	35	11	30203	17	40	12	11	13.25	51202	15	32	12	17
6203	17	40	12	30204	20	47	14	12	15.25	51203	17	35	12	19
6204	20	47	14	30205	25	52	15	13	16.25	51204	20	40	14	22
6205	25	52	15	30206	30	62	16	14	17.25	51205	25	47	15	27
6206	30	62	16	30207	35	72	17	15	18.25	51206	30	52	16	32
6207	35	72	17	30208	40	80	18	16	19.75	51207	35	62	18	37
6208	40	80	18	30209	45	85	19	16	20.75	51208	40	68	19	42
6209	45	85	19	30210	50	90	20	17	21.75	51209	45	73	20	47
6210	50	90	20	30211	55	100	21	18	22.75	51210	50	78	22	52
6211	55	100	21	30212	60	110	22	19	23.75	51211	55	90	25	57
6212	60	110	22	30213	65	120	23	20	24.75	51212	60	95	26	62

续表

轴承型号	尺寸/mm			轴承型号	尺寸/mm					轴承型号	尺寸/mm			
	d	D	B		d	D	B	C	T		d	D	T	d_1
尺寸系列［（0）3］				尺寸系列［03］						尺寸系列［13］				
6302	15	42	13	30302	15	42	13	11	14.25	51304	20	47	18	22
6303	17	47	14	30303	17	47	14	12	15.25	51305	25	52	18	27
6304	20	52	15	30304	20	52	15	13	16.25	51306	30	60	21	32
6305	25	62	17	30305	25	62	17	15	18.25	51307	35	68	24	37
6306	30	72	19	30306	30	72	19	16	20.75	51308	40	78	26	42
6307	35	80	21	30307	35	80	21	18	22.75	51309	45	85	28	47
6308	40	90	23	30308	40	90	23	20	25.25	51310	50	95	31	52
6309	45	100	25	30309	45	100	25	22	27.25	51311	55	105	35	57
6310	50	110	27	30310	50	110	27	23	29.25	51312	60	110	35	62
6311	55	120	29	30311	55	120	29	25	31.50	51313	65	115	36	67
6312	60	130	31	30312	60	130	31	26	33.50	51314	70	125	40	72

附表 18 标准公差数值（GB/T 1800.1—2009）

公称尺寸/mm		标准公差等级																	
		IT1	IT2	IT3	IT4	IT5	IT6	IT7	IT8	IT9	IT10	IT11	IT12	IT13	IT14	IT15	IT16	IT17	IT18
大于	至	μm											mm						
—	3	0.8	1.2	2	3	4	6	10	14	25	40	60	0.1	0.14	0.25	0.4	0.6	1	1.4
3	6	1	1.5	2.5	4	5	8	12	18	30	48	75	0.12	0.18	0.3	0.48	0.75	1.2	1.8
6	10	1	1.5	2.5	4	6	9	15	22	36	58	90	0.15	0.22	0.36	0.58	0.9	1.5	2.2
10	18	1.2	2	3	5	8	11	18	27	43	70	110	0.18	0.27	0.43	0.7	1.1	1.8	2.7
18	30	1.5	2.5	4	6	9	13	21	33	52	84	130	0.21	0.33	0.52	0.84	1.3	2.1	3.3
30	50	1.5	2.5	4	7	11	16	25	39	62	100	160	0.25	0.39	0.62	1	1.6	2.5	3.9
50	80	2	3	5	8	13	19	30	46	74	120	190	0.3	0.46	0.74	1.2	1.9	3	4.6
80	120	2.5	4	6	10	15	22	35	54	87	140	220	0.35	0.54	0.87	1.4	2.2	3.5	5.4
120	180	3.5	5	8	12	18	25	40	63	100	160	250	0.4	0.63	1	1.6	2.5	4	6.3
180	250	4.5	7	10	14	20	29	46	72	115	185	290	0.46	0.72	1.15	1.85	2.9	4.6	7.2
250	315	6	8	12	16	23	32	52	81	130	210	320	0.52	0.81	1.3	2.1	3.2	5.2	8.1
315	400	7	9	13	18	25	36	57	89	140	230	360	0.57	0.89	1.4	2.3	3.6	5.7	8.9
400	500	8	10	15	20	27	40	63	97	250	250	400	0.63	0.97	1.55	2.5	4	6.3	9.7

尺寸小于或等于 1 mm 时，无 IT14 至 IT18。

附表 19　尺寸≤120 mm 轴的基本偏差数值（GB/T 1800.1—2009）

公称尺寸/mm		基本偏差数值/μm															
		上极限偏差 es											js	下极限偏差 ei			
		a	b	c	cd	D	e	ef	f	fg	g	h		j		k	
大于	至	所有等级												IT5 和 IT6	IT7	4～7	≤3>7
6	10	−280	−150	−80	−56	−40	−25	−18	−13	−8	−5	0	偏差＝±ITn/2，式中 ITn 是 IT 的数值	−2	−5	+1	0
10	18	−290	−150	−95		−50	−32		−16		−6	0		−3	−6	+1	0
18	30	−300	−160	−110		−65	−40		−20		−7	0		−4	−8	+2	0
30	40	−310	−170	−120		−80	−50		−25		−9	0		−5	−10	+2	0
40	50	−320	−180	−130													
50	65	−340	−190	−140		−100	−60		−30		−10	0		−7	−12	+2	0
65	80	−360	−200	−150													
80	100	−380	−220	−170		−120	−72		−36		−12	0		−9	−15	+3	0
100	120	−410	−240	−180													

附表 20 尺寸≤120mm 孔的基本偏差数值（GB/T 1800.1—2009）

<table>
<tr><th colspan="2" rowspan="3">公称尺寸
/mm</th><th colspan="22">基本偏差数值/μm</th></tr>
<tr><th colspan="11">上极限偏差 EI</th><th rowspan="2">JS</th><th colspan="5">下极限偏差 ES</th><th colspan="4" rowspan="2">Δ值</th></tr>
<tr><th>A</th><th>B</th><th>C</th><th>CD</th><th>D</th><th>E</th><th>EF</th><th>F</th><th>FG</th><th>G</th><th>H</th><th colspan="3">J</th><th colspan="2">k</th></tr>
<tr><th>大于</th><th>至</th><th colspan="11">所有标准公差等级</th><td rowspan="12">偏差＝±ITn/2，式中ITn是IT的数值</td><th>IT6</th><th>IT7</th><th>IT8</th><th>≤IT8</th><th>>IT8</th><th>IT5</th><th>IT6</th><th>IT7</th><th>IT8</th></tr>
<tr><td>6</td><td>10</td><td>+280</td><td>+150</td><td>+80</td><td>+56</td><td>+40</td><td>+25</td><td>+18</td><td>+13</td><td>+8</td><td>+5</td><td>0</td><td>+5</td><td>+8</td><td>+12</td><td>−1+Δ</td><td></td><td>2</td><td>3</td><td>6</td><td>7</td></tr>
<tr><td>10</td><td>14</td><td rowspan="2">+290</td><td rowspan="2">+150</td><td rowspan="2">+95</td><td rowspan="2"></td><td rowspan="2">+50</td><td rowspan="2">+32</td><td rowspan="2"></td><td rowspan="2">+16</td><td rowspan="2"></td><td rowspan="2">+6</td><td rowspan="2">0</td><td rowspan="2">+6</td><td rowspan="2">+10</td><td rowspan="2">+12</td><td rowspan="2">−1+Δ</td><td rowspan="2"></td><td rowspan="2">3</td><td rowspan="2">3</td><td rowspan="2">7</td><td rowspan="2">9</td></tr>
<tr><td>14</td><td>18</td></tr>
<tr><td>18</td><td>24</td><td rowspan="2">+300</td><td rowspan="2">+160</td><td rowspan="2">+110</td><td rowspan="2"></td><td rowspan="2">+65</td><td rowspan="2">+40</td><td rowspan="2"></td><td rowspan="2">+20</td><td rowspan="2"></td><td rowspan="2">+7</td><td rowspan="2">0</td><td rowspan="2">+8</td><td rowspan="2">+12</td><td rowspan="2">+20</td><td rowspan="2">−2+Δ</td><td rowspan="2"></td><td rowspan="2">3</td><td rowspan="2">4</td><td rowspan="2">8</td><td rowspan="2">12</td></tr>
<tr><td>24</td><td>30</td></tr>
<tr><td>30</td><td>40</td><td>+310</td><td>+170</td><td>+120</td><td rowspan="2"></td><td rowspan="2">+80</td><td rowspan="2">+50</td><td rowspan="2"></td><td rowspan="2">+25</td><td rowspan="2"></td><td rowspan="2">+9</td><td rowspan="2">0</td><td rowspan="2">+10</td><td rowspan="2">+14</td><td rowspan="2">+24</td><td rowspan="2">−2+Δ</td><td rowspan="2"></td><td rowspan="2">4</td><td rowspan="2">5</td><td rowspan="2">9</td><td rowspan="2">14</td></tr>
<tr><td>40</td><td>50</td><td>+320</td><td>+180</td><td>+130</td></tr>
<tr><td>50</td><td>65</td><td>+340</td><td>+190</td><td>+140</td><td rowspan="2"></td><td rowspan="2">+100</td><td rowspan="2">+60</td><td rowspan="2"></td><td rowspan="2">+30</td><td rowspan="2"></td><td rowspan="2">+10</td><td rowspan="2">0</td><td rowspan="2">+13</td><td rowspan="2">+18</td><td rowspan="2">+28</td><td rowspan="2">−2+Δ</td><td rowspan="2"></td><td rowspan="2">5</td><td rowspan="2">6</td><td rowspan="2">11</td><td rowspan="2">16</td></tr>
<tr><td>65</td><td>80</td><td>+360</td><td>+200</td><td>+150</td></tr>
<tr><td>80</td><td>100</td><td>+380</td><td>+220</td><td>+170</td><td rowspan="2"></td><td rowspan="2">+120</td><td rowspan="2">+72</td><td rowspan="2"></td><td rowspan="2">+36</td><td rowspan="2"></td><td rowspan="2">+12</td><td rowspan="2">0</td><td rowspan="2">+16</td><td rowspan="2">+22</td><td rowspan="2">+34</td><td rowspan="2">−3+Δ</td><td rowspan="2"></td><td rowspan="2">5</td><td rowspan="2">7</td><td rowspan="2">13</td><td rowspan="2">19</td></tr>
<tr><td>100</td><td>120</td><td>+410</td><td>+240</td><td>+180</td></tr>
</table>

附表 21　轴的极限偏差数值（GB/T 1800.2—2009）

代号		a	b	c	d	e	f	g	h								js	k	m	n	p	r	s	t	u	v	x	y	z
公称尺寸/mm		公差等级																											
大于	至	11	11	11	9	8	7	6	5	6	7	8	9	10	11	12	6	6	6	6	6	6	6	6	6	6	6	6	6
—	3	−270 −330	−140 −200	−60 −120	−20 −45	−14 −28	−6 −16	−2 −8	0 −4	0 −6	0 −10	0 −14	0 −25	0 −40	0 −60	0 −100	±3	+6 0	+8 +2	+10 +4	+12 +6	+16 +10	+20 +14	—	+24 +18	—	+26 +20	—	+32 +26
3	6	−270 −345	−140 −215	−70 −145	−30 −60	−20 −38	−10 −22	−4 −12	0 −5	0 −8	0 −12	0 −18	0 −30	0 −48	0 −75	0 −120	±4	+9 +1	+12 +4	+16 +8	+20 +12	+23 +15	+27 +19	—	+31 +23	—	+36 +28	—	+43 +35
6	10	−280 −338	−150 −240	−80 −170	−40 −76	−25 −47	−13 −28	−5 −14	0 −6	0 −9	0 −15	0 −22	0 −36	0 −58	0 −90	0 −150	±4.5	+10 +1	+15 +6	+19 +10	+24 +15	+28 +19	+32 +23	—	+37 +28	—	+43 +34	—	+51 +42
10	14	−290 −400	−150 −260	−95 −205	−50 −93	−32 −59	−16 −34	−6 −17	0 −8	0 −11	0 −18	0 −27	0 −43	0 −70	0 −110	0 −180	±5.5	+12 +1	+18 +7	+23 +12	+29 +18	+34 +23	+39 +28	—	+44 +33	—	+51 +40	—	+61 +50
14	18																							—		+50 +39	+56 +45	—	+71 +60
18	24	−300 −430	−160 −290	−110 −240	−65 −117	−40 −73	−20 −41	−7 −20	0 −9	0 −13	0 −21	0 −33	0 −52	0 −84	0 −130	0 −210	±6.5	+15 +2	+21 +8	+28 +15	+35 +22	+41 +28	+48 +35	—	+54 +41	+60 +47	+67 +54	+76 +63	+86 +73
24	30																							+54 +41	+61 +48	+68 +55	+77 +64	+88 +75	+101 +88
30	40	−310 −470	−170 −330	−120 −280	−80 −142	−50 −89	−25 −50	−9 −25	0 −11	0 −16	0 −25	0 −39	0 −62	0 −100	0 −160	0 −250	±8	+18 +2	+25 +9	+33 +17	+42 +26	+50 +34	+59 +43	+64 +48	+76 +60	+84 +68	+96 +80	+110 +94	+128 +112
40	50	−320 −480	−180 −340	−130 −290																				+70 +54	+86 +70	+97 +81	+113 +97	+130 +114	+152 +136
50	65	−340 −530	−190 −380	−140 −330	−100 −174	−60 −106	−30 −60	−10 −29	0 −13	0 −19	0 −30	0 −46	0 −47	0 −120	0 −190	0 −300	±9.5	+21 +2	+30 +11	+39 +20	+51 +32	+60 +41	+72 +53	+85 +66	+106 +87	+121 +102	+141 +122	+163 +144	+191 +172
65	80	−360 −550	−200 −390	−150 −340																		+62 +43	+78 +59	+94 +75	+121 +102	+139 +120	+165 +146	+193 +174	+229 +210
80	100	−380 −600	−220 −440	−170 −390	−120 −207	−72 −126	−63 −71	−12 −34	0 −15	0 −22	0 −35	0 −54	0 −87	0 −140	0 −220	0 −350	±11	+25 +3	+35 +13	+45 +23	+59 +37	+73 +51	+93 +71	+113 +91	+146 +124	+168 +146	+200 +178	+236 +214	+280 +258
100	120	−410 −630	−240 −460	−180 −400																		+76 +54	+101 +79	+126 +104	+166 +144	+194 +172	+232 +210	+276 +254	+332 +310

续表

代号		a	b	c	d	e	f	g	h								js	k	m	n	p	r	s	t	u	v	x	y	z
公称尺寸/mm		公差等级																											
大于	至	11	11	11	9	8	7	6	5	6	7	8	9	10	11	12	6	6	6	6	6	6	6	6	6	6	6	6	6
120	140	−460 −710	−260 −510	−200 −450																		+88 +63	+117 +92	+147 +122	+195 +170	+227 +202	+273 +248	+325 +300	+390 +365
140	160	−520 −770	−280 −530	−210 −460	−145 −245	−85 −148	−43 −83	−14 −39	0 −18	0 −25	0 −40	0 −63	0 −100	0 −160	0 −250	0 −400	±12.5	+28 +3	+40 +15	+52 +27	+68 +43	+90 +65	+125 +100	+159 +134	+215 +190	+253 +228	+305 +280	+365 +340	+440 +415
160	180	−580 −830	−310 −560	−230 −480																		+93 +68	+133 +108	+171 +146	+235 +210	+277 +252	+335 +310	+405 +380	+490 +465
180	200	−660 −950	−340 −630	−240 −530																		+106 +77	+151 +122	+195 +166	+265 +236	+313 +284	+379 +350	+454 +425	+549 +520
200	225	−740 −1 030	−380 −670	−260 −550	−170 −285	−100 −172	−50 −96	−15 −44	0 −20	0 −29	0 −46	0 −72	0 −115	0 −185	0 −290	0 −460	±14.5	+33 +4	+46 +17	+60 +31	+79 +50	+109 +80	+159 +130	+209 +180	+287 +258	+339 +310	+414 +385	+499 +470	+604 +575
225	250	−820 −1 110	−420 −710	−280 −570																		+113 +84	+169 +140	+225 +196	+313 +284	+396 +340	+454 +425	+549 +520	+669 +640
250	280	−920 −1 240	−480 −800	−300 −620	−190 −320	−110 −191	−56 −108	−17 −49	0 −23	0 −32	0 −52	0 −81	0 −130	0 −210	0 −320	0 −520	±16	+36 +4	+52 +20	+66 +34	+88 +56	+126 +94	+190 +158	+250 +218	+347 +315	+417 +385	+507 +475	+612 +580	+742 +710
280	315	−1 050 −1 370	−540 −860	−330 −650																		+130 +98	+202 +170	+272 +240	+382 +350	+457 +425	+557 +525	+682 +650	+822 +790
315	355	−1 200 −1 560	−600 −960	−360 −720	−210 −350	−125 −214	−62 −119	−18 −54	0 −25	0 −36	0 −57	0 −89	0 −140	0 −230	0 −360	0 −570	±18	+40 +4	+57 +21	+73 +37	+98 +62	+144 +108	+226 +190	+304 +268	+426 +390	+511 +475	+626 +590	+766 +730	+936 +900
355	400	−1 350 −1 710	−680 −1040	−400 −760																		+150 +114	+224 +208	+330 +294	+471 +435	+566 +530	+696 +660	+856 +820	+1 036 +1 000
400	450	− 1500 −1 900	−760 −1160	−440 −840	−230 −385	−135 −232	−68 −131	−20 −60	0 −27	0 −40	0 −63	0 −97	0 −155	0 −250	0 −400	0 −630	±20	+45 +5	+63 +23	+80 +40	+108 +68	+166 +126	+272 +232	+370 +330	+530 +490	+635 +595	+780 +740	+960 +920	+1 140 +1 100
450	500	−1 650 −2 050	−840 −1 240	−480 −880																		+172 +132	+292 +252	+400 +360	+580 +540	+700 +660	+860 +820	+1 040 +1 000	+1 290 +1 250

附表 22 孔的极限偏差数值（GB/T 1800.2—2009）

代号		A	B	C	D	E	F	G	H							JS		K	M	N	P	R	S	T	U				
公称尺寸/mm		公差等级																											
大于	至	11	11	11	9	8	8	7	6	7	8	9	10	11	12	6	7	6	7	8	7	6	7	6	7	7	7	7	7
—	3	+330	+200	+120	+45	+28	+20	+12	+6	+10	+14	+25	+40	+60	+10	±3	±5	0	0	0	−2	−4	−4	−6	−6	−10	−14	—	−18
		+270	+140	+60	+20	+14	+6	+2	0	0	0	0	0	0	0			−6	−10	−14	−12	−10	−14	−12	−16	−20	−24		−28
3	6	+345	+215	+145	+60	+38	+28	+16	+8	+12	+18	+30	+48	+75	+120	±4	±6	+2	+3	+5	0	−5	−4	−9	−8	−11	−15	—	−19
		+270	+140	+70	+30	+20	+10	+4	0	0	0	0	0	0	0			−6	−9	−13	−12	−13	−16	−17	−20	−23	−27		−31
6	10	+370	+240	+170	+76	+47	+35	+20	+9	+15	+22	+36	+58	+90	+150	±4.5	±7	+2	+5	+6	0	−7	−4	−12	−9	−13	−17	—	−22
		+280	+150	+80	+40	+25	+13	+5	0	0	0	0	0	0	0			−7	−10	−16	−15	−16	−19	−21	−24	−28	−32		−37
10	14	+400	+260	+205	+93	+59	+43	+24	+11	+18	+27	+43	+70	+110	+180	±5.5	±9	+2	+6	+8	0	−9	−5	−15	−11	−16	−21	—	−26
14	18	+290	+150	+95	+50	+32	+16	+6	0	0	0	0	0	0	0			−9	−12	−19	−18	−20	−23	−26	−29	−34	−39		−44
18	24	+430	+290	+240	+117	+73	+53	+28	+13	+21	+33	+52	+84	+130	+210	±6.5	±10	+2	+6	+10	0	−11	−7	−18	−14	−20	−27	—	−33
		+300	+160	+110	+65	+40	+20	+7	0	0	0	0	0	0	0			−11	−15	−23	−21	−24	−28	−31	−35	−41	−48		−54
24	30																											−33	−40
																												−54	−61
30	40	+470	+330	+280	+142	+89	+64	+34	+16	+25	+39	+62	+100	+160	+250	±8	±12	+3	+7	+12	0	−12	−8	−21	−17	−25	−34	−39	−51
		+310	+170	+120	+80	+50	+25	+9	0	0	0	0	0	0	0			−13	−18	−27	−25	−28	−33	−37	−42	−50	−59	−64	−76
40	50	+480	+340	+290																								−45	−61
		+320	+180	+130																								−70	−86
50	65	+530	+380	+330	+174	+106	+76	+40	+19	+30	+46	+74	+120	+190	+300	±9.5	±15	+4	+9	+14	0	−14	−9	−26	−21	−30	−42	−55	−76
		+340	+190	+140	+100	+60	+30	+10	0	0	0	0	0	0	0			−15	−21	−32	−30	−33	−39	−45	−51	−60	−72	−85	−106
65	80	+550	+390	+340																						−32	−48	−64	−91
		+360	+200	+150																						−62	−78	−94	−121
80	100	+600	+440	+390	+207	+126	+90	+47	+22	+35	+54	+87	+140	+220	+350	±11	±17	+4	+10	+16	0	−16	−10	−30	−24	−38	−58	−78	−111
		+380	+220	+170	+120	+72	+36	+12	0	0	0	0	0	0	0			−18	−25	−38	−35	−38	−45	−52	−59	−73	−93	−113	−146
100	120	+630	+460	+400																						−41	−66	−91	−131
		+410	+240	+180																						−76	−101	−126	−166

续表

代号		A	B	C	D	E	F	G	H							JS		K	M	N	P	R	S	T	U				
公称尺寸/mm		公差等级																											
大于	至	11	11	11	9	8	8	7	6	7	8	9	10	11	12	6	7	6	7	8	7	6	7	6	7	7	7	7	7
120	140	+710 +460	+510 +260	+450 +200																						−48 −88	−77 −117	−107 −147	−155 −195
140	160	+770 +520	+530 +280	+460 +210	+245 +145	+148 +85	+106 +43	+54 +14	+25 0	+40 0	+63 0	+100 0	+160 0	+250 0	+400 0	±12.5	±20	+4 −21	+12 −28	+20 −43	0 −40	−20 −45	−12 −52	−36 −61	−28 −68	−50 −90	−85 −125	−119 −159	−175 −215
160	180	+830 +580	+560 +310	+480 +230																						−53 −93	−93 −133	−131 −171	−195 −235
180	200	+950 +660	+630 +340	+530 +240																						−60 −106	−105 −151	−149 −195	−219 −265
200	225	+1 030 +740	+670 +380	+550 +260	+285 +170	+172 +100	+122 +50	+61 +15	+29 0	+46 0	+72 0	+115 0	+185 0	+290 0	+460 0	±14.5	±23	+5 −24	+13 −33	+22 −50	0 −46	−22 −51	−14 −60	−41 −70	−33 −79	−63 −109	−113 −159	−163 −209	−241 −287
225	250	+1 110 +820	+710 +420	+570 +280																						−67 −113	−123 −169	−179 −225	−267 −313
250	280	+1 240 +920	+800 +480	+620 +300	+320 +190	+191 +110	+137 +56	+69 +17	+32 0	+52 0	+81 0	+130 0	+210 0	+320 0	+520 0	±16	±26	+5 −27	+16 −36	+25 −56	0 −52	−25 −57	−14 −66	−47 −79	−36 −88	−74 −126	−138 −190	−198 −250	−295 −347
280	315	+1 370 +1 050	+860 +540	+650 +330																						−78 −130	−150 −202	−220 −272	−330 −382
315	355	+1 560 +1 200	+960 +600	+720 +360	+350 +210	+214 +125	+151 +62	+75 +18	+36 0	+57 0	+89 0	+140 0	+230 0	+360 0	+570 0	±18	±28	+7 −29	+17 −40	+28 −61	0 −57	−26 −62	−16 −73	−51 −87	−41 −98	−87 −144	−169 −226	−247 −304	−369 −426
355	400	+1 710 +1 350	+1 040 +680	+760 +400																						−93 −150	−187 −244	−273 −330	−414 −471
400	450	+1 900 +1 500	+1 160 +760	+840 +440	+385 +230	+232 +135	+165 +68	+83 +20	+40 0	+63 0	+97 0	+155 0	+250 0	+400 0	+630 0	±20	±31	+8 −32	+18 45	+29 −68	0 −63	−27 −67	−17 −80	−55 −95	−45 −108	−103 −166	−209 −272	−307 −370	−467 −530
450	500	+2 050 +1 650	+1 240 +840	+880 +480																						−109 −172	−229 −292	−337 −400	−517 −580

附表 23 线性尺寸的一般公差（GB/T 1804—2008）

公差等级	尺寸分段							
	0.5～3	>3～6	>6～30	>30～120	>120～400	>400～1 000	>1 000～2 000	>2 000～4 000
f（精密度）	±0.05	±0.05	±0.1	±0.15	±0.2	±0.3	±0.5	—
m（中等级）	±0.1	±0.1	±0.2	±0.3	±0.5	±0.8	±1.2	±2
c（粗糙度）	±0.2	±0.3	±0.5	±0.8	±1.2	±2	±3	±4
v（最粗级）	—	±0.5	±1	±1.5	±2.5	±4	±6	±8

参 考 文 献

[1] 孙篓，陈洪飞，许靖. CAD/CAM 技术应用——AutoCAD 项目教程 [M]. 北京：高等教育出版社，2015.

[2] 李添翼. 机械制图 [M]. 北京：机械工业出版社，2016.

[3] 李添翼，陈洪飞. 机械制图与 CAD 技术基础 [M]. 西安：西安电子科技大学出版社，2018.

[4] 唐建成. 机械制图及 CAD 基础 [M]. 北京：北京理工大学出版社，2013.

[5] 胡建生. 机械制图 [M]. 北京：机械工业出版社，2011.